U0184179

21世纪新概念全能实战规划教材

中文版 Premiere Pro 2022 基础教程

凤凰高新教育◎编著

北京大学出版社
PEKING UNIVERSITY PRESS

内 容 简 介

Adobe Premiere Pro 2022 是一款功能强大的视频编辑软件，现已广泛应用于动画制作、短视频剪辑和电视节目制作中。该软件不仅拥有广泛的格式支持，强大的项目、序列和剪辑管理功能，而且可以与Adobe公司推出的其他软件协作，深受广大用户的青睐。

本书以通俗易懂的语言、精挑细选的实用技巧、翔实生动的操作案例，全面介绍了Premiere Pro 2022 的基础知识。主要内容包括视频剪辑与基础入门、Premiere Pro 2022 基本操作、导入与编辑视频素材、设置与应用视频过渡效果、设置字幕、制作音频特效、设计动画与视频效果、调整影片的色彩与色调、叠加与抠像、渲染与输出视频、商业案例实训等。

本书既适合无基础又想快速掌握Premiere Pro 2022 的读者，也适合广大视频处理爱好者及专业视频编辑人员作为自学参考手册使用，同时还可以作为广大院校和培训班的教学用书。

图书在版编目(CIP)数据

中文版Premiere Pro 2022基础教程 / 凤凰高新教育编著. — 北京：北京大学出版社，2023.7
ISBN 978-7-301-34097-4

Ⅰ.①中… Ⅱ.①凤… Ⅲ.①视频编辑软件–高等学校–教材 Ⅳ.①TN94

中国国家版本馆CIP数据核字（2023）第106165号

书　　名 中文版Premiere Pro 2022基础教程
ZHONGWENBAN Premiere Pro 2022 JICHU JIAOCHENG
著作责任者 凤凰高新教育　编著
责 任 编 辑 杨　爽
标 准 书 号 ISBN 978-7-301-34097-4
出 版 发 行 北京大学出版社
地　　址 北京市海淀区成府路205 号　100871
网　　址 http://www.pup.cn　　新浪微博：@ 北京大学出版社
电 子 信 箱 编辑部 pup7@pup.cn　总编室 zpup@pup.cn
电　　话 邮购部 010-62752015　发行部 010-62750672　编辑部 010-62570390
印 刷 者 北京鑫海金澳胶印有限公司
经 销 者 新华书店
787毫米×1092毫米　16开本　18.75印张　451千字
2023年7月第1版　2023年7月第1次印刷
印　　数 1–3000册
定　　价 69.00元

Preface 前 言

Premiere Pro 2022 是一款常用的非线性视频编辑软件，由Adobe公司推出，具有良好的画面质量和兼容性，被广泛应用于广告制作与电视节目制作中。新版的Premiere经过重新设计，能够提供更强大、更高效的增强功能与专业工具，比如新增加的音频编辑面板，以及编辑技巧的增强，使用户制作影视节目的过程更加轻松。

本书内容介绍

本书通过具体的案例，系统、全面地讲解了Premiere Pro 2022 视频剪辑的相关功能及技能应用。本书内容包括视频剪辑与基础入门、Premiere Pro 2022 基本操作、导入素材、剪辑与编辑视频素材、设置与应用视频过渡效果、设置字幕、制作音频特效、设计动画与视频效果、调整影片的色彩与色调、叠加与抠像、渲染与输出视频等。在本书的最后还安排了“商业案例实训”，通过对该章内容的学习，可以提升读者使用Premiere Pro 2022 进行视频剪辑与制作的综合实战水平。

本书特色

由浅入深，通俗易懂。全书内容安排由浅入深，语言通俗易懂，实例题材丰富多样，每个操作步骤的介绍都清晰准确，特别适合广大院校及培训学校作为相关专业的教材用书，同时也适合广大视频剪辑爱好者、相关工作人员作为参考手册使用。

内容全面，轻松易学。在写作方式上，采用“步骤讲述+配图说明”的方式进行编写，操作简单明了，浅显易懂。赠送书中所有案例的素材文件与最终效果文件，同时还配有与书中内容同步的多媒体教学视频，让读者轻松学会使用Premiere Pro 2022 剪辑视频。

案例丰富，实用性强。全书安排了 21 个“课堂范例”，帮助初学者认识和掌握相关工具、命令的实战应用；安排了 24 个“课堂问答”，帮助初学者解决学习过程中遇到的疑难问题；安排了 10 个“上机实战”和 10 个“同步训练”的综合案例，提升初学者的实战水平；除第 12 章外，每章后面都安排“知识能力测试”的习题，认真完成这些测试习题，可以帮助初学者巩固所学的知识（提示：相关习题答案可以从网盘下载，方法参考后面的介绍）。

本书知识结构图

教学课时安排

综合 Premiere Pro 2022 软件的功能及应用，现给出本书教学的参考课时（共 65 个课时），主要包括教师讲授 37 课时和学生上机实训 28 课时两部分，具体如下表所示。

章节内容	课时分配	
	教师讲授	学生上机
第 1 章　Premiere视频剪辑与基础入门	2	0
第 2 章　Premiere Pro 2022 基本操作	2	2
第 3 章　导入与编辑素材	3	2
第 4 章　剪辑与编辑视频素材	3	2
第 5 章　设置与应用视频过渡效果	4	2
第 6 章　编辑与设置影视字幕	3	2
第 7 章　编辑与制作音频特效	4	3
第 8 章　设计动画与视频效果	4	3
第 9 章　调整影片的色彩与色调	3	2
第 10 章　叠加与抠像	4	4
第 11 章　视频的输出操作	2	2
第 12 章　商业案例实训	3	4
合计	37	28

学习资源与下载说明

本书配套的学习资源和教学资源，读者或教师可以进行下载。

1. 素材文件

本书中所有章节案例的素材文件，全部收录在网盘中的“\素材文件\第*章\”文件夹中。读者在学习时，可以参考本书讲解内容，打开对应的素材文件进行同步操作练习。

2. 结果文件

本书中所有章节案例的最终效果文件，全部收录在网盘中的“\结果文件\第*章\”文件夹中。读者在学习时，可以打开结果文件，查看其案例效果，为操作练习提供帮助。

3. 视频教学文件

本书为读者提供了与书中案例同步的视频教程，并且配有语音讲解，非常适合零基础读者学习。通过相关的视频播放软件，读者可打开每章中的视频文件进行学习。

4. PPT 课件

本书为教师提供了配套的PPT教学课件，教师在选择本书作为教材时，不用再自己费时费力制作教学课件，使用十分方便。

5. 习题答案

“习题答案汇总”文件提供了每章“知识能力测试”的习题参考答案，以及本书“知识与能力总复习题”的参考答案。

6. 其他赠送资源

为了提高读者对软件的实际应用能力，本书综合整理了《设计专业软件在不同行业中的学习指导》电子书，方便读者结合其他软件灵活掌握设计技巧，学以致用。

温馨提示：以上资源，请用微信扫描下方二维码，关注公众号，输入本书 77 页的资源下载码，获取下载地址及密码。

创作者说

本书由凤凰高新教育策划并组织行业专家、老师编写。在本书的编写过程中，我们竭尽所能地为您呈现最好、最全的实用功能，但仍难免有疏漏和不妥之处，敬请广大读者不吝指正。如果您在学习过程中产生疑问或有任何建议，可以通过E-mail与我们联系。

读者邮箱：pup7@pup.cn。

编　者

CONTENTS 目录

第7章 编辑与制作音频特效

第8章 设计动画与视频效果

第9章 调整影片的色彩与色调

Premiere Pro 2022

第1章 Premiere视频剪辑与基础入门

本章主要介绍数字视频编辑基本概念、创作影视作品的常识，同时还讲解了常见的视频和音频格式及数字视频编辑的相关知识。通过对本章内容的学习，读者可以掌握视频剪辑与基础入门方面的知识，为深入学习Premiere Pro 2022知识奠定基础。

学习目标

- 掌握数字视频编辑基本概念
- 掌握创作影视作品的常识
- 了解常见的视频和音频格式
- 了解数字视频编辑相关知识

1.1 数字视频编辑基本概念

视频泛指将一系列静态影像以电信号的方式加以捕捉、记录、处理、储存、传送与重现的各种技术。视频技术最早是为电视系统服务，但现在已经发展为各种不同的格式以便用户将视频记录下来。本节主要讲述视频编辑与影视制作的基础知识。

1.1.1 模拟信号与数字信号

现如今，数字技术正以异常迅猛的速度席卷全球的视频编辑领域，数字信号正逐步取代模拟信号，成为新一代视频应用的标准。下面将详细介绍模拟信号与数字信号的相关知识。

1. 模拟信号

模拟信号是指用连续变化的物理量所表示的信息，通常又称为连续信号，它在一定的时间范围内可以有无限多个不同的取值。实际生产生活中的各种物理量，如摄像机摄下的图像，录音机录下的声音，车间控制室所记录的压力、转速、湿度等都是模拟信号，如图 1-1 所示。

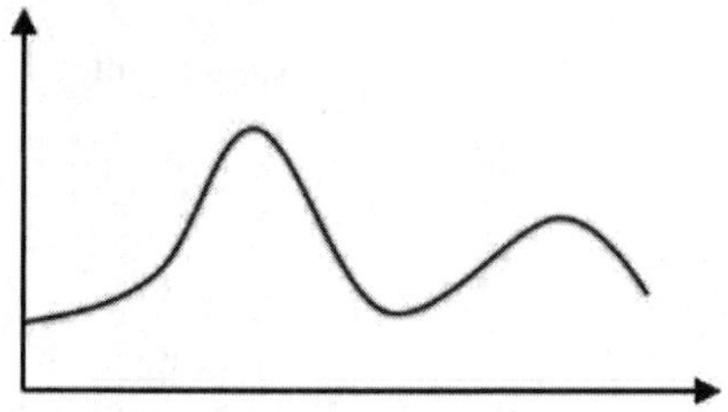

图 1-1 模拟信号

模拟信号的幅度、频率或相位都会随着时间和数值的变化而连续变化，使得任何干扰都会造成信号失真。长期以来的应用实践也证明，模拟信号会在复制或传输过程中不断衰减，并混入噪波，从而使其保真度大幅降低。人们想了许多办法解决这一问题。一种办法是采取各种措施来抗干扰，如给传输线加上屏蔽，或者采用调频载波来代替调幅载波等，但是这些措施都不能从根本上解决干扰的问题。另一种办法是设法除去信号中的噪声，把失真的信号恢复过来，但是对于模拟信号来说，由于无法从已失真的信号中较准确地推知原来的信号，使得这种办法很难有效，有时甚至越弄越糟。

2. 数字信号

数字信号是指自变量是离散的，因变量也是离散的信号，这种信号的自变量用整数表示，因变量用有限数字中的一个数字来表示。在计算机中，数字信号的大小常用有限位的二进制数表示，如图 1-2 所示。

在数字电路中，由于数字信号只有 0、1 两个状态，它的值是通过中央值来判断的，在中央值以下规定为 0，中央值以上规定为 1，所以即使混入了其他干扰信号，只要干扰信号的值不超过阈值，就可以再现原来的信号。即使因干扰信号的值超过阈值而出现了误码，也可以将出错的信号检测出来并加以纠正。因此，与模拟信号相比，数字信号在传输过程中具有更强的抗干扰能力、更远的

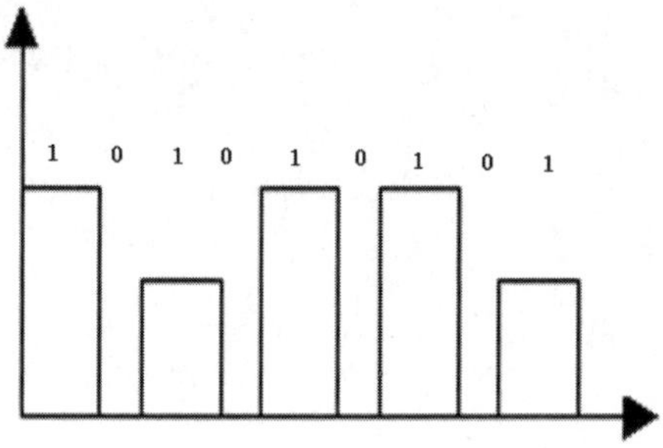

图 1-2 数字信号

传输距离，且失真幅度更小。

技能拓展

由于数字信号的幅值为有限数值，因此在传输过程中虽然也会受到噪声干扰，但当信噪比恶化到一定程度时，只需要通过一定的纠错技术，即可降低噪声干扰，提高数字信号的可靠性。

1.1.2 帧速率和场

帧、帧速率、扫描方式和场这些词汇都是视频编辑中常常会出现的专业术语，它们都与视频播放有关。下面将逐一对这些专业术语和与其相关的知识进行详细介绍。

1. 帧

帧就是影像动画中最小单位的单幅影像画面，相当于电影胶片上的每一格镜头。一帧就是一幅静止的画面，连续的帧就形成了动画。在早期的动画制作中，每一帧画面都需要动画师绘制出来，如图 1-3 所示。

图 1-3 帧动画

2. 帧速率

帧速率是指每秒钟刷新的图片的帧数，也可以理解为图形处理器每秒钟能够刷新几次。对影片内容而言，帧速率是指每秒所显示的静止帧格数。现在要生成平滑连贯的动画，帧速率一般不小于 24fps。捕捉动态视频内容时，帧速率越高越好。

视频是由一系列的单独图像（即帧）组成的，并放映到观众面前的屏幕上。每秒钟放 24 ～ 30 帧，才会产生平滑和连续的效果。正常情况下，会有一个或多个音频轨迹与视频同步，为影片提供声音。

帧速率也是描述视频信号的一个重要概念，对每秒钟扫描多少帧有一定的要求。对于 PAL 制式电视系统，帧速率为 25fps；而对于 NTSC 制式电视系统，帧速率为 30fps。虽然这些帧速率足以提供平滑的运动，但它们还没有高到足以使视频显示避免闪烁的程度。根据实验，人的眼睛可觉察到以低于 1/50 秒速度刷新的图像中的闪烁。然而，要把帧速率提高到这种程度，就要求显著增加系统的频带宽度，这是相当困难的。

3. 隔行扫描和逐行扫描

通常显示器分为隔行扫描和逐行扫描两种扫描方式。逐行扫描相对于隔行扫描，是一种更先进的扫描方式，它是指显示屏显示图像进行扫描时，从屏幕左上角的第一行开始逐行进行，整个图像扫描一次完成，因此，图像显示画面闪烁少，显示效果好，目前先进的显示器大都采用逐行扫描方式。隔行扫描就是每一帧被分割为两场，每一场包含了一帧中所有的奇数扫描行或偶数扫描行，通常是先扫描奇数行得到第一场，再扫描偶数行得到第二场。

隔行扫描是传统的电视扫描方式，如图 1-4 所示。按我国电视标准，一幅完整图像的垂直方向由 625 条扫描线构成，分两次显示，先显示奇数场（1，3，5，…），再显示偶数场（2，4，6，…）。

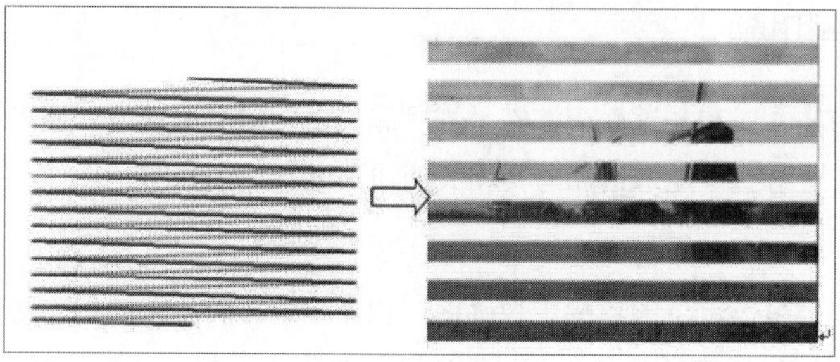

图 1-4　隔行扫描

逐行扫描是使电视机按 1，2，3，…的顺序一行一行地显示一幅图像，构成一幅图像的 625 行一次显示完成的一种扫描方式，如图 1-5 所示。由于每一幅完整画面由 625 条扫描线组成，因此在观看电视时，扫描线几乎不可见，垂直分辨率较隔行扫描提高了一倍，完全克服了大面积闪烁的隔行扫描固有的缺点，使图像更为细腻、稳定，在大屏幕电视上观看时效果尤佳，即便是长时间近距离观看，眼睛也相对不易疲劳。

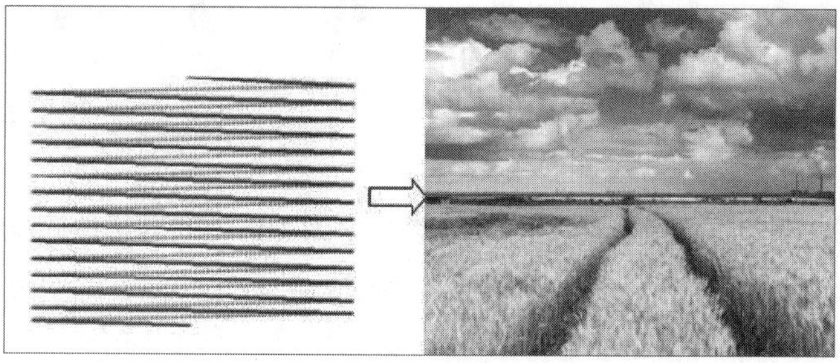

图 1-5　逐行扫描

4. 场

在采用隔行扫描方式进行播放的显示设备中，每一帧画面都会被拆分开进行显示，而拆分后得到的残缺画面即被称为“场”。也就是说，帧速率为 30fps 的显示设备，实质上每秒需要播放约 60 场画面；帧速率为 25fps 的显示设备，实质上每秒需要播放约 50 场画面。

在这一过程中，一幅画面首先显示的场被称为“上场”，而紧随其后播放的、组成该画面的另一场则被称为“下场”。

温馨提示

“场”的概念仅适用于采用隔行扫描方式进行播放的显示设备（如电视机），对于采用胶片进行播放的显像设备（胶片放映机）来说，由于其显像原理与电视机类产品完全不同，因此不会出现任何与“场”有关的内容。

1.1.3 分辨率和像素比

分辨率和像素比是不同的概念，分辨率可以从显示分辨率和图像分辨率两个方向来分类。显示分辨率（屏幕分辨率）是屏幕图像的精密度，是指显示器所能显示的像素有多少。由于屏幕上的点、线和面都是由像素组成的，显示器可显示的像素越多，画面就越精细，同样的屏幕区域内能显示的信息也越多，所以分辨率是图像非常重要的性能指标之一。可以把整个图像想象成一个大型的棋盘，而分辨率的表示方式就是所有经线和纬线交叉点的数目。显示分辨率一定的情况下，显示屏越小图像越清晰，反之，显示屏大小固定时，显示分辨率越高图像越清晰。图像分辨率则是指单位面积中所包含的像素点数，其定义更趋近于分辨率本身的定义。

像素比是指图像中的一个像素的宽度与高度之比，而帧纵横比则是指图像的一帧的宽度与高度之比。例如，某些D1/DV NTSC图像的帧纵横比是4:3，但使用方形像素（1.0像素比）的是640×480，使用矩形像素（0.9像素比）的是720×480。DV基本上使用矩形像素，在NTSC制式视频中是纵向排列的，而在PAL制式视频中是横向排列的。使用计算机图形软件生成的图像大多使用方形像素。

1.2 创作影视作品的常识

对于一名影视节目编辑人员来说，除需要熟练掌握视频编辑软件的使用方法外，还应该掌握一定的影视创作基础知识，才能更好地进行影视节目的编辑。本节将详细介绍蒙太奇、镜头组接、影视节目制作流程的相关知识。

1.2.1 蒙太奇与影视剪辑

蒙太奇是法语“Montage”的音译，原为建筑学术语，意为构成、装配，经常用于文学、音乐和美术3种艺术领域，在电影发明后又引申为剪辑，后来逐渐在视觉艺术等衍生领域被广泛运用，包括室内设计和艺术涂料领域。下面将详细介绍蒙太奇在影视创作中的运用。

1. 含义

影视剪辑中的蒙太奇手法从大的方面可以分为表现蒙太奇和叙事蒙太奇，其中又可细分为心理蒙太奇、抒情蒙太奇、平行蒙太奇、交叉蒙太奇、重复蒙太奇、对比蒙太奇、隐喻蒙太奇等。蒙太奇原指影像与影像之间的关系，有声影片和彩色影片出现之后，在影像与声音（人声、音响、音乐）、声音与声音、彩色与彩色、光影与光影之间，蒙太奇的运用又有了更加广阔的天地。蒙太奇的名目众多，迄今尚无明确的文法规范和分类，但电影界一般倾向于将其分为叙事的、抒情的和理性的（包括象征的、对比的和隐喻的）3类，将一系列在不同地点，从不同距离和角度，以不同方法拍摄的镜头排列组合起来，叙述情节，刻画人物。

2. 功能

（1）通过镜头、场面、段落的分切与组接，对素材进行选择和取舍，以使表现内容主次分明，达到高度的概括和集中。

（2）通过镜头更迭运动的节奏影响观众的心理，引导观众的注意力，激发观众的联想。每个镜头虽然只表现一定的内容，但组接一定顺序的镜头，能够规范和引导观众的情绪和心理，启迪观众思考。

（3）创造独特的影视时间和空间。每个镜头都是对现实时空的记录，经过剪辑，可以实现对时空的再造，形成独特的影视时空。

（4）使影片自如地交替使用叙述的角度，如从作者的客观叙述到人物内心的主观表现，或者通过人物的眼睛看到某种事态。没有这种交替使用叙述的角度，影片的叙述就会单调笨拙。

1.2.2 镜头组接

镜头组接就是将单独的画面有逻辑、有构思、有意识、有创意和有规律地连接在一起。一部影片是由许多镜头合乎逻辑、有节奏地组接在一起，从而阐释或叙述某件事情的发生和发展的过程。画面组接的一般规律为动接动、静接静、声画统一等。

在镜头组接过程中，最重要的是连续性，应注意以下 3 个方面的问题。

1. 关于动作的衔接

动作衔接应流畅，不要有打结或跳跃的痕迹。因此，要选好剪接点，特别是在拍摄时要为后期的剪辑预留剪接点，以便于后期制作。

2. 关于情绪的衔接

应注意把情绪镜头留足，可以把镜头时间适当放长一些。有些以抒情见长的影片，其中不少表现情绪的镜头结尾处都留得比较长，既保持了画面内情绪的余韵，又给观众留下了品味情绪的余地和空间。

情绪既表现在人物的喜、怒、哀、乐之中，也表现在景物的色调、光感及其面貌上，所以情与景是相互影响的。因此，对情与景的镜头的组接，应给予充分的注意。要掌握以景传情和以景衬情的镜头衔接技巧。

3. 关于节奏的衔接

动作与节奏联系最为紧密，特别是在追逐、打斗、枪战场面中，节奏表现得最为突出。这类场面动作快，节奏紧，因而适合用短镜头。有时只用二三格连续交叉的剪接，即可获得一种让人眼花缭乱、目不暇接的艺术效果，给人紧张热烈的感觉。

技能拓展

除动作富有强烈的节奏感外，情绪镜头衔接中也蕴涵着节奏，有时它来得像疾风骤雨，有时它又给人一种小溪流水一样缓慢、舒畅的感觉，这些都需要拍摄者用心把握。

1.2.3 镜头组接蒙太奇

在镜头组接的过程中，蒙太奇具有叙事和表现两大功能，在此基础上还可对其进行进一步的划分，下面将介绍镜头组接蒙太奇的相关知识。

1. 叙事蒙太奇

叙事蒙太奇由美国电影大师大卫·格里菲斯等人首创，是影视片中最常用的一种叙事方法。它的特征是以交代情节、展示事件为主旨，按照情节发展的时间流程、因果关系来分切组合镜头、场面和段落，从而引导观众理解剧情。这种蒙太奇组接脉络清楚，逻辑连贯，简单易懂。叙事蒙太奇还分为以下几种。

（1）平行蒙太奇。

这种蒙太奇常将不同时空（或同时异地）发生的两条或两条以上的情节线并列表现，分头叙述而统一在一个完整的结构之中。格里菲斯、希区柯克都是极善于运用这种蒙太奇的大师。平行蒙太奇应用广泛，首先，用它处理剧情可以删减过程，利于概括集中、节省篇幅，增加影片的信息量，并加强影片的节奏；其次，这种手法是几条线索并列表现，相互烘托，形成对比，易于产生强烈的艺术感染效果。

（2）交叉蒙太奇。

交叉蒙太奇又称为交替蒙太奇，它将同一时间不同地域发生的两条或数条情节线迅速而频繁地交替剪接在一起，其中一条线索的发展往往影响另外的线索，各条线索相互依存，最后汇合在一起。这种剪辑技巧极易引起悬念，营造紧张激烈的气氛，加强矛盾冲突的尖锐性，是掌握观众情绪的有力手法，惊险片、恐怖片和战争片常用此法打造追逐和惊险的场面。

（3）颠倒蒙太奇。

这是一种打乱结构的蒙太奇方式，先展现故事或事件的当前状态，再介绍故事的始末，表现为事件概念上“过去”与“现在”的重新组合。它常借助叠化（也称叠画）、划变、画外音、旁白等转入倒叙。运用颠倒蒙太奇，打乱的是事件顺序，但时空关系仍需交代清楚，叙事应符合逻辑关系。事件的回顾和推理常以这种方式进行。

（4）连续蒙太奇。

这种蒙太奇不像平行蒙太奇或交叉蒙太奇那样多线索地发展，而是沿着一条单一的情节线索，按照事件的逻辑顺序，有节奏地连续叙事。这种叙事自然流畅，朴实平顺，但由于缺乏时空与场面的变换，无法直接展示同时发生的情节，难以突出各条情节线之间的关系，不利于概括，易有拖沓冗长、平铺直叙之感，因此，在一部影片中绝少单独使用，多与平行、交叉蒙太奇手法混合使用，相辅相成。

2. 表现蒙太奇

表现蒙太奇是以镜头对列为基础，通过相连镜头在形式或内容上相互对照、冲击，从而产生单个镜头本身所不具有的丰富内涵，以表达某种情绪或思想。其目的在于激发观众的联想，启迪观众的思考。表现蒙太奇还分为以下几种。

（1）抒情蒙太奇。

在保证叙事和描写的连贯性的同时，表现超越剧情的思想和情感。意义重大的事件被分解成一系列近景或特写，从不同的角度捕捉事物的本质含义，渲染事物的特征。最常见、最易被观众感受到的抒情蒙太奇，往往是在一段叙事场面之后，恰当地切入象征情绪、情感的空镜头。

（2）心理蒙太奇。

心理蒙太奇是刻画人物心理的重要手段，它通过画面镜头组接或声画有机结合，形象生动地展示出人物的内心世界，常用于表现人物的梦境、回忆、闪念、幻觉、遐想、思索等精神活动。这种蒙太奇在剪辑时多用交叉、穿插等手法，其特点是画面和声音形象的片段性、叙述的不连贯性和节奏的跳跃性，声画形象带有剧中人强烈的主观性。

（3）隐喻蒙太奇。

通过镜头或场面的对列进行类比，含蓄而形象地表达创作者的某种寓意。这种手法往往将不同事物之间某种相似的特征凸显出来，以引起观众的联想，使其领会导演的用意和事件的情绪色彩。隐喻蒙太奇将巨大的概括力和极度简洁的表现手法相结合，往往具有强烈的情绪感染力。不过，运用这种手法应该谨慎，隐喻与叙述应有机结合，避免生硬牵强。

（4）对比蒙太奇。

类似文学中的对比描写，即通过镜头或场面之间在内容（如贫与富、苦与乐、生与死、高尚与卑下、胜利与失败等）或形式（如景别大小、色彩冷暖、声音强弱、动静等）上的强烈对比，产生相互冲突的效果，以表达创作者的某种寓意或强化所表现的内容和思想。

1.2.4 声画组接蒙太奇

人类历史上早期的电影是没有声音的，主要是以演员的表情和动作来引起观众的联想，并完成创作思想的传递。随着技术的发展，人们通过幕后语言配合或人工声响的方式与屏幕上的画面结合，从而获得了声画融合的艺术效果。

1. 影视语言

影视艺术是声音与画面艺术的结合物，缺少其中任一部分都不能称为现代影视艺术。声音元素包括影视的语言因素，在影视艺术中，对语言的要求不同于其他的艺术形式，有着自己特殊的标准和规则。

（1）语言的连贯性，声画和谐。

在影视节目中，如果把语言分解开来，会发现它不像一篇完整的文章，会出现语言断续、跳跃性大等缺点，而且段落之间也不一定有严密的逻辑性。但是，如果将语言与画面相配合，就可以看出节目整体的不可分割性和严密的逻辑性。这种逻辑性表现在语言和画面不是简单的相加，也不是简单的合成，而是相互渗透、互相溶解，相辅相成。在声画组合中，有些时候是以画面为主，用语言说明画面的抽象内涵；有些时候是以声音为主，画面只是作为形象的提示。由此可以看出，影视语言可以深化和升华主题，将形象的画面用语言表达出来；可以抽象概括画面，用具体的画面表现抽象的概念；可以表现不同人物的性格和心态；可以衔接画面，使镜头过渡流畅；可以精简画面，将一些不必要的画面省略掉。

（2）语言的口语化、通俗化。

影视节目面对的观众多层次化，除一些特定影片外，都应该使用通俗语言。所谓通俗语言，就是影片中要使用口语。如果语言晦涩难懂，便会直接影响观众对画面的感受和理解，当然也就不能取得良好的视听效果。

2. 语言录音

影视节目中的语言录音包括对白、解说、旁白、独白等。为了提高录音效果，必须注意解说员的专业素养、录音技巧及解说的形式。

（1）解说员的专业素养。

一个合格的解说员必须充分理解稿本，对稿本的内容做到了然于胸，对一些比较专业的词语必须理解；在读的时候还要抓住主题，确定语音的基调，也就是总的气氛和情调。在配音风格上要爱憎分明，刚柔并济，严谨生动；台词对白必须符合人物形象的性格特点，解说的语言还要流畅、清晰，不能含混不清。

（2）录音技巧。

录音在技术上要求尽量保证良好的音质音量，尽量在专业录音棚中进行。在录音现场，要有录音师统一指挥，配音员默契配合。在进行解说录音的时候，需要先对画面进行编辑，然后让配音员观看、配音。

（3）解说的形式。

在影视节目中，解说的形式多种多样，需要根据影片内容而定。不过，大致上可以将其分为3类：第一人称解说、第三人称解说及第一人称和第三人称交替解说。

3. 影视音乐

在日常生活中，音乐是一种用于满足人们听觉欣赏需求的艺术形式。不过，影视节目中的音乐没有普通音乐的独立性，而是具有一定的目的性，影视音乐的结构和目的在表现形式上各有特点。此外，影视音乐具有融合性，即影视音乐必须同其他影视因素结合，这是因为音乐本身在表达感情时往往不够准确，但在与语言和画面融合后，便可以突破这种局限性。

影视音乐按照影视节目的内容划分，可分为故事片音乐、科教片音乐、新闻片音乐、美术片音乐和广告片音乐等；按照音乐的作用划分，可分为说明性音乐、戏剧性音乐、气氛性音乐和效果性音乐等；按照影视节目的段落划分，可分为片头主题音乐、片尾音乐、片中插曲和情节性音乐等。

1.2.5 影视节目制作流程

一部完整的影视节目从策划、前期拍摄、后期编辑到最终完成，其流程众多且繁杂。不过，单就后期编辑而言，整个项目的流程并不是很复杂。本小节将详细介绍非线性编辑影视节目后期编辑的基本流程。

1. 准备素材

在使用非线性编辑系统制作节目时，首先需要向系统中输入所要用到的素材。大多数情况下，在输入素材时，应该根据不同系统的特点和不同的编辑要求，使用不同的数据传输接口方式和压缩比，一般来说应遵循以下原则。

（1）尽量使用数字接口，如QSDI接口、CSDI接口、SDI接口和DV接口。

（2）对于同一种压缩方法来说，压缩比越小，图像质量越高，占用的存储空间就越大。

（3）采用不同压缩方式的非线性编辑系统，在录制视频素材时采用的压缩比可能不同，但有可能获得同样的图像质量。

2. 节目制作

节目制作是非线性编辑影视节目制作中最为重要的一个环节，编辑人员在该环节需要进行的工作主要集中在以下几个方面。

（1）浏览素材：在非线性编辑系统中查看素材拥有极大的灵活性，因为可以让素材以正常速度播放，也可以实现快速重放、慢放和单帧播放等。

（2）定位编辑点：可实时定位是非线性编辑系统的最大优点，这为编辑人员节省了大量搜索的时间，从而极大地提高了编辑效率。

（3）调整素材长度：通过时间码编辑，工作人员能够快速、准确地在节目中的任意位置插入一个素材，也可以实现磁带编辑中常用的插入和组合编辑。

（4）应用特技：通过数字技术，为影视节目应用特技变得异常简单，而且能够在应用特技的同时观看到应用效果。

（5）编辑声音：大多数基于计算机的非线性编辑系统都能够直接从CD、MIDI文件中录制波形声音文件，并利用同样数字化的音频编辑系统进行处理。

（6）添加字幕：字幕与视频画面的合成方式有软件和硬件两种。其中，软件字幕使用的是特技抠像方法，硬件字幕则是通过视频硬件来实现字幕与画面的实时混合叠加。

3. 节目输出

在非线性编辑系统中，节目在编辑完成后主要通过以下 3 种方法输出。

（1）输出到录像带。

这是联机非线性编辑时最常用的输出方式，操作要求与输入素材时的要求基本一致，即优先考虑使用数字接口，其次是分量接口、S-Video接口和复合接口。

（2）输出EDL文件。

在某些对节目画质要求较高，即使非线性编辑系统采用最小压缩比仍不能满足要求时，可以考虑只在非线性编辑系统上进行初编，然后输出EDL文件至DVW或BVW编辑台进行精编。

（3）直接用硬盘播出。

该方法可减少中间环节，降低视频信号的损失。不过，在使用时必须保证系统的稳定性，有条件的情况下还应该准备备用设备。

1.3 常见的视频和音频格式

非线性编辑的出现，使得视频影像的处理方式进入了数字时代。相应地，影像的数字化记录方法也更加多样化，在编辑影片之前，用户首先需要了解视频和音频格式的常识，本节将详细介绍常用视频和音频格式方面的知识。

1.3.1 视频格式

随着视频编码技术的不断发展，视频文件的格式种类也变得极为丰富。为了更好地编辑影片，用户必须熟悉各种常见的视频格式，以便在编辑影片时能够灵活使用不同格式的视频素材，下面将详细介绍常用视频格式。

1. MPEG/MPG/DAT 格式

MPEG/MPG/DAT类型的视频文件都是由MPEG编码技术压缩而成的，被广泛应用于VCD/DVD和HDTV的视频编辑与处理。其中，VCD内的视频文件使用的是MPEG 1 编码技术，DVD内的视频文件则由MPEG 2 编码技术压缩而成。

2. MOV 格式

这是由苹果公司研发的一种视频格式，是基于QuickTime音视频软件的配套格式。MOV格式不仅可以在苹果公司生产的Mac机上进行播放，还可以在基于Windows操作系统的QuickTime软件中播放。MOV格式也逐渐成为使用较为频繁的视频文件格式。

3. AVI 格式

AVI是由微软公司研发的视频格式，其优点是允许影像的视频部分和音频部分交错在一起同步播放，调用方便、图像质量好，缺点是文件体积过于庞大。

4. ASF 格式

ASF是微软公司为了和RealNetworks公司竞争而发展出来的一种可直接在网上观看视频节目的文件压缩格式。ASF主要使用MPEG 4 压缩算法，其压缩率和图像的质量都很不错。

5. WMV 格式

WMV是一种可在互联网上实时传播的视频文件类型，其主要优点包括可扩充的媒体类型、本地或网络回放、可伸缩的媒体类型、流的优先级化、多语言支持、扩展性好等。

6. RM/RMVB 格式

RM/RMVB是按照RealNetworks公司制定的音频/视频压缩规范而创建的视频文件格式。RM格式的视频文件只能进行本地播放，而RMVB除了可以进行本地播放，还可以通过互联网进行流式播放，使用户只需进行短时间的缓冲，便可不间断地长时间欣赏影视节目。

1.3.2 音频格式

音频格式是指要在计算机内播放或处理的音频文件，是对声音文件进行数模转换的过程。

1. WAVE 格式

WAVE（*.wav）是微软公司开发的一种声音文件格式，用于保存Windows平台的音频信息资源，支持MSADPCM、CCITT A_Law等多种压缩算法，同时也支持多种音频位数、采样频率和声道。标准格式的WAV文件的采样频率为44.1kHz，速率为88kHz/s，量化位数为16位，是各种音频文件中音质最好的，同时也是体积最大的。

2. AIFF 格式

AIFF是音频交换文件格式（Audio Interchange File Format）的英文缩写，是一种以文件格式存储的数字音频（波形）的数据，AIFF应用于个人计算机及其他电子音响设备以存储音乐数据。AIFF支持ACE2、ACE8、MAC3和MAC6压缩，支持16位44.1kHz立体声。

3. MP3 格式

MP3是一种采用了有损压缩算法的音频文件格式。MP3在采用心理声学编码技术的同时结合了人们的听觉原理，剔除了某些人耳分辨不出的音频信号，从而实现了高达1∶12或1∶14的压缩比。

此外，MP3还可以根据不同需要使用不同的采样频率进行编码，如96kb/s、112kb/s、128kb/s等。其中，使用128kb/s采样率所获得的MP3的音质非常接近于CD音质，但其大小仅为CD音乐的1/10，因此成为目前最为流行的一种音乐格式。

4. OggVorbis 格式

OggVorbis是一种新的音频压缩格式，类似于MP3等现有的音乐格式。但有一点不同的是，它是完全免费、开放和没有专利限制的。Vorbis是这种音频压缩机制的名称，而Ogg则是一个计划的名称，该计划意图设计一个完全开放的多媒体系统，目前该计划只实现了OggVorbis这一部分。

OggVorbis文件的扩展名为*.ogg。这种文件的设计格式是非常先进的，可以不断地进行大小和音质的改良。

5. WMA 格式

WMA（Windows Media Audio）是微软公司推出的与MP3格式齐名的一种新的音频格式。WMA在压缩比和音质方面都超过了MP3，即使在较低的采样频率下也能产生较好的音质。

6. AMR 格式

AMR 英文全称为 Adaptive Multi-Rate，中文翻译为自适应多速率编码，是主要用于移动设备的音频格式，压缩比比较大，但相对其他的压缩格式质量比较差，不过这种格式用于通话，效果还是很不错的。

7. MIDI 格式

MIDI 格式允许数字合成器和其他设备交换数据。MIDI 文件并不是一段录制好的声音，而是记录声音的信息，然后再告诉声卡如何再现音乐的一组指令。这样一个 MIDI 文件每存 1 分钟的音乐只用 5 ~ 10KB。MIDI 文件主要应用于原始乐器作品、流行歌曲的业余表演、游戏音轨、电子贺卡等。MIDI 文件的扩展名为*.mid。*.mid 文件重放的效果完全依赖声卡的档次，它的最大用处是在计算机作曲领域。*.mid 文件可以用作曲软件写出，也可以通过声卡的 MIDI 口把外接音序器演奏的乐曲输入计算机中，制成*.mid 文件。

1.4 数字视频编辑

使用影像录制设备获取视频后，用户通常还要对其进行剪切、重新编排等一系列处理，这个操作过程被称为视频编辑，而当用户以数字方式来完成这一任务时，整个过程便称为数字视频编辑。本节将详细介绍数字视频编辑方面的基础知识。

1.4.1 线性编辑与非线性编辑

在电影电视的发展过程中，视频节目的制作先后经历了物理剪辑、电子编辑和数字编辑 3 个阶段，其编辑方式也先后出现了线性编辑和非线性编辑，下面将详细介绍线性编辑与非线性编辑的相关知识。

1. 线性编辑

线性编辑是电视节目的传统编辑方式，需要按时间顺序从头到尾进行编辑，它所依托的是以一维时间轴为基础的线性记录载体，如磁带编辑系统。素材在磁带上按时间顺序排列，要求编辑人员首先编辑素材的第一个镜头，结尾的镜头最后编辑。它意味着编辑人员必须对一系列镜头的组接做出确切的判断，事先做好构思，一旦编辑完成，就不能轻易改变这些镜头的组接顺序。因为对编辑带的任何改动，都会导致记录在磁带上的信号的真实地址需要重新安排，从改动点以后直至结尾的所有部分都将受到影响。

线性编辑具有以下优点。

（1）可以很好地保护原来的素材，能多次使用。

（2）不损伤磁带，能充分利用磁带随意录、随意抹去的特点，降低制作成本。

（3）能保持同步与控制信号的连续性，组接平稳，不会出现信号不连续的情况。

（4）可以迅速且准确地找到最适当的编辑点，正式编辑前可预先检查，编辑后可立刻观看编辑效果，发现不妥可马上修改。

（5）声音与图像可以做到完全吻合，还可以分别进行修改。

线性编辑具有以下缺点。

（1）线性编辑系统只能在一维时间轴上按照镜头的顺序一段一段地搜索，不能跳跃。因此，素材的选择很费时间，影响了编辑效率。

（2）模拟信号经多次复制，信号严重衰减，声画质量降低。

（3）线性编辑难以对半成品完成插入或删除等操作。

（4）线性编辑系统连线复杂，有视频线、音频线、控制线、同步机，可靠性相对较低。

（5）较为生硬的操作界面限制了制作人员创造能力的发挥。

2. 非线性编辑

传统的线性编辑需要较多的外部设备，如放像机、录像机、特技发生器、字幕机，工作流程十分复杂。非线性编辑是指剪切、复制和粘贴素材时无须在存储介质上对其进行重新安排的视频编辑方式。非线性编辑在编辑视频的同时，还能实现诸多处理效果，如添加视觉特技、更改视觉效果等。现在绝大多数的电视电影制作机构都采用了非线性编辑系统。

非线性编辑系统是计算机技术和电视数字化技术的结晶。它使电视制作的设备由分散复杂到简约集中，制作速度和画面效果均有很大提高。非线性编辑具有以下特点。

（1）信号质量高：使用非线性编辑系统，无论用户如何处理或编辑素材，复制多少次，信号质量始终如一。当然，信号的压缩与解压缩编码多少存在一些质量损失，但与线性编辑相比，损失大大减小。

（2）制作水平高：在非线性编辑系统中，大量的素材都存储在硬盘上，可以随时调用，不必费时费力地逐帧寻找。素材的搜索极其容易，使整个编辑过程就像文字处理一样，既灵活又方便。

（3）设备寿命长：非线性编辑系统对传统设备的高度集成，使后期制作所需的设备降至最少，有效地节约了资金。而且由于是非线性编辑，可以避免磁鼓的大量磨损，使得录像设备的寿命大大延长。

（4）便于升级：非线性编辑系统所采用的是易于升级的开放式结构，支持许多第三方的硬件、软件。通常功能的增加只需要通过软件的升级就能实现。

（5）网络化：非线性编辑系统可充分利用网络方便地传输数码视频，实现资源共享，还可利用网络上的计算机协同创作，对数码视频资源进行管理、查询。

1.4.2 非线性编辑系统的构成

非线性编辑的实现，要靠软件与硬件两方面的共同支持，而两者的组合便称为非线性编辑系统。目前，一套完整的非线性编辑系统，其硬件部分至少应包括一台多媒体计算机，此外还需要视频卡、

IEEE 1394卡及其他专用板卡和外围设备等，如图1-6所示。

其中，视频卡（如图1-7所示）用于采集和输出模拟视频，也就是担负着模拟视频与数字视频之间相互转换的功能。

图1-6 非线性编辑系统中的硬件

图1-7 视频卡

温馨提示

从软件上看，非线性编辑系统主要由非线性编辑软件、图像处理软件、二维动画软件、三维动画软件和音频处理软件等软件构成。

1.4.3 非线性编辑的工作流程

非线性编辑的工作流程可简单分为输入、编辑和输出3个步骤。本节将详细介绍非线性编辑的工作流程。

1. 素材采集与输入

素材是视频节目的基础，因此收集、整理素材后将其导入编辑系统，便成为正式编辑视频节目前的首要工作。利用Premiere Pro 2022的素材采集功能，用户可以方便地将磁带或其他存储介质上的模拟音视频信号转换为数字信号存储在计算机中，并将其导入编辑软件中，使其成为可以处理的素材。

2. 素材编辑

大多数情况下，并不是素材中的所有部分都会出现在编辑完成的视频中。很多时候，视频编辑人员需要使用剪切、复制、粘贴等方法，选择素材内最合适的部分，然后按一定顺序将它们组接成一段完整的视频，这便是编辑素材的过程。

3. 特技处理

由于拍摄手段、技术及其他原因的限制，很多时候人们无法直接得到所需要的画面效果。此时，视频编辑人员便需要通过特技处理向观众呈现此类难拍摄或根本无法拍摄到的画面效果。

4. 字幕添加

字幕是影视节目的重要组成部分，Premiere Pro 2022 拥有强大的字幕制作功能，操作也极其简便。此外，Premiere Pro 2022 还内置了大量的字幕模板，很多时候用户借助字幕模板，便可以方便快捷地获得令人满意的字幕效果。

5. 影片输出

视频节目在编辑完成后，就可以输出到录像带上。当然，根据需要也可以将其输出为视频文件发布到网上，或者直接刻录成VCD光盘、DVD光盘等。

课堂问答

通过本章的讲解，读者对视频剪辑有了一定的了解，下面列出一些常见的问题供读者学习参考。

问题 1：如何在拍摄视频时应用色彩？

答：色彩本身没有情感，但它会对人们的心理产生一定的影响。例如，红、橙、黄等暖色调往往会使人联想到阳光、火焰等，从而给人炽热、向上的感觉；而青、蓝、蓝绿、蓝紫等冷色调则会使人联想到水、冰、夜色等，给人以凉爽、平和的感觉。

在实际拍摄及编辑视频的过程中，尽管每个画面内都可能包含多种不同色彩，但总会有一种色彩占据画面主导地位，成为画面色彩的基调。因此，在编辑时便应根据需要来突出或淡化该色彩对表现效果的影响。

问题 2：数字视频的本质是什么？

答：在对模拟信号与数字信号有了一定的了解后，什么是数字视频便很容易解释了。简单地说，使用数字信号来记录、传输、编辑的视频数据，即称为数字视频。

问题 3：什么是数字音频？

答：数字音频是指将音频信号转换为数字形式进行存储、处理和传输的一种技术。数字音频可以通过多种编码格式和压缩算法来表示和储存，以实现高质量的音频存储、传输和回放。

计算机数据是以 0、1 的形式存储的，数字音频就是首先将音频文件转化为电平信号，接着再将电平信号转化为二进制数据保存，播放的时候再把这些数据转换为模拟的电平信号送到喇叭播出的一种技术。

知识能力测试

本章讲解了视频剪辑的相关知识，为对知识进行巩固和考核，请读者完成以下练习题。

一、填空题

1. 模拟信号是指用连续变化的________所表达的信息，通常又称为________，它在一定的时间范围内可以有无限多个不同的取值。

2. 帧速率是指每秒钟刷新的图片的________，也可以理解为图形处理器每秒钟能够刷新几次。

3. 分辨率可以从________分辨率和________分辨率两个方向来分类。

4. 像素比是指图像中的一个像素的________与________之比。

二、选择题

1. 下面不是表现蒙太奇的为（　　）。

A. 抒情蒙太奇　　B. 心理蒙太奇　　C. 隐喻蒙太奇　　D. 颠倒蒙太奇

2. 下面不属于线性编辑优点的是（　　）。

A. 可以很好地保护原来的素材，能多次使用

B. 不损伤磁带，能发挥磁带随意录、随意抹去的特点，降低制作成本

C. 能保持同步与控制信号的连续性，组接平稳，不会出现信号不连续的情况

D. 信号质量高

3. 下面属于音频格式的为（　　）。

A. MOV 格式　　B. MPEG/MPG/DAT 格式

C. WMA 格式　　D. ASF 格式

4. 下面不属于录音的解说形式的为（　　）。

A. 第二人称　　B. 第一人称

C. 第三人称　　D. 第一人称和第三人称交替

三、简答题

1. 请简单回答非线性编辑的工作流程。

2. 请列举常用的视频格式（至少 5 个）。

Premiere Pro 2022

第2章 Premiere Pro 2022基本操作

本章主要介绍Premiere Pro 2022的工作界面、功能面板、界面的布局、设置项目方面的知识与技巧，同时还讲解了视频剪辑流程。通过对本章内容的学习，读者可以掌握Premiere Pro 2022基本操作方面的知识，为深入学习Premiere Pro 2022知识奠定基础。

学习目标

- 认识 Premiere Pro 2022 的工作界面
- 认识功能面板
- 了解各种界面布局
- 熟练掌握设置项目的方法
- 熟悉视频剪辑流程

2.1 Premiere Pro 2022的工作界面

在编辑视频时，对工作界面的认识是必不可少的。Premiere Pro 2022 采用了一种面板式的操作环境，整个用户界面由多个活动面板组成，视频的后期处理就是在各种面板中进行操作的。本节将详细介绍 Premiere Pro 2022 的工作界面。

2.1.1 菜单栏

Premiere Pro 2022 的菜单栏默认分为文件、编辑、剪辑、序列、标记、图形、视图、窗口和帮助 9 个菜单项，如图 2-1 所示，每个菜单项代表一类命令。

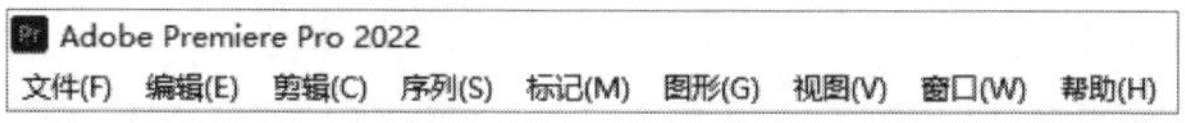

图 2-1 菜单栏

2.1.2 【项目】面板

【项目】面板用于对素材进行导入、存放和管理。该窗口可以用多种方式显示素材，包括素材的缩略图、名称、类型、颜色标签、出入点等信息，也可以为素材分类、重命名素材、新建素材等，如图 2-2 所示。

2.1.3 【监视器】面板

【监视器】面板用来显示音视频节目编辑合成后的最终效果，用户可通过预览最终效果来估计编辑的效果与质量，以便进一步调整和修改，如图 2-3 所示。

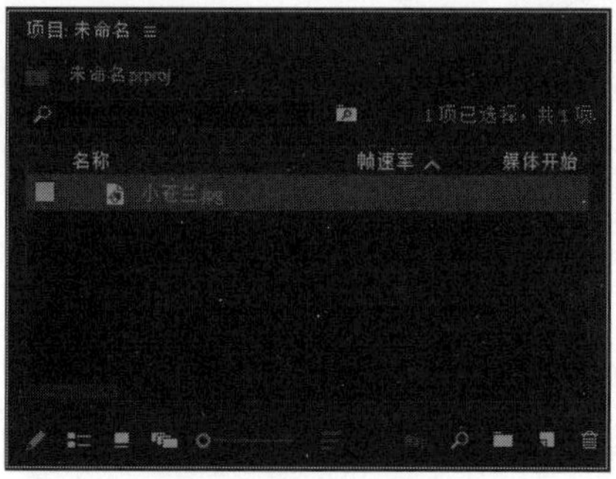

图 2-2 【项目】面板

图 2-3 【监视器】面板

2.1.4 【时间轴】面板

【时间轴】面板是Premiere Pro 2022 中最主要的编辑面板，在该面板中用户可以按照时间顺序排列和连接各种素材，可以剪辑片段、叠加图层、设置动画关键帧和合成效果等。时间轴还可多层嵌套，该功能对制作影视长片或复杂特效十分有用，如图 2-4 所示。

2.1.5 【素材源】面板

【素材源】面板的主要作用是预览和修剪素材，编辑影片时只需双击【项目】面板中的素材，即可通过素材源监视器预览效果。在窗口中，素材预览区的下方为时间标尺，底部则为播放控制区，如图 2-5 所示。

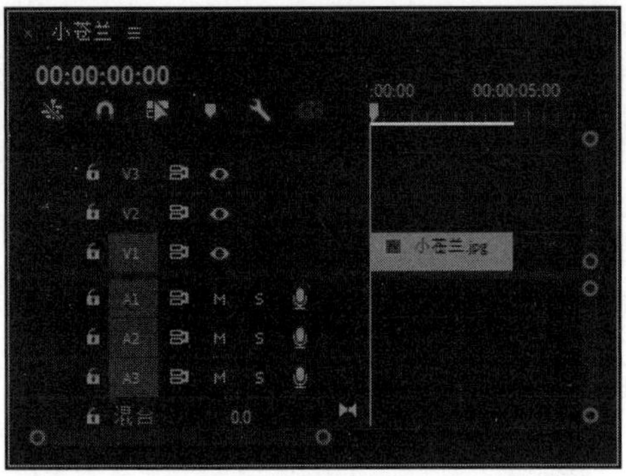

图 2-4 【时间轴】面板

图 2-5 【素材源】面板

2.2 功能面板

Premiere Pro 2022 拥有多个实用的功能面板，如【工具】面板、【效果】面板、【效果控件】面板、【字幕】面板、【音轨混合器】面板、【历史记录】面板和【信息】面板等。本节将详细介绍 Premiere Pro 2022 中各个功能面板的相关知识。

2.2.1 【工具】面板

【工具】面板主要用于对时间轴上的素材进行剪辑、添加或移除关键帧等操作，如图 2-6 所示，各工具的名称及功能如表 2-1 所示。

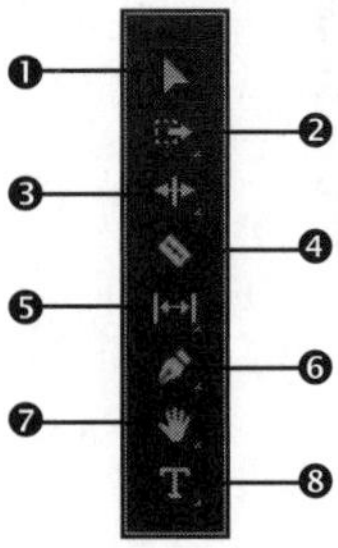

图 2-6 【工具】面板

表 2-1 【工具】面板中各工具的名称及功能

工具名称	工具的功能
❶选择工具	选择此工具，在【时间轴】面板中的素材上单击，即可选中该素材
❷向前选择轨道工具	选择此工具，可选择序列中位于光标右侧的所有素材
❸波纹编辑工具	选择此工具，可修剪时间轴内某素材的入点或出点。波纹编辑工具可关闭由编辑导致的间隙，并可保留对修剪剪辑左侧或右侧的所有编辑
❹剃刀工具	选择此工具，可在时间轴内的素材中进行一次或多次切割操作。单击素材内的某一位置后，该素材即会在此位置精确拆分。要在此位置拆分所有轨道内的剪辑，可在按住【Shift】键的同时在任意素材内单击相应点
❺外滑工具	选择此工具，可同时更改时间轴内某素材的入点和出点，并使入点和出点之间的时间间隔不变。例如，如果将时间轴内的一个 10 秒素材修剪到 5 秒，可以使用外滑工具来确定剪辑的哪个 5 秒部分显示在时间轴内
❻钢笔工具	选择此工具，可设置或选择关键帧，或者调整时间轴内的连接线。要调整连接线，可垂直拖动连接线；要设置关键帧，可按住【Ctrl】键并单击连接线。要选择非连续的关键帧，可按住【Shift】键并单击相应关键帧；要选择连续的关键帧，可将选框拖曳到这些关键帧上
❼手形工具	选择此工具，在查看区域内的任意位置向左或向右拖动，可向左或向右移动时间轴的查看区域
❽文字工具	选择此工具，将光标定位在【监视器】面板中，即可输入文字，为素材添加字幕

2.2.2 【效果】面板

【效果】面板的作用是提供多种视频过渡效果。在 Premiere Pro 2022 中，系统共为用户提供了 70 多种视频过渡效果。单击【窗口】主菜单，在弹出的菜单中选择【效果】命令，即可弹出【效果】面板，如图 2-7 和图 2-8 所示。

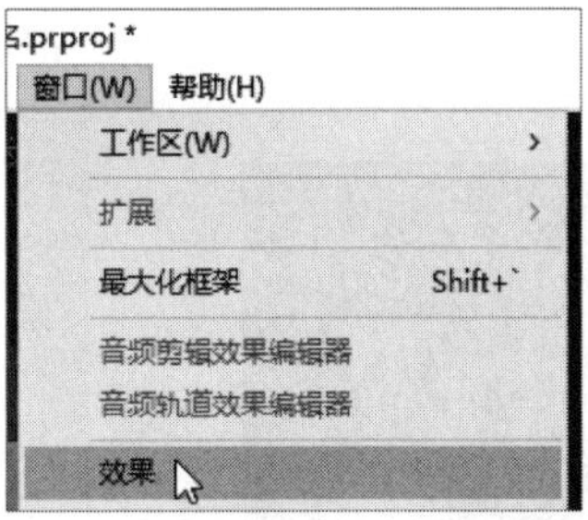

图 2-7 【窗口】菜单中的【效果】命令

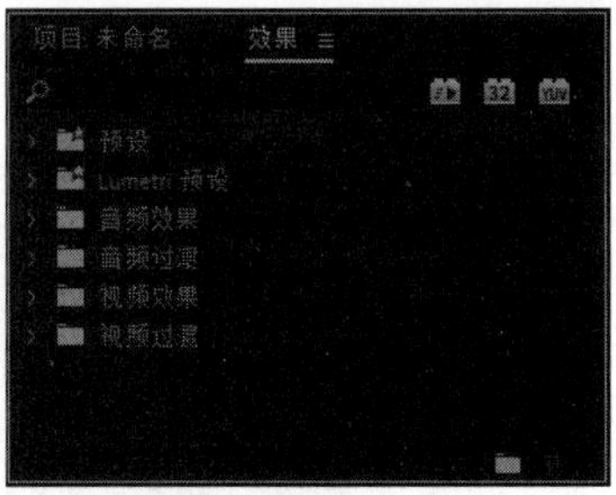

图 2-8 【效果】面板

2.2.3 【效果控件】面板

想要修改视频过渡效果，可以在【效果控件】面板中进行设置，如图 2-9 所示。单击【窗口】主菜单，在弹出的菜单中选择【效果控件】命令，即可打开【效果控件】面板。

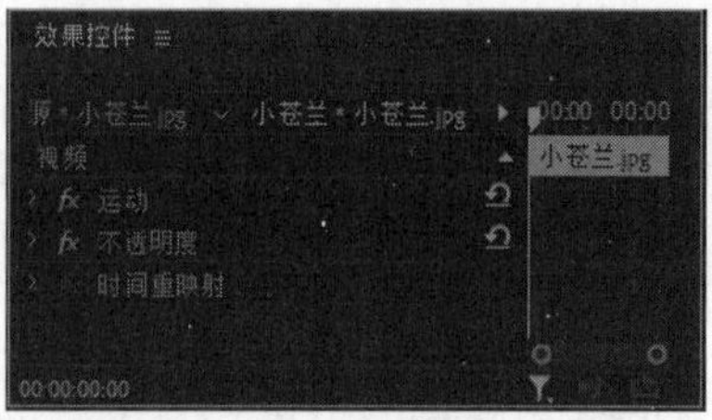

图 2-9 【效果控件】面板

2.2.4 【字幕】面板

在 Premiere Pro 2022 中，所有字幕都是在【字幕】面板中创建完成的。在该面板中，不仅可以创建和编辑静态字幕，还可以制作出各种动态的字幕效果。单击【文件】主菜单，在弹出的菜单中选择【新建】命令，在弹出的子菜单中选择【旧版标题】命令，弹出如图 2-10 所示的【新建字幕】对话框，单击【确定】按钮，即可弹出【字幕】面板，如图 2-11 所示。

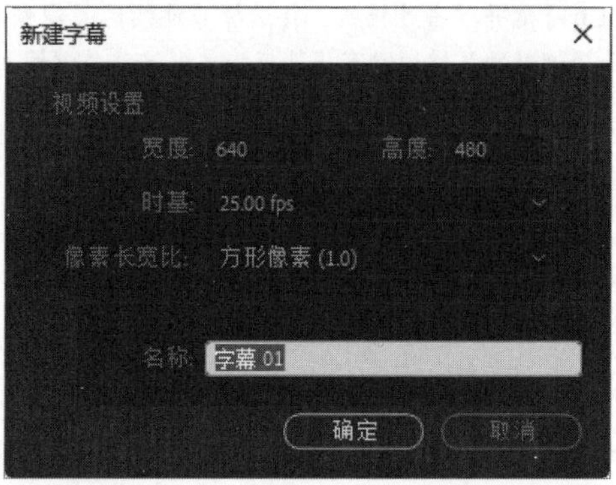

图 2-10 【新建字幕】对话框

图 2-11 【字幕】面板

需要注意的是，旧版字幕即将停用，如图 2-12 所示。使用 Premiere Pro 2022，用户需要使用【基本图形】面板创建字幕。

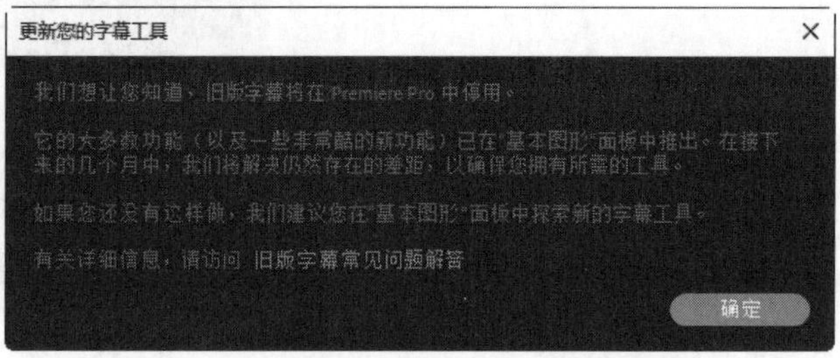

图 2-12 【更新您的字幕工具】对话框

2.2.5 【基本图形】面板

单击【窗口】主菜单，在弹出的菜单中选择【基本图形】菜单项，即可打开【基本图形】面板。

【基本图形】面板用于创建图形剪辑，包括【浏览】和【编辑】两个选项卡，如图2-13和图2-14所示。其主要功能如下。

(1) 字幕或标题，与旧版标题字幕设计器的功能类似。

(2) 基于图层的层次关系及动画。

(3) 矢量图形及蒙版，矢量运动控件。

(4) 动态图形及模板，与Adobe After Effects联动。

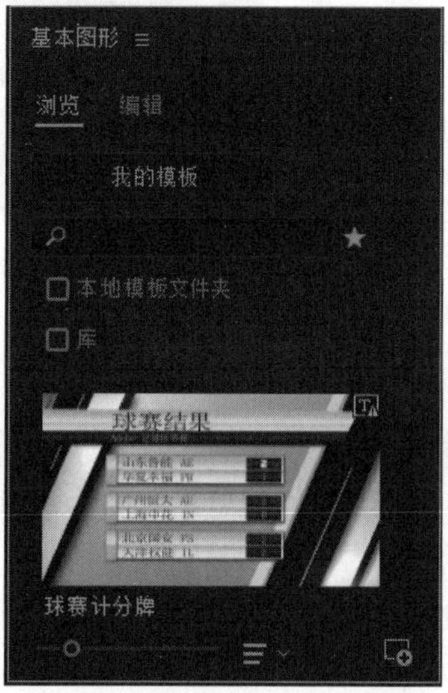

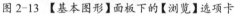

图2-13 【基本图形】面板下的【浏览】选项卡

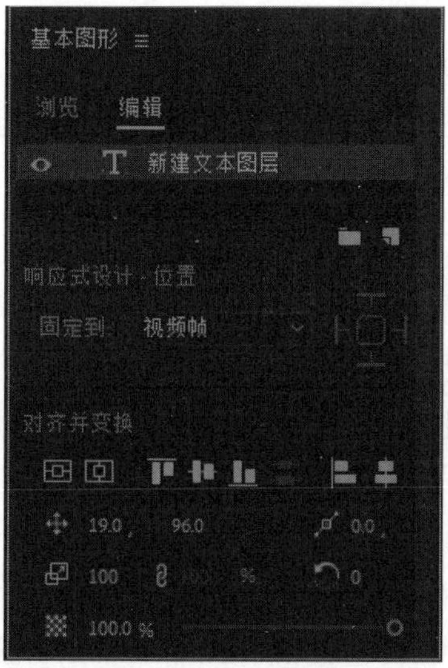

图2-14 【基本图形】面板下的【编辑】选项卡

使用【基本图形】面板【浏览】选项卡下的【我的模板】中的模板，可快速制作各种图形效果。直接将预设拖入【时间轴】面板的视频轨道上，然后对图形剪辑中的有关内容进行修改，即可快速满足自己的需求。

通过文字工具、钢笔工具、矩形工具、椭圆工具等创建的元素，都将作为Premiere Pro 2022 图形剪辑中的一个图层显示，也可在【基本图形】面板中新建这些图层。

主要的图层类型如下。

(1) 文本图层（Text）：包括水平文字与垂直文字等。

(2) 形状图层（Shape）：包括矩形和椭圆等。

(3) 剪辑图层（Clip）：从外部导入的图片、视频等。

一般使用【基本图形】面板来新建、删除或调整这些图层，也可在【效果控件】面板里调整。用户可创建多个图形剪辑，但是图形剪辑不会出现在【项目】面板中。

2.2.6 【基本声音】面板

执行【窗口】→【基本声音】命令，即可打开【基本声音】面板，如图2-15所示。【基本声音】面板是一个多合一面板，为用户提供混合技术和修复选项的一整套工具集。此功能适用于处理常见的音频混合任务。该面板提供了一些简单的控件，用于统一音量级别、修复声音、提高清晰度，以及添加特殊效果来帮助视频项目达到专业音频工程师混音的效果。用户可以将应用时的调整保存为预设以供重复使用，方便将它们用于更多的音频优化工作中。

Premiere Pro 2022 可将音频剪辑分类为【对话】【音乐】【SFX】和【环境】，用户还可以配置预设并将其应用于类型相同的一组剪辑或多组剪辑。

【基本声音】面板中的音频类型是互斥的，也就是说，为某个剪辑选择一个音频类型，则会覆盖先前使用另一个音频类型对该剪辑所做的更改。

图 2-15 【基本声音】面板

2.2.7 【音轨混合器】面板

音轨混合器是Premiere Pro 2022 为用户制作高质量音频所准备的多功能音频素材处理平台。利用音轨混合器，用户可以在现有音频素材的基础上创建复杂的音频效果。

在【音轨混合器】面板中，可在听取音频轨道和查看视频轨道时调整设置。每条音频轨道混合器轨道均对应于活动序列时间轴中的某个轨道，并会在音频控制台中显示时间轴音频轨道。

如图 2-16 所示，音轨混合器由若干音频轨道控制器和播放控制器组成，而每个音频轨道控制器又由对应轨道的控制按钮和音量控制器等控件组成。

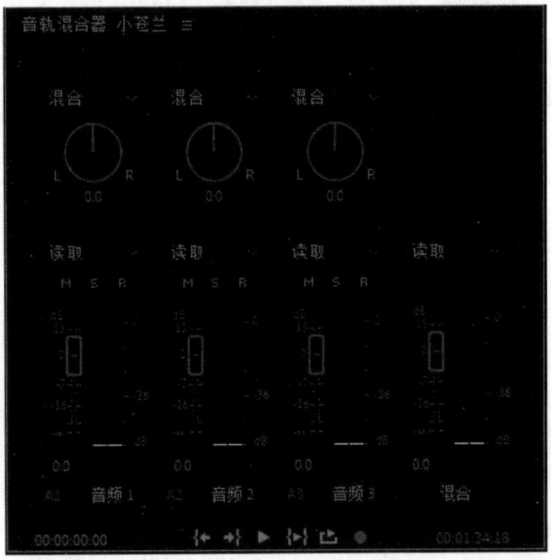

图 2-16 【音轨混合器】面板

技能拓展

在默认情况下，【音轨混合器】面板中仅显示当前所激活序列的音频轨道。因此，如果希望在该页面内显示指定的音频轨道，就必须将序列嵌套至当前被激活的序列内。

2.2.8 【历史记录】面板

【历史记录】面板中记录了所有用户曾经操作过的步骤，单击某一步骤名称即可返回该步骤，便于用户修改操作，如图 2-17 所示。

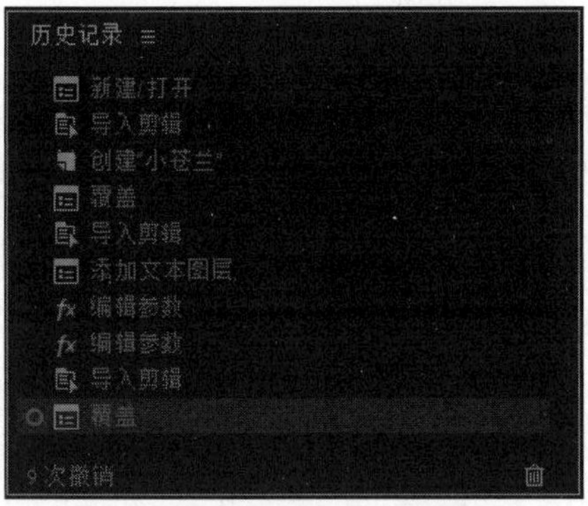

图 2-17 【历史记录】面板

2.2.9 【信息】面板

【信息】面板可以查看当前素材源监视器中显示的素材信息，包括类型、入点（开始）、出点（结束）、持续时间等信息，如图 2-18 和图 2-19 所示。

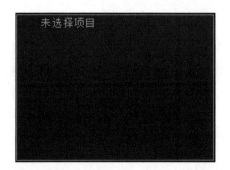

图 2-18 未选择任何素材的【信息】面板

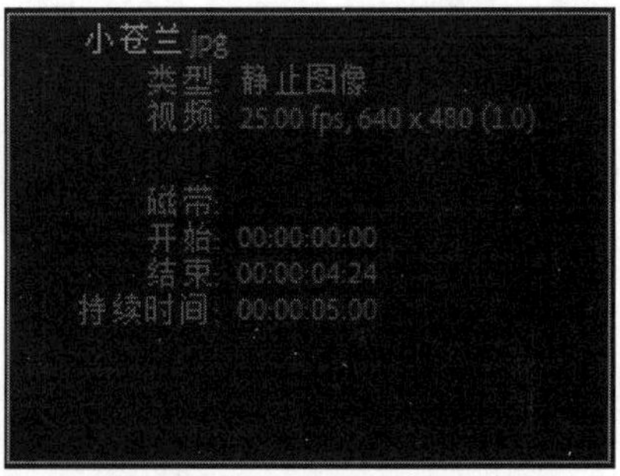

图 2-19 选中素材后显示内容的【信息】面板

2.3 界面的布局

Premiere Pro 2022 提供了多种界面布局以供用户在不同情况下使用，如【音频】模式工作界面、【颜色】模式工作界面、【编辑】模式工作界面等。本节将详细介绍进入各个界面布局的方法。

2.3.1 【音频】模式工作界面

【音频】模式工作界面在制作视频背景音乐、配音时使用。下面将详细介绍进入【音频】模式工作界面的操作方法。

步骤 01 启动 Premiere Pro 2022，单击【窗口】主菜单，在弹出的菜单中选择【工作区】命令，在弹出的子菜单中选择【音频】命令，如图 2-20 所示。

步骤 02　可以看到系统会自动切换到【音频】模式工作界面，如图 2-21 所示。通过以上步骤即可进入【音频】模式工作界面。

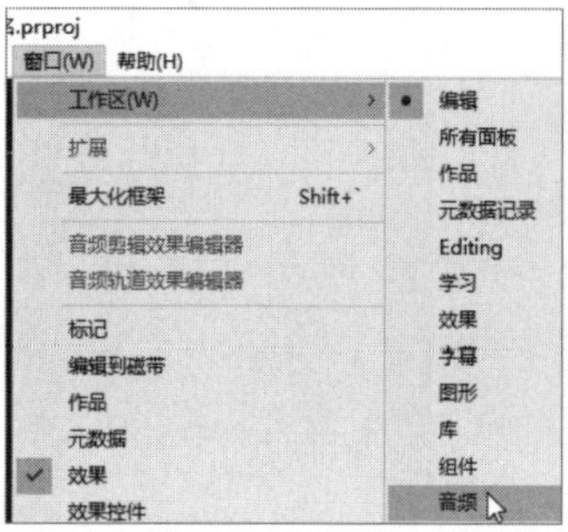

图 2-20　选择【音频】命令

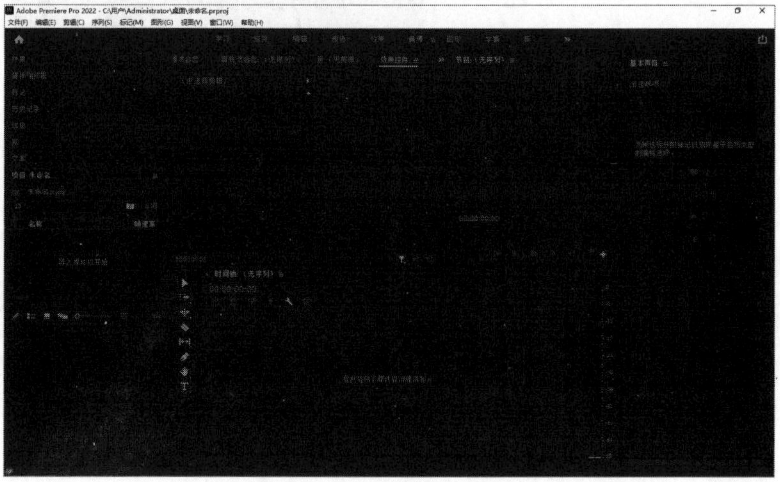

图 2-21　【音频】模式工作界面

2.3.2　【颜色】模式工作界面

【颜色】模式工作界面大多在调整影片色彩时使用，在整个工作环境中，以【效果】面板、【项目】面板、【节目】面板和【参考】面板为主，下面将详细介绍进入【颜色】模式工作界面的操作方法。

步骤 01　启动Premiere Pro 2022，单击【窗口】主菜单，在弹出的菜单中选择【工作区】命令，在弹出的子菜单中选择【颜色】命令，如图 2-22 所示。

步骤 02　可以看到系统会自动切换到【颜色】模式工作界面，如图 2-23 所示。

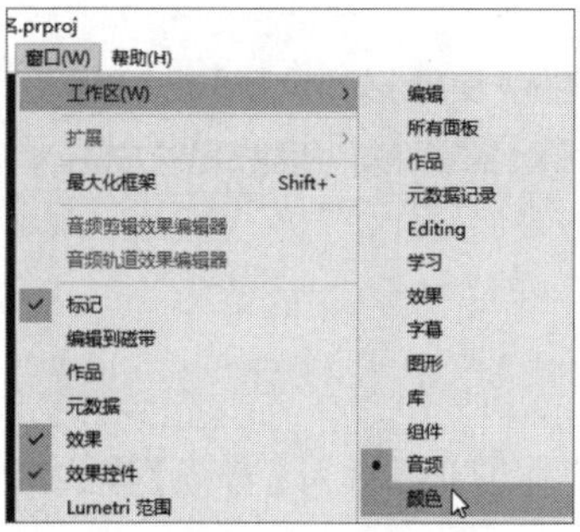

图 2-22　选择【颜色】命令

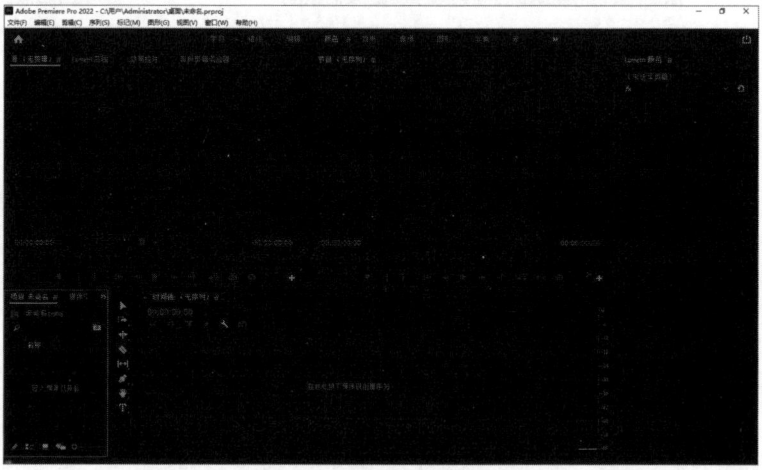

图 2-23　【颜色】模式工作界面

2.3.3 【编辑】模式工作界面

【编辑】模式工作界面是Premiere Pro 2022默认使用的界面布局方案。该布局方案时用户进行项目管理、查看源素材和节目播放效果、编辑时间轴等多项工作进行了优化，使用户在进行此类操作时能够快速找到所需面板或工具。下面将详细介绍进入【编辑】模式工作界面的操作方法。

步骤 01 启动Premiere Pro 2022，单击【窗口】主菜单，在弹出的菜单中选择【工作区】命令，在弹出的子菜单中选择【编辑】命令，如图2-24所示。

步骤 02 可以看到系统会自动切换到【编辑】模式工作界面，如图2-25所示。

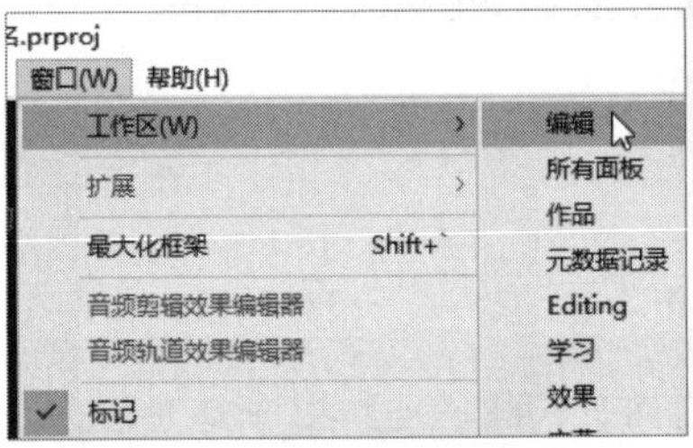

图2-24 选择【编辑】命令

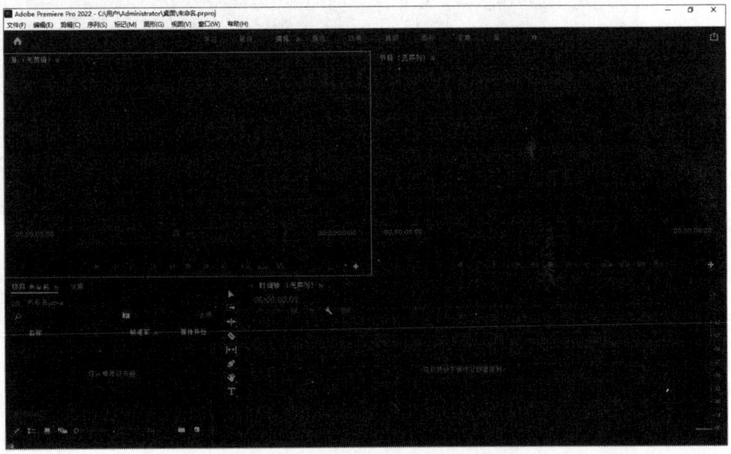

图2-25 【编辑】模式工作界面

温馨提示

在Premiere Pro 2022界面中，系统为用户提供了13种不同的工作界面布局，以便用户在进行不同类型的编辑工作时，能够达到更高的工作效率。用户可以直接单击菜单栏下面的【工作区布局】工具条中相应的选项卡，快速选择想要使用的界面布局。

课堂范例——进入【元数据记录】模式工作界面

【元数据记录】模式工作界面主要是显示素材的各种信息，当【信息】面板已经不能满足用户对素材信息的查看需求时，就可以使用【元数据记录】模式工作界面，查看更详细的素材信息。下面详细介绍进入【元数据记录】模式工作界面的操作方法。

步骤 01 启动Premiere Pro 2022，单击【窗口】主菜单，在弹出的菜单中选择【工作区】命令，在弹出的子菜单中选择【元数据记录】命令，如图2-26所示。

步骤 02 可以看到系统会自动切换到【元数据记录】模式工作界面，如图2-27所示。

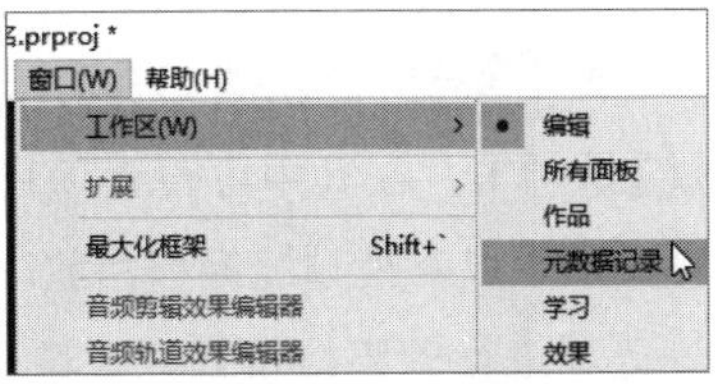

图2-26 选择【元数据记录】命令

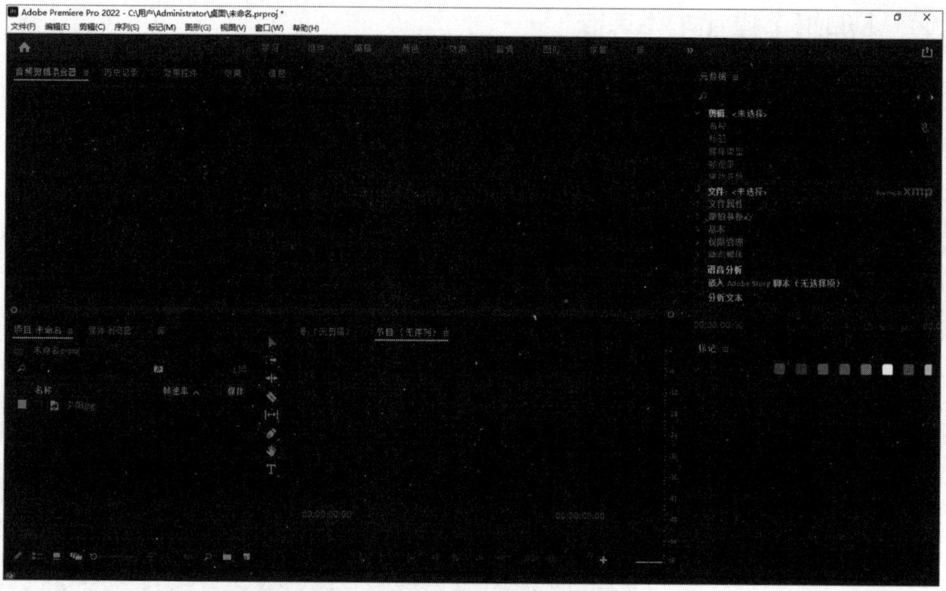

图 2-27 【元数据记录】模式工作界面

2.4 设置项目

在 Premiere Pro 2022 中，项目是为了获得某个视频剪辑而产生的任务集合，或者是为了对某个视频文件进行编辑处理而创建的框架。在影片剪辑时，由于所有操作都是围绕项目进行的，所以Premiere项目的各项管理、配置工作就显得尤为重要。本节将详细介绍设置项目的相关知识及操作方法。

2.4.1 创建与配置项目

在Premiere Pro 2022 中，所有的影视编辑任务都以项目的形式呈现，因此创建项目文件是进行视频制作的首要工作。下面将详细介绍创建与配置项目的操作方法。

步骤 01 启动Premiere Pro 2022，单击【文件】主菜单，在弹出的菜单中选择【新建】命令，在弹出的子菜单中选择【项目】命令，如图 2-28 所示。

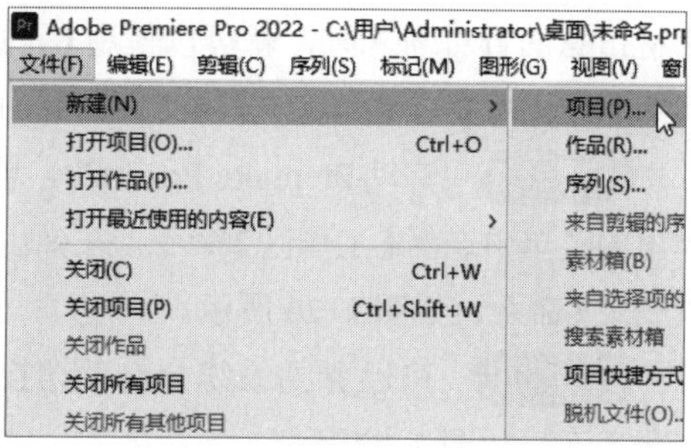

图 2-28 选择【项目】命令

步骤 02 弹出【新建项目】对话框，选择【常规】选项卡，在其中可设置项目文件的名称和保存位置，还可以对视频渲染和回放、视频和音频显示格式等选项进行调整。设置完参数后单击【确定】按钮即可完成创建与配置项目的操作，如图 2-29 所示。

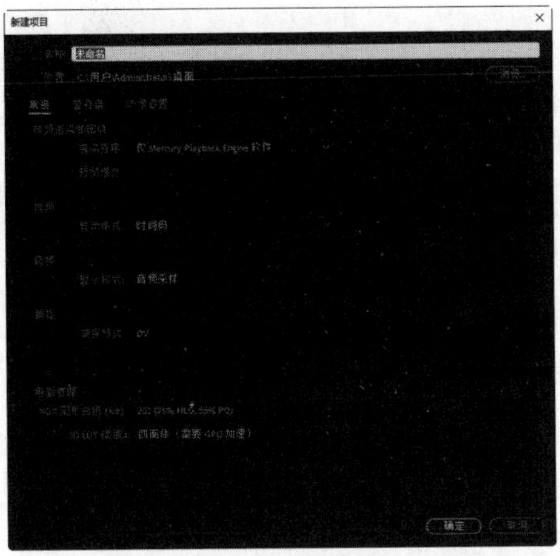

图 2-29 【新建项目】对话框

> **技能拓展**
>
> 在【暂存盘】选项卡中，由于各个临时文件夹的位置被记录在项目中，所以严禁在项目设置完成后更改所设置的临时文件夹的名称和保存位置，否则将造成项目所用文件的链接丢失，无法进行正常的项目编辑工作。

在【常规】选项卡中，部分选项的作用如下。

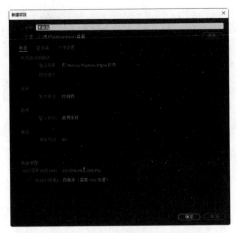

视频和音频【显示格式】下拉按钮：在【视频】和【音频】选项组中，【显示格式】选项的作用都是设置素材文件在项目内的标尺单位。

【捕捉格式】下拉按钮：当需要从摄像机等设备中获取素材时，该选项的作用是要求Premiere Pro 2022 以规定的采集方式来获取素材内容。

2.4.2 创建与配置序列

Premiere Pro 2022 内所有组接在一起的素材，以及这些素材所应用的各种滤镜和自定义设置，都必须放置在一个被称为“序列”的Premiere项目元素内。序列对项目极其重要，因为只有当项目内拥有序列时，用户才可进行编辑操作。下面将详细介绍创建与配置序列的操作方法。

步骤 01 新建项目文件后，单击【文件】主菜单，在弹出的菜单中选择【新建】命令，在弹出的子菜单中选择【序列】命令，如图 2-30 所示。

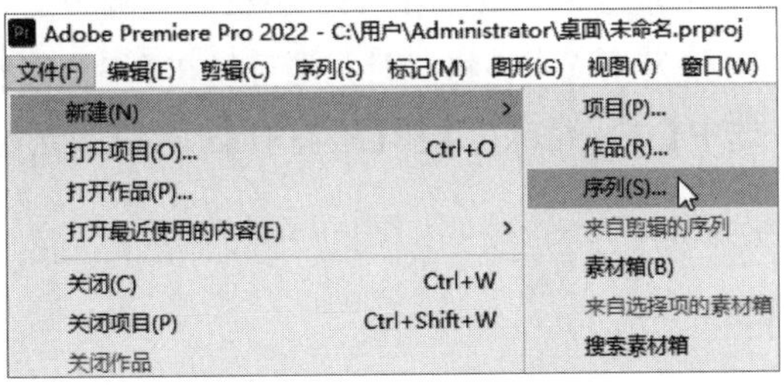

图 2-30　选择【序列】命令

步骤 02 弹出【新建序列】对话框，如图 2-31 所示，在【序列预设】选项卡中列出了众多预设方案，选择某种方案后，在右侧文本框中可查看该方案的信息与部分参数，单击【确定】按钮即可完成创建与配置序列的操作。

【设置】选项卡中的部分选项如图 2-32 所示，其作用如下。

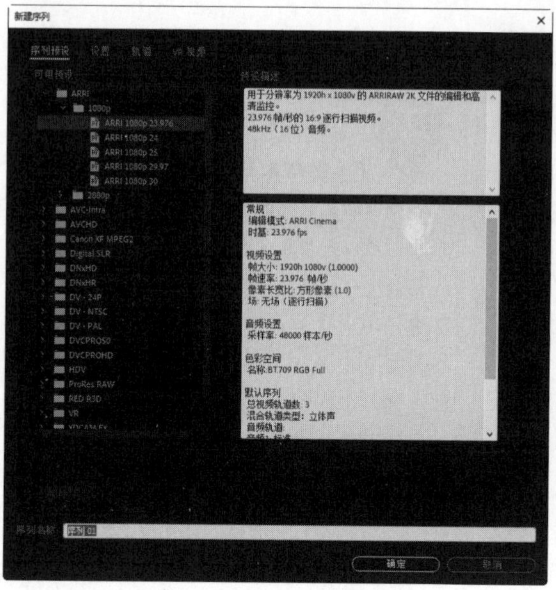

图 2-31 【新建序列】对话框

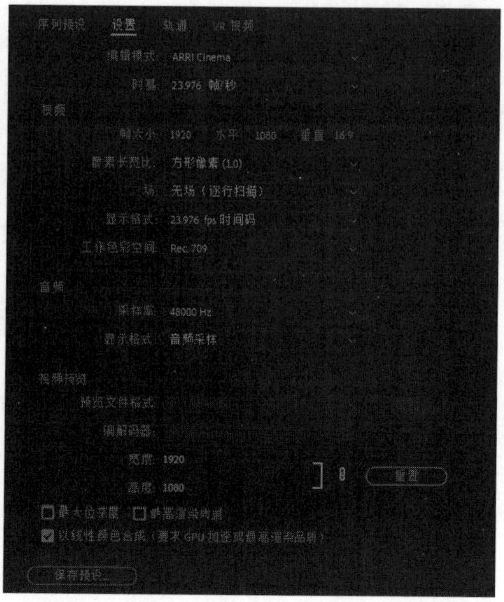

图 2-32 【设置】选项卡中的部分选项

【编辑模式】下拉按钮：设定新序列将要以哪种序列预置方案为基础，来设置新的序列配置方案。

【时基】下拉按钮：设置序列所应用的帧速率标准，在设置时应根据目标播放设备的参数进行调整。

【帧大小】文本框：用于设置视频画面的分辨率。

【像素长宽比】下拉按钮：根据编辑模式的不同，有多种选项供用户选择。

【场】下拉按钮：用于设置扫描方式（隔行扫描还是逐行扫描）。

视频【显示格式】下拉按钮：用于设置序列中的视频显示标尺单位。

音频【采样率】下拉按钮：用于统一控制序列内的音频文件采样率。

音频【显示格式】下拉按钮：用于设置序列中的音频显示标尺单位。

【预览文件格式】下拉按钮：用于控制Premiere Pro 2022 将以哪种文件格式来生成相应序列的预览文件。当采用Microsoft AVI 作为预览文件格式时，还可以在【编解码器】下拉列表中选择生成预览文件时采用的编码方式。选中【最大位深度】和【最高渲染质量】复选框后，还可提高预览文件的质量。

2.4.3 保存项目文件

由于Premiere Pro 2022 在创建项目之初就已经要求用户设置项目的保存位置，所以在保存项目文件时无须再次设置文件保存路径。此时，只需在菜单栏中选择【文件】→【保存】命令，即可保存更新后的编辑操作。

1. 保存项目副本

在编辑视频的过程中，如果需要阶段性地保存项目文件，就可以选择保存项目副本，在菜单栏中选择【文件】→【保存副本】命令，如图 2-33 所示，即可弹出【保存项目】对话框，如图 2-34 所示，在其中设置副本的文件名和保存位置后，单击【保存】按钮即可完成保存项目副本的操作。

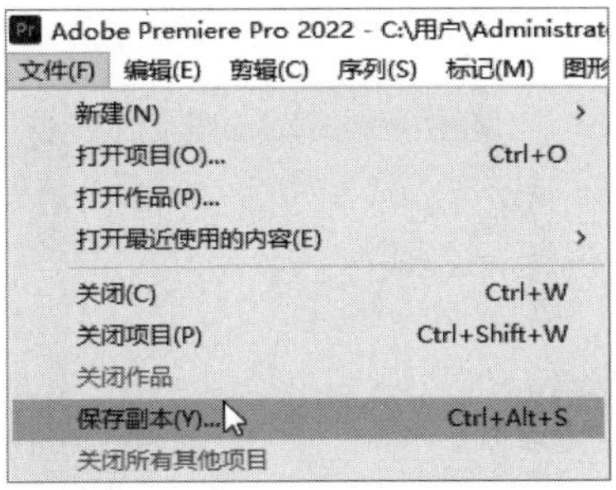

图 2-33 选择【保存副本】命令

图 2-34 【保存项目】对话框

2. 项目文件另存

除保存项目副本外，项目文件另存也可以起到生成项目副本的作用。在菜单栏中选择【文件】→【另存为】命令，如图 2-35 所示，即可弹出【保存项目】对话框，使用新的名称保存项目文件，如图 2-36 所示。

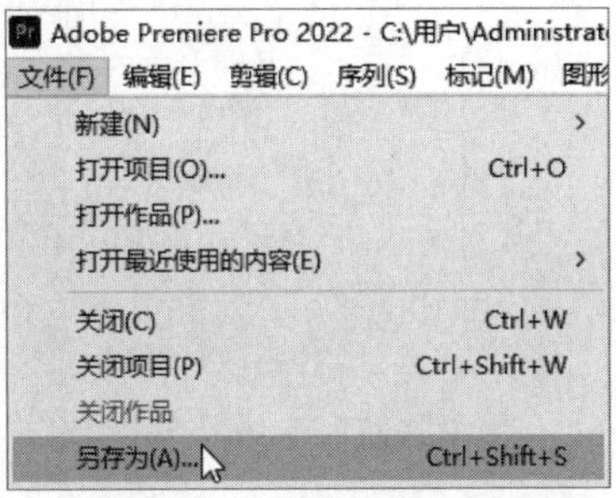

图 2-35 选择【另存为】命令

图 2-36 【保存项目】对话框

温馨提示

从功能上来看，【保存副本】和【另存为】命令的功能一致，都是在源项目的基础上创建新的项目。两者之间的差别在于，使用【保存副本】命令生成项目后，Premiere Pro 2022 中的当前项目仍然是源项目；而使用【另存为】命令生成项目后，Premiere Pro 2022 将关闭源项目，并打开新生成的项目。

课堂范例——打开项目文件

打开项目文件的方法非常简单，下面将介绍使用菜单命令打开项目文件的操作方法。

步骤 01 在 Premiere Pro 2022 主界面中，单击【文件】主菜单，在弹出的菜单中选择【打开项目】命令，如图 2-37 所示。

步骤 02 弹出【打开项目】对话框，打开“素材文件\第 2 章\游乐园”文件夹，选中“游乐园.prproj”，单击【打开】按钮，如图 2-38 所示。

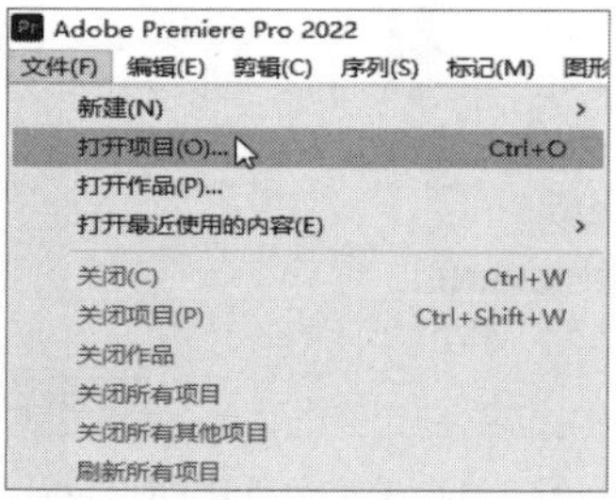

图 2-37 选择【打开项目】命令

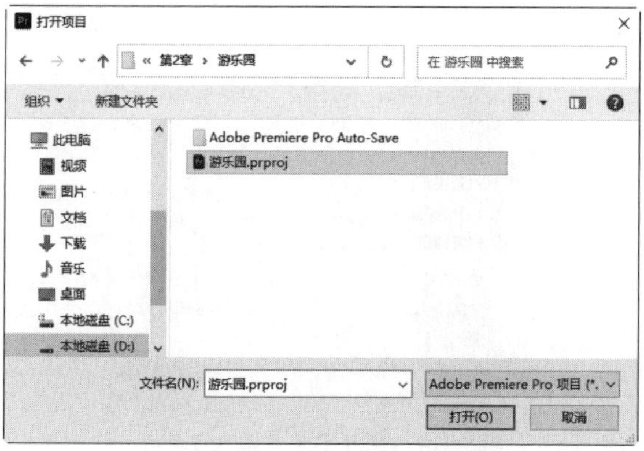

图 2-38 【打开项目】对话框

步骤 03 可以看到选择的项目文件已被打开，这样即可完成打开项目文件的操作，如图 2-39 所示。

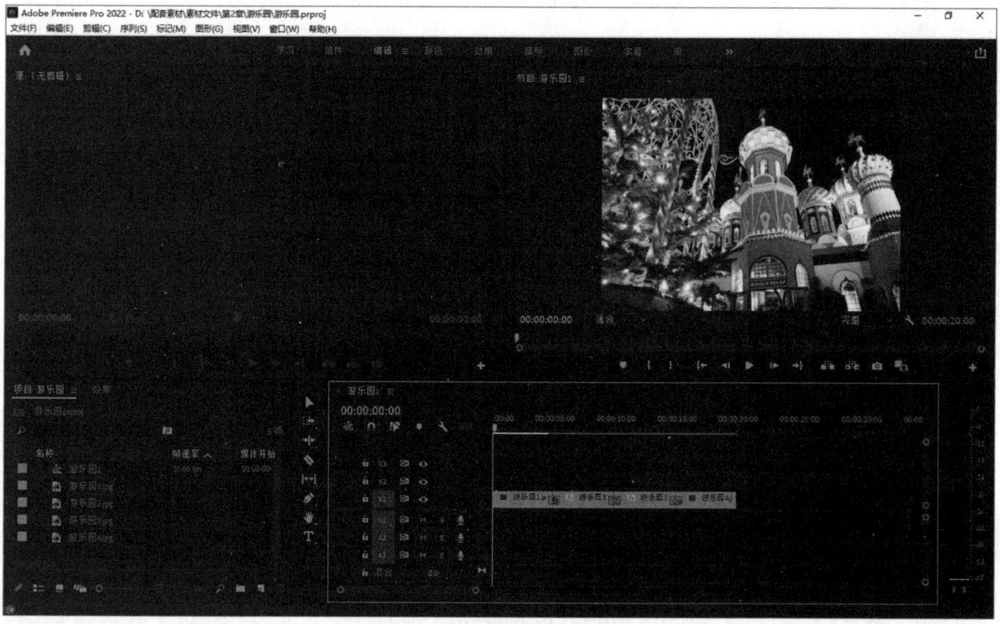

图 2-39 打开项目文件

2.5 视频剪辑流程

在Premiere Pro 2022 中，确定视频主题和制作方案之后，就可以进行视频剪辑了。视频剪辑的基本流程可大致分为前期准备、设置项目参数、导入素材、编辑素材和导出项目 5 个步骤。本节将详细介绍视频剪辑流程的相关知识。

2.5.1 前期准备

要制作一部完整的影片，首先要有一个优秀的创作构思将整个故事描述出来，即确立故事的大纲。随后根据故事大纲写出描述细节的脚本，以此作为影片制作的参考。脚本完成之后，按照影片情节的需要准备素材。素材的准备工作是一个复杂的过程，一般需要使用DV等摄像机拍摄大量的视频素材，另外也需要准备音频和图片等素材。

2.5.2 设置项目参数

要使用Premiere Pro 2022 编辑一部影片，应创建符合要求的项目文件，然后根据需要设置项目参数。项目参数的设置包括以下两个方面。

（1）新建项目时设置的项目参数。

（2）编辑项目时，单击【编辑】主菜单，在弹出的菜单中选择【首选项】命令，在弹出的子菜单中选择相应命令来设置软件的工作参数。

2.5.3 导入素材

在新建项目并设置好参数之后，接下来需要做的是将待编辑的素材导入Premiere的【项目】面板中，为影片编辑做准备。

2.5.4 编辑素材

导入素材之后，接下来应在【时间轴】面板中对素材进行编辑操作。编辑素材是使用Premiere编辑影片的主要内容，包括设置素材的帧频、画面比例、使用三点和四点编辑法等处理素材。

2.5.5 导出项目

项目编辑完成之后，就需要将编辑的项目导出。导出项目包括两种情况：导出媒体和导出编辑项目。其中，导出媒体是将已编辑完成的项目文件导出为视频文件，一般应该导出为有声视频文件，并根据实际需要为影片设置合理的压缩格式；导出编辑项目包括导出至录影带、导出到EDL、导出到OMP等。

课堂问答

通过本章的讲解，读者对Premiere Pro 2022 基本操作有了一定的了解，下面列出一些常见的问题供读者学习参考。

问题 1：Premiere Pro 2022 新增了哪些功能？

答：Premiere Pro 2022 的新增功能有以下 3 项。

（1）语音到文本的改进。Premiere Pro 2022 实现了语音转文本功能，是行业内唯一用于创建和自定义字幕的完全集成，且自动化的工作流程大大提升了相关人员的工作效率。而这次大的更新也对其中出现的问题进行了修复，提高了流行文化术语的转录准确性，并改进了日期和数字的格式，增加了将字幕仅导出为sidecar文件的选项。

（2）简化序列。这次更新新增了简化序列的功能，当时间轴杂乱时，简化序列可删除空轨道，禁用具有特定标签的剪辑，删除标记或其他用户指定的元素，让时间轴看上去更加整洁、美观。选择一个序列，执行【序列】→【简化序列】命令，或右击序列并单击【简化序列】命令即可。Premiere Pro 2022 会创建序列的副本，在【简化序列】对话框中，用户可以选择序列副本中不需要的元素，如空轨道、过渡或是图形。

（3）H.264 和 HEVC 的色彩管理。Premiere 可以导入 10 位和 HDR 文件，导出时可以输出正确的色彩空间元数据，从而确保色彩能够在目标平台上正确显示。在创建序列时可以选择要使用的色彩空间。

问题 2：如何自定义工作界面的亮度？

答：自定义工作界面亮度的操作方法如下。

步骤 01 执行【编辑】→【首选项】→【外观】命令，如图 2-40 所示。

步骤 02 弹出【首选项】对话框，在【外观】选项卡中拖动【亮度】滑块至最右侧，单击【确定】按钮即可，如图 2-41 所示。

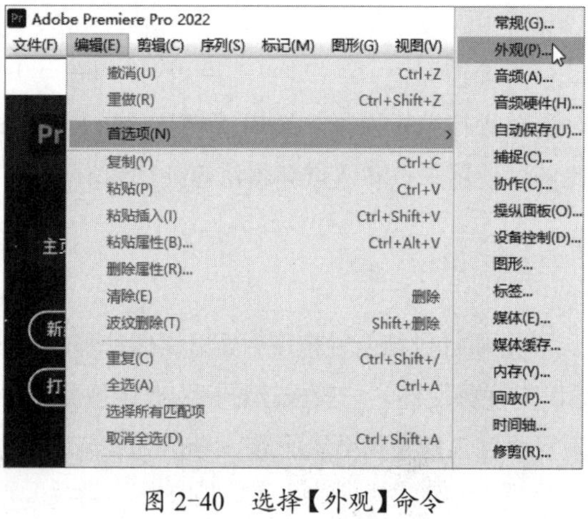

图 2-40 选择【外观】命令

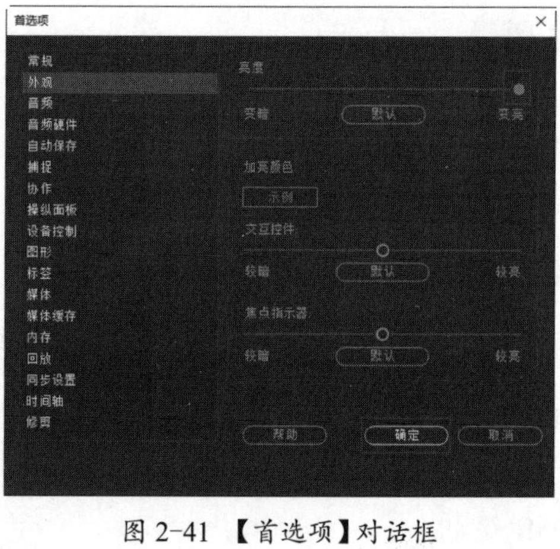

图 2-41 【首选项】对话框

上机实战——进入【图形】模式工作界面

为了帮助读者巩固本章知识点，下面讲解一个技能综合案例，使读者对本章的知识有更深入的了解。

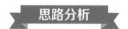

思路分析

当需要为素材添加较多的形状或字幕等内容时，用户可以使用【图形】模式工作界面。

制作步骤

步骤 01 启动Premiere Pro 2022，单击【窗口】主菜单，在弹出的菜单中选择【工作区】命令，在弹出的子菜单中选择【图形】命令，如图 2-42 所示。

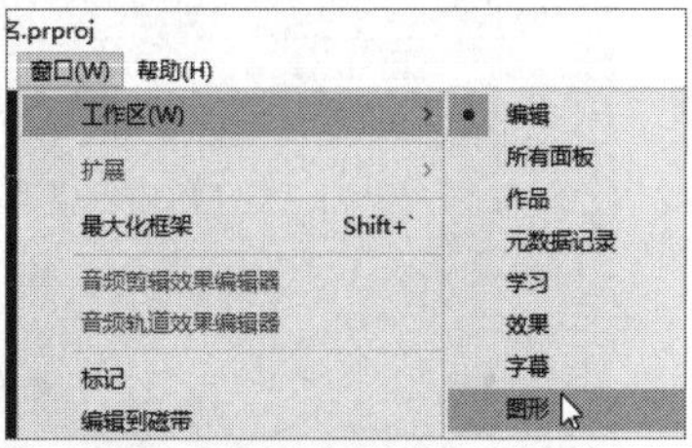

图 2-42 选择【图形】命令

步骤 02 可以看到系统会自动切换到【图形】模式工作界面，如图 2-43 所示。

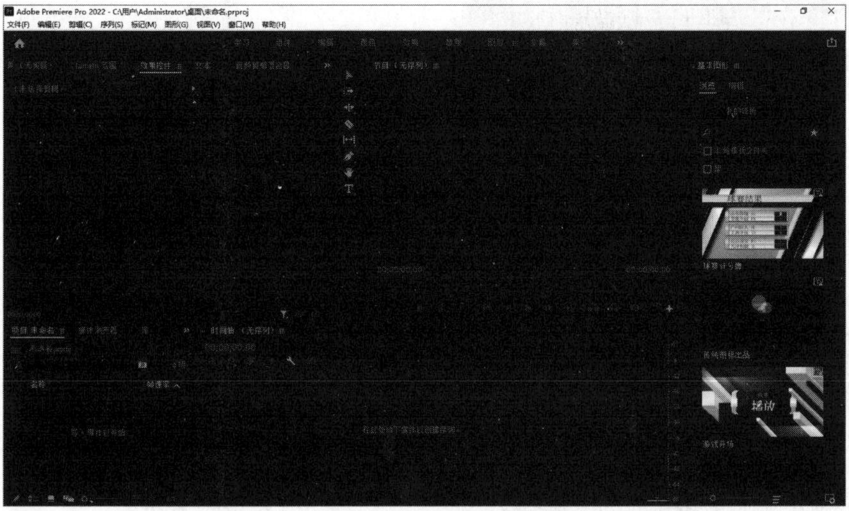

图 2-43 进入【图形】模式工作界面

同步训练——新建项目文件

为了提高读者的动手能力，下面安排一个同步训练案例，让读者举一反三、触类旁通。

思路分析

本例将在Premiere Pro 2022 中新建一个名为“我们的星球”的项目文件，并在【项目】面板中导入“星球”文件夹中的素材，然后将其拖曳到【时间轴】面板中。下面将详细介绍其操作方法。

关键步骤

步骤 01 启动Premiere Pro 2022，单击【文件】主菜单，在弹出的菜单中选择【新建】命令，在弹出的子菜单中选择【项目】命令。

步骤 02 弹出【新建项目】对话框，设置名称为“我们的星球”，设置项目保存的路径，单击【确定】按钮。

步骤 03 返回Premiere Pro 2022 主界面，在【项目】面板的空白处双击，如图 2-44 所示。

步骤 04 弹出【导入】对话框，打开“素材文件\第 2 章\星球”文件夹，选择准备导入的素材文件，单击【打开】按钮，如图 2-45 所示。

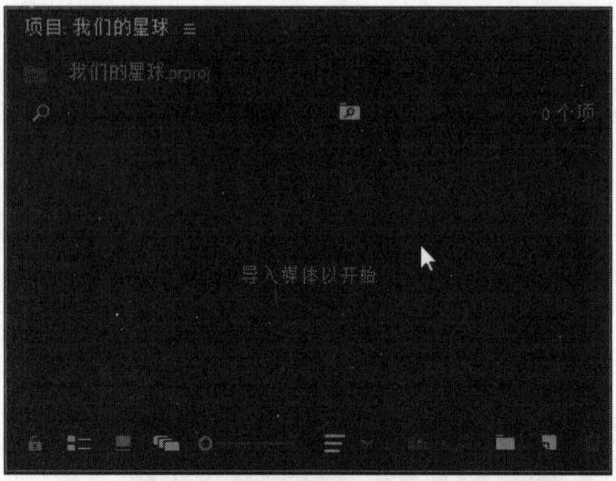

图 2-44　在【项目】面板的空白处双击

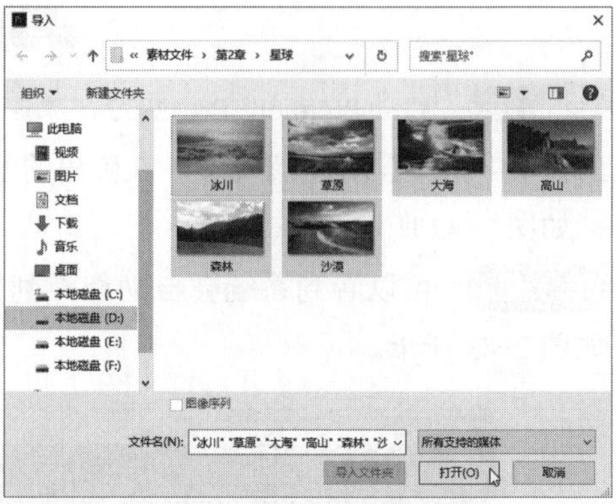

图 2-45　【导入】对话框

步骤 05　素材文件已经导入【项目】面板中，拖曳所导入的素材文件到【时间轴】面板中，如图 2-46 所示。

步骤 06　在 Premiere Pro 2022 菜单栏中，单击【文件】主菜单，在弹出的菜单中选择【保存】命令，即可完成本例的操作，如图 2-47 所示。

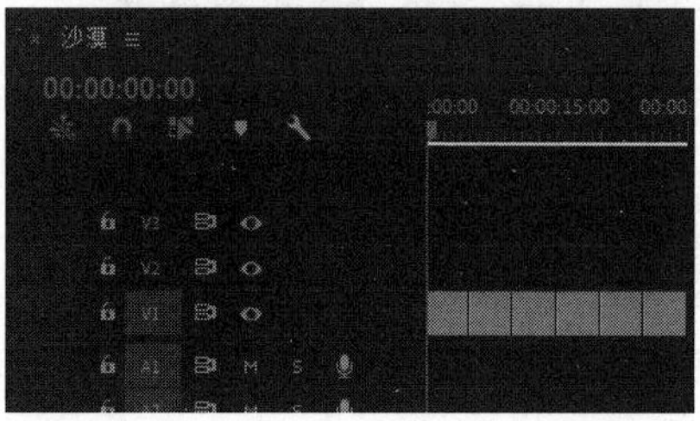

图 2-46　将素材文件拖曳到【时间轴】面板

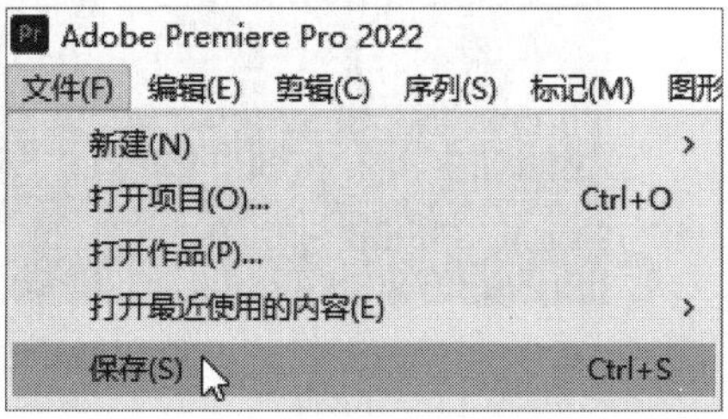

图 2-47　选择【保存】命令

知识能力测试

本章讲解了 Premiere Pro 2022 基本操作的相关知识，为对知识进行巩固和考核，请读者完成以下练习题。

一、填空题

1. Premiere Pro 2022 的菜单栏默认分为文件、________、剪辑、________、标记、图形、视图、窗口和帮助 9 个菜单项。

2.【项目】面板用于对素材进行导入、存放和________。

3. 用户在【时间轴】面板中可以按照________顺序排列和连接各种素材。

二、选择题

1. 以下不属于 Premiere 功能面板的是（　　）。

A.【时间轴】面板　　B.【效果】面板　　C.【效果控件】面板　　D.【字幕】面板

2.【效果】面板中包括（　　）个文件夹。

A. 7　　B. 6　　C. 5　　D. 4

3. Premiere 中可以创建的图层类型不包括(　　)。

A. 文本图层　　B. 形状图层　　C. 矢量图形图层　　D. 剪辑图层

三、简答题

1. 如何保存项目文件?

2. 如何进入【编辑】模式工作界面?

Premiere Pro 2022

第3章 导入与编辑素材

本章主要介绍导入素材、编辑素材文件、调整影视素材方面的知识与技巧，同时还讲解了如何编排与归类素材。通过对本章内容的学习，读者可以掌握导入与编辑素材方面的知识，为深入学习Premiere Pro 2022 知识奠定基础。

学习目标

- 学会导入素材的方法
- 熟练掌握打包、编组和嵌套素材的方法
- 熟练掌握调整影视素材的方法
- 熟练掌握编排与归类素材的方法

3.1 导入素材

Premiere Pro 2022 支持图像、视频、音频等多种类型和文件格式的素材导入，这些素材的导入方式基本相同，本节将详细介绍导入素材的相关知识及操作方法。

3.1.1 导入视频素材

在制作和编辑影片时，用户可以大量使用视频素材，Premiere Pro 2022 支持的视频文件格式也很广泛，下面将详细介绍导入视频素材的操作方法。

步骤 01 新建项目文件后，单击【文件】主菜单，在弹出的菜单中选择【导入】命令，如图 3-1 所示。

步骤 02 弹出【导入】对话框，打开“素材文件\第 3 章\3.1.1”文件夹，选择准备导入的视频素材，单击【打开】按钮，如图 3-2 所示。

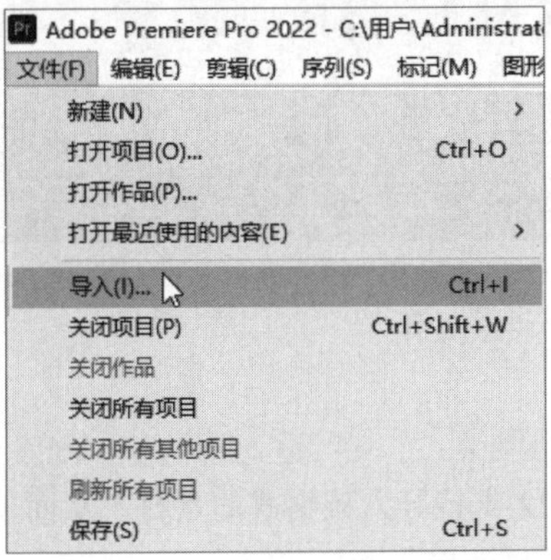

图 3-1 选择【导入】命令

图 3-2 导入文件

步骤 03 返回 Premiere Pro 2022 主界面，可以看到已经将所选择的视频素材文件导入【项目】面板中，如图 3-3 所示。

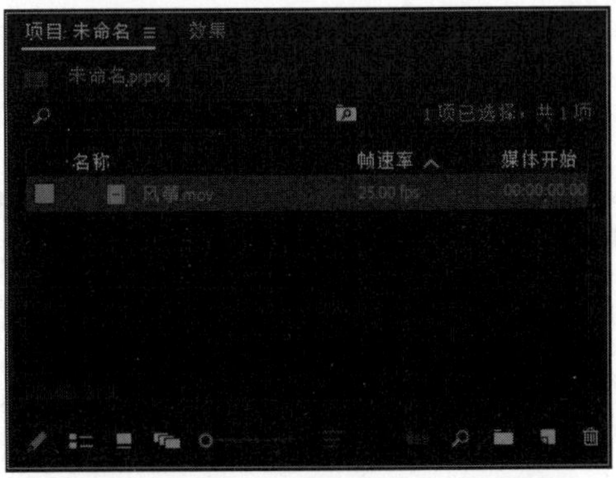

图 3-3 【项目】面板中已经导入了视频素材

> **技能拓展**
>
> 除利用菜单命令导入素材外，用户还可以打开素材所在的文件夹，单击并拖动素材到【项目】面板中，快速将素材导入软件中；或者双击【项目】面板的空白处，也可以弹出【导入】对话框，选择要导入的素材。

3.1.2 导入序列素材

Premiere Pro 2022 支持导入多种序列素材，下面将详细介绍导入序列素材的操作方法。

步骤 01 新建项目文件后，单击【文件】主菜单，在弹出的菜单中选择【导入】命令，如图 3-4 所示。

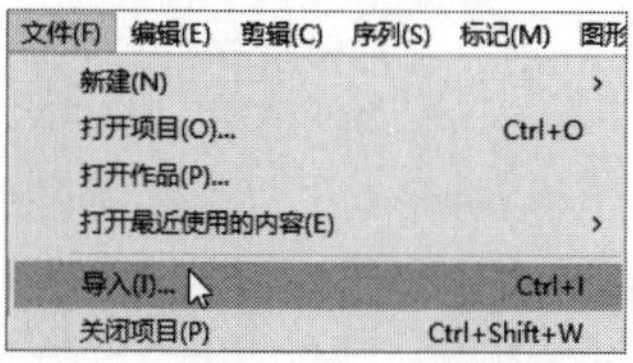

图 3-4 选择【导入】命令

步骤 02 弹出【导入】对话框，打开“素材文件\第 3 章\3.1.2”文件夹，选择准备导入的图片序列素材“1.jpg”，勾选【图像序列】复选框，单击【打开】按钮，如图 3-5 所示。

步骤 03 返回 Premiere Pro 2022 主界面，可以看到已经将序列素材文件导入【项目】面板中，如图 3-6 所示。

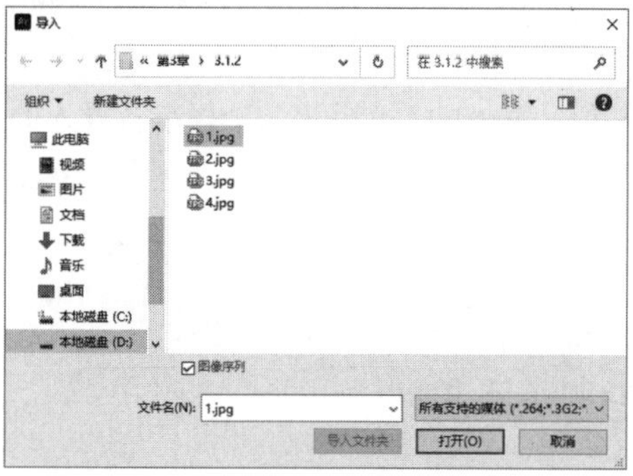

图 3-5 导入序列素材

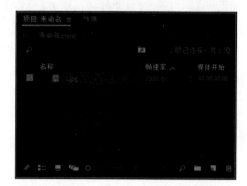

图 3-6 【项目】面板中已经导入了序列素材

课堂范例——导入 AI 素材

AI 是 Adobe Illustrator 的文件扩展名。Premiere Pro 2022 支持导入该格式的素材，从而使用户可以更加方便地使用该素材文件，下面将详细介绍导入 AI 素材的操作方法。

步骤 01 新建项目文件后，单击【文件】主菜单，在弹出的菜单中选择【导入】命令，如图 3-7 所示。

步骤 02 弹出【导入】对话框，打开“素材文件\第 3 章\课堂范例——导入 AI 素材”文件夹，选择准备导入的素材，单击【打开】按钮，如图 3-8 所示。

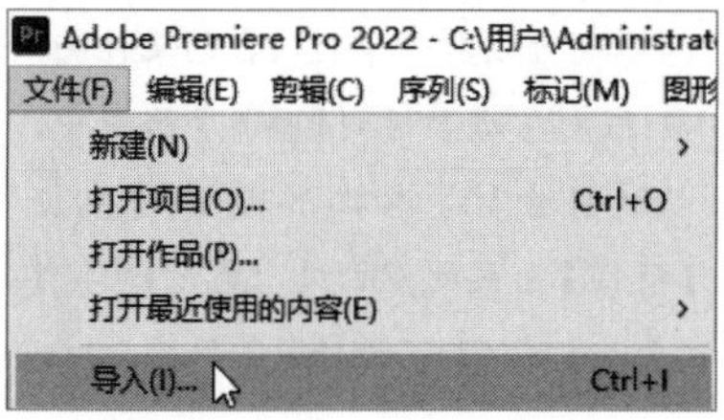

图 3-7 选择【导入】命令

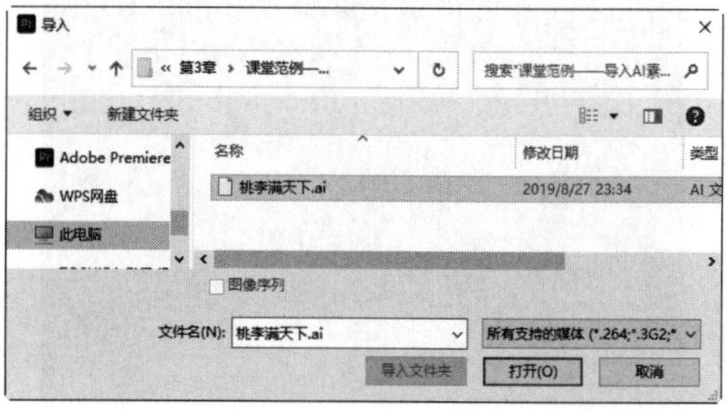

图 3-8 导入 AI 素材

步骤 03 返回Premiere Pro 2022主界面，可以看到已经将素材文件导入【项目】面板中，如图3-9所示。

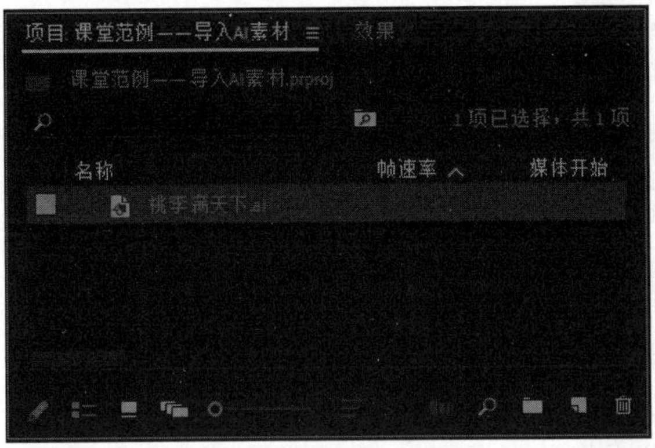

图3-9 【项目】面板中已经导入了AI素材

温馨提示

在【项目】面板的空白处右击，在弹出的快捷菜单中选择【导入】命令，打开【导入】对话框后，将直接进入Premiere Pro 2022上次访问的文件夹。

3.2 编辑素材文件

在Premiere Pro 2022中，将素材文件导入后，用户就可以编辑素材文件了，如打包素材文件、编组素材文件、嵌套素材文件等，本节将详细介绍编辑素材文件的相关知识及操作方法。

3.2.1 打包素材文件

添加了视频、图像、音频等素材文件，并做了相应处理后，想要拿到另一台计算机上使用，就需要打包保存。下面将详细介绍打包素材文件的操作方法。

步骤 01 打开项目文件，单击【文件】主菜单，在弹出的菜单中选择【项目管理】命令，如图3-10所示。

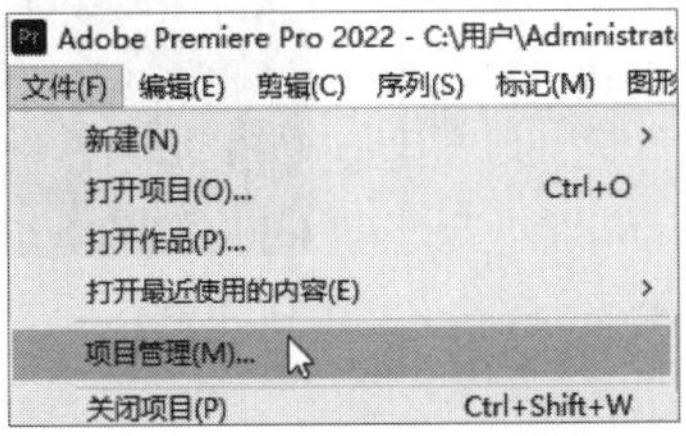

图3-10 选择【项目管理】命令

步骤 02 弹出【项目管理器】对话框，选择序列，在【生成项目】区域选中【收集文件并复制到新位置】单选按钮，在【目标路径】区域设置打包保存路径，单击【确定】按钮，如图3-11所示。

步骤 03 打开刚刚设置的目标路径文件夹，可以看到已经将素材文件打包保存，如图3-12所示。

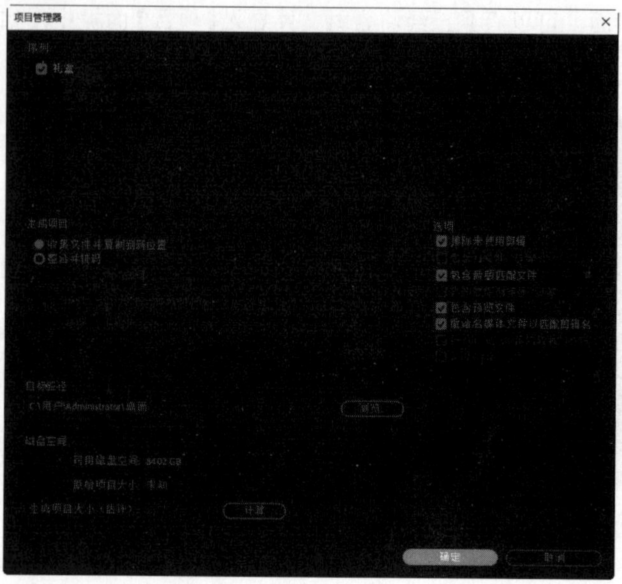

图 3-11 【项目管理器】对话框

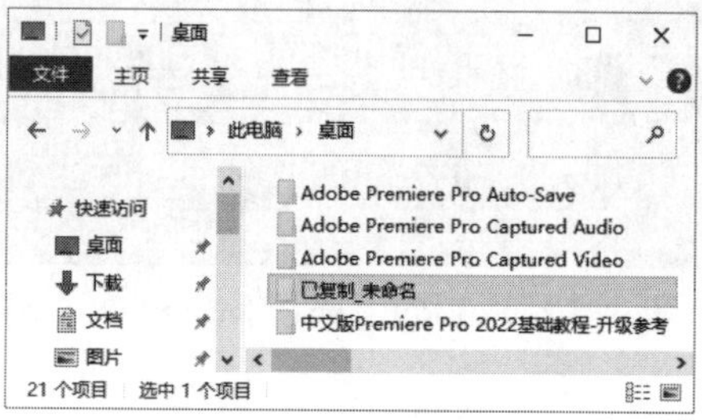

图 3-12 已打包的素材文件

3.2.2 编组素材文件

在 Premiere Pro 2022 中，将素材文件进行编组可以方便用户批量处理，从而大大提高工作效率。下面将详细介绍编组素材文件的操作方法。

步骤 01 在时间轴上选中所有素材并右击，在弹出的快捷菜单中选择【编组】命令，如图 3-13 所示。

步骤 02 完成编组，当拖动任意一个素材时，可以看到所有编组内的素材都会同时移动，如图 3-14 所示。

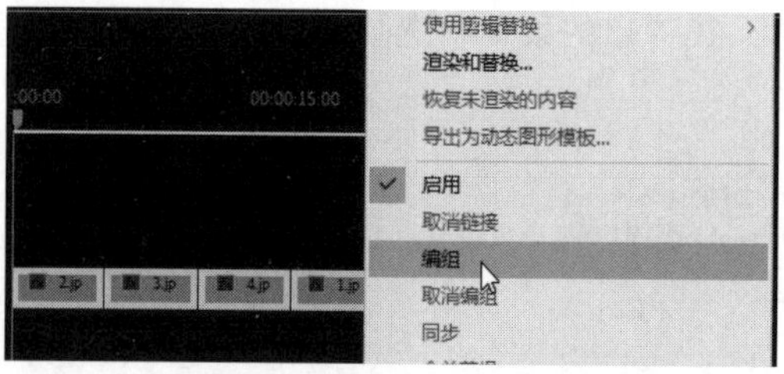

图 3-13 选择【编组】命令

图 3-14 完成编组

课堂范例——嵌套素材文件

如果想对序列中的每段视频都添加同一种效果，手动添加是非常麻烦的，这时就可以进行嵌套操作。使用嵌套命令可以将多个片段合成一个序列来进行移动和复制等操作。下面将详细介绍嵌套素材文件的操作方法。

步骤 01 打开“素材文件\第 3 章\课堂范例——嵌套素材文件\风景.prproj”导入素材，在

【时间轴】面板中选中要嵌套的所有素材并右击，在弹出的快捷菜单中选择【嵌套】命令，如图 3-15 所示。

步骤 02 弹出【嵌套序列名称】对话框，在【名称】文本框中输入嵌套名称，单击【确定】按钮，如图 3-16 所示。

步骤 03 可以看到嵌套的素材会整体变成绿色，这样即可完成嵌套素材文件的操作，如图 3-17 所示。

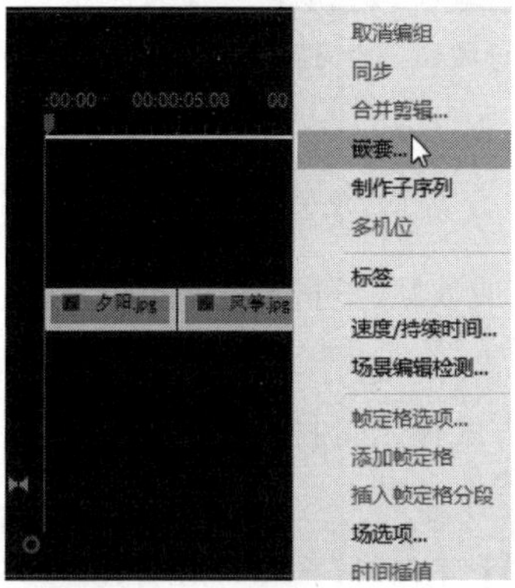

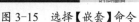

图 3-15 选择【嵌套】命令

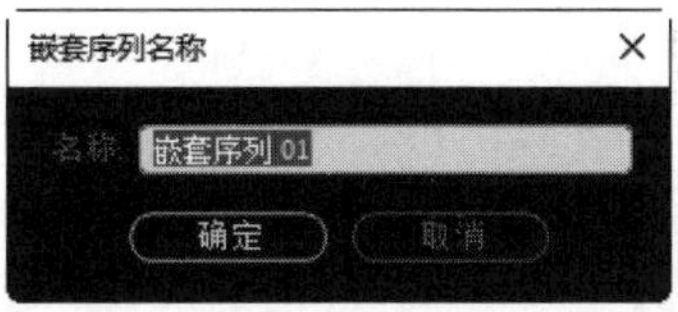

图 3-16 【嵌套序列名称】对话框

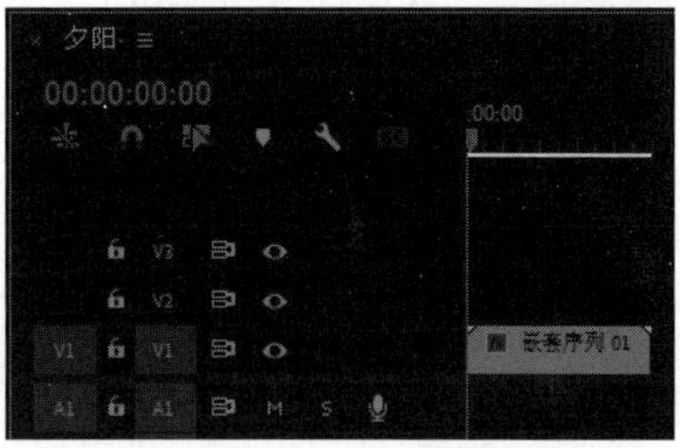

图 3-17 完成嵌套操作

温馨提示

嵌套成为一个序列后是无法取消的，如果不想使用嵌套序列，则可以双击嵌套序列，选中嵌套序列中的素材并右击，在弹出的快捷菜单中选择【剪切】命令，然后删除嵌套序列。

3.3 调整影视素材

在 Premiere Pro 2022 中，将素材文件导入和编辑完成后，用户还可以进行调整影视素材的操作，如调整素材显示方式、调整播放时间、调整播放速度等。本节将详细介绍调整影视素材的相关知识及操作方法。

3.3.1 调整素材显示方式

为了便于用户管理素材，Premiere Pro 2022 提供了列表视图和图标视图两种不同的素材显示方式。下面将详细介绍调整素材显示方式的操作方法。

步骤 01 打开项目文件，默认情况下，素材将以列表视图的显示方式显示在【项目】面板中，如图 3-18 所示。

步骤 02 单击【项目】面板底部的【图标视图】按钮，即可切换到图标视图显示方式。此时，所有素材将以缩略图的形式显示在【项目】面板中，使得查看素材变得更为方便，如图 3-19 所示。

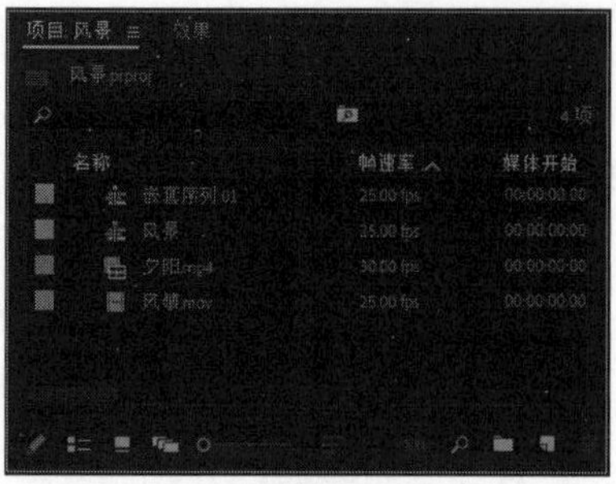

图 3-18 以列表视图显示方式显示素材

图 3-19 以图标视图显示方式显示素材

3.3.2 调整播放时间

使用Premiere Pro 2022 导入图片素材后，如果发现播放时间太长或太短，可以根据需要调整。下面将详细介绍调整播放时间的操作方法。

步骤 01 打开项目文件，在【项目】面板中，设置以图标视图方式显示素材，在缩略图右下角可以看到图片的播放时间，如图 3-20 所示。

步骤 02 在菜单栏中单击【编辑】主菜单，在弹出的菜单中选择【首选项】命令，在弹出的子菜单中选择【时间轴】命令，如图 3-21 所示。

图 3-20 【项目】面板中显示的播放时间

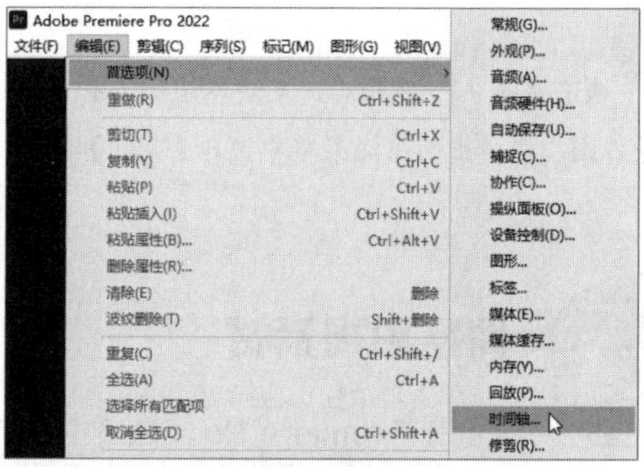

图 3-21 选择【时间轴】命令

步骤 03 弹出【首选项】对话框，如图 3-22 所示，在【静止图像默认持续时间】文本框中输入数值，单击【确定】按钮即可完成调整播放时间的操作。

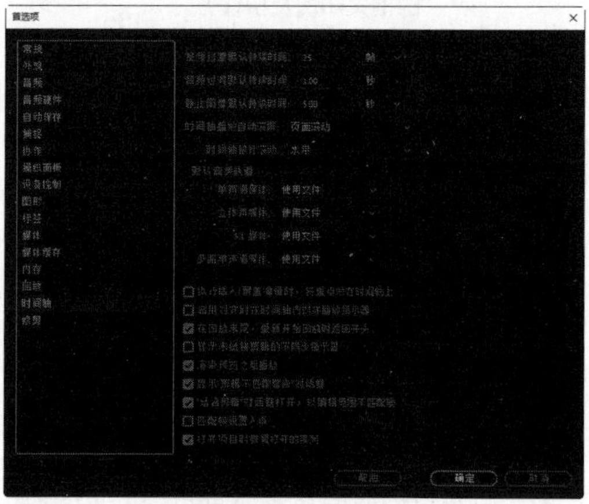

图 3-22 【首选项】对话框

课堂范例——调整播放速度

播放速度是一个十分重要的属性，对于一些时长较长的视频，用户可以使用Premiere Pro 2022对播放速度进行处理，从而将其调整到合适的时长。

步骤 01 打开“素材文件\第 3 章\课堂范例——调整播放速度\课堂范例——调整播放速度.prproj”，在【时间轴】面板中选中要调整播放速度的视频并右击，在弹出的快捷菜单中选择【速度/持续时间】命令，如图 3-23 所示。

步骤 02 弹出【剪辑速度/持续时间】对话框，在【速度】文本框中输入调整后的播放速度数值，单击【确定】按钮，如图 3-24 所示。

步骤 03 返回工作界面，可以看到时间轴上的视频条中出现了播放速度的百分比数字，如图 3-25 所示。

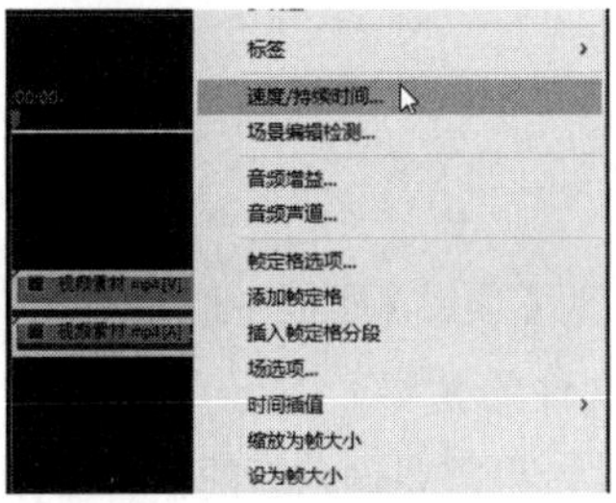

图 3-23 选择【速度/持续时间】命令

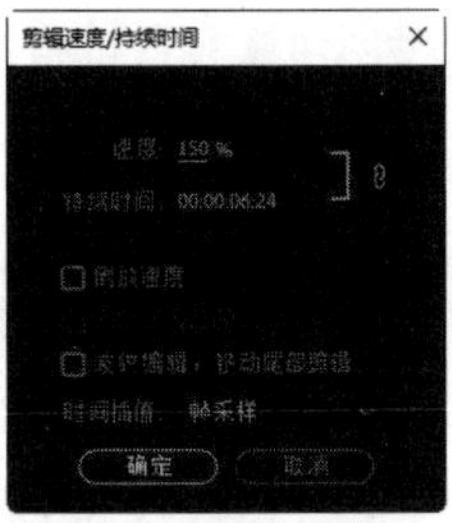

图 3-24 【剪辑速度/持续时间】对话框

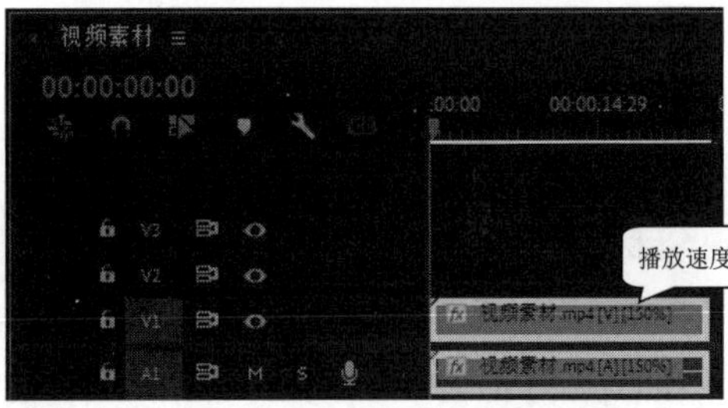

图 3-25 时间轴上显示播放速度

3.4 编排与归类素材

通常情况下，Premiere Pro 2022项目中的所有素材都直接显示在【项目】面板中，由于名称、类型等属性的不同，素材在【项目】面板中的排列往往很杂乱，从而影响工作效率。为此，用户必须对素材进行统一管理。本节将详细介绍编排与归类素材的相关知识及操作方法。

3.4.1 建立素材箱

在进行大型影视编辑工作时，往往会有大量的素材文件，在查找选用时很不方便。通过在【项目】面板中新建素材箱，可将素材科学合理地分类存放，便于工作时查找选用。

在【项目】面板中，单击【新建素材箱】按钮▇，Premiere Pro 2022 将自动创建一个名为“素材箱”的容器，如图 3-26 所示。素材箱在创建之初，其名称处于可编辑状态，此时可直接输入文字更改素材箱的名称。完成素材箱重命名操作后，即可将部分素材拖曳到素材箱中，从而通过该素材箱管理这些素材。

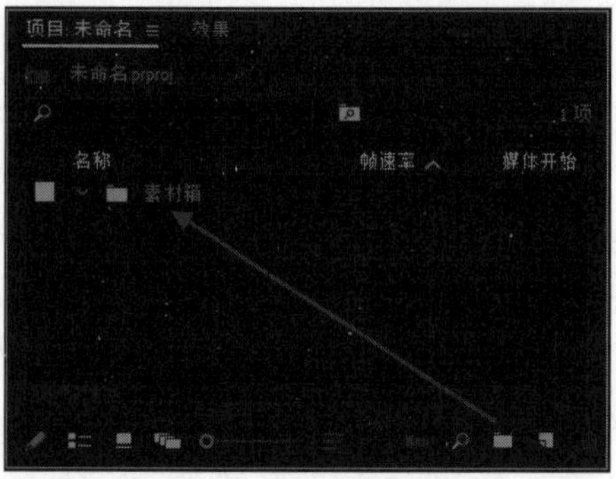

图 3-26　创建素材箱

技能拓展

要删除一个或多个素材箱，可先选中素材箱，再单击【项目】面板底部的【清除】按钮或按【Delete】键来删除。

此外，Premiere还允许在素材箱中创建素材箱，从而通过嵌套的方式来管理更为复杂的素材。要想创建嵌套素材箱，既可以先创建素材箱，再通过拖动的方式将素材箱拖进原有素材箱中；也可以选中素材箱，单击【新建素材箱】按钮，直接创建嵌套素材箱。

3.4.2 重命名素材

素材文件一旦导入【项目】面板中，就会和源文件建立链接关系。对【项目】面板中的素材文件进行重命名往往是为了在编辑操作过程中更容易识别，并不会改变源文件的名称。

在【项目】面板中双击素材名称，素材名称将处于可编辑状态。此时，只需要输入新的素材名称，即可完成重命名素材的操作，如图 3-27 所示。

素材文件一旦添加到【时间轴】面板中，就成为一个素材剪辑，也会和【项目】面板中的素材文件建立链接关系。添加到【时间轴】面板中的素材剪辑，是以该素材在【项目】面板中的名称显示剪辑名称的，但是不会随着【项目】面板中的素材文件重命名而随之更新名称。如果想要在【时间轴】面板中重命名素材剪辑，需要在【时间轴】面板中该素材剪辑上右击，在弹出的快捷菜单中选择【重命名】命令，如图 3-28 所示。

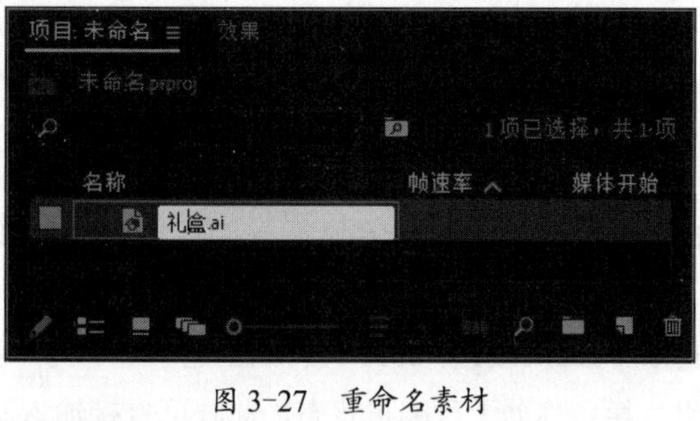

图 3-27　重命名素材

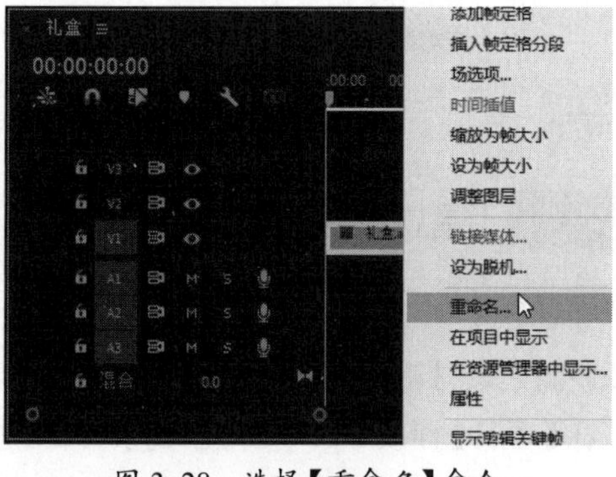

图 3-28　选择【重命名】命令

3.4.3 设置素材标记点

标记是一种辅助性工具，它的主要功能是方便用户查找和访问特定的时间点。在Premiere Pro

2022 的【标记】菜单中可以设置波纹序列标记、章节标记和Flash提示标记，如图 3-29 所示。

（1）波纹序列标记：需要在【时间轴】面板中进行设置。波纹序列标记主要包括出/入点、套选入点和出点等。

（2）章节标记：在打开【标记@*】对话框时，【章节标记】单选按钮自动变为选中状态，在时间指针的当前位置添加DVD章节标记，作为将影片项目转换输出录成DVD影碟后，在放入影碟播放机时显示的章节段落点，可以用影碟机的遥控器进行点播或跳转到对应的位置开始播放。

（3）Flash提示标记：在打开【标记@*】对话框时，【Flash提示点】单选按钮自动变为选中状态，在时间指针的当前位置添加Flash提示标记，将影片项目输出为包含互动功能的影片格式后，在播放到该位置时，依据设置的Flash方式，执行相应的互动事件或跳转导航。

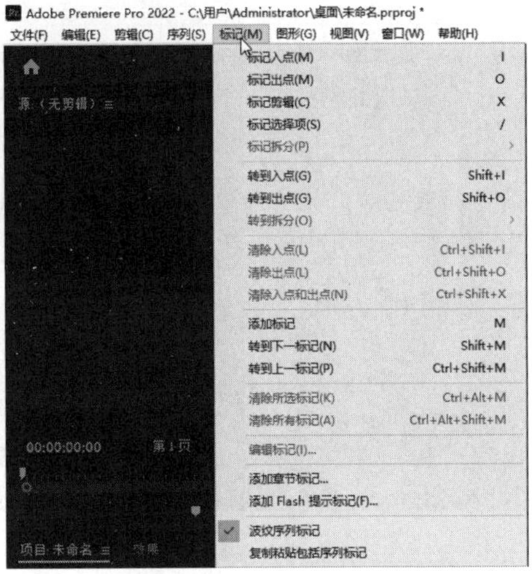

图 3-29 【标记】菜单

> **温馨提示**
>
> 如果要删除不需要的标记，则可以在时间轴上的该标记处右击，在弹出的快捷菜单中选择【清除当前标记】命令；如果要删除所有标记，则可以选择【清除所有标记】命令。

3.4.4 启用离线素材

在对源素材文件进行重命名或移动位置后，系统会弹出【链接媒体】对话框，提示找不到源素材，如图 3-30 所示。此时，可建立一个离线文件代替，找到所需文件后，用该文件替换离线文件后即可进行正常的编辑。离线素材具有与源素材文件相同的属性，起到一个占位的作用。

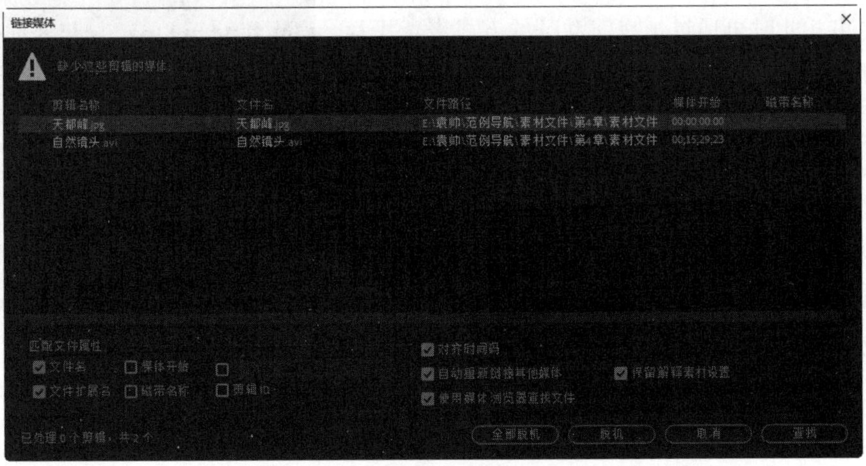

图 3-30 【链接媒体】对话框

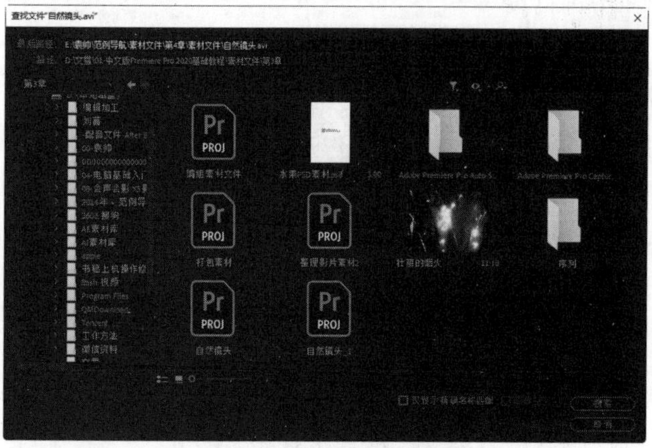

图 3-31 【查找文件】对话框

单击【查找】按钮，即可弹出【查找文件】对话框，在该对话框中会展示所选素材的原始路径，查找所需素材文件。单击查找到的素材后单击【确定】按钮，即可重新链接，恢复该素材在影片项目中的正常显示，如图 3-31 所示。

选中【项目】面板中需要脱机的素材并右击，在弹出的快捷菜单中选择【设为脱机】命令，如图 3-32 所示，系统会弹出【设为脱机】对话框，如图 3-33 所示。选择所需的选项，即可将所选素材文件设为脱机。

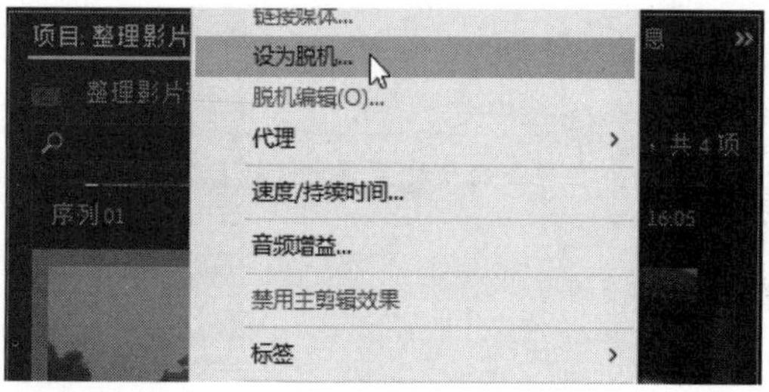

图 3-32 选择【设为脱机】命令

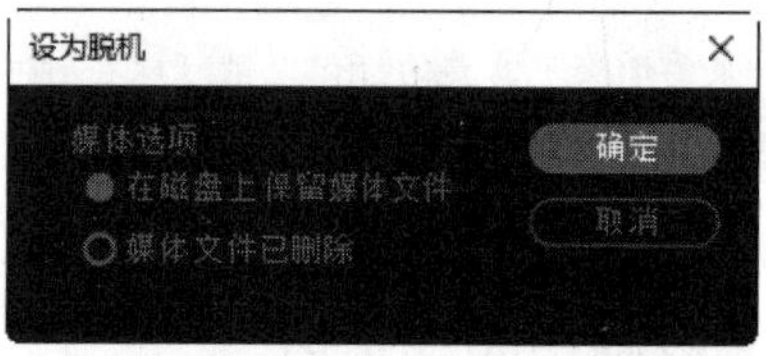

图 3-33 【设为脱机】对话框

3.4.5 查找素材

随着项目进度的逐渐推进，【项目】面板中的素材往往会越来越多，此时再通过拖曳滚动条的方式来查找素材会变得费时又费力。为此，Premiere Pro 2022 专门提供了查找素材的功能，极大地方便了用户操作。

查找素材时，如果了解素材名称，可以直接在【项目】面板的搜索框内输入所查素材的部分或全部名称。此时，所有包含用户输入的关键字的素材都将显示在【项目】面板中，如图 3-34 所示。

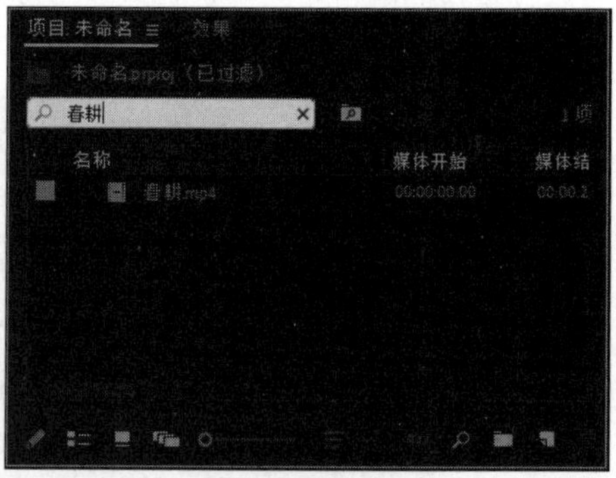

图 3-34 在搜索框内输入内容

如果仅仅通过素材名称无法快速找到匹配素材，还可以通过场景、磁带信息或标签内容等信息来查找相应素材。在【项目】面板的空白处右击，在弹出的快捷菜单中选择【查找】命令，如图 3-35 所示。

弹出【查找】对话框，在对话框中可以设置相关选项或输入需要查找的对象信息，如图 3-36

所示。

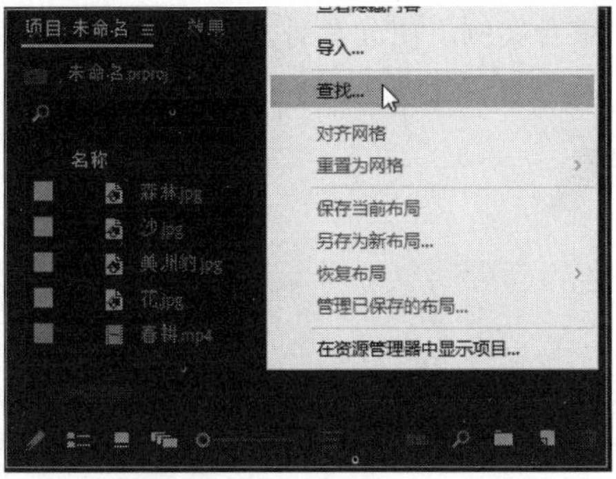

图 3-35 选择【查找】命令

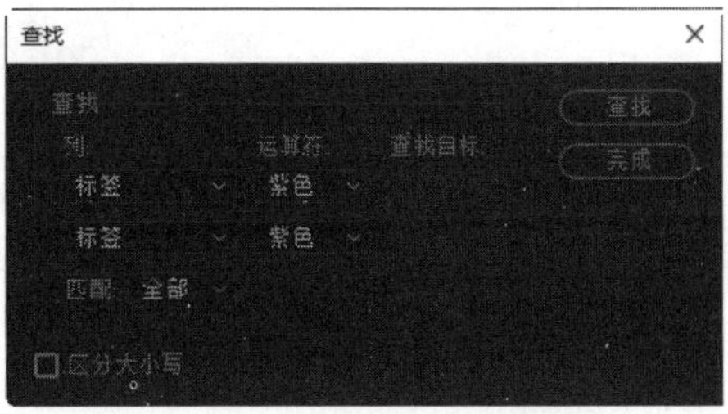

图 3-36 【查找】对话框

课堂问答

通过本章的讲解，读者对导入与编辑素材有了一定的了解，下面列出一些常见的问题供读者学习参考。

问题 1：什么是采集视频？

答：所谓采集视频，就是将模拟摄像机、录像机、LD视盘机、电视机输出的视频信号，通过专用的模拟或数字转换设备，转换为二进制数字信息后存储于计算机中的过程。在Premiere Pro 2022 中，可以通过 1394 卡或具有 1394 接口的采集卡来采集信号和输出影片。对视频质量要求不高的用户，也可以通过USB接口从摄像机、手机和数码相机上采集视频。当正确配置硬件后，启动Premiere Pro 2022，执行【文件】→【捕捉】命令，打开【捕捉】面板，即可开始视频采集。

问题 2：在 Premiere 中如何创建作品？

答：作品是可以共享编辑的Premiere项目文件，创建作品的方法如下。

步骤 01 执行【文件】→【新建】→【作品】命令，如图 3-37 所示。

步骤 02 弹出【新建作品】对话框，如图 3-38 所示，设置作品名称和位置，单击【创建】按钮即可完成创建作品的操作。

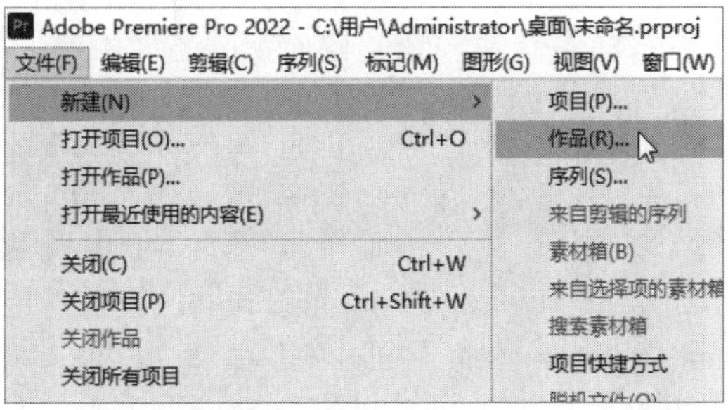

图 3-37 选择【作品】命令

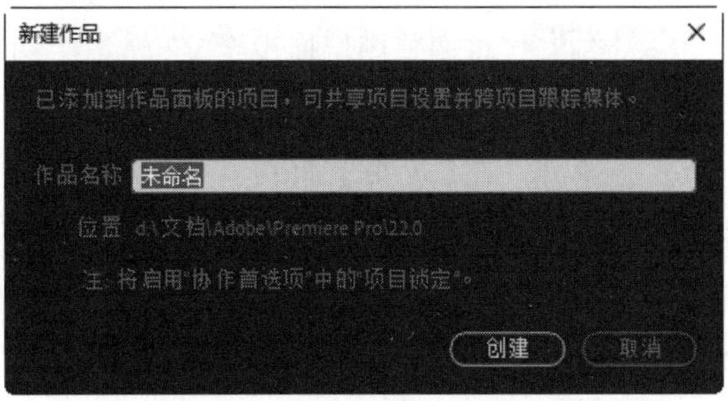

图 3-38 【新建作品】对话框

上机实战——制作镜头移动视频

为了帮助读者巩固本章知识点，下面讲解一个技能综合案例，使读者对本章的知识有更深入的了解。

效果展示

思路分析

本案例将制作海边镜头移动转场视频，步骤是创建项目文件，导入素材，将素材拖入【时间轴】面板创建序列，创建调整图层，将调整图层拖曳至V2轨道中两素材的连接处，为调整图层添加【偏移】和【方向模糊】视频效果，并为两个效果添加关键帧动画。

制作步骤

步骤 01 打开“素材文件\第3章\上机实战——制作镜头移动视频\上机实战——制作镜头移动视频.prproj”项目，如图3-39所示。

步骤 02 在【效果】面板中单击【新建项】按钮，选择【调整图层】选项，如图3-40所示。

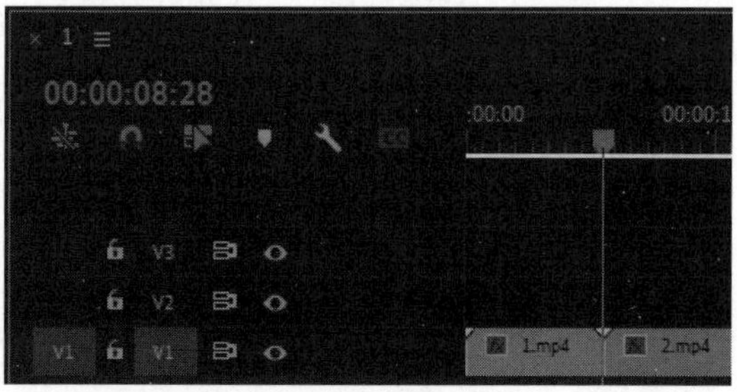

图 3-39　打开项目

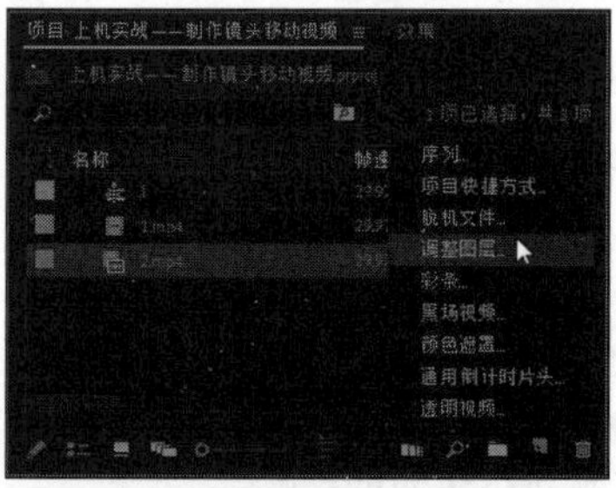

图 3-40　创建调整图层

步骤 03 将调整图层拖曳至V2轨道中两素材的连接处，如图3-41所示。

步骤 04 在【效果】面板中搜索“偏移”，将搜索到的效果添加到调整图层上，在【效果控件】面板中为【将中心移位至】选项添加关键帧，如图3-42所示。

步骤 05 在结尾处设置【将中心移位至】选项参数，添加第2个关键帧，如图3-43所示。

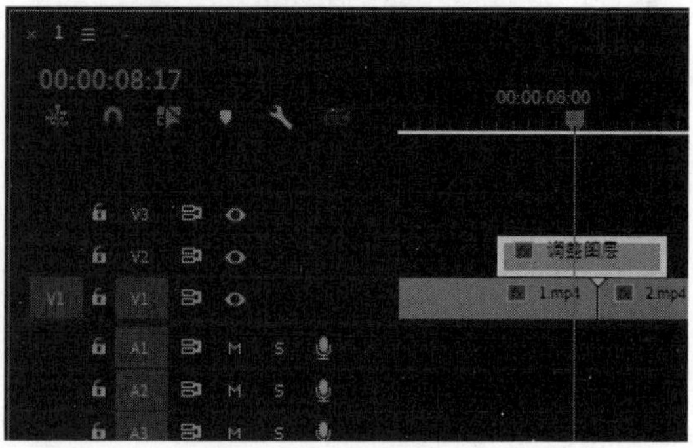

图 3-41　添加调整图层

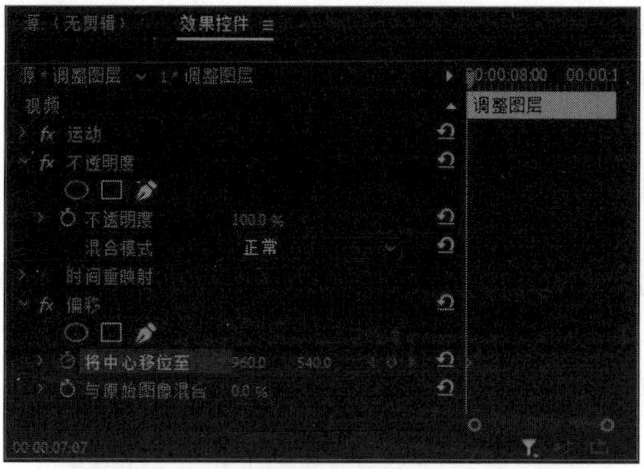

图 3-42 添加关键帧

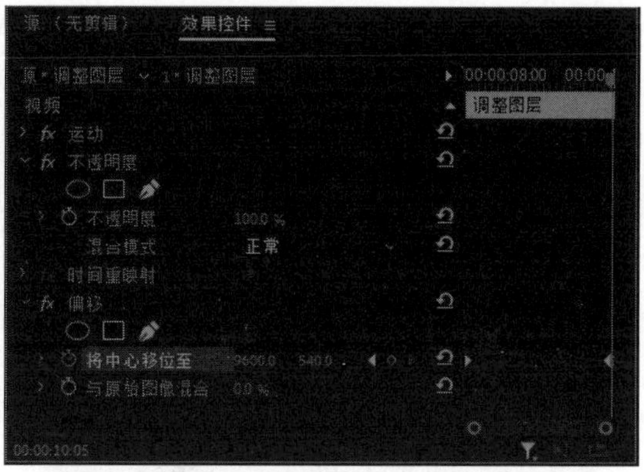

图 3-43 添加第 2 个关键帧

同步训练——制作电子相册

为了提高读者的动手能力，下面安排一个同步训练案例，让读者举一反三、触类旁通。

图解流程

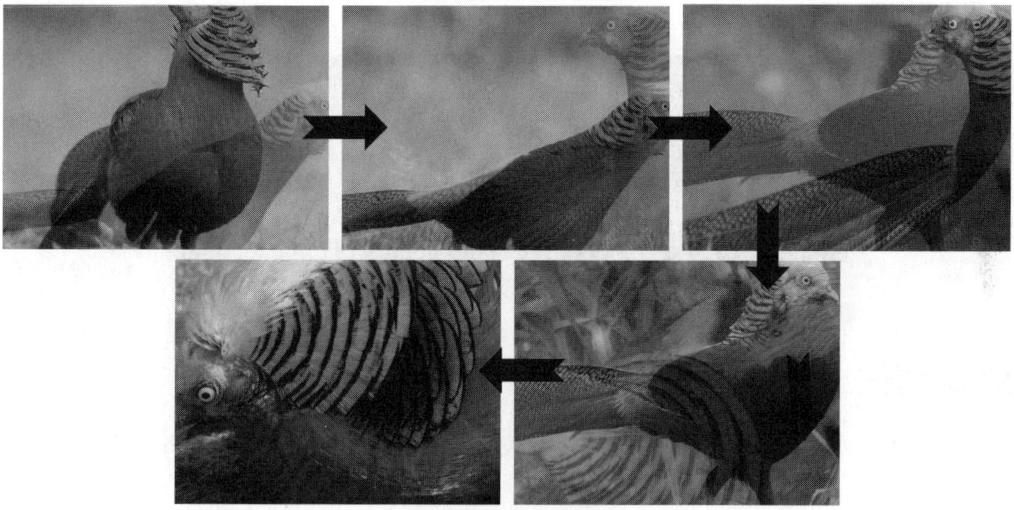

思路分析

本案例将制作简单的电子相册，步骤是创建电子相册项目，导入素材图片，拖入【时间轴】面板并在【节目】监视器面板中预览动画效果。下面将详细介绍其操作方法。

关键步骤

步骤 01 创建名为“同步训练——制作电子相册”的项目文件，创建序列。

步骤 02 双击【项目】面板空白处，打开【导入】对话框，导入素材。

步骤 03 在【项目】面板中单击右下角的【新建素材箱】按钮，将素材箱重命名为“素材”，选中所有素材图片，按住鼠标左键将其拖曳到“素材”素材箱中。

步骤 04　选中所有素材图片，单击【项目】面板右下角的【自动匹配序列】按钮，如图 3-44 所示。

步骤 05　弹出【序列自动化】对话框，单击【确定】按钮，如图 3-45 所示。

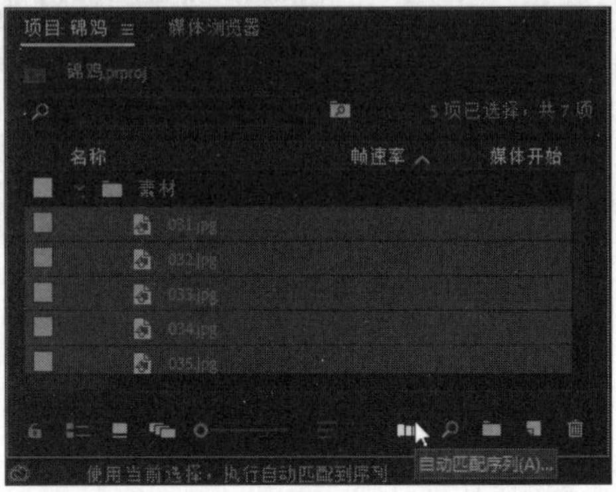

图 3-44　单击【自动匹配序列】按钮

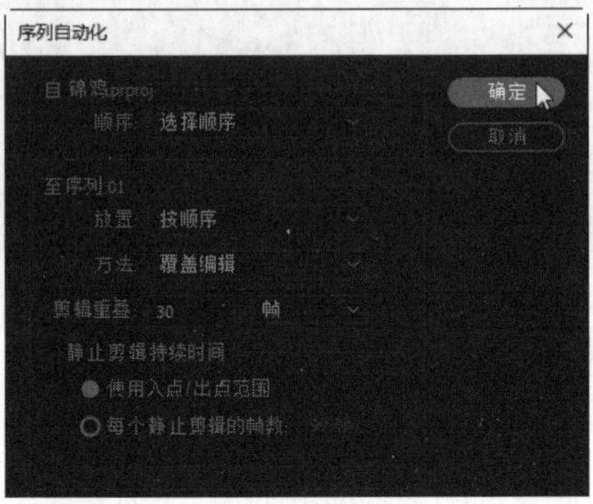

图 3-45　【序列自动化】对话框

步骤 06　可以看到选中的素材图片都插入了【时间轴】面板中，并添加了过渡效果，如图 3-46 所示。电子相册即可制作完毕。

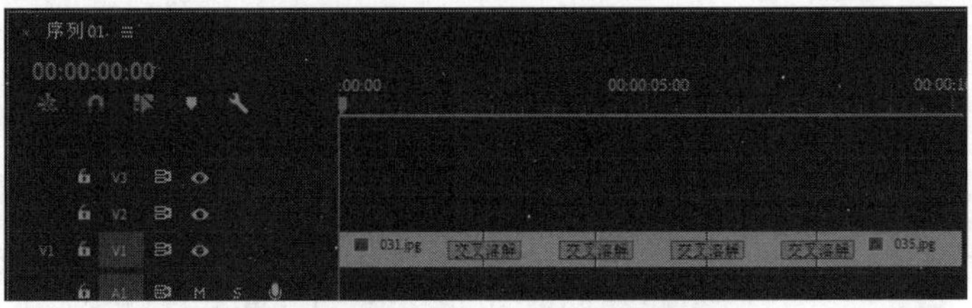

图 3-46　素材插入【时间轴】面板

知识能力测试

本章讲解了导入与编辑素材的相关知识，为对知识进行巩固和考核，请读者完成以下练习题。

一、填空题

1. 如果想为序列中的每段视频都添加同一种效果，手动进行添加是非常麻烦的，这时就可以进行________操作。

2. Premiere Pro 2022 支持图像、________、音频等多种类型和文件格式的素材导入。

二、选择题

1. 在 Premiere Pro 2022 的【标记】菜单中，用户不可以设置（　　）。

A. 波纹序列标记　　B. 剪辑标记　　C. 章节标记　　D. Flash 提示标记

2. 用户可以使用（　　）菜单导入素材文件。

A.【文件】　　B.【编辑】　　C.【图形】　　D.【序列】

三、简答题

1. 如何导入AI素材?

2. 如何调整播放时间?

Premiere Pro 2022

第4章 剪辑与编辑视频素材

本章主要介绍【监视器】面板、【时间轴】面板、视频编辑工具、分离素材方面的知识与技巧，同时还讲解了如何使用Premiere创建新元素。通过对本章内容的学习，读者可以掌握剪辑与编辑视频素材方面的知识，为深入学习Premiere Pro 2022 知识奠定基础。

学习目标

- 熟练掌握【监视器】面板的使用方法
- 熟练掌握【时间轴】面板的使用方法
- 熟练掌握各种视频编辑工具的使用方法
- 熟练掌握分离素材的方法
- 学会创建各种新元素

4.1 【监视器】面板

如果要进行精确的编辑操作，就必须先使用【监视器】面板对素材进行预处理，再将其添加至【时间轴】面板中，剪辑处理形成一个完整的影片。

4.1.1 【源】监视器与【节目】监视器面板概览

Premiere Pro 2022 中的【监视器】面板不仅可以在影片制作过程中预览素材或作品，还可以用于精确编辑素材。下面将详细介绍【源】监视器与【节目】监视器面板。

1. 【源】监视器面板

【源】监视器面板的主要功能是预览和修剪素材，编辑影片时只需双击【项目】面板中的素材，即可通过【源】监视器面板预览其效果，如图 4-1 所示。

图 4-1 【源】监视器面板

【源】监视器面板中各按钮的名称及功能如表 4-1 所示。

表 4-1 【源】监视器面板中各按钮的名称及功能

按钮名称	功能作用
【查看区域栏】按钮	将光标放在左右两侧的滑块上，单击并向左或向右拖动鼠标，可以放大或缩小时间标尺
【添加标记】按钮	有的工程，如电影、电视剧等，编辑加工时间长达几个月甚至数年，这期间编辑的文件可能很多，有的文件很久后再次打开，自己也会忘记内容。添加标记可以起到解释、提醒作用，方便剪辑师操作

续表

按钮名称	功能作用
【标记入点】按钮	设置素材的进入时间
【标记出点】按钮	设置素材的结束时间
【转到入点】按钮	无论当前时间指示器的位置在何处，单击该按钮，指示器都将跳至素材入点
【转到出点】按钮	无论当前时间指示器的位置在何处，单击该按钮，指示器都将跳至素材出点
【后退一帧】按钮	以逐帧的方式倒放素材
【播放-停止切换】按钮	控制素材画面的播放与暂停
【前进一帧】按钮	以逐帧的方式播放素材
【插入】按钮	在素材中间单击该按钮，在插入素材的同时，会将该素材一分为二
【覆盖】按钮	将素材覆盖在插入点后面
【导出帧】按钮	将当前画面导出为图片

2. 【节目】监视器面板

从外观上来看，【节目】监视器面板与【源】监视器面板基本一致。与【源】监视器面板不同的是，【节目】监视器面板用于查看各素材在添加至序列并进行相应编辑后的播放效果，如图 4-2 所示。

无论是【源】监视器面板还是【节目】监视器面板，在播放控制区中单击【按钮编辑器】按钮，都会弹出【按钮编辑器】对话框，如图 4-3 所示。对话框中的按钮同样是用来编辑视频文件的。只要将某个按钮图标拖入面板下方，然后单击【确定】按钮，即可将该按钮显示在监视器面板中，方便用户使用。

图 4-2 【节目】监视器面板

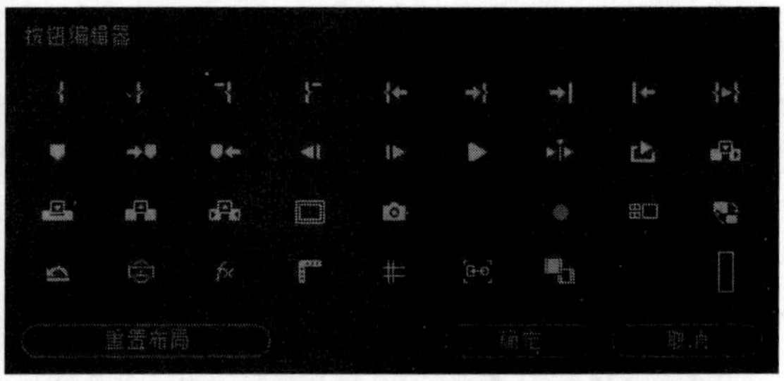

图 4-3 【按钮编辑器】对话框

4.1.2 时间控制与安全区域

与直接在【时间轴】面板中进行的编辑操作相比，在【监视器】面板中编辑影片的优点是能够精确地控制时间。例如，除可以通过直接输入当前时间的方式来精确定位外，还可以通过【前进一帧】和【后退一帧】等多个按钮来微调当前的播放时间。

Premiere Pro 2022 中的安全区分为字幕安全区和动作安全区。当制作的节目是在电视播放时，由于大多数电视机会切掉图像外边缘的部分内容，所以用户要参考安全区域来保证图像元素在屏幕范围之内。在【监视器】面板上右击，在弹出的快捷菜单中选择【安全边距】命令，如图 4-4 所示，即可显示画面中的安全框，如图 4-5 所示。其中，里面的方框是字幕安全区，外面的方框是动作安全区。

图 4-4　选择【安全边距】命令

图 4-5　画面出现安全框

技能拓展

默认情况下，动作和字幕的安全边距分别为 10%和 20%。可以在【项目设置】对话框的【动作与字幕安全区域】选项组中更改安全区域的尺寸。执行【文件】→【项目设置】→【常规】命令，即可弹出【项目设置】对话框。

4.1.3 设置素材的入点和出点

素材开始帧的位置是入点，结束帧的位置是出点，【源】监视器面板中入点和出点范围之外的内容相当于切去了，在时间轴中这一部分将不会出现，改变入点和出点的位置就可以改变素材在时间轴上的长度。下面将详细介绍设置素材入点和出点的操作方法。

步骤 01 在【源】监视器面板中拖动时间标记找到要设置入点的位置，单击【标记入点】按钮，入点位置的左边颜色不变，右边颜色变成灰色，如图 4-6 所示。

步骤 02 浏览影片找到准备设置出点的位置，单击【标记出点】按钮，出点位置的左边颜色保持灰色，出点位置的右边颜色不变，如图 4-7 所示。

图 4-6　单击【标记入点】按钮

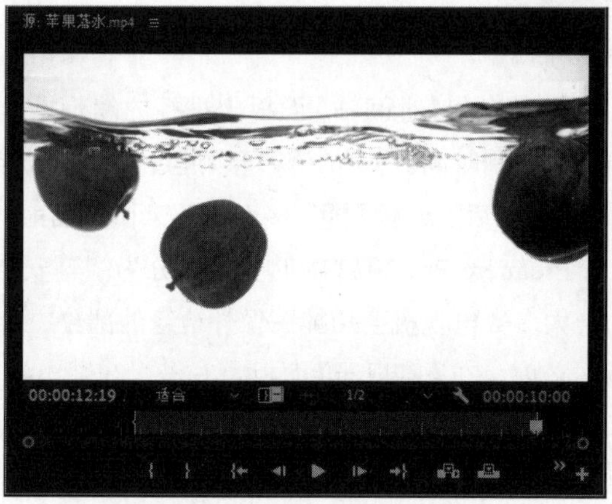

图 4-7　单击【标记出点】按钮

4.1.4 设置标记

为素材添加标记、设置备注是管理素材、剪辑素材的重要方法，下面将详细介绍设置标记的操作方法。

1. 添加标记

在【源】监视器面板中，将时间标记滑块移动到需要添加标记的位置，然后单击【添加标记】按钮，标记点会在时间标记处完成标记，如图 4-8 所示。

图 4-8　添加标记

2. 跳转标记

在【源】监视器面板或【时间轴】面板的标尺上右击，在弹出的快捷菜单中选择【转到下一个标记】命令，如图 4-9 所示。时间标记会自动跳转到下一个标记的位置，如图 4-10 所示。

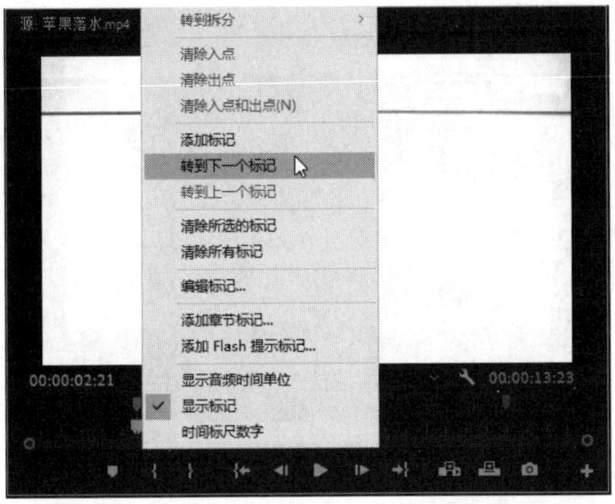

图 4-9　选择【转到下一个标记】命令

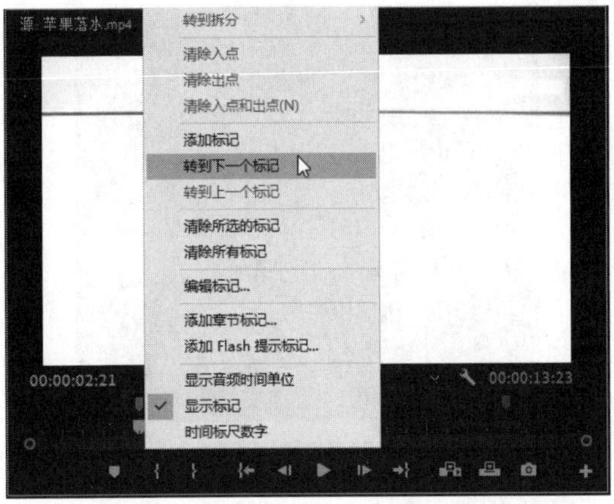

图 4-10　跳转到下一个标记点

在设置好的标记处双击，即可弹出【标记】对话框，如图 4-11 所示，在该对话框中可以给标记进行详细的命名、添加注释等操作。

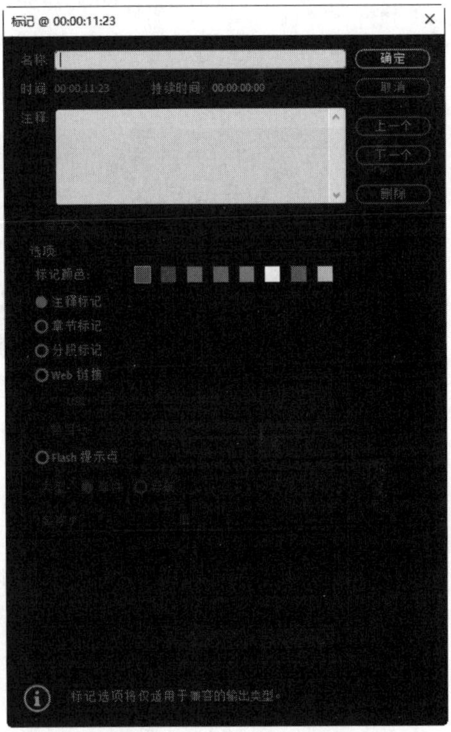

图 4-11　【标记】对话框

> **温馨提示**
>
> 在【源】监视器面板或【时间轴】面板中右击，在弹出的快捷菜单中选择【清除所选的标记】命令，即可清除当前选中的标记；选择【清除所有标记】命令，则所有标记都会被清除。

课堂范例——导出帧图片

用户可以在【节目】监视器面板中任意帧的画面上暂停，然后导出该帧画面为图片。下面将详细介绍导出帧图片的操作方法。

步骤 01　新建“导出帧图片”项目文件，将“素材文件\第 4 章\课堂范例——导出帧图片\海滩.mp4”素材导入【项目】面板中，并将其拖至 V1 轨道，如图 4-12 所示。

步骤 02　在【节目】监视器面板中单击【播放-停止切换】按钮▶查看素材，在准备导出帧图片的位置单击【播放-停止切换】按钮▶，再单击【导出帧】按钮📷，如图 4-13 所示。

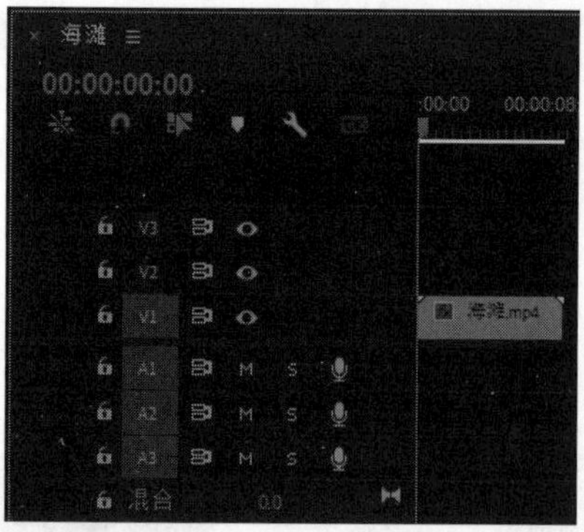

图 4-12　将素材拖至 V1 轨道

图 4-13　单击【导出帧】按钮

步骤 03　弹出【导出帧】对话框，设置参数，单击【确定】按钮，如图 4-14 所示。

步骤 04　打开图片保存的文件夹，可以看到已经添加了一张名为“海滩”的图片，如图 4-15 所示。通过以上步骤即可完成使用【节目】监视器面板导出帧图片的操作。

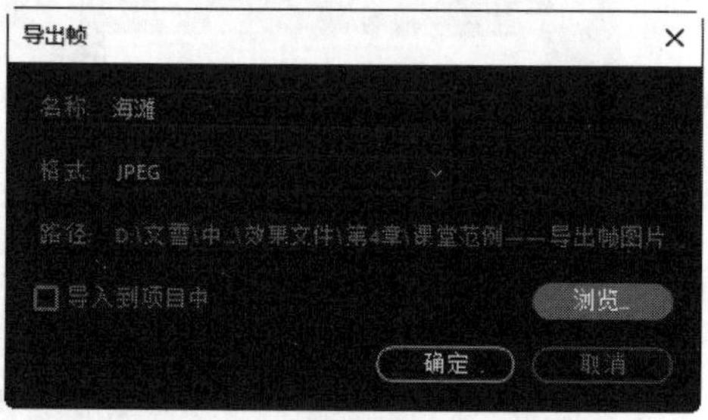

图 4-14　【导出帧】对话框

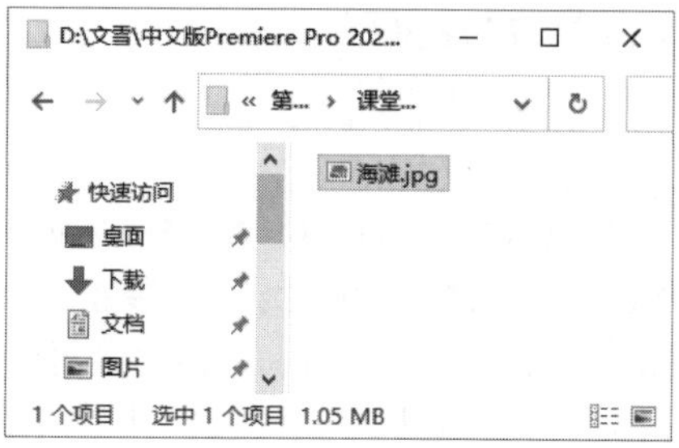

图 4-15　查看图片

4.2 【时间轴】面板

视频素材编辑的前提是将视频素材放置在【时间轴】面板中。在该面板中，用户不仅可以将不同的视频素材按照一定的顺序排列，还可以对其进行编辑。本节将详细介绍【时间轴】面板的相关知识及操作方法。

4.2.1 【时间轴】面板概览

在 Premiere Pro 2022 中，【时间轴】面板经过重新设计后已经可以进行自定义，通过设置，可以选择要显示的内容并立即访问控件。在【时间轴】面板中，时间轴标尺上的各种控制选项决定了查看影片素材的方式，以及影片渲染和导出的区域，如图 4-16 所示。

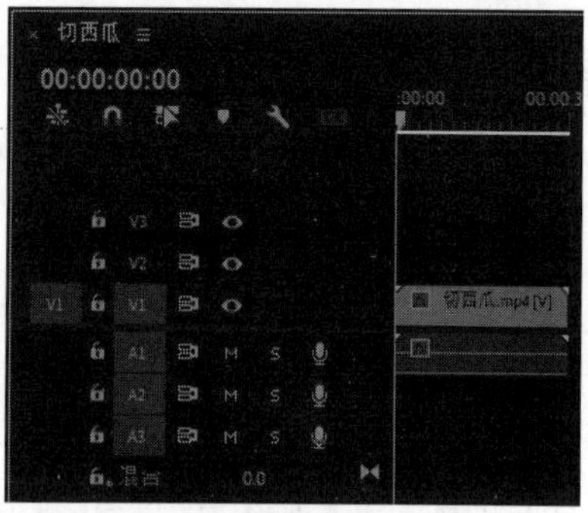

图 4-16　【时间轴】面板

1. 时间标尺

时间标尺是一种可视化的时间间隔显示工具。默认情况下，Premiere Pro 2022 按照每秒所播放画面的数量来划分时间轴，对应于项目的帧速率，如图 4-17 所示。不过，如果当前正在编辑的是音频素材，则应在【时间轴】面板的关联菜单内选择【显示音频时间单位】命令，将标尺更改为按照毫秒或音频采样等音频单位进行显示。

2. 播放指示器位置

播放指示器位置与当前时间指示器相互关联，当移动时间标尺上的当前时间指示器时，播放指示器位置中的内容也会随之发生变化。在播放指示器位置上左右拖动鼠标时，也可控制当前时间指示器在时间标尺上的位置，从而达到快速浏览和查看素材的目的，如图 4-18 所示。

图 4-17　时间标尺

图 4-18　播放指示器位置

3. 当前时间指示器

当前时间指示器是一个三角形图标，其作用是标识当前所查看的视频帧，以及该帧在当前序列中的位置，如图 4-19 所示。在时间标尺中，用户可以采用直接拖动当前时间指示器的方法来查看视频内容，也可以在单击时间标尺后，将当前时间指示器移至鼠标单击处的某个视频帧。

图 4-19　当前时间指示器

4. 查看区域栏

查看区域栏的作用是确定出现在时间轴上的视频帧数量，如图 4-20 所示。当单击查看区域栏左侧的滑块并向左拖动，从而使其长度缩短时，【时间轴】面板在当前可见区域内能够显示的视频帧将逐渐减少，而时间标尺上各时间标记间的距离将会随之扩大；反之，时间标尺内将显示更多的视频帧，并缩短时间轴上的时间间隔。

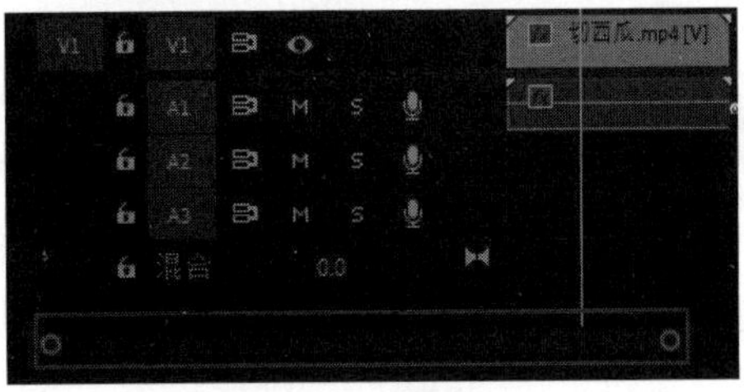

图 4-20　查看区域栏

4.2.2 【时间轴】面板基本控制

轨道是【时间轴】面板中最重要的组成部分，原因在于这些轨道能够以可视化的方式显示音视频素材及添加的效果，如图 4-21 所示。下面将详细介绍【时间轴】面板基本控制的相关知识。

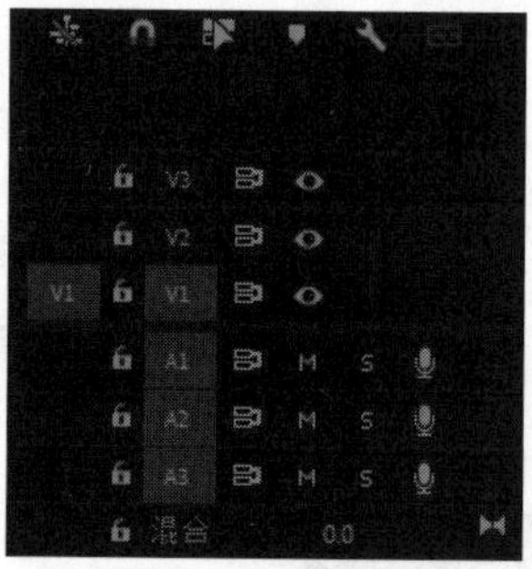

图 4-21　轨道

1. 切换轨道输出

在视频轨道中，【切换轨道输出】按钮用于控制是否输出该视频素材。这样一来，便可以在播放或导出项目时，控制在【节目】监视器面板中是否能查看相应轨道中的影片。

在音频轨道中，【切换轨道输出】按钮变为【静音轨道】按钮，其功能是在播放或导出项目时，决定是否输出相应轨道中的音频素材。单击该按钮，即可使视频中的音频静音，同时按钮将改变颜色。

2. 切换同步锁定

通过对轨道启用【切换同步锁定】功能，可以确定执行插入、波纹删除或波纹修剪操作时哪些轨道将会受到影响。

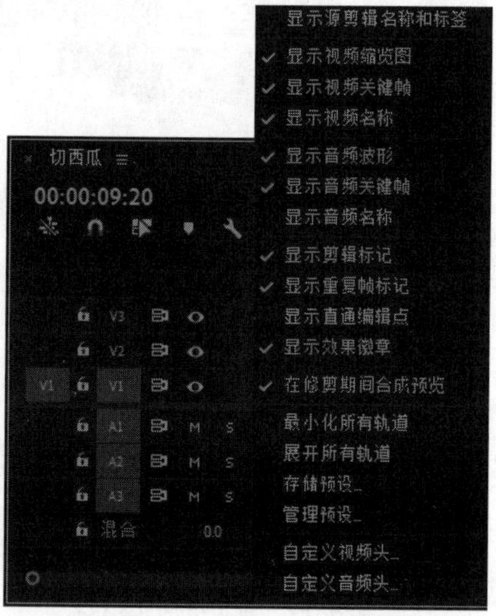

图 4-22　时间轴显示设置

3. 切换轨道锁定

【切换轨道锁定】按钮的功能是锁定轨道上的素材及其他各项设置，以免因误操作而破坏已编辑好的素材。当单击该按钮时，出现锁图标，表示轨道内容已被锁定，此时无法对相应轨道进行任何修改。再次单击【切换轨道锁定】按钮，即可去除锁图标，并解除对相应轨道的锁定保护。

4. 时间轴显示设置

为了方便用户查看轨道上的各种素材，Premiere Pro 2022 分别为视频素材和音频素材提供了多种显示方式。单击【时间轴】面板中的【时间轴显示设置】按钮，可以在弹出的菜单中进行显示设置，如图 4-22 所示。

4.2.3 轨道管理

在编辑影片时，往往要根据需要来添加、删除轨道，或者对轨道进行重命名等操作。下面将详细介绍轨道管理的相关知识及操作方法。

1. 重命名轨道

在【时间轴】面板中，双击准备重命名的轨道V1，或者在轨道V1上右击，在弹出的快捷菜单中选择【重命名】命令（如图4-23所示），即可进入轨道名称的编辑状态。此时，输入新的轨道名称，按【Enter】键即可为相应轨道设置新的名称。

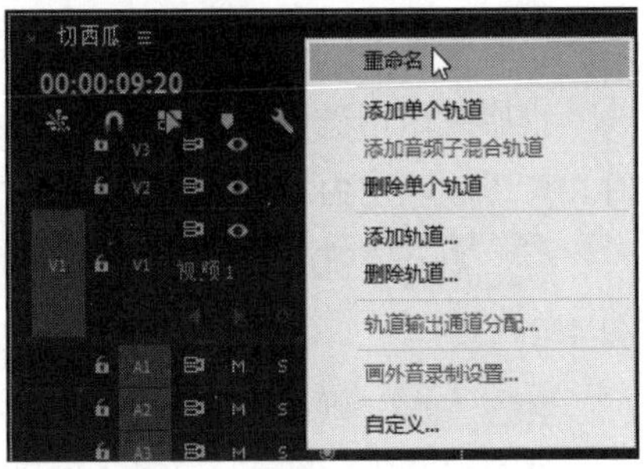

图4-23　选择【重命名】命令

2. 添加轨道

当影片剪辑使用的素材较多时，增加轨道的数量有利于提高影片的编辑效果。添加轨道的操作方法如下。

步骤01 在【时间轴】面板中的轨道上右击，在弹出的快捷菜单中选择【添加轨道】命令，如图4-24所示。

步骤02 弹出【添加轨道】对话框，【添加】选项用于设置新增轨道的数量，【放置】选项用于设置新增视频轨道的位置。单击【放置】下拉按钮，即可在弹出的下拉列表中设置新轨道的位置，设置完成后单击【确定】按钮即可，如图4-25所示。

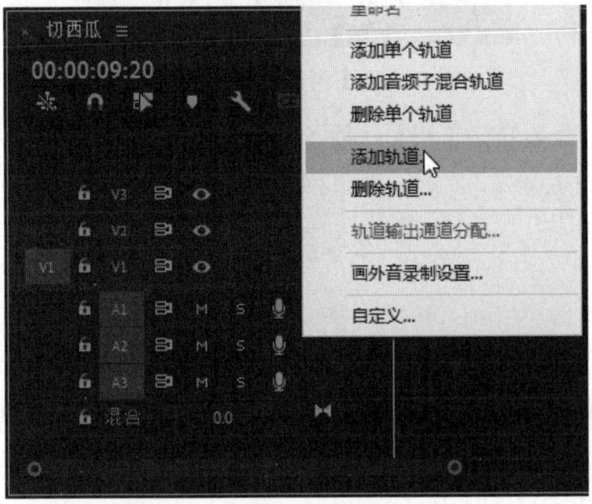

图4-24　选择【添加轨道】命令

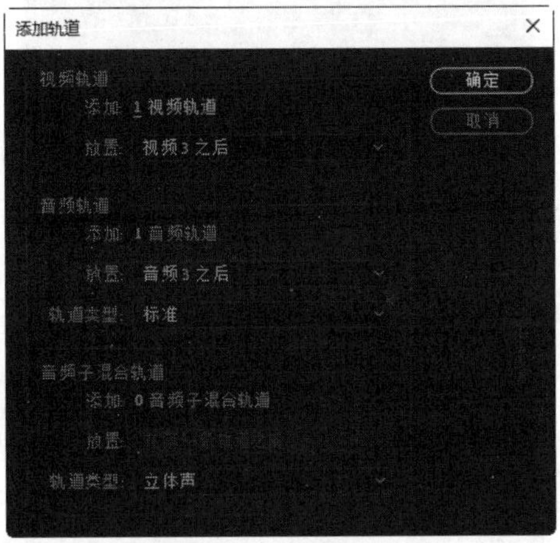

图4-25　【添加轨道】对话框

步骤03 可以看到已经添加了一条空白轨道，如图4-26所示。

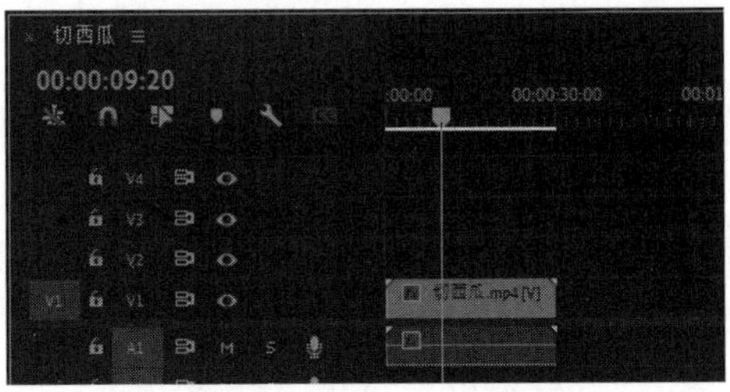

图4-26　添加了空白轨道

> **温馨提示**
> 在Premiere Pro 2022中，轨道菜单中还添加了【添加单个轨道】和【添加音频子混合轨道】命令，选择这两个命令，可以直接添加轨道，而不需要通过【添加轨道】对话框来进行设置。在【添加轨道】对话框中，使用相同的方法在【音频轨道】和【音频子混合轨道】选项组中进行设置后，即可在【时间轴】面板中添加新的音频轨道。

3. 删除轨道

当影片所用的素材较少，当前所包含的轨道已经能够满足影片编辑的需要，并且存在多余轨道时，可以删除空白轨道，减少项目文件的复杂程度，从而在输出影片时提高渲染速度。

步骤 01 在【时间轴】面板中的轨道上右击，在弹出的快捷菜单中选择【删除轨道】命令，如图 4-27 所示。

步骤 02 弹出【删除轨道】对话框，选中【删除视频轨道】复选框，在该复选框下方的下拉列表中选择要删除的轨道，单击【确定】按钮即可删除相应的视频轨道，如图 4-28 所示。

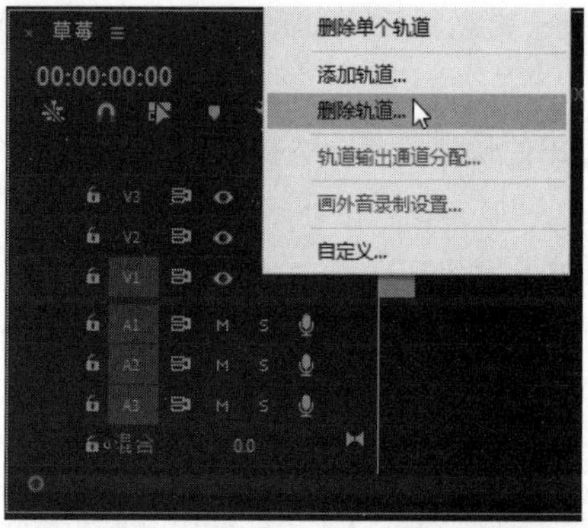

图 4-27 选择【删除轨道】命令

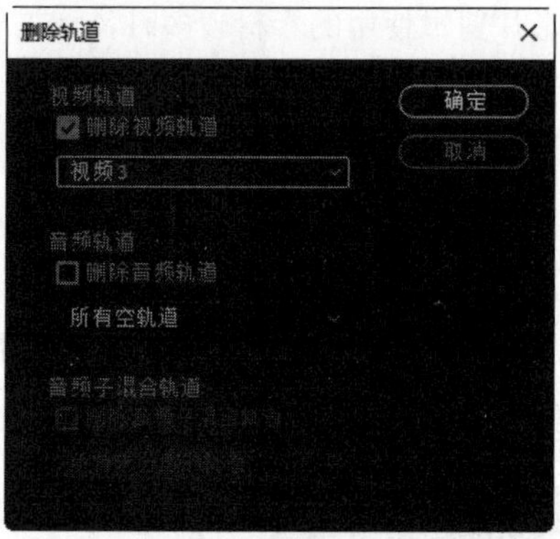

图 4-28 【删除轨道】对话框

在【删除轨道】对话框中，使用相同的方法在【音频轨道】和【音频子混合轨道】选项组中进行设置后，即可在【时间轴】面板中删除相应的音频轨道。

课堂范例——设置图片缩放为帧大小

【缩放为帧大小】命令可以将画面按比例匹配当前的序列大小。注意，用该命令缩放素材时，不会改变素材自身的比例，如果素材宽高比例和序列的宽高比例一致，执行该命令后，该素材画面正好填满序列画面；如果素材宽高比例和序列的宽高比例不一致，则执行该命令后，序列的左右两侧或上下两端就会出现空白。下面介绍设置图片缩放为帧大小的方法。

步骤 01 新建项目文件“课堂范例——设置图片缩放为帧大小.prproj”，新建“序列 01”，将“素材文件\第 4 章\课堂范例——设置图片缩放为帧大小\草莓.jpg”素材导入【项目】面板中，并将其拖至 V1 轨道中，可以看到在【节目】面板中图片没有铺满整个屏幕，上下都有黑边，如图 4-29 所示。

步骤 02 右击时间轴中的“草莓.jpg”素材，在弹出的快捷菜单中选择【缩放为帧大小】命令，如图 4-30 所示。

步骤 03 在【节目】面板中可以看到图片已经缩放为帧大小，但由于素材和序列的宽高比例不一致，序列的上下两侧没有被填满，如图 4-31 所示。

图 4-29 导入素材

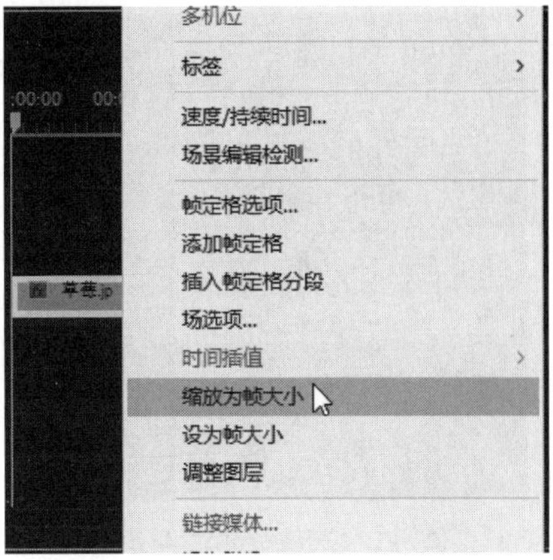

图 4-30 选择【缩放为帧大小】命令

图 4-31 图片已经缩放为帧大小

技能拓展

右击时间轴中的素材，还有一个和【缩放为帧大小】命令类似的【设为帧大小】命令。两者的区别在于，执行【缩放为帧大小】命令不会导致【效果控件】面板中【缩放】参数变化，而且重新改变序列尺寸时，素材画面会自动跟随序列发生改变；执行【设为帧大小】命令会导致【效果控件】面板中【缩放】参数变化，而且重新改变序列尺寸时，素材画面不会自动跟随序列发生改变。

4.3 视频编辑工具

在时间轴上剪辑素材会用到很多工具，其中包括选择工具、向前选择轨道工具、剃刀工具、外滑工具、内滑工具和滚动编辑工具，本节将详细介绍视频编辑工具的相关知识及操作方法。

4.3.1 选择工具和向前选择轨道工具

【选择工具】（快捷键是【V】键）和【向前选择轨道工具】（快捷键是【A】键）都是调整素材片段在轨道中的位置的工具，不同的是【向前选择轨道工具】可以选中同一轨道单击的素材及其后面的素材。

选择【向前选择轨道工具】，单击当前时间指示器右侧的素材，向右拖动素材时只有当前时间指示器右侧的所有素材被执行操作，如图 4-32 和图 4-33 所示。

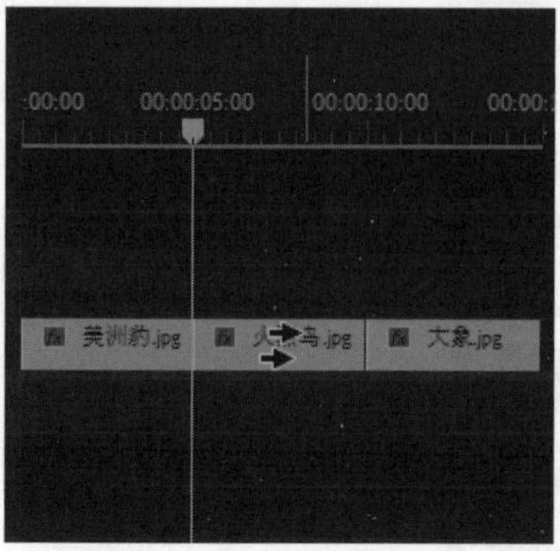

图 4-32　使用【向前选择轨道工具】向右拖动

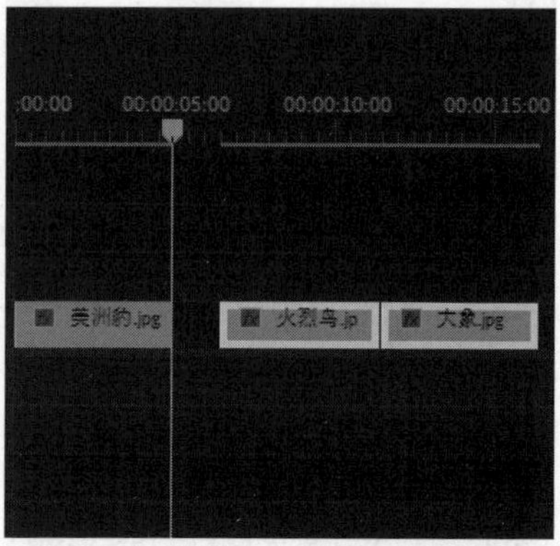

图 4-33　当前时间指示器右侧的所有素材被移动

当向右拖动当前时间指示器左侧的素材后，包括被拖动的素材在内，该素材右侧的所有素材被同时移动，如图 4-34 和图 4-35 所示。

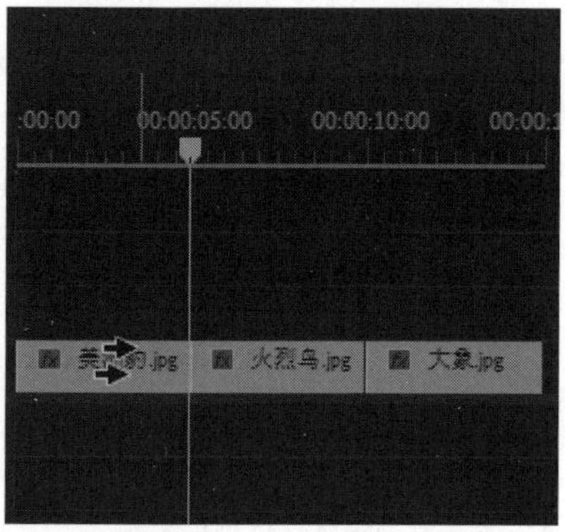

图 4-34　向右拖动当前时间指示器左侧的素材

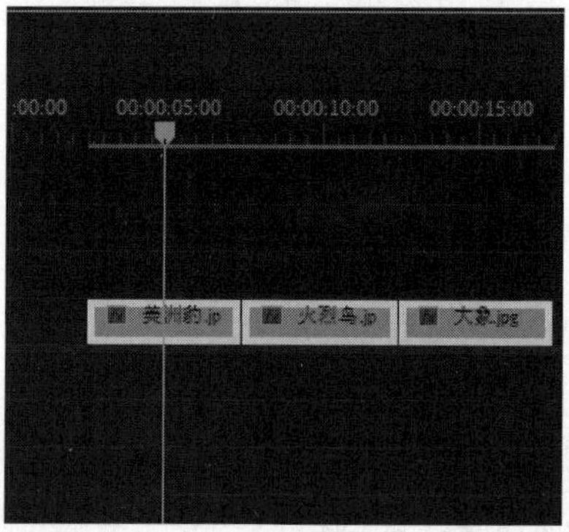

图 4-35　该素材右侧的所有素材都被移动

4.3.2 剃刀工具

【剃刀工具】的快捷键是【C】键，单击该按钮，然后单击时间轴上的素材片段，素材会被裁切成两段，单击哪里就从哪里裁切开，如图 4-36 所示。当裁切点靠近时间标记时，裁切点会被吸附到时间标记所在的位置。

在【时间轴】面板中，当用户拖动时间标记找到想要裁切的地方时，可以在键盘上按【Ctrl+K】组合键，在时间标记所在位置把素材裁切开。

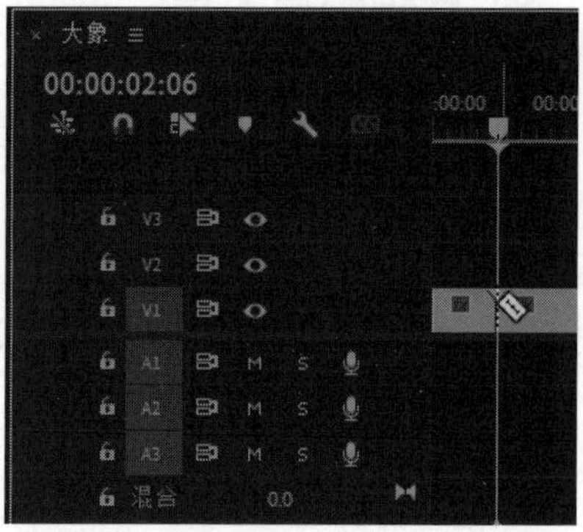

图 4-36　使用【剃刀工具】裁切素材

4.3.3 外滑工具

【外滑工具】的快捷键是【Y】键，用【外滑工具】在轨道中的某个片段里面拖动，可以同时改变该片段的出点和入点。而该片段的长度是否发生变化，取决于出点后和入点前是否有必要的余量可供调节使用，相邻片段的出入点及影片长度不变。

选择【外滑工具】，在【时间轴】面板中找到需要剪辑的素材。将光标移动到素材片段上，当光标变成形状时，左右拖曳鼠标对素材进行修改，如图 4-37 所示。在拖曳的过程中，【监视器】面板中将会依次显示上一个片段的出点和下一个片段的入点，同时显示画面帧数，如图 4-38 所示。

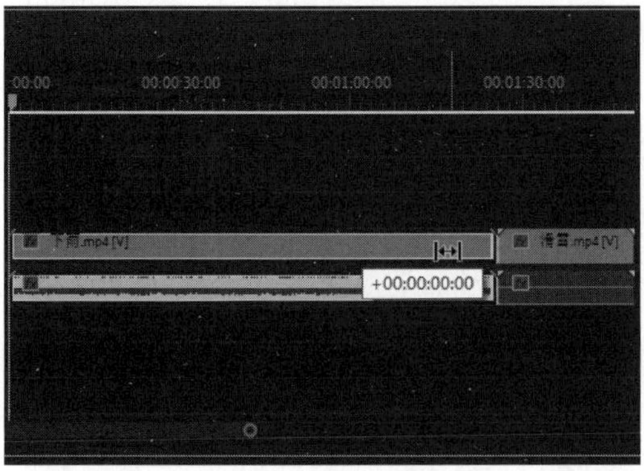

图 4-37　拖曳鼠标对素材进行修改

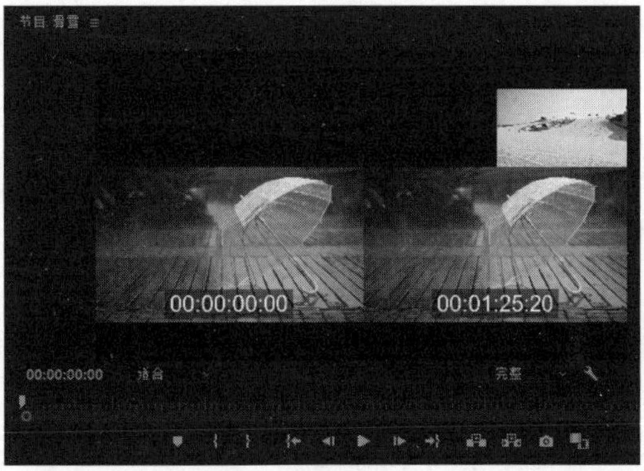

图 4-38　【监视器】面板显示出入点和画面帧数

4.3.4 内滑工具

【内滑工具】的快捷键是【U】键，与【外滑工具】的作用正好相反。用【内滑工具】在轨道中的某个片段里面拖动，被拖动片段的出入点和长度不变，而前一个相邻片段的出点与后一个相邻片段的入点随之发生变化，但是前一个相邻片段的出点与后一个相邻片段的入点前要有必要的余量可供调节使用，影片的长度不变。

选择【内滑工具】，在【时间轴】面板中找到需要剪辑的素材。将光标移动到两个片段的结合处，当光标变成形状时，左右拖曳鼠标对素材进行修改，如图 4-39 所示。在拖曳的过程中，【监视器】面板中将显示被调整片段的出点与入点及未被编辑片段的出点与入点，如图 4-40 所示。

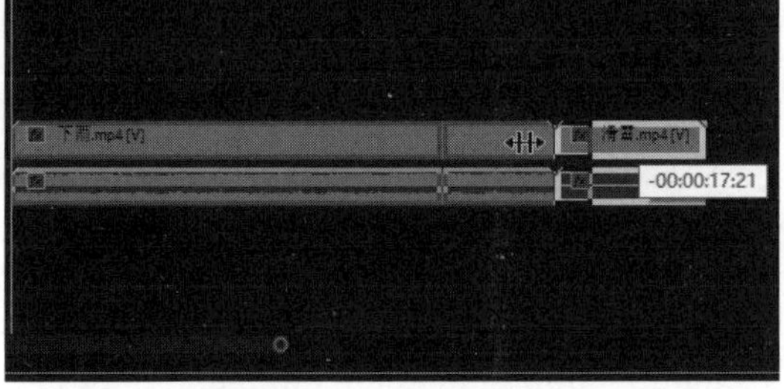

图 4-39　拖曳鼠标对素材进行修改

图 4-40　【监视器】面板显示出入点

4.3.5 滚动编辑工具

【滚动编辑工具】的快捷键是【N】键，使用该工具可以改变片段的入点或出点，相邻素材的出点或入点也相应改变，但影片的总长度不变。

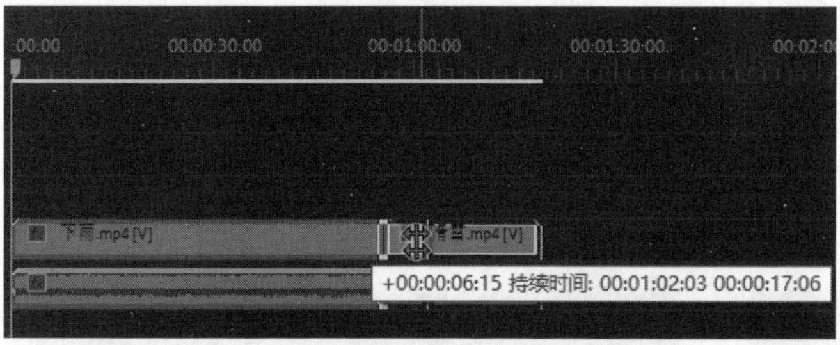

图 4-41　使用【滚动编辑工具】

图 4-42　修整面板

选择【滚动编辑工具】，将光标放在轨道的其中一个片段上，当光标变成形状时，如图 4-41 所示，按住鼠标左键并向左拖动可以使入点提前，从而使得该片段增长，同时前一个相邻片段的出点相应提前，长度缩短，前提是被拖动的片段入点前面必须有余量可供调节。按住鼠标左键并向右拖动可以使入点拖后，从而使得该片段缩短，同时前一个片段的出点相应拖后，长度增加，前提是前一个相邻片段出点后面必须有余量可供调节。

双击红色竖线时，【节目】监视器面板会弹出详细的修整面板，如图 4-42 所示，可以在修整面板中进行详细的调整。

课堂范例——设置帧定格

将视频中的某一帧以静帧的方式显示，称为帧定格，被冻结的静帧可以是片段的入点或出点。下面将详细介绍设置帧定格的操作方法。

步骤 01 打开“素材文件\第 4 章\课堂范例——设置帧定格\滑雪.prproj”，在工具箱中单击【剃刀工具】按钮，在要冻结的那帧画面上裁切，如图 4-43 所示。

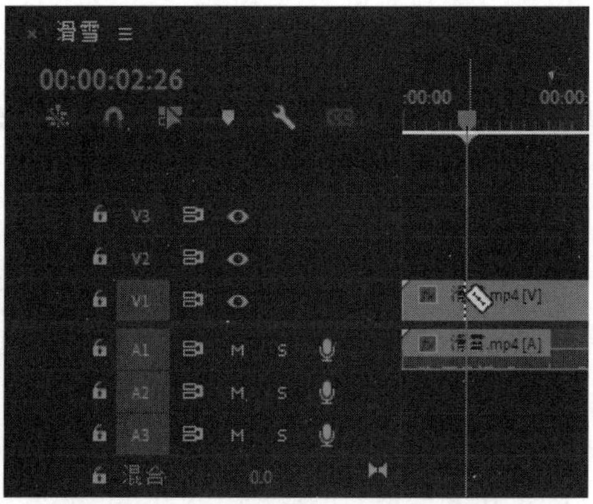

图 4-43　使用【剃刀工具】裁切素材

步骤 02 在素材片段上右击，在弹出的快捷菜单中选择【帧定格选项】命令，如图 4-44 所示。

步骤 03 弹出【帧定格选项】对话框，勾选【定格位置】复选框，如图 4-45 所示，单击【确定】按钮即可完成设置帧定格的操作。

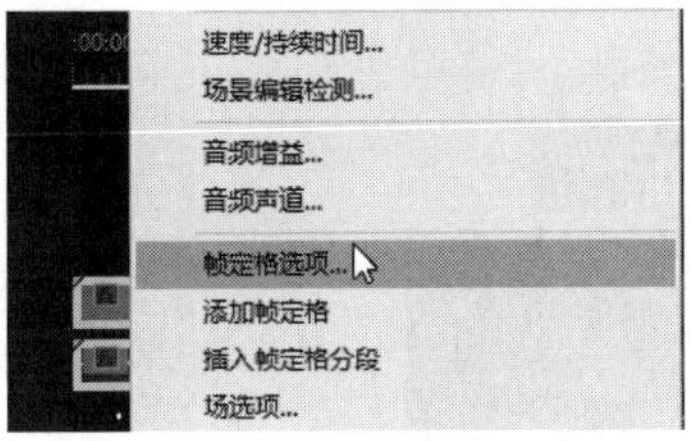

图 4-44 选择【帧定格选项】命令

图 4-45 【帧定格选项】对话框

4.4 分离素材

选取的素材并不一定会应用到最终的效果中，需要进行适当的剪辑分离操作。分离素材的操作包括插入和覆盖素材、提升和提取素材、复制和粘贴素材及删除素材等内容。本节将详细介绍分离素材的相关知识。

4.4.1 插入和覆盖素材

在【源】监视器面板中完成对素材的各种操作后，便可以将调整后的素材添加到时间轴上。从【源】监视器面板向【时间轴】面板中添加视频素材，包括两种方法：插入和覆盖，下面将分别进行介绍。

1. 插入素材

在当前时间轴上没有任何素材的情况下，在【源】监视器面板中右击，在弹出的快捷菜单中选择【插入】命令向时间轴中添加素材，其结果与直接向时间轴中添加素材的结果完全相同。不过，将当前时间指示器移至时间轴已有素材的中间时，单击【源】监视器面板中的【插入】按钮，时间轴上的素材会一分为二，并将【源】监视器面板中的素材添加至两者之间，如图 4-46 所示。

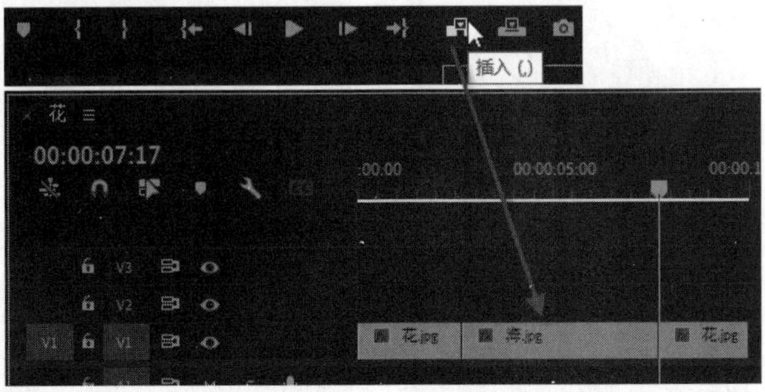

图 4-46 插入素材

2. 覆盖素材

与插入不同，当用户单击【覆盖】按钮在时间轴已有素材中间添加新素材时，新素材将会从当前时间指示器处开始替换相应时间段的原有素材片段，其结果是时间轴上的原有素材内容减少，如图 4-47 所示。

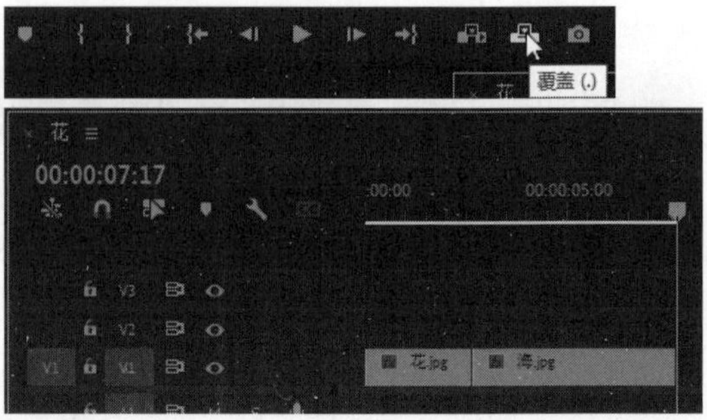

图 4-47　覆盖素材

4.4.2　提升和提取素材

在【节目】监视器面板中，Premiere Pro 2022 提供了两个方便的素材剪除工具，以便快速删除序列内的某个部分，分别是提升和提取。下面将详细介绍提升和提取素材的操作方法。

1. 提升素材

提升操作是从序列内删除部分内容，但不会消除因删除素材内容而造成的间隙，下面将详细介绍提升素材的操作方法。

步骤 01 在【节目】监视器面板中，单击【标记入点】按钮和【标记出点】按钮，设置视频素材的出入点，如图 4-48 所示。

步骤 02 单击【节目】监视器面板中的【提升】按钮，即可从入点与出点处裁切素材并将出入点区间内的素材删除，如图 4-49 所示。

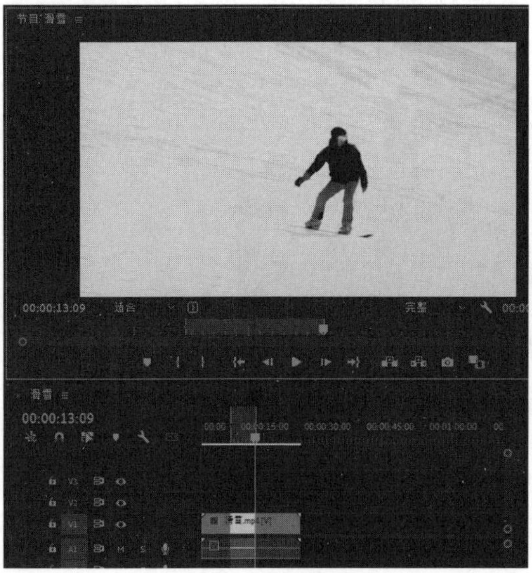

图 4-48　设置出入点

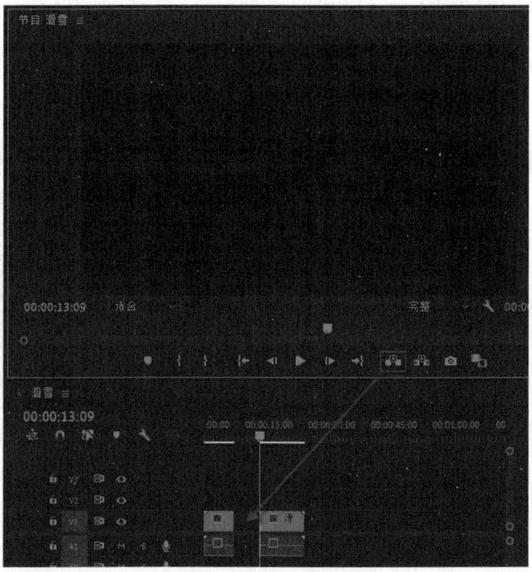

图 4-49　提升素材

2. 提取素材

与提升操作不同的是，提取操作会在删除部分序列内容的同时，消除因此而产生的间隙，从而减少序列的持续时间。在【节目】监视器面板中为序列设置入点与出点后，单击【节目】监视器面板中的【提取】按钮即可完成提取素材的操作，如图 4-50 和图 4-51 所示。

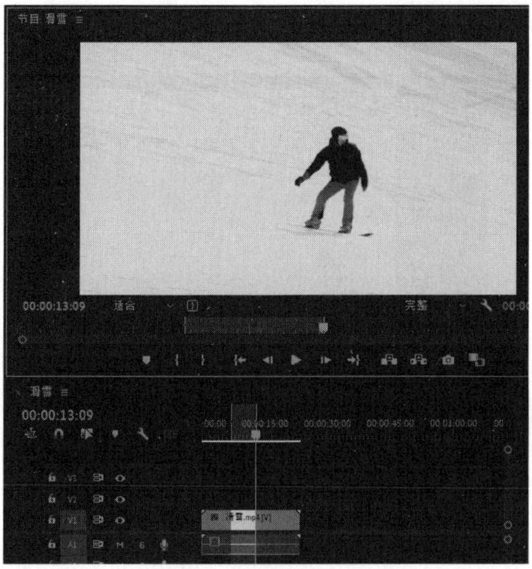

图 4-50　设置出入点

图 4-51　提取素材

4.4.3 复制和粘贴素材

复制和粘贴素材的操作非常简单，在时间轴中选中需要复制的素材，按【Ctrl+C】组合键复制素材，按【Ctrl+V】组合键粘贴素材，复制的素材被粘贴到时间标记的位置上，时间标记后面的素材将会被覆盖。下面将详细介绍复制和粘贴素材的操作方法。

步骤 01　在时间轴中选中需要复制的素材，然后单击【编辑】主菜单，在弹出的菜单中选择【复制】命令，如图 4-52 所示。

步骤 02　移动时间标记到准备粘贴的位置，按【Ctrl+V】组合键即可完成操作，如图4-53 所示。

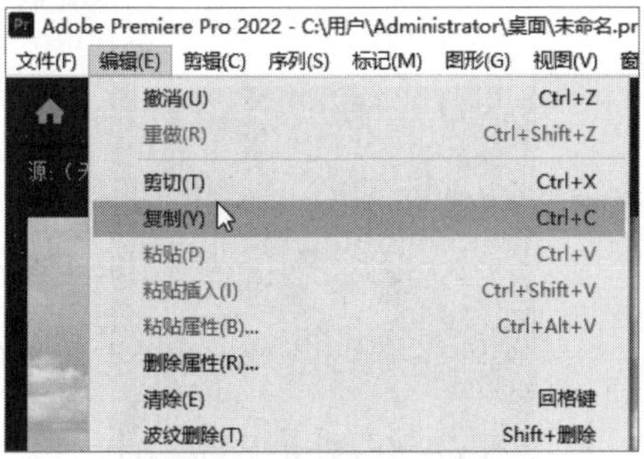

图 4-52　选择【复制】命令

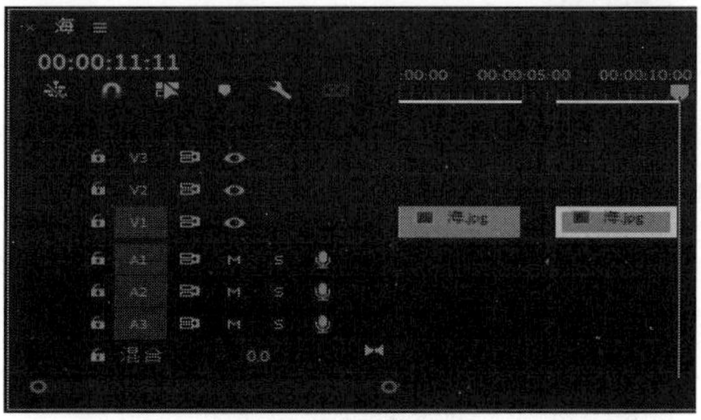

图 4-53　完成粘贴

4.4.4 删除素材

在时间轴中不再使用的素材可以删除。从时间轴中删除的素材并不会在【项目】面板中被删除。

删除有两种方式：清除和波纹删除。在时间轴中准备删除的素材上右击，在弹出的快捷菜单中选择【清除】命令，如图 4-54 所示，时间轴的轨道上会留下该素材的空位；如果选择【波纹删除】命令，如图 4-55 所示，后面的素材会覆盖被删除的素材留下的空位。

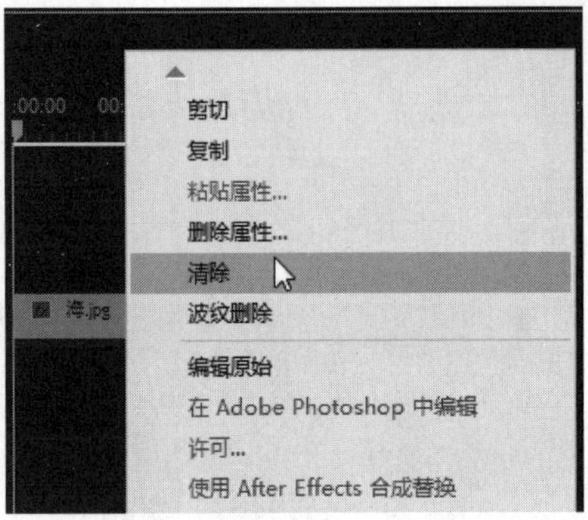

图 4-54 选择【清除】命令

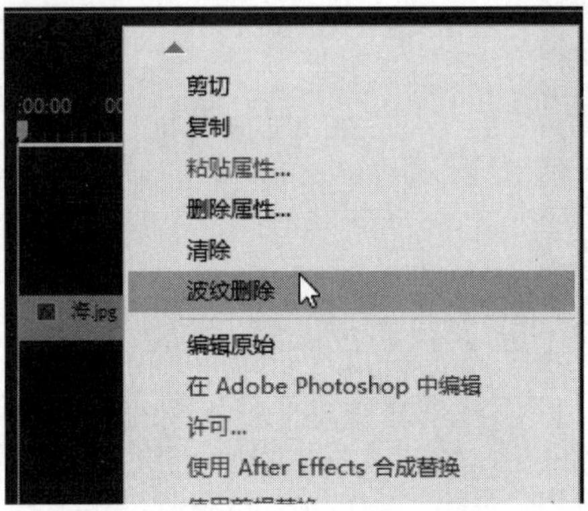

图 4-55 选择【波纹删除】命令

课堂范例——设置场选项

用户可以对时间轴上的素材进行场选项设置，通过设置场选项可以去除逐行扫描的毛边。下面介绍设置场选项的方法。

步骤 01 打开“素材文件\第 4 章\课堂范例——设置场选项”文件夹中的“课堂范例——设置场选项.prproj”素材，右击时间轴上的素材，在弹出的快捷菜单中选择【场选项】命令，如图 4-56 所示。

步骤 02 弹出【场选项】对话框，单击【始终去隔行】单选按钮，单击【确定】按钮即可完成设置场选项的操作，如图 4-57 所示。

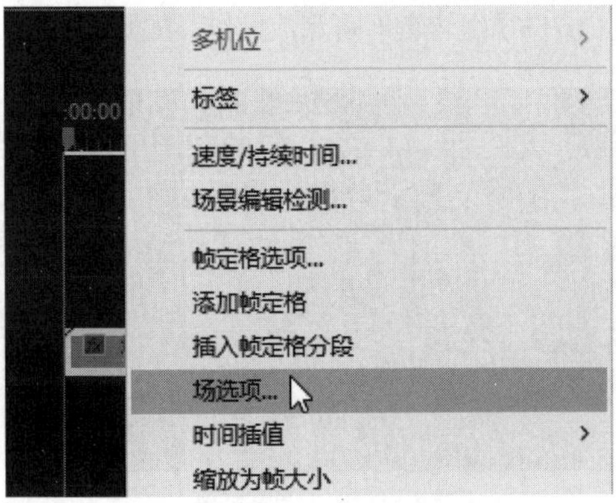

图 4-56 选择【场选项】命令

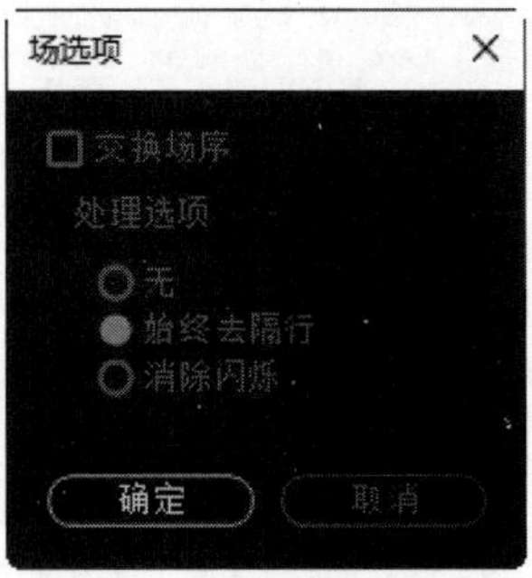

图 4-57 【场选项】对话框

4.5 使用Premiere创建新元素

Premiere Pro 2022 除能使用导入的素材外，还可以自建新元素，这对用户编辑视频很有帮助，如可以创建彩条、黑场视频、颜色遮罩、倒计时、调整图层等，本节将详细介绍使用 Premiere 创建新元素的相关知识及操作方法。

4.5.1 创建彩条

一般视频前都会有一段彩条，类似以前电视机没信号的样子。创建彩条的方法非常简单，具体如下。

步骤 01 在【项目】面板下方单击【新建项】按钮，在弹出的菜单中选择【彩条】命令，如图 4-58 所示。

步骤 02 弹出【新建色条和色调】对话框，保持默认设置，单击【确定】按钮，如图 4-59 所示。

步骤 03 可以看到在【项目】面板中已经创建了一个彩条元素，如图 4-60 所示。

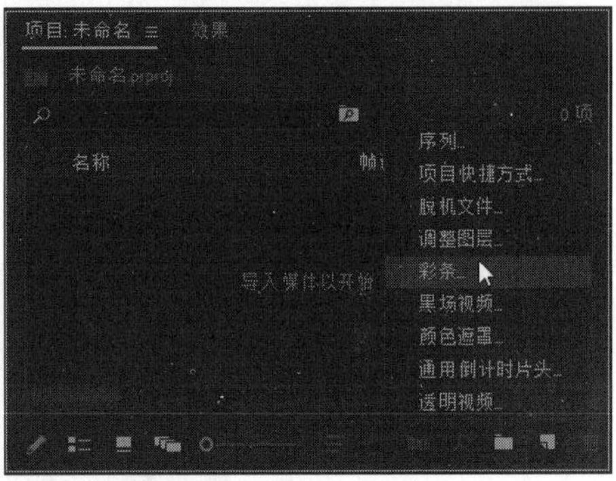

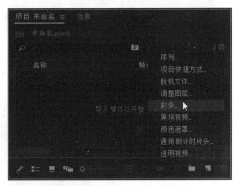

图 4-58 选择【彩条】命令

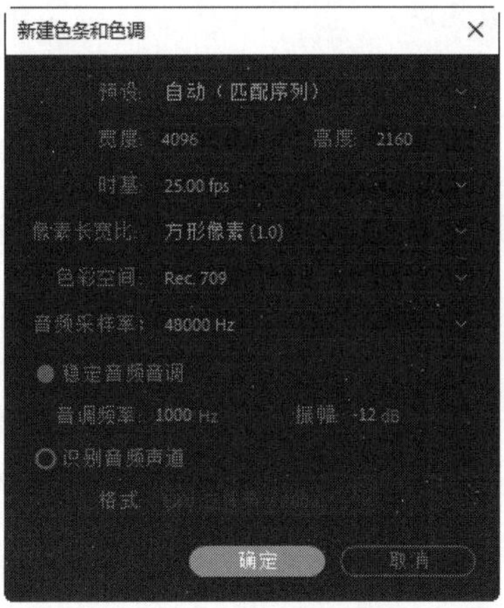

图 4-59 【新建色条和色调】对话框

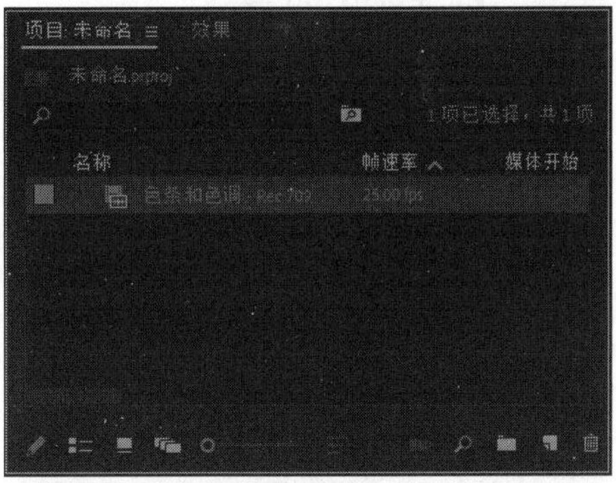

图 4-60 彩条元素创建完成

4.5.2 创建黑场视频

用户除可以创建彩条元素外，还可以创建黑场视频，并且可以对创建出的黑场视频进行透明度调整。创建黑场视频的方法非常简单，具体如下。

步骤 01 在【项目】面板下方单击【新建项】按钮，在弹出的菜单中选择【黑场视频】命令，如图 4-61 所示。

步骤 02　弹出【新建黑场视频】对话框，保持默认设置，单击【确定】按钮，如图 4-62 所示。

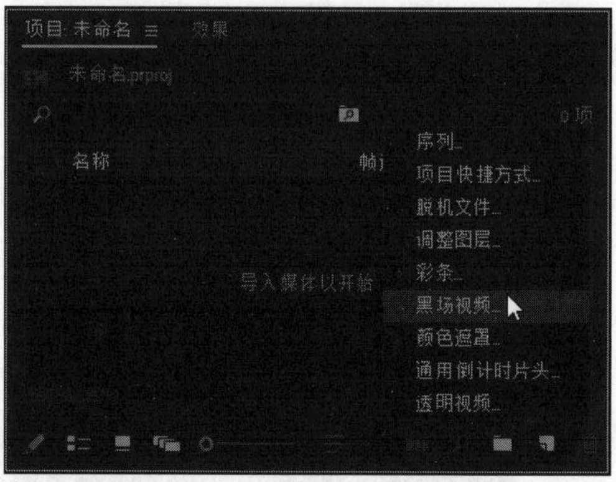

图 4-61　选择【黑场视频】命令

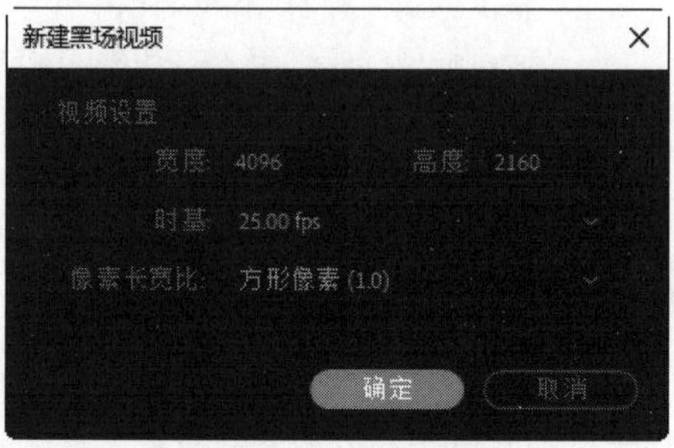

图 4-62　新建黑场视频

步骤 03　可以看到在【项目】面板中已经创建了一个黑场视频元素，如图 4-63 所示。

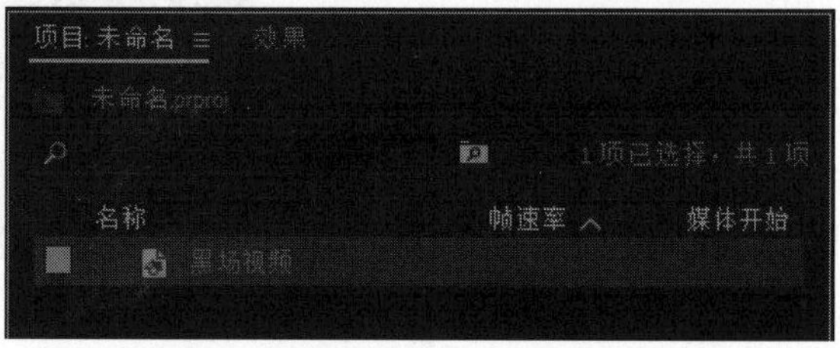

图 4-63　黑场视频元素创建完成

4.5.3 创建颜色遮罩

Premiere Pro 2022 可以为影片创建彩色遮罩，从而使素材更加丰富，下面将详细介绍创建颜色遮罩的操作方法。

步骤 01　在【项目】面板下方单击【新建项】按钮，在弹出的菜单中选择【颜色遮罩】命令，如图 4-64 所示。

步骤 02　弹出【新建颜色遮罩】对话框，保持默认设置，单击【确定】按钮，如图 4-65 所示。

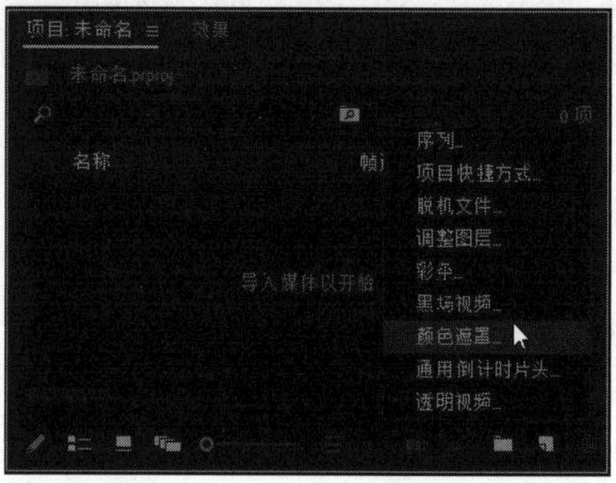

图 4-64　选择【颜色遮罩】命令

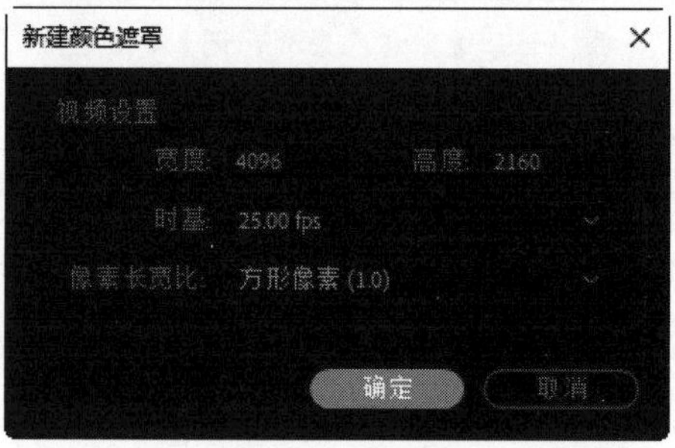

图 4-65　新建颜色遮罩

步骤 03 弹出【拾色器】对话框，选择颜色（如红色），单击【确定】按钮，如图 4-66 所示。

步骤 04 弹出【选择名称】对话框，单击【确定】按钮，如图 4-67 所示。

步骤 05 可以看到在【项目】面板中已经创建了一个颜色遮罩元素，如图 4-68 所示。

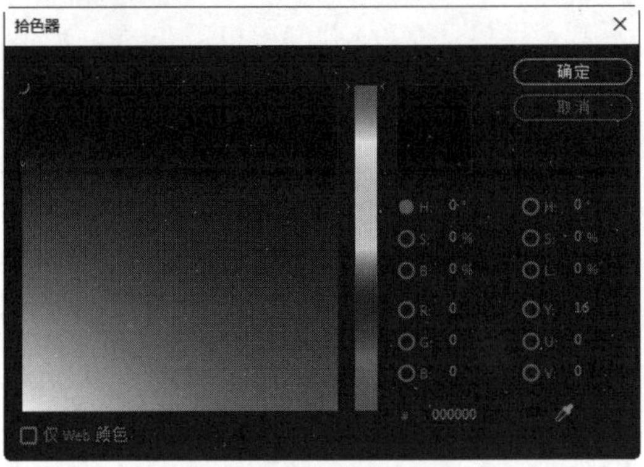

图 4-66　选择颜色

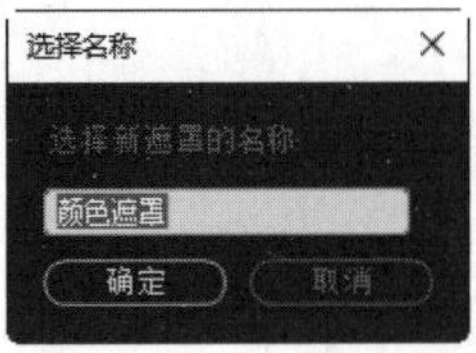

图 4-67　选择名称

图 4-68　颜色遮罩元素创建完成

4.5.4 创建倒计时

创建倒计时的操作方法如下。

步骤 01 在【项目】面板下方单击【新建项】按钮，在弹出的菜单中选择【通用倒计时片头】命令，如图 4-69 所示。

步骤 02 弹出【新建通用倒计时片头】对话框，保持默认设置，单击【确定】按钮，如图 4-70 所示。

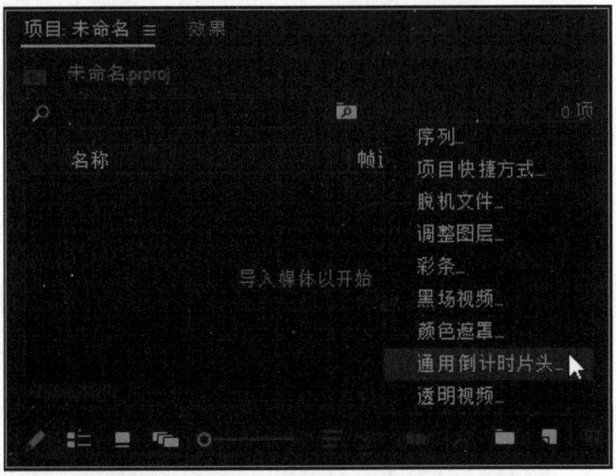

图 4-69　选择【通用倒计时片头】命令

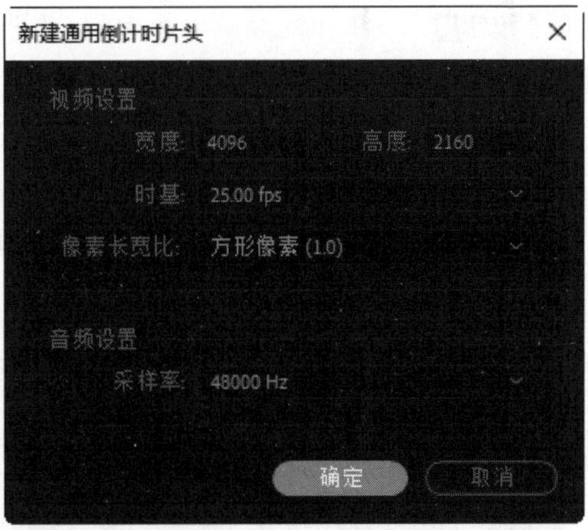

图 4-70　新建通用倒计时片头

步骤 03 弹出【通用倒计时设置】对话框，设置参数，单击【确定】按钮，如图 4-71 所示。

步骤 04 可以看到在【项目】面板中已经创建了一个倒计时元素，如图 4-72 所示。

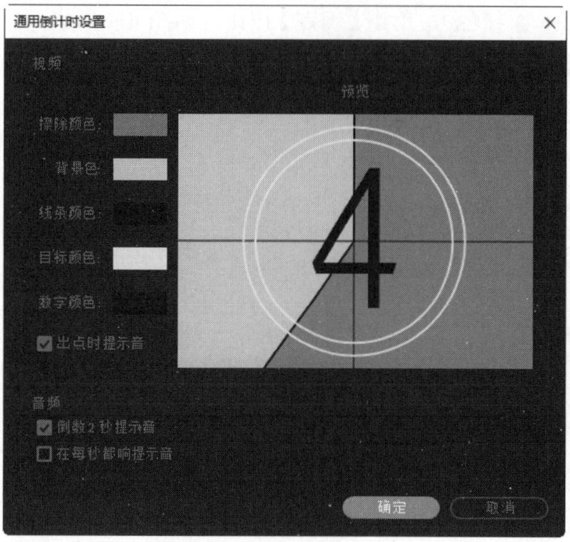

图 4-71　通用倒计时设置

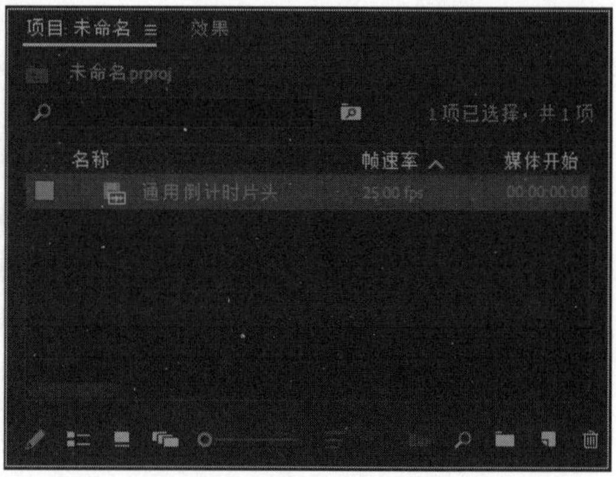

图 4-72　通用倒计时片头元素创建完成

课堂范例——创建调整图层

调整图层是一个透明的图层，它能应用特效到一系列的影片剪辑中而无须重复地复制和粘贴。只要应用一个特效到调整图层轨道上，特效结果将自动出现在下面的所有视频轨道中。下面将详细介绍创建调整图层的操作方法。

步骤 01　新建项目，在【项目】面板下方单击【新建项】按钮，在弹出的菜单中选择【调整图层】命令，如图 4-73 所示。

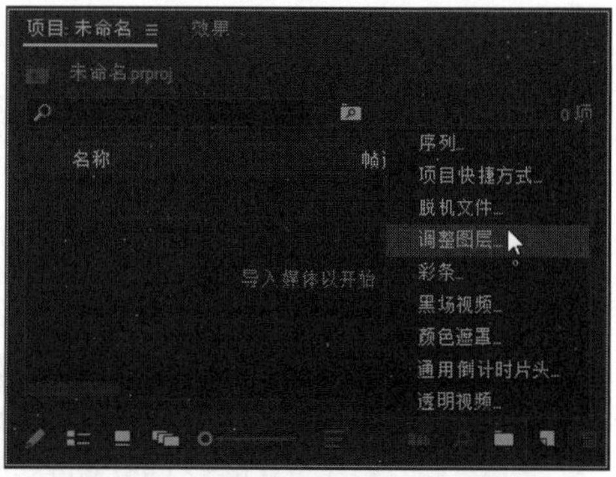

图 4-73　选择【调整图层】命令

步骤 02　弹出【调整图层】对话框，保持默认设置，单击【确定】按钮，如图 4-74 所示。

步骤 03　可以看到在【项目】面板中已经创建了一个调整图层，如图 4-75 所示。

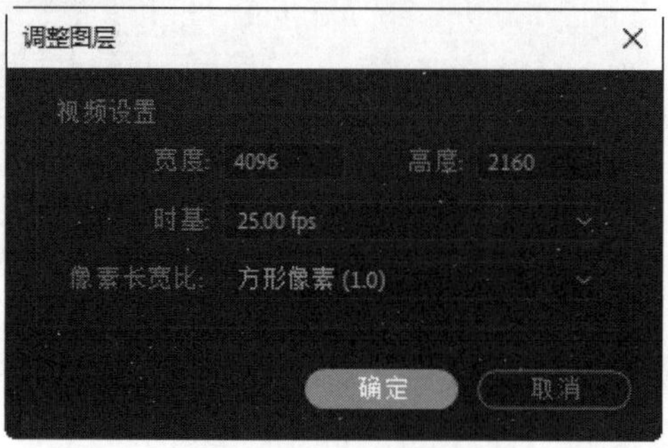

图 4-74　创建调整图层

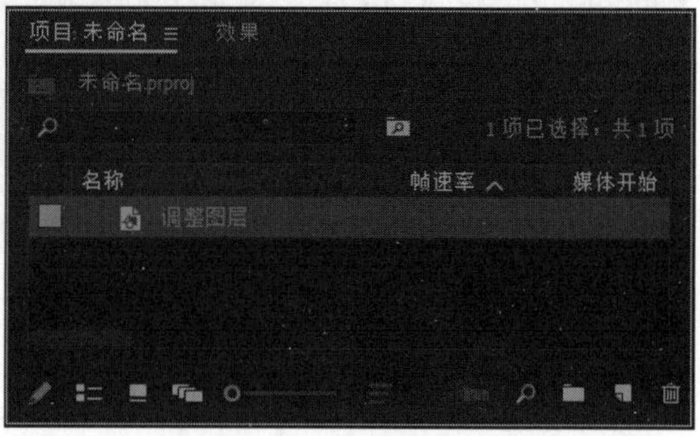

图 4-75　调整图层创建完成

课堂问答

通过本章的讲解，读者对剪辑与编辑视频素材有了一定的了解，下面列出一些常见的问题供读者学习参考。

问题 1：如何自定义轨道标题？

答：轨道标题上的按钮不是一成不变的，用户可以自定义【时间轴】面板中的轨道标题，利用此功能可决定显示哪些控件按钮。自定义轨道标题的操作方法如下。

步骤 01 在音频轨道 A1 上右击，在弹出的快捷菜单中选择【自定义】命令，如图 4-76 所示。

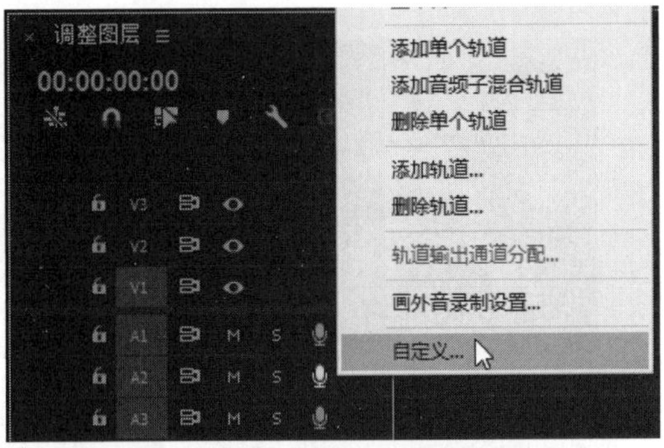

图 4-76 选择【自定义】命令

步骤 02 弹出【按钮编辑器】对话框，根据需要对按钮进行拖放，如将【轨道计】按钮拖曳到 A1 轨道上，单击【确定】按钮，如图 4-77 所示。

步骤 03 【时间轴】面板的音频轨道中显示添加后的【轨道计】按钮，如图 4-78 所示。

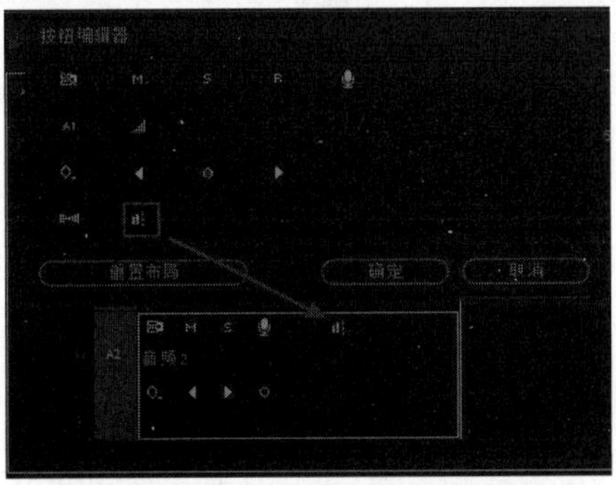

图 4-77 【按钮编辑器】对话框

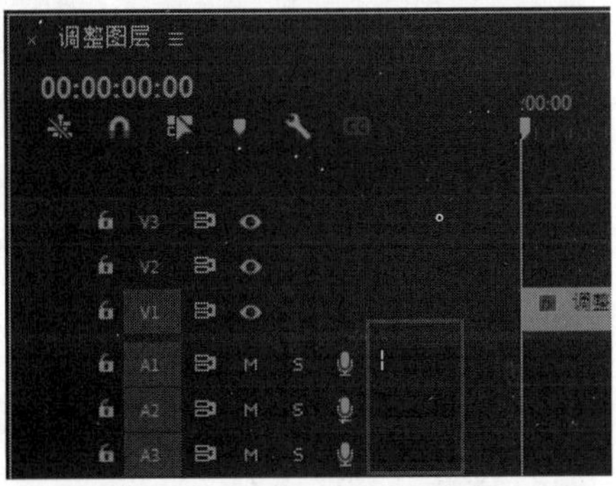

图 4-78 自定义轨道标题完成

问题 2：Premiere“比较视图”的作用是什么？

答：当需要为素材调色时，可以使用“比较视图”功能更直观地对比调色前后的差别。单击【节目】面板中的【比较视图】按钮，即可调出两个视图，如图 4-79 所示。

图 4-79 使用“比较视图”功能

资源下载码：34097

上机实战——风景视频剪辑

为了帮助读者巩固本章知识点，下面讲解一个技能综合案例，使读者对本章的知识有更深入的了解。

效果展示

思路分析

本案例首先打开素材项目，其次设置素材的持续时间，再次将所有素材依次拖至【时间轴】面板中，标记入点和出点，将背景音乐拖至时间轴上，最后使用【剃刀工具】将素材裁剪整齐。

制作步骤

步骤 01 打开“素材文件\第 4 章\上机实战——风景视频剪辑\风景视频剪辑.prproj”，在【项目】面板中选中所有图片素材并右击，在弹出的快捷菜单中选择【速度/持续时间】命令，如图 4-80 所示。

步骤 02 弹出【剪辑速度/持续时间】对话框，设置【持续时间】为 00：00：04：00，单击【确定】按钮，如图 4-81 所示。

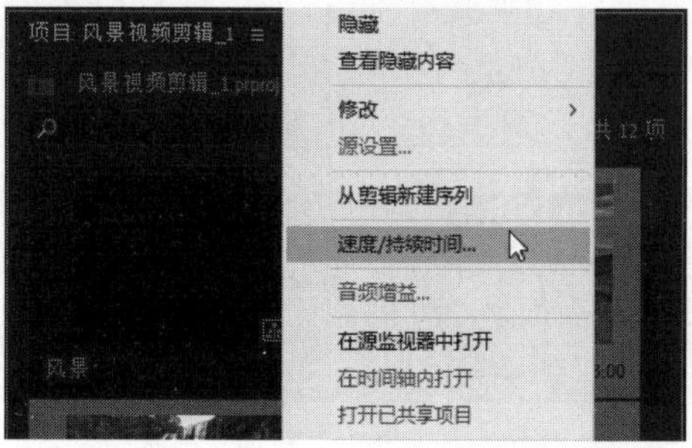

图 4-80　选择【速度/持续时间】命令

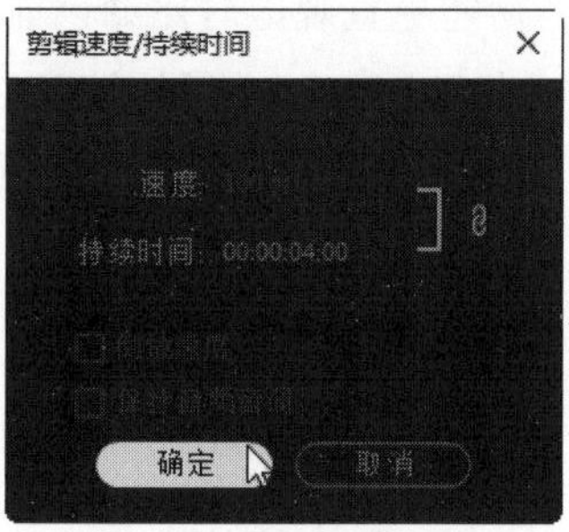

图 4-81　【剪辑速度/持续时间】对话框

步骤03 将图片素材按照名称从 1 ～ 10 的顺序依次放置在V1 轨道上，如图 4-82 所示。

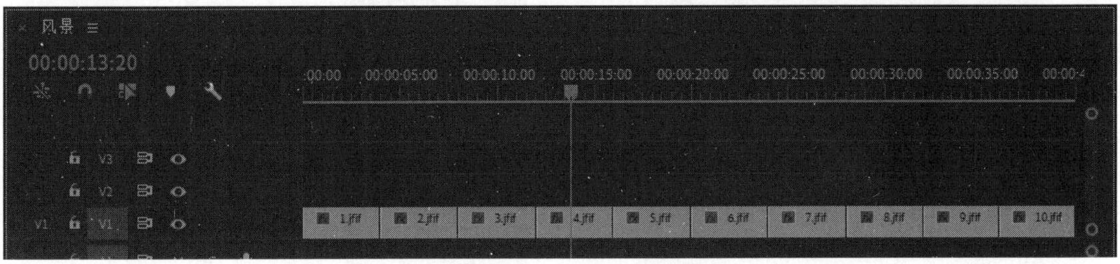

图 4-82　放置素材

步骤04 打开【节目】监视器面板，在 00：00：00：00 处单击【标记入点】按钮，即可为视频添加入点，如图 4-83 所示。

步骤05 在 00：00：39：00 处单击【标记出点】按钮，即可为视频添加出点，如图 4-84 所示。

图 4-83　单击【标记入点】按钮

图 4-84　单击【标记出点】按钮

步骤06 将【项目】面板中的音频素材文件“背景音乐 .mp 3”拖曳至【时间轴】面板的A1 轨道的开始位置，与V1 轨道上的视频入点对齐，如图 4-85 所示。

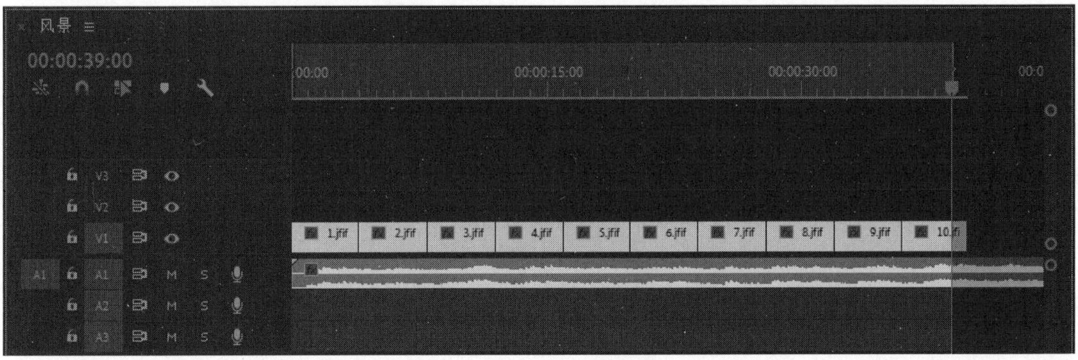

图 4-85　添加音频素材

步骤07 使用【剃刀工具】对齐 V1 轨道上的视频出点标记，将 A1 轨道上的“背景音乐.mp3”剪开，如图 4-86 所示。

步骤08 在右侧的音频素材上右击，在弹出的快捷菜单中选择【清除】命令，如图 4-87 所示，将多余的音频文件清除。

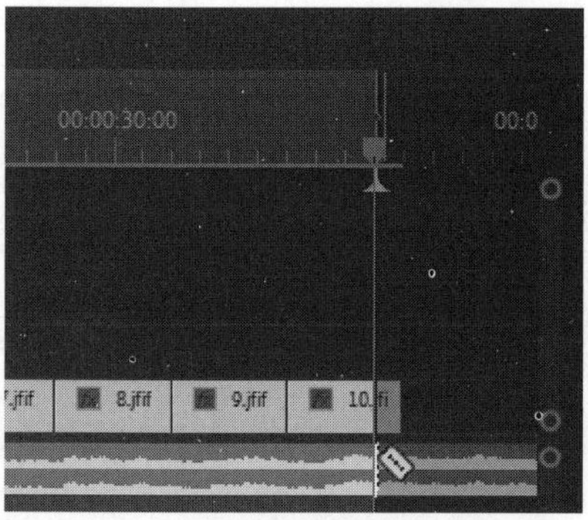

图 4-86　裁剪音频素材

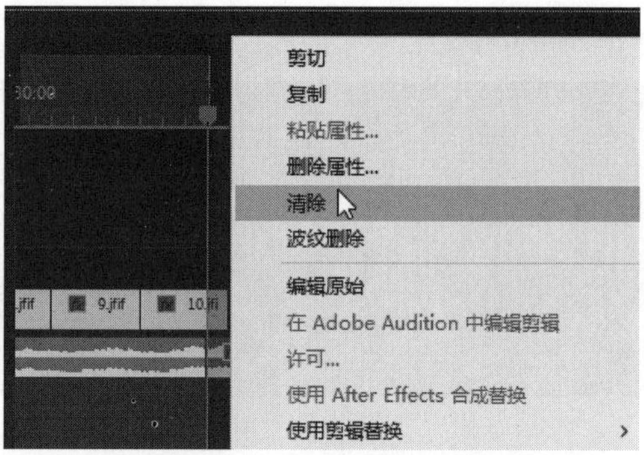

图 4-87　选择【清除】命令

步骤 09　在【时间轴】面板中即可看到制作效果，如图 4-88 所示。

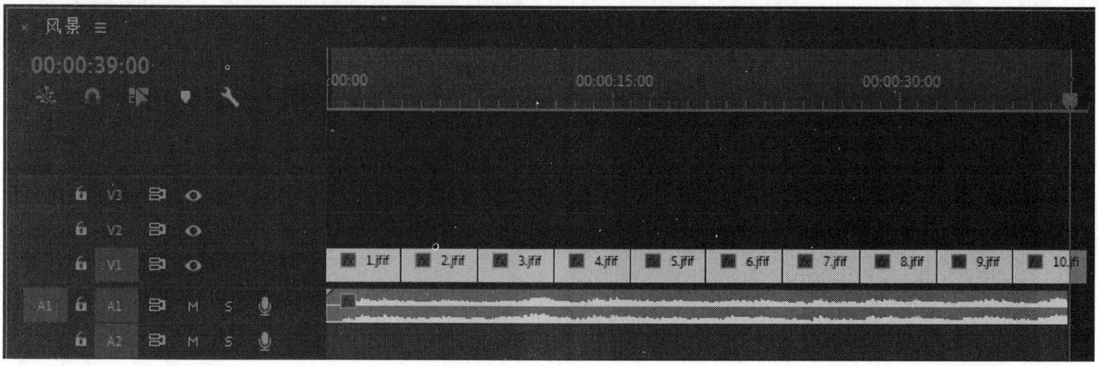

图 4-88　查看效果

同步训练——创建倒计时片头

为了提高读者的动手能力，下面安排一个同步训练案例，让读者举一反三、触类旁通。

思路分析

本案例制作倒计时片头，首先创建“通用倒计时素材”，并设置素材的颜色、提示音参数，其次根据该倒计时素材创建序列，再次嵌套素材，最后将倒计时素材移至嵌套序列的前面。

关键步骤

步骤 01　打开“素材文件\第 4 章\同步训练——创建倒计时片头\风景视频剪辑效果.prproj”，在【项目】面板下方单击【新建项】按钮，在弹出的菜单中选择【通用倒计时片头】命令。

步骤 02　弹出【新建通用倒计时片头】对话框，保持默认设置，单击【确定】按钮。

步骤 03　弹出【通用倒计时设置】对话框，单击【擦除颜色】后面的色块，如图 4-89 所示。

步骤 04　弹出【拾色器】对话框，在颜色库中选择一个颜色，单击【确定】按钮，如图 4-90 所示。

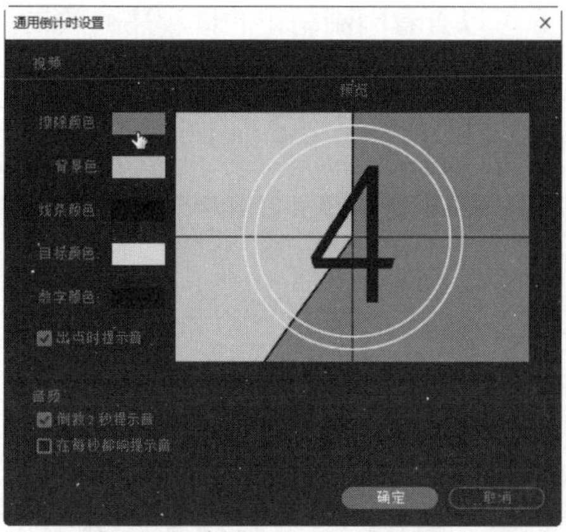

图 4-89 【通用倒计时设置】对话框

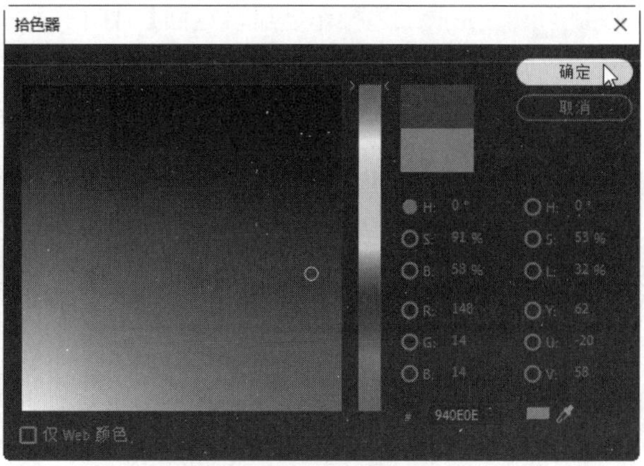

图 4-90 【拾色器】对话框

步骤 05 返回【通用倒计时设置】对话框，可以预览刚设置的擦除颜色，选中【在每秒都响提示音】复选框，单击【确定】按钮，如图 4-91 所示。

步骤 06 返回【项目】面板，在刚刚添加的“通用倒计时片头”素材上右击，在弹出的快捷菜单中选择【从剪辑新建序列】命令，如图 4-92 所示。

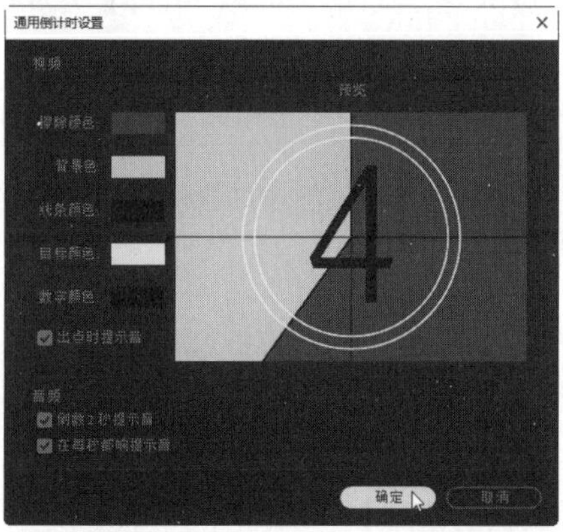

图 4-91 设置倒计时

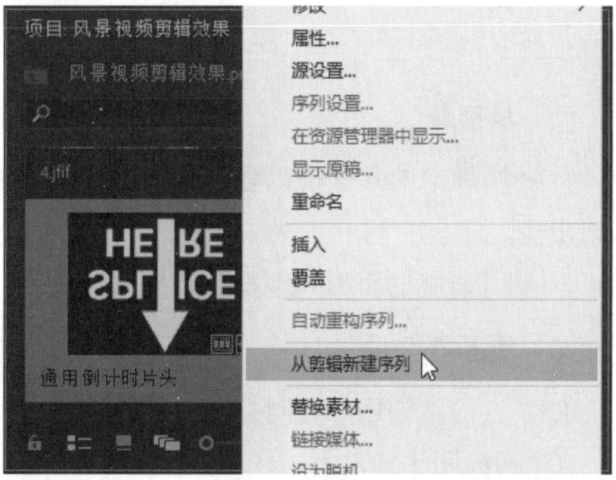

图 4-92 选中【从剪辑新建序列】命令

步骤 07 选中【风景】序列中的所有素材并右击，在弹出的快捷菜单中选择【嵌套】命令，如图 4-93 所示。

步骤 08 弹出【嵌套序列名称】对话框，在【名称】文本框中输入嵌套名称，单击【确定】按钮，如图 4-94 所示。

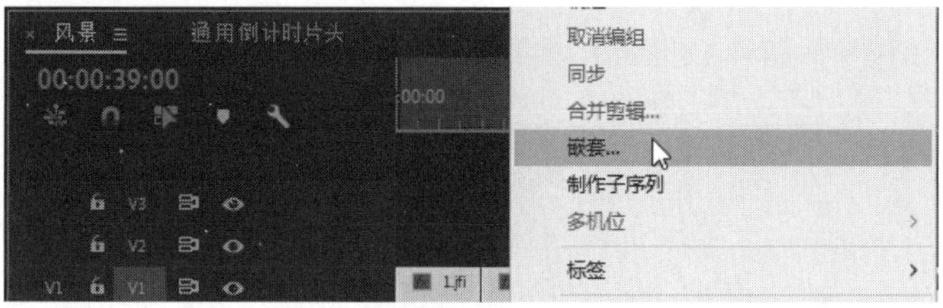

图 4-93 选择【嵌套】命令

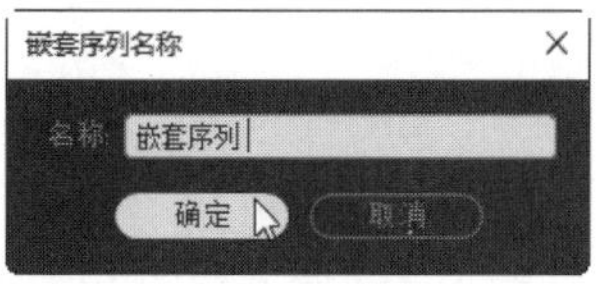

图 4-94 设置嵌套序列名称

步骤 09 完成上述操作之后，返回【时间轴】面板，可以查看刚刚制作的嵌套序列效果，如图 4-95 所示。

步骤 10 将嵌套序列拖曳至【通用倒计时片头】出点对齐即可，如图 4-96 所示。

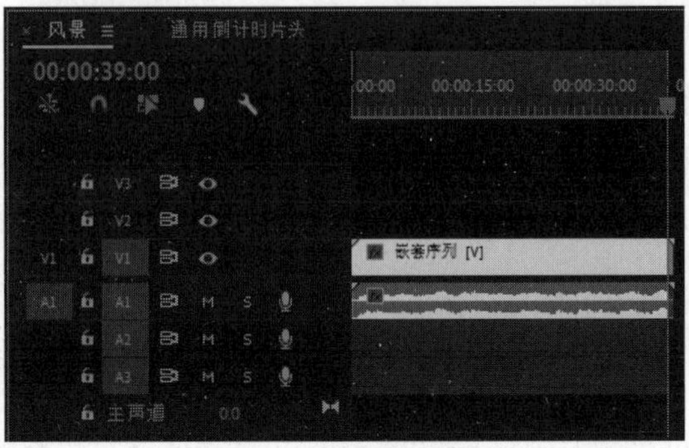

图 4-95 嵌套序列效果

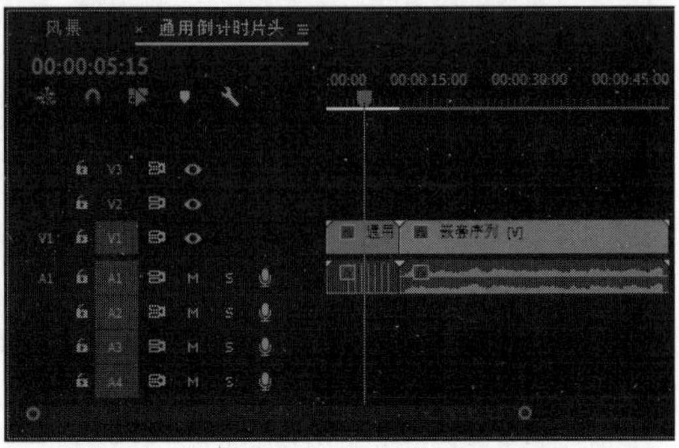

图 4-96 最终效果

知识能力测试

本章讲解了剪辑与编辑视频素材的相关知识，为对知识进行巩固和考核，请读者完成以下练习题。

一、填空题

1. 将视频中的某一帧以静帧的方式显示，称为__________，被冻结的静帧可以是片段的入点或出点。

2.【源】监视器面板的主要功能是__________和__________素材。

二、选择题

1.(   )按钮用于控制是否输出该视频素材。

A.【切换同步锁定】 B.【切换轨道锁定】 C.【切换轨道输出】 D.【时间轴显示设置】

2. 以下不属于Premiere可以创建的元素为(   )。

A. 透明视频 B. 音频 C. 调整图层 D. 颜色遮罩

三、简答题

1. 如何创建黑场视频?

2. 如何提升素材?

Premiere Pro 2022

第5章 设置与应用视频过渡效果

本章主要介绍快速应用视频过渡、设置过渡效果方面的技巧，同时还讲解了常用过渡效果的知识。通过对本章内容的学习，读者可以掌握设置视频过渡效果方面的知识，为深入学习 Premiere Pro 2022 知识奠定基础。

学习目标

- 快速应用视频过渡
- 熟练掌握设置过渡效果的方法
- 了解常用过渡效果

5.1 快速应用视频过渡

在镜头切换中加入过渡效果的技术被广泛应用于数字电视制作中。过渡效果的加入会使节目更富有表现力，影片风格更加突出。本节将详细介绍快速应用视频过渡的相关知识及操作方法。

5.1.1 什么是视频过渡

视频过渡是指两个场景（两个素材）之间，采用一定的特殊效果，如溶解、划像、卷页等，实现场景或情节之间的平滑过渡，从而起到丰富画面、吸引观众的作用。

制作一部电影作品往往要用成百上千个镜头。这些镜头的画面和视角千差万别，直接将这些镜头连接在一起会让整部影片显得断断续续。为此，在编辑影片时便需要在镜头之间添加视频过渡效果，使镜头与镜头之间的衔接更为自然、顺畅，使影片的视觉连续性更强。

5.1.2 在视频中添加过渡效果

在 Premiere Pro 2022 中，系统为用户提供了丰富的视频过渡效果。这些视频过渡效果被分类放置在【效果】面板中的【视频过渡】文件夹中，如图 5-1 所示。

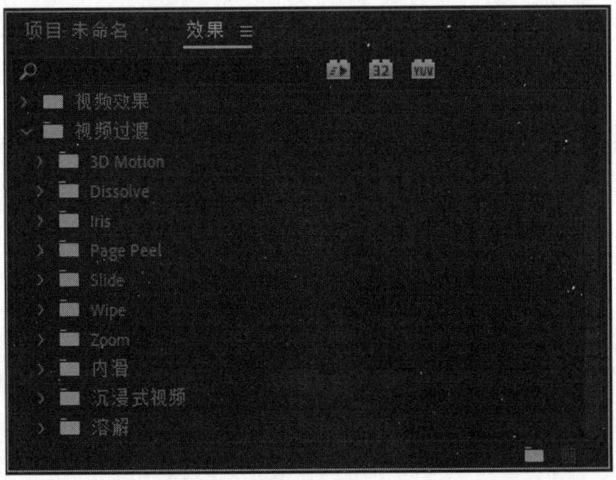

图 5-1 【视频过渡】文件夹

如果想要在两个素材之间添加过渡效果，那么这两个素材必须在同一轨道上，且中间没有间隙。在镜头之间应用视频过渡，只需将过渡效果拖曳到时间轴上的两个素材之间即可。

5.1.3 调整过渡区域

所有的过渡效果都可以在【效果控件】面板中调整过渡区域属性，如图 5-2 所示，用户可以在【效果控件】面板中调整效果的持续时间、对齐方式等属性，从而调整过渡区域。

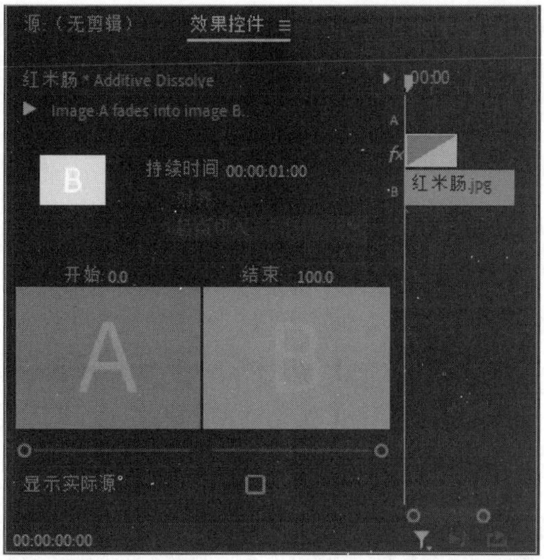

图 5-2 【效果控件】面板

5.1.4 清除与替换过渡效果

在编排镜头的过程中，有时很难预料镜头在添加视频过渡后会产生怎样的效果。此时，往往需要通过清除、替换的方法，尝试应用不同的过渡效果，从中挑选出最合适的。

1. 清除过渡

如果用户感觉当前应用的视频过渡效果不太合适，只需在【时间轴】面板中的视频过渡效果上右击，在弹出的快捷菜单中选择【清除】命令（如图 5-3 所示），即可清除相应的视频过渡效果，如图 5-4 所示。

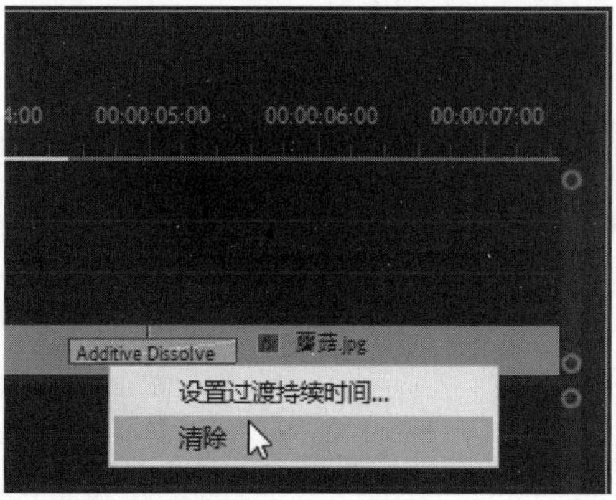

图 5-3 选择【清除】命令

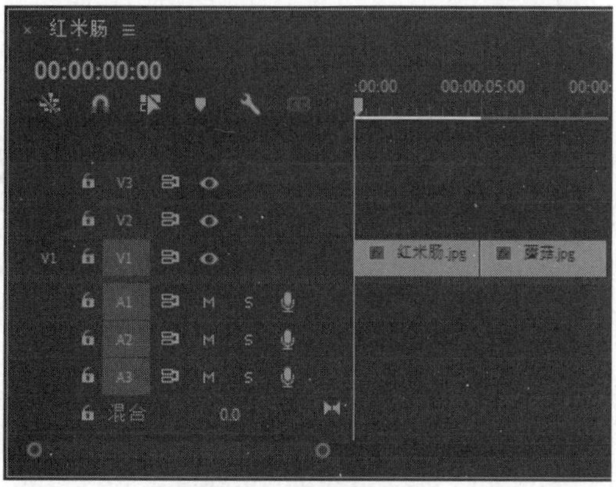

图 5-4 完成清除

2. 替换过渡

修改项目时，往往需要使用新的过渡效果替换之前添加的过渡效果。从【效果】面板中将所需要的视频或音频过渡效果拖曳到序列中原有过渡效果上，即可完成替换。

与清除过渡效果后再添加新的过渡效果相比，使用替换过渡效果更为简便，只需将新的过渡效果拖曳覆盖在原有过渡效果上即可。

课堂范例——应用【急摇】过渡效果

【急摇】视频过渡效果放置在【内滑】视频过渡效果文件夹中，该过渡效果主要是通过随机闪现两个素材画面来实现过渡。本范例将介绍应用该过渡效果的方法。

步骤 01 打开“素材文件\第 5 章\课堂范例——【急摇】效果\动物.prproj”，可以看到已经新建了一个【火烈鸟】序列，并添加了两个图片素材，如图 5-5 所示。

步骤 02 在【效果】面板中单击展开【视频过渡】文件夹，单击展开【内滑】文件夹，单击并拖曳【急摇】视频过渡效果至 V1 轨道中的两素材之间，如图 5-6 所示。

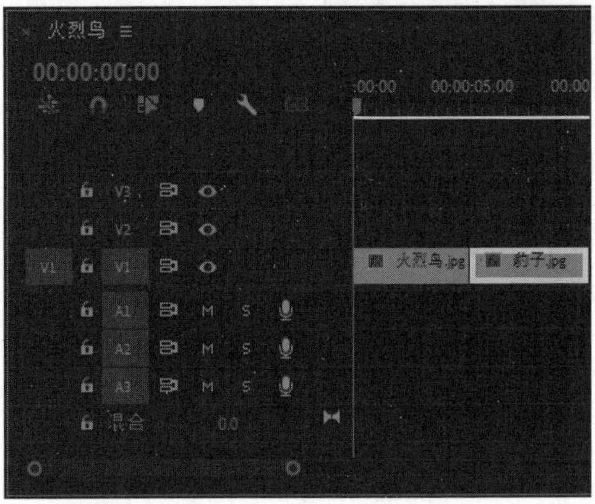

图 5-5 打开项目文件

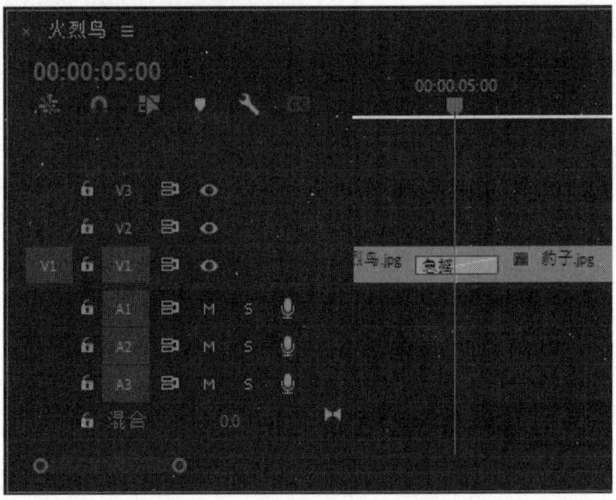

图 5-6 添加【急摇】过渡效果

步骤 03 在【效果控件】面板中设置过渡效果的持续时间，如图 5-7 所示。

步骤 04 在【节目】监视器面板中查看效果，如图 5-8 所示。

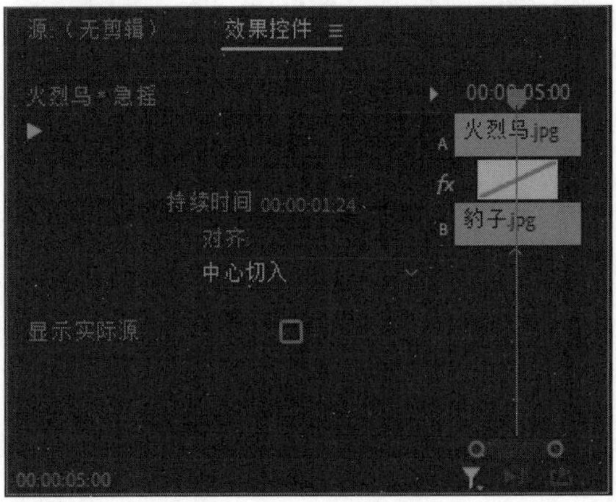

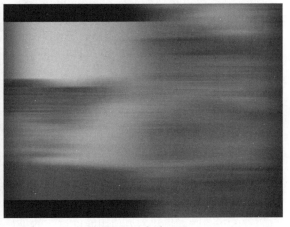

图 5-7 设置持续时间

图 5-8 查看效果

5.2 设置过渡效果

为了让用户自由地发挥想象力，Premiere Pro 2022 允许用户在一定范围内修改视频过渡效果。也就是说，用户可以根据需要对添加后的视频过渡效果进行相关属性的设置。本节将详细介绍设置过渡效果的相关知识及操作方法。

5.2.1 设置过渡时间

将视频过渡效果添加到两个素材连接处后，在【时间轴】面板中选择添加的视频过渡效果，打开【效果控件】面板，即可设置该视频过渡效果的参数。单击【持续时间】选项右侧的数值后，在出现的文本框中输入时间数值，即可设置视频过渡效果的持续时间，如图 5-9 所示，该参数值越大，视频过渡效果持续时间就越长；该参数值越小，视频过渡效果持续时间就越短。

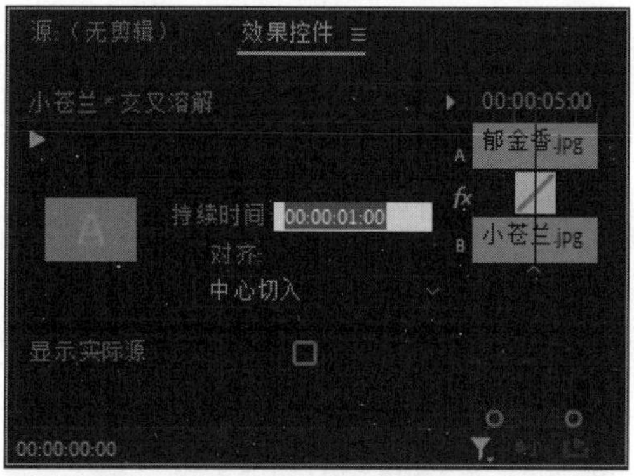

图 5-9 设置持续时间

技能拓展

将光标放在参数的数值上，当光标变成手形形状时，左右拖曳鼠标可以快速更改参数值。

5.2.2 过渡效果的对齐方式

在【效果控件】面板中，【对齐】选项用于控制视频过渡效果的对齐方式，包括【中心切入】【起点切入】【终点切入】【自定义起点】4 种，如图 5-10 所示。

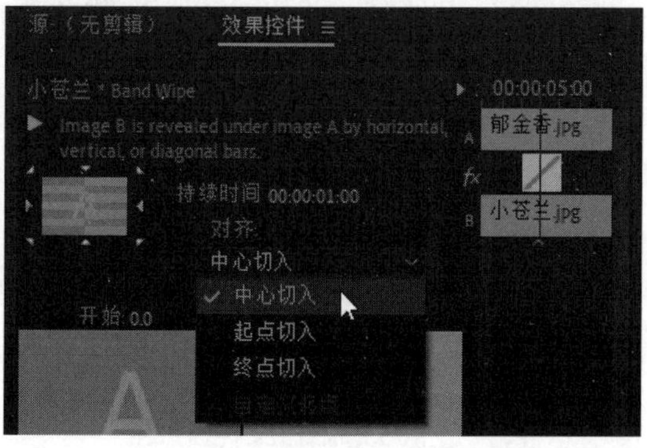

图 5-10 过渡效果的对齐方式

1. 中心切入

当用户将视频过渡效果插入两个素材中心位置时，在【效果控件】面板中的【对齐】选项中选择【中心切入】对齐方式，视频过渡效果位于两个素材之间的中心位置，所占用的两个素材时间均等。在【时间轴】面板中添加的视频过渡效果如图 5-11 所示。

2. 起点切入

在【效果控件】面板中的【对齐】选项中选择【起点切入】对齐方式，视频过渡效果位于后一个素材的开始位置，如图 5-12 所示。

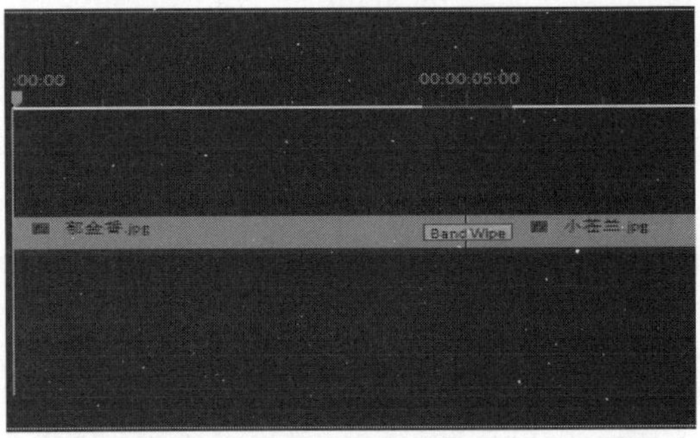

图 5-11　中心切入对齐方式

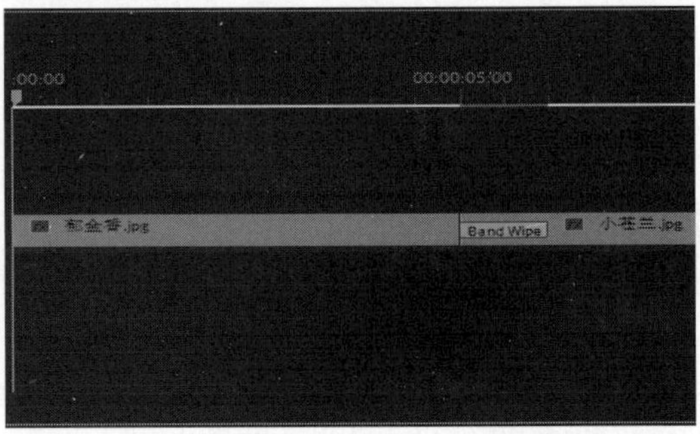

图 5-12　起点切入对齐方式

3. 终点切入

在【效果控件】面板中的【对齐】选项中选择【终点切入】对齐方式，视频过渡效果位于前一个素材的结束位置，如图 5-13 所示。

4. 自定义起点

除前面所介绍的【中心切入】【起点切入】【终点切入】对齐方式外，用户还可以自定义视频过渡的对齐方式。在【时间轴】面板中，选择添加的视频过渡效果，单击鼠标左键并拖动即可。

在调整视频过渡效果的对齐位置之后，系统自动将视频过渡效果的对齐方式切换为【自定义起点】选项，如图 5-14 所示。

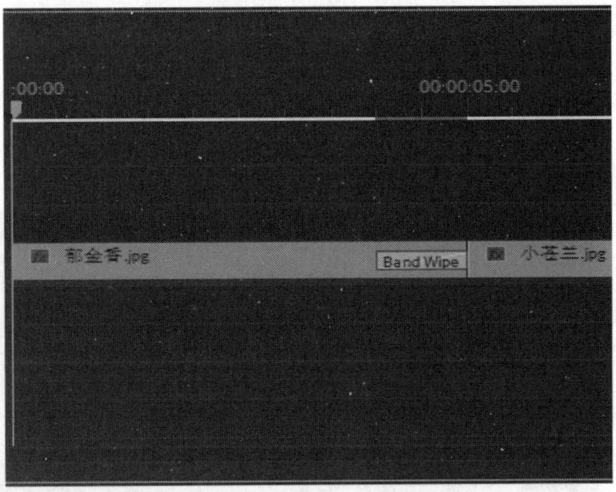

图 5-13　终点切入对齐方式

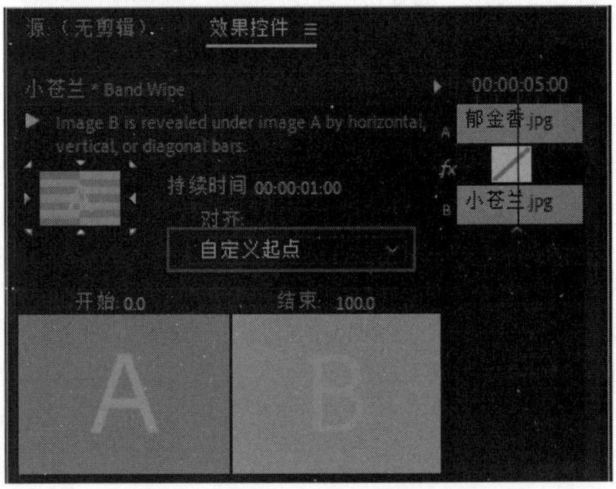

图 5-14　自定义起点对齐方式

5.2.3 过渡效果的反向处理

在【效果控件】面板中选中【反向】复选框，如图 5-15 所示，可以调整过渡效果实现的方向。

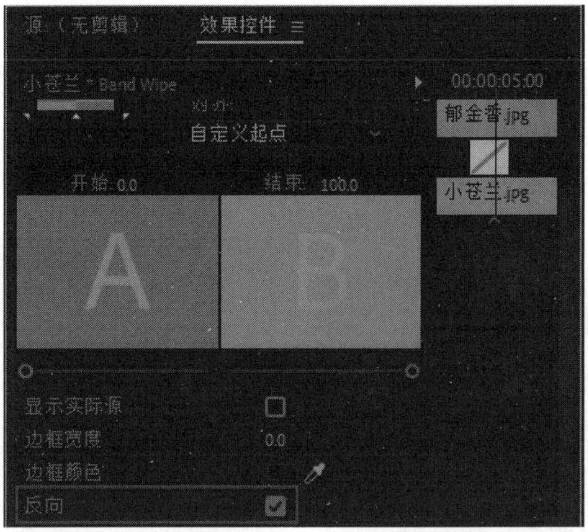

图 5-15 选中【反向】复选框

5.2.4 设置过渡边框大小及颜色

部分视频过渡效果会产生一定的边框效果，而在【效果控件】面板中就有用于控制这些边框效果的宽度、颜色的参数，如【边框宽度】和【边框颜色】参数，如图 5-16 所示。

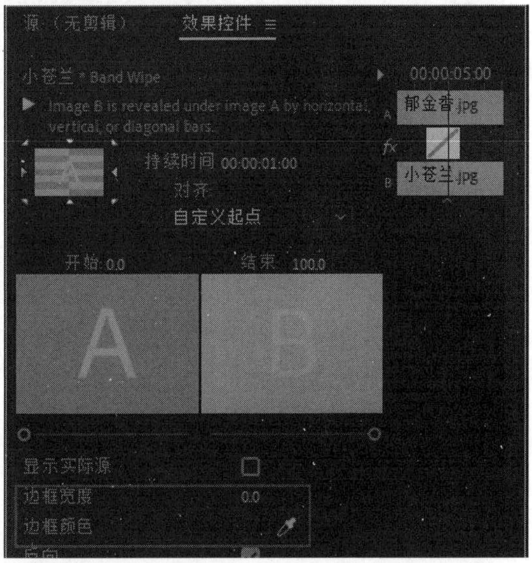

图 5-16 【边框宽度】和【边框颜色】参数

1. 边框宽度

【边框宽度】选项用于控制视频过渡效果在视频过渡过程中形成的边框的宽窄。该参数值越大，边框宽度就越大；该参数值越小，边框宽度就越小。【边框宽度】的默认值为 0，不同参数下，视频过渡的边框效果也不同，如图 5-17 和图 5-18 所示的边框宽度分别为 1 和 20。

图 5-17 边框宽度为 1

图 5-18 边框宽度为 20

2. 边框颜色

【边框颜色】选项用于控制边框的颜色。单击【边框颜色】参数右侧的色块，在弹出的【拾色器】对话框中设置边框的颜色参数，如图 5-19 所示；或单击色块后面的【吸管工具】按钮，在视图中直接吸取画面中的颜色作为边框的颜色，如图 5-20 所示。

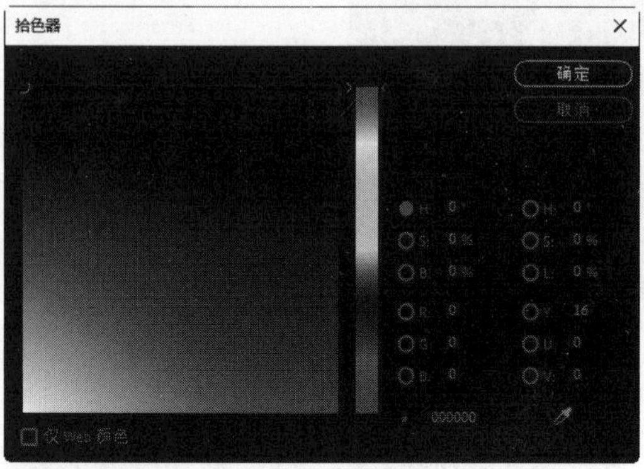

图 5-19 【拾色器】对话框

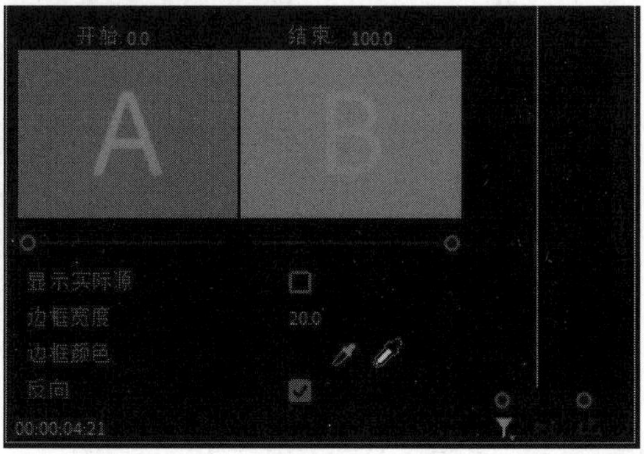

图 5-20 通过【吸管工具】设置颜色

5.3 常用过渡效果

Premiere Pro 2022 作为一款非常优秀的视频编辑软件，内置了许多视频过渡效果供用户选用。用户可以选择不同的效果，巧妙地运用这些视频过渡效果可以为影片增色。本节将详细介绍常用过渡效果的相关知识。

5.3.1 【Iris（划像）】过渡效果

【Iris（划像）】视频过渡效果组中包含【Iris Box（盒形划像）】【Iris Cross（交叉划像）】【Iris Diamond（菱形划像）】【Iris Round（圆形划像）】4 个视频过渡效果。

1. 【Iris Box】过渡效果

在【Iris Box】视频过渡效果中，图像B以盒子形状从图像的中心划开，盒子形状逐渐增大，直至充满整个画面并全部覆盖图像A，如图 5-21 所示。

2. 【Iris Cross】过渡效果

在【Iris Cross】视频过渡效果中，图像B以一个十字形出现且图形越来越大，最后将图像A完全覆盖，如图 5-22 所示。

图 5-21 【Iris Box】过渡效果

图 5-22 【Iris Cross】过渡效果

3. 【Iris Diamond】过渡效果

在【Iris Diamond】视频过渡效果中，图像B以菱形图像形式在图像A的任何位置出现并且菱形的形状逐渐展开，直至覆盖图像A，如图 5-23 所示。

4. 【Iris Round】过渡效果

在【Iris Round】视频过渡效果中，图像B呈圆形在图像A上展开并逐渐覆盖整个图像A，如图 5-24 所示。

图 5-23 【Iris Diamond】过渡效果

图 5-24 【Iris Round】过渡效果

5.3.2 【Dissolve（溶解）】过渡效果

【Dissolve（溶解）】视频过渡效果组主要是以淡化、渗透等方式产生过渡效果，该类效果包括【Additive Dissolve（叠加溶解）】【Non-Additive Dissolve（非叠加溶解）】【Film Dissolve（胶片溶解）】3 个视频过渡效果。

1. 【Additive Dissolve】过渡效果

在【Additive Dissolve】视频过渡效果中，图像A和图像B以亮度叠加方式相互融合，图像A逐渐变亮的同时图像B逐渐出现在屏幕上，如图 5-25 所示。

图 5-25 【Additive Dissolve】过渡效果

2. 【Non-Additive Dissolve】过渡效果

在【Non-Additive Dissolve】视频过渡效果中，图像A从黑暗部分消失，而图像B则从最亮部分到最暗部分依次进入屏幕，直至最终完全占据整个屏幕，如图 5-26 所示。

3. 【Film Dissolve】过渡效果

在【Film Dissolve】视频过渡效果中，图像A逐渐变色为胶片反色效果并逐渐消失，同时图像B由胶片反色效果逐渐显现并恢复正常色彩，如图 5-27 所示。

图 5-26 【Non-Additive Dissolve】过渡效果

图 5-27 【Film Dissolve】过渡效果

5.3.3 【Page Peel（页面剥落）】过渡效果

【Page Peel（页面剥落）】视频过渡效果组主要是使图像A以各种卷叶的动作消失，最终显示出图像B。该组包含了【Page Peel（页面剥落）】【Page Turn（翻页）】2 个视频过渡效果。

1. 【Page Peel】过渡效果

【Page Peel】视频过渡效果类似于【Page Turn】的对折效果，但是卷曲时背景是渐变色，如图 5-28 所示。

2. 【Page Turn】过渡效果

在【Page Turn】视频过渡效果中，图像A以滚轴动画的方式向一边滚动卷曲，滚动卷曲过程中显现出图像B，如图 5-29 所示。

图 5-28 【Page Peel】过渡效果

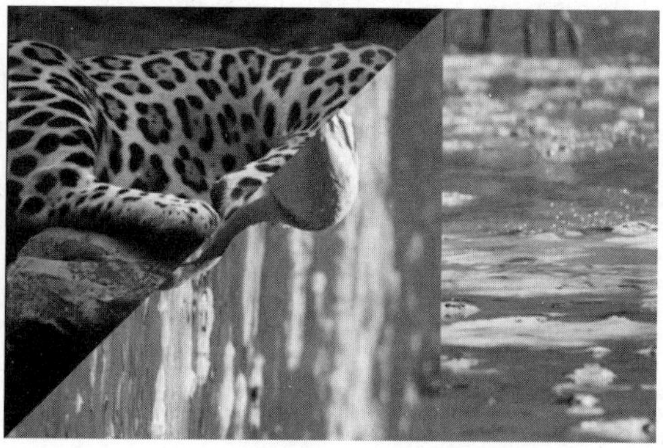

图 5-29 【Page Turn】过渡效果

5.3.4 【Cross Zoom（交叉缩放）】过渡效果

【Cross Zoom（交叉缩放）】视频过渡效果在【Zoom】文件夹中，在【Cross Zoom】视频过渡效果中，图像A被逐渐放大直至撑出画面，图像B以图像A最大的尺寸比例逐渐缩小进入画面，最终在画面中缩放成原始比例大小。该过渡效果如图5-30所示。

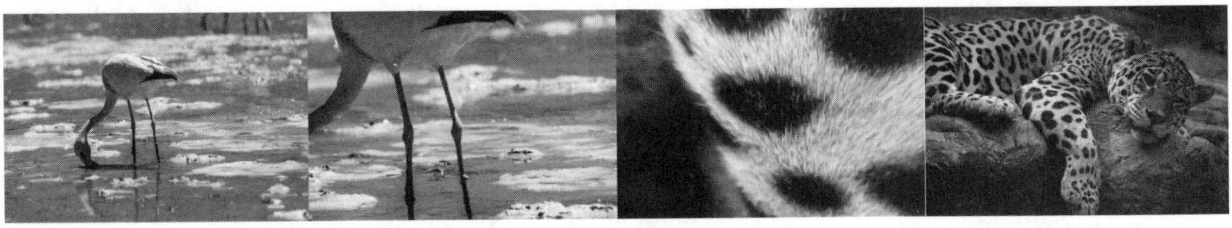

图5-30 【Cross Zoom】过渡效果

课堂范例——应用【Band Wipe（带状擦除）】效果

【Band Wipe（带状擦除）】视频过渡效果放置在【Wipe】文件夹中，该过渡效果的原理是以条带状逐渐擦除前一个素材直至完全显示出后一个素材。本范例将介绍应用该过渡效果的方法。

步骤01 打开"素材文件\第5章\课堂范例——【Band Wipe】效果\【Band Wipe】效果.prproj"，可以看到已经新建了一个"森林"序列，并添加了两个图片素材，如图5-31所示。

图5-31 打开素材文件

步骤02 在【效果】面板中，依次展开【视频过渡】→【Wipe】文件夹，选择【Band Wipe】过渡效果，将其拖曳到时间轴上的两个素材之间，如图5-32所示。

步骤03 完成上述操作之后，即可在【节目】监视器面板中预览过渡效果，如图5-33所示。

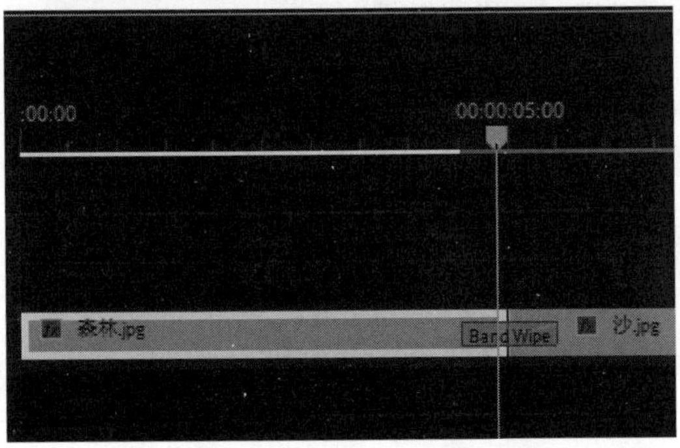

图5-32 添加【Band Wipe】效果

图5-33 查看效果

课堂问答

通过本章的讲解，读者对视频过渡效果有了一定的了解，下面列出一些常见的问题供读者学习参考。

问题 1：视频过渡的基本原理是什么？

答：视频过渡就是指前一个素材逐渐消失，后一个素材逐渐出现的过程。过渡需要素材之间有交叠的部分，即额外帧，使用其作为过渡帧。

问题 2：如何应用【Split（拆分）】视频过渡效果？

答：【Split（拆分）】视频过渡效果在【Slide（滑动）】文件夹中，【Slide】文件夹中的效果主要是通过运动画面的方式完成场景的转换。下面介绍应用【Split】视频过渡效果的方法。

步骤 01　在【效果】面板中，依次展开【视频过渡】→【Slide】文件夹，将【Split】效果拖曳到 V1 轨道中的两素材之间，如图 5-34 所示。

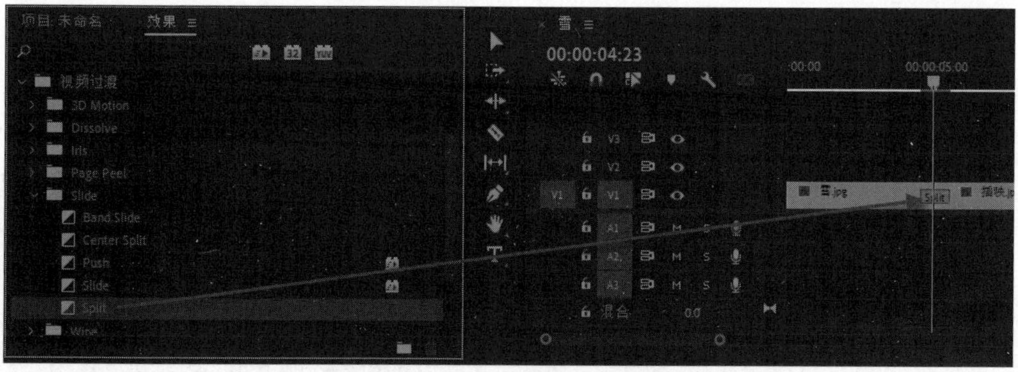

图 5-34　添加视频过渡效果

步骤 02　在【节目】监视器面板中单击【播放-停止切换】按钮▶查看效果，如图 5-35 所示。

图 5-35　查看效果

问题 3：如何应用【Cube Spin（立方体旋转）】视频过渡效果？

答：【Cube Spin（立方体旋转）】视频过渡效果在【3D Motion（3D 运动）】文件夹中，【3D Motion】文件夹中的效果可以模仿三维空间的运动效果。下面介绍应用【Cube Spin】视频过渡效果的方法。

步骤 01　在【效果】面板中，依次展开【视频过渡】→【3D Motion】文件夹，将【Cube Spin】效果拖曳到 V1 轨道中的两个素材之间，如图 5-36 所示。

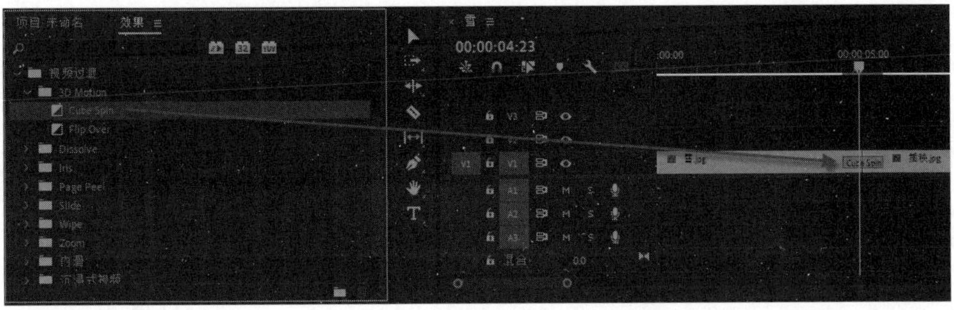

图 5-36 添加视频过渡效果

步骤 02 在【节目】监视器面板中单击【播放-停止切换】按钮▶查看效果，如图 5-37 所示。

图 5-37 查看效果

上机实战——制作风景相册

为了帮助读者巩固本章知识点，下面讲解一个技能综合案例，使读者对本章的知识有更深入的了解。

效果展示

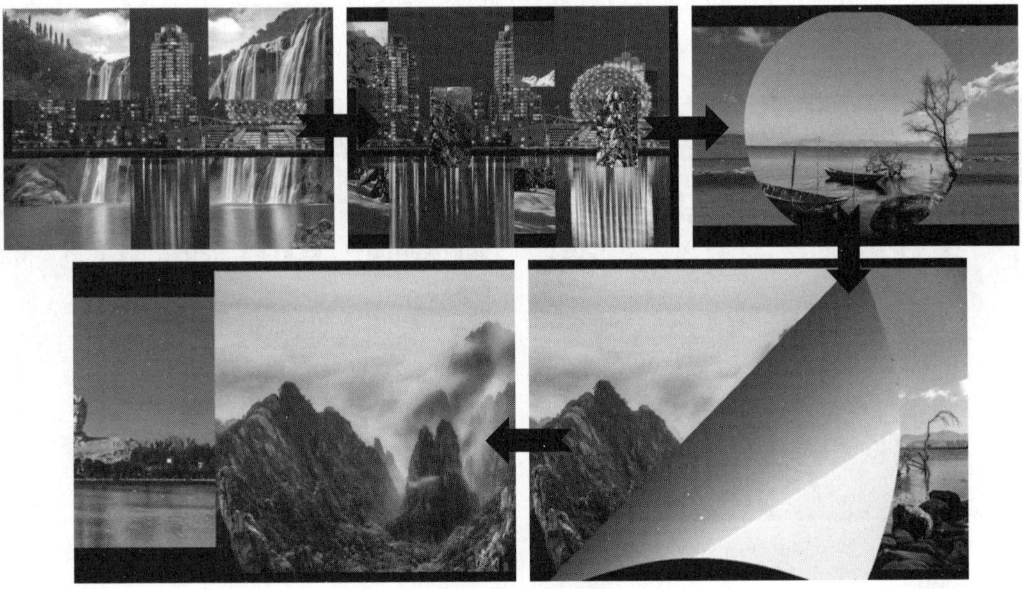

思路分析

本案例将运用 Premiere Pro 2022 自带的视频过渡效果制作一个风景电子相册，步骤是先导入素材，将素材排列到时间轴上，设置素材【缩放为帧大小】命令，然后在每两个素材之间添加过渡效果，最后播放素材测试效果。

制作步骤

步骤 01 新建项目文件，打开“素材文件\第 5 章\上机实战——风景相册”文件夹，将该文件夹中的图片都导入【项目】面板中，如图 5-38 所示。

步骤 02 将图片按照名称 1 ～ 10 的顺序排列在【时间轴】面板中，选中图片 2 ～ 10 并右击，在弹出的快捷菜单中选择【缩放为帧大小】命令，如图 5-39 所示。

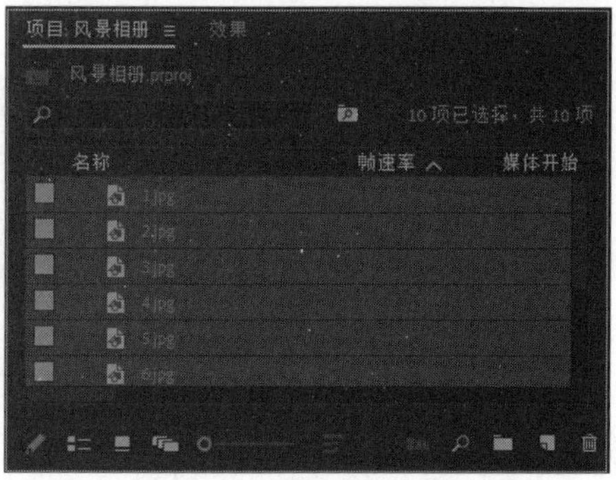

图 5-38 导入素材

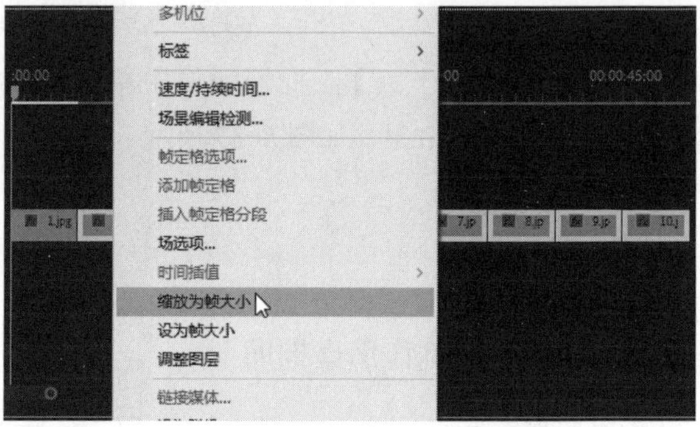

图 5-39 选择【缩放为帧大小】命令

步骤 03 打开【效果】面板，依次选择【视频过渡】→【3D Motion】文件夹，选择【Flip Over（翻转）】过渡效果，将其拖曳到时间轴上的 1、2 图片素材之间，如图 5-40 所示。

步骤 04 依次选择【视频过渡】→【Slide】文件夹，选择【Center Split（中心拆分）】过渡效果，将其拖曳到时间轴上的 2、3 图片素材之间，如图 5-41 所示。

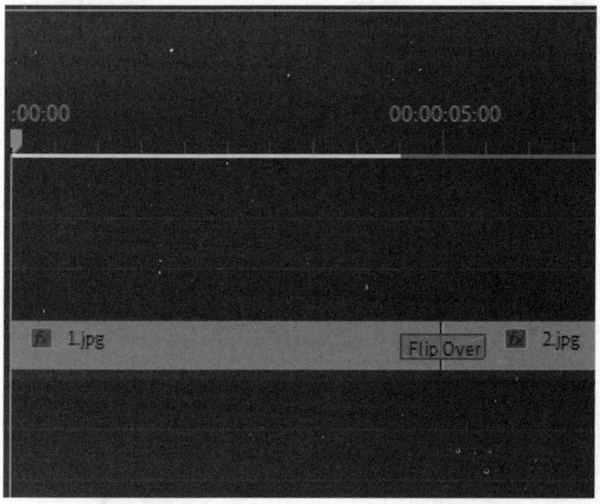

图 5-40 添加 Flip Over 过渡效果

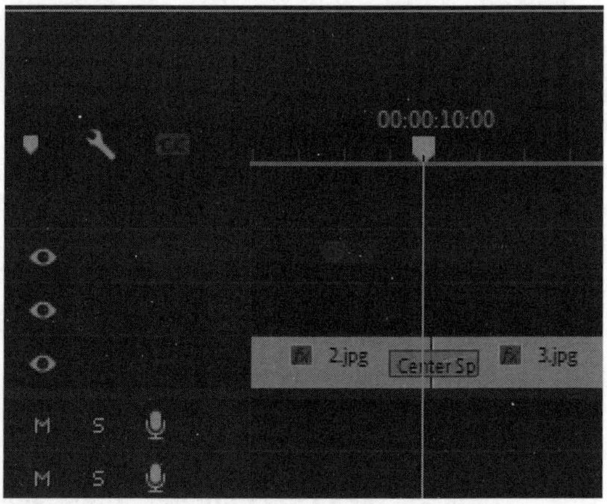

图 5-41 添加 Center Split 过渡效果

步骤 05 依次选择【视频过渡】→【Wipe（擦除）】文件夹，选择【Checker Wipe（棋盘擦除）】过渡效果，将其拖曳到时间轴上的 3、4 图片素材之间，如图 5-42 所示。

步骤 06 依次选择【视频过渡】→【溶解】文件夹，选择【黑场过渡】过渡效果，将其拖曳到时间轴上的 4、5 图片素材之间，如图 5-43 所示。

步骤 07 依次选择【视频过渡】→【Dissolve】文件夹，选择【Film Dissolve】过渡效果，将其拖曳到时间轴上的 5、6 图片素材之间，如图 5-44 所示。

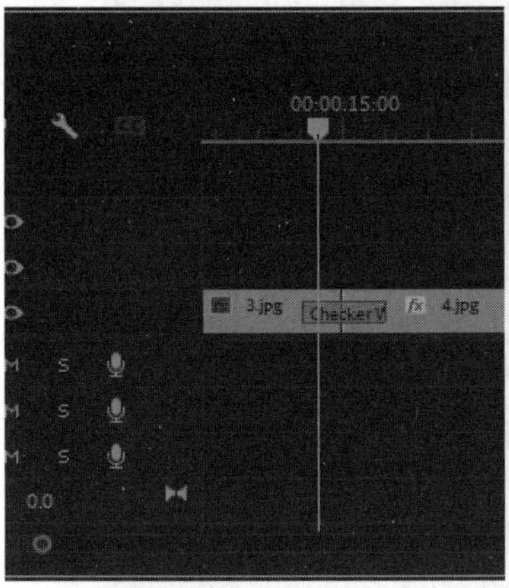

图 5-42 添加 Checker Wipe 过渡效果

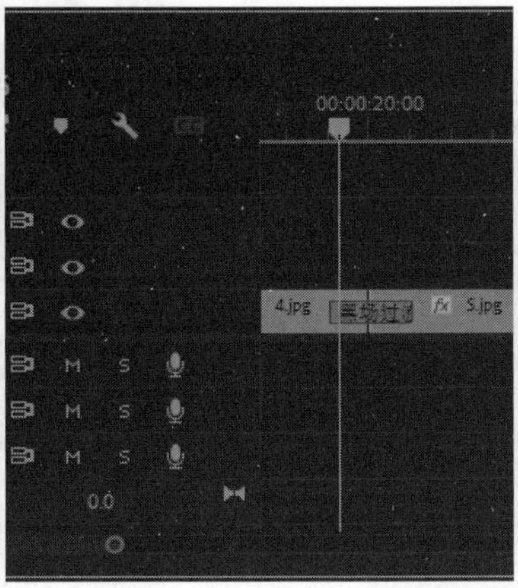

图 5-43 添加黑场过渡效果

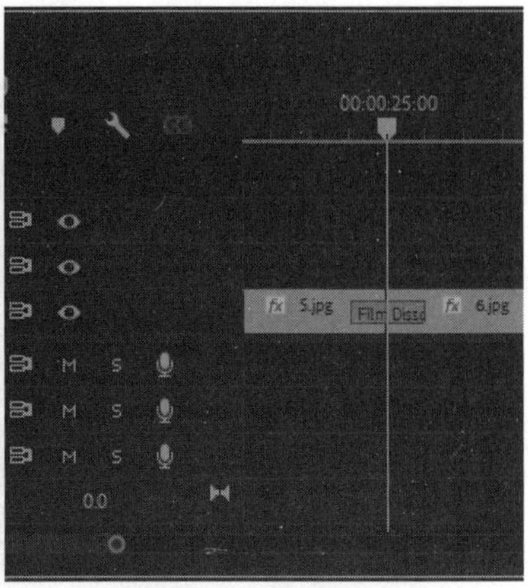

图 5-44 添加 Film Dissolve 过渡效果

步骤 08 依次选择【视频过渡】→【Iris】文件夹，选择【Iris Round】过渡效果，将其拖曳到时间轴上的 6、7 图片素材之间，如图 5-45 所示。

步骤 09 依次选择【视频过渡】→【Page Peel】文件夹，选择【Page Peel】过渡效果，将其拖曳到时间轴上的 7、8 图片素材之间，如图 5-46 所示。

步骤 10 依次选择【视频过渡】→【Slide】文件夹，选择【Push（推）】过渡效果，将其拖曳到时间轴上的 8、9 图片素材之间，如图 5-47 所示。

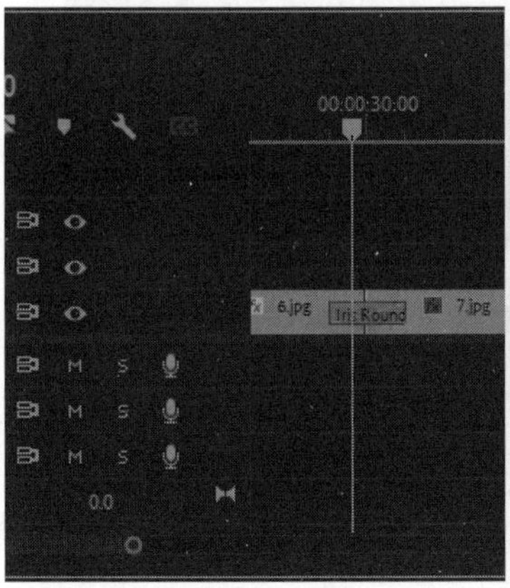

图 5-45 添加 Iris Round 过渡效果

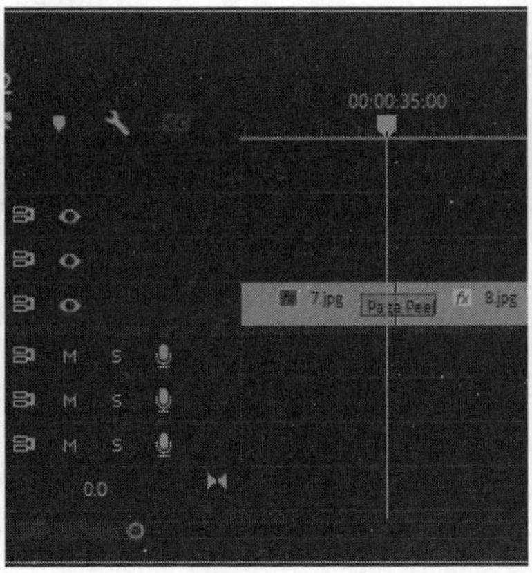

图 5-46 添加 Page Peel 过渡效果

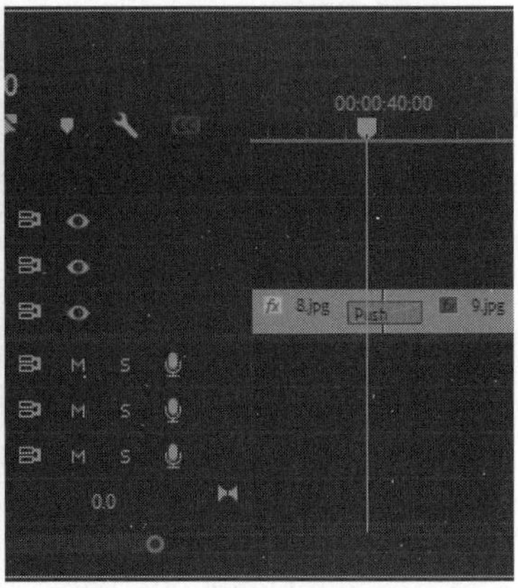

图 5-47 添加 Push 过渡效果

步骤 11 依次选择【视频过渡】→【Wipe】文件夹，选择【Pinwheel（风车）】过渡效果，将其拖曳到时间轴上的 9、10 图片素材之间，如图 5-48 所示。

步骤 12 将时间指示器移至开头处，单击【节目】面板中的【播放-停止切换】按钮▶查看效果，如图 5-49 所示。

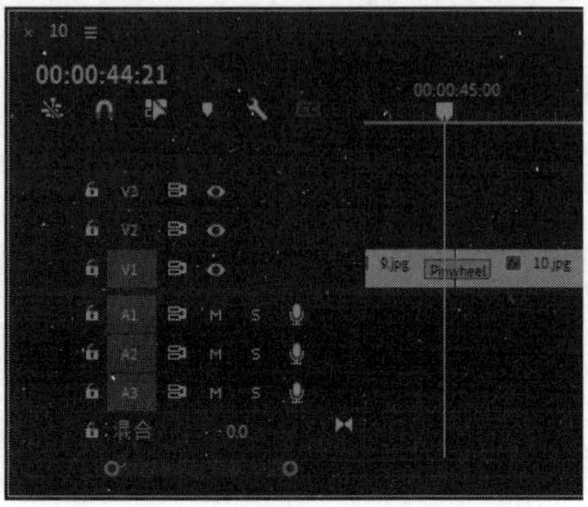

图 5-48　添加 Pinwheel 过渡效果

图 5-49　查看效果

同步训练——制作鲜花盛开过程效果

为了提高读者的动手能力，下面安排一个同步训练案例，让读者举一反三、触类旁通。

图解流程

思路分析

学习视频过渡效果相关知识之后，读者应该熟练地掌握了过渡效果的添加方法及控制方法。下面将详细介绍为素材添加【叠加溶解】视频过渡效果，制作鲜花从含苞待放到盛开的视频。本案例首先打开素材，选中素材，执行【剪辑】→【修改】→【解释素材】命令，其次使用相同方法设置其他素材，并为素材添加过渡效果，设置效果参数，最后查看效果。

关键步骤

步骤 01　打开"素材文件\第 5 章\同步训练——制作鲜花盛开过程效果\鲜花盛开过程.prproj"，可以看到已经新建了一个【含苞待放】序列。

步骤 02　在【项目】面板中选择"23.jpg"图片素材，然后在菜单栏中选择【剪辑】→【修改】→【解释素材】命令，如图 5-50 所示。

步骤 03 弹出【修改剪辑】对话框，设置素材的【像素长宽比】参数，单击【确定】按钮，如图 5-51 所示。

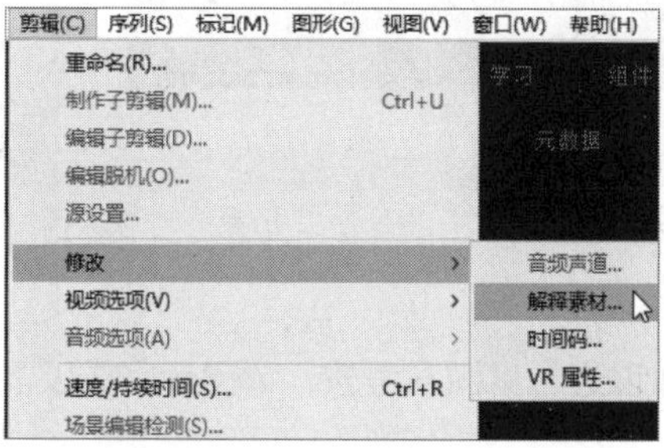

图 5-50 选择【解释素材】命令

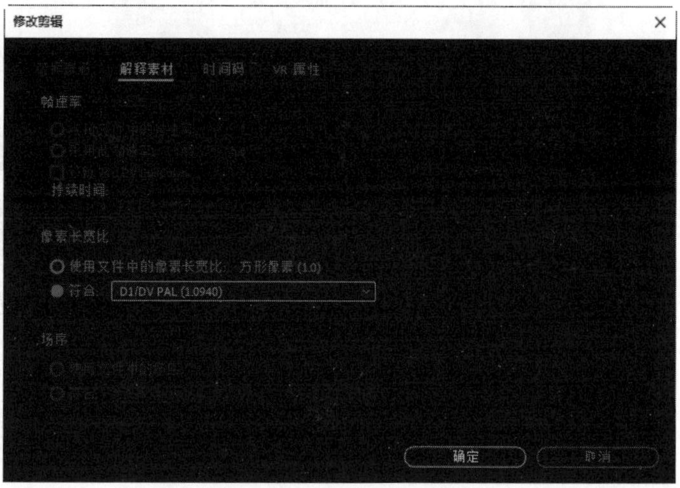

图 5-51 【修改剪辑】对话框

步骤 04 使用相同的方法修改“24.jpg”图片素材的【像素长宽比】参数。

步骤 05 在【效果】面板中，依次选择【视频过渡】→【Dissolve】文件夹，选择【Additive Dissolve】过渡效果，将其拖曳到V1 轨道中的两个图片素材连接处，如图 5-52 所示。

步骤 06 单击【时间轴】面板中的【Additive Dissolve】效果，切换到【效果控件】面板，设置视频过渡效果的相关参数，如图 5-53 所示。

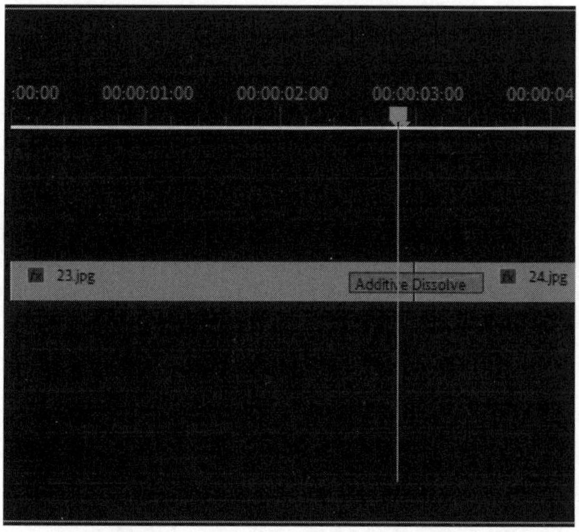

图 5-52 使用 Additive Dissolve过渡效果

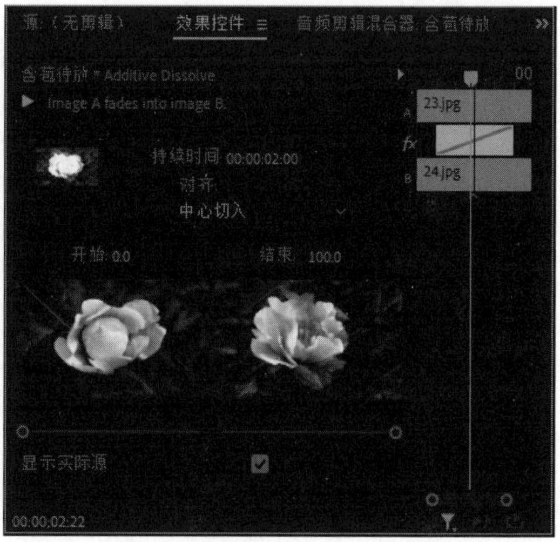

图 5-53 设置过渡效果相关参数

步骤 07 按下键盘上的【Space】键，即可在【节目】监视器面板中预览制作的最终效果，如图 5-54 所示。

图 5-54　查看效果

知识能力测试

本章讲解了设置与应用视频过渡效果的相关知识，为对知识进行巩固和考核，请读者完成以下练习题。

一、填空题

1. 视频过渡是指 ____________ 场景（素材）之间，采用一定的特殊效果，如溶解、划像、卷页等，实现场景或情节之间的平滑过渡，从而起到丰富画面、吸引观众的作用。

2. 用户可以在【效果控件】面板中调整效果的持续时间、____________ 等属性，从而调整过渡区域。

二、选择题

1. 以下不属于【Dissolve】视频过渡效果的是（　　）。

A. Additive Dissolve　　B. Non-Additive Dissolve

C. Film Dissolve　　D. 交叉溶解

2. 以下属于【内滑】视频过渡效果的是（　　）。

A. Flip Over　　B. 白场过渡　　C. VR漏光　　D. 急摇

三、简答题

1. 如何应用【Iris Diamond】视频过渡效果？

2. 如何应用【Cross Zoom】视频过渡效果？

Premiere Pro 2022

第6章 编辑与设置影视字幕

本章主要介绍字幕及属性面板、创建多种类型字幕、设置字幕属性、设置字幕外观效果方面的知识与技巧，同时还讲解了应用字幕样式的方法等。通过对本章内容的学习，读者可以掌握编辑与设置影视字幕方面的知识，为深入学习 Premiere Pro 2022 知识奠定基础。

学习目标

- 熟悉字幕及属性面板
- 熟练掌握创建多种类型字幕的方法
- 熟练掌握设置字幕属性的方法
- 熟练掌握设置字幕外观效果的方法
- 熟练掌握应用字幕样式的方法
- 熟练掌握使用【基本图形】面板创建与设置字幕的方法

6.1 字幕及属性面板

在影视节目中，字幕是必不可少的。字幕可以帮助影片更完整地展现相关信息，起到解释画面、补充内容等作用。此外，在各式各样的广告中，精美的字幕不仅可以起到为影片增光添彩的作用，还可以快速、直接地向观众传达信息。

6.1.1 字幕工作区及相关属性面板

在 Premiere Pro 2022 中，所有字幕都是在字幕工作区域中创建完成的。在该工作区域中，不仅可以创建和编辑静态字幕，还可以制作出各种动态的字幕效果。下面将详细介绍新建字幕项目并打开字幕工作区的操作方法。

步骤 01 启动 Premiere Pro 2022，单击【文件】主菜单，在弹出的菜单中选择【新建】命令，在弹出的子菜单中选择【旧版标题】命令，如图 6-1 所示。

步骤 02 弹出【新建字幕】对话框，设置参数，单击【确定】按钮，如图 6-2 所示。

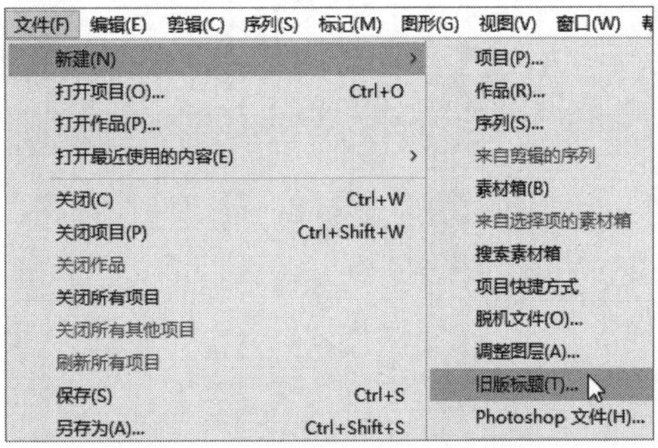

图 6-1　选择【旧版标题】命令

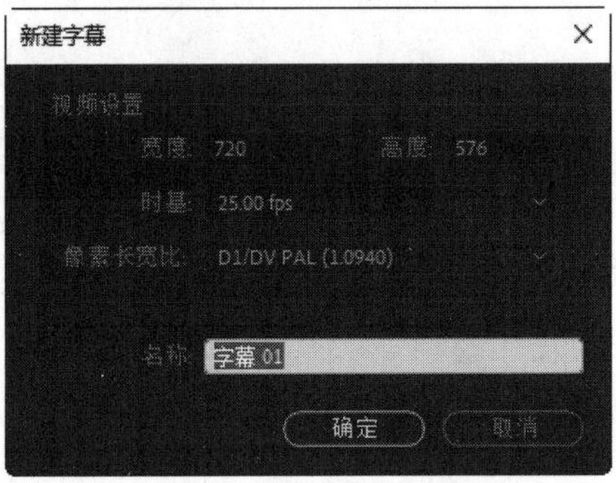

图 6-2　设置字幕参数

步骤 03 打开字幕工作区，里面包含【字幕】面板、【字幕工具】面板、【字幕动作】面板、【字幕样式】面板、【字幕属性】面板等，如图 6-3 所示。

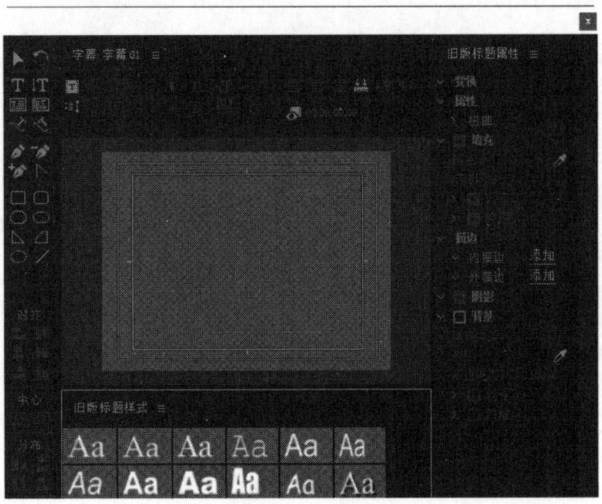

图 6-3　旧版字幕工作区

> **技能拓展**
>
> 在旧版字幕工作区中，默认状态下，用户在显示素材画面的区域内单击，即可输入文字内容。

1.【字幕】面板

【字幕】面板是创建、编辑字幕的主要工作场所，用户不仅可以在该面板中直观地了解字幕应用于影片后的效果，还可以直接对其进行修改。【字幕】面板分为属性栏和编辑窗口两部分，其中编辑窗口是创建和编辑字幕的区域，属性栏中则含有【字体系列】【字体样式】等字幕对象的常见属性设置项，便于快速调整字幕对象，从而提高创建及修改字幕时的工作效率，如图 6-4 所示。

2.【字幕工具】面板

【字幕工具】面板中放置着制作和编辑字幕时所要用到的工具。利用这些工具，不仅可以在字幕中加入文本，还可以绘制简单的集合图形，如图 6-5 所示。

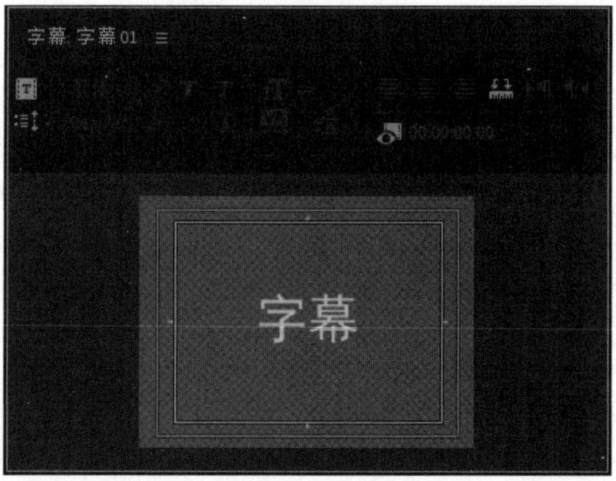

图 6-4 【字幕】面板

图 6-5 【字幕工具】面板

【字幕工具】面板中各按钮的名称及功能如表 6-1 所示。

表 6-1 【字幕工具】面板中各按钮的名称及功能

按钮的名称	按钮的功能
【选择工具】按钮	利用该工具，只需在【字幕】面板中单击文本或图形，即可选择这些对象。选择对象后，所选对象的周围将会出现多个角点，按住【Shift】键还可以选择多个对象
【旋转工具】按钮	用于对文本进行旋转操作
【文字工具】按钮	用于在水平方向上输入文字
【垂直文字工具】按钮	用于在垂直方向上输入文字
【区域文字工具】按钮	用于在水平方向上输入多行文字
【垂直区域文字工具】按钮	用于在垂直方向上输入多行文字
【路径文字工具】按钮	可沿弯曲的路径输入垂直于路径的文本
【垂直路径文字工具】按钮	可沿弯曲的路径输入侧面垂直于路径的文本
【钢笔工具】按钮	用于创建和调整路径。此外，还可以通过调整路径的形状而影响由【路径文字工具】和【垂直路径文字工具】所创建的路径文字

续表

按钮的名称	按钮的功能
【删除锚点工具】按钮	可以减少路径上的节点，常与【钢笔工具】结合使用。当使用【删除锚点工具】将路径上的所有节点删除后，该路径对象也会随之消失
【添加锚点工具】按钮	可以增加路径上的节点，常与【钢笔工具】结合使用。路径上的节点数量越多，用户对路径的控制也就越灵活，路径所能呈现出的形状也就越复杂
【转换锚点工具】按钮	路径上的每个节点都包含两个控制柄，而【转换锚点工具】的作用就是通过调整节点上的控制柄调整路径形状
【矩形工具】按钮	用于绘制矩形图形，配合【Shift】键使用时可以绘制出正方形
【圆角矩形工具】按钮	用于绘制圆角矩形，配合【Shift】键使用时可以绘制出长宽相等的圆角矩形
【切角矩形工具】按钮	用于绘制八边形，配合【Shift】键使用时可以绘制出正八边形
【圆角矩形工具】按钮	用于绘制类似于胶囊的图形，所绘制的图形与上一个【圆角矩形工具】绘制出的图形的差别在于，此圆角矩形只有 2 条直线边，上一个圆角矩形有 4 条直线边
【楔形工具】按钮	用于绘制不同样式的三角形
【弧形工具】按钮	用于绘制封闭的弧形对象
【椭圆工具】按钮	用于绘制椭圆形
【直线工具】按钮	用于绘制直线

3. 【字幕动作】面板

【字幕动作】面板中的工具在【字幕】编辑窗口对齐或排列所选对象时使用，如图 6-6 所示，各按钮的名称及功能如表 6-2 所示。

4. 【字幕样式】面板（旧版标题样式）

【字幕样式】面板（旧版标题样式）存放着 Premiere 中的各种预置字幕样式。利用这些字幕样式，用户只需创建字幕内容，即可快速获得各种精美的字幕素材，如图 6-7 所示。

图 6-6 【字幕动作】面板

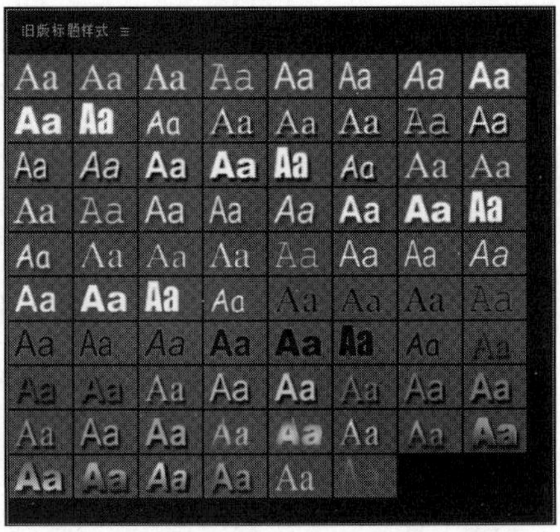

图 6-7 【字幕样式】面板（旧版标题样式）

表 6-2 【字幕动作】面板中各按钮的名称及功能

按钮的名称	按钮的功能
【水平靠左】按钮	所选对象以最左侧对象的左边线为基准进行对齐
【水平居中】按钮	所选对象以中间对象的水平中线为基准进行对齐
【水平靠右】按钮	所选对象以最右侧对象的右边线为基准进行对齐
【垂直靠上】按钮	所选对象以最上方对象的顶边线为基准进行对齐
【垂直居中】按钮	所选对象以中间对象的垂直中线为基准进行对齐
【垂直靠下】按钮	所选对象以最下方对象的底边线为基准进行对齐
【中心水平居中】按钮	在垂直方向上，与视频画面的水平中心保持一致
【中心垂直居中】按钮	在水平方向上，与视频画面的垂直中心保持一致
【分布水平靠左】按钮	以左右两侧对象的左边线为界，使相邻对象左边线的间距保持一致
【分布水平居中】按钮	以左右两侧对象的垂直中心线为界，使相邻对象中心线的间距保持一致
【分布水平靠右】按钮	以左右两侧对象的右边线为界，使相邻对象右边线的间距保持一致
【分布水平等距间隔】按钮	以左右两侧对象为界，使相邻对象的垂直间距保持一致
【分布垂直靠上】按钮	以上下两侧对象的顶边线为界，使相邻对象顶边线的间距保持一致
【分布垂直居中】按钮	以上下两侧对象的水平中心线为界，使相邻对象中心线的间距保持一致
【分布垂直靠下】按钮	以上下两侧对象的底边线为界，使相邻对象底边线的间距保持一致
【分布垂直等距间隔】按钮	以上下两侧对象为界，使相邻对象水平间距保持一致

温馨提示

至少应选择 2 个对象后，【对齐】选项组中的工具才会被激活，而【分布】选项组中的工具至少要选择 3 个对象后才会被激活。

5. 【字幕属性】面板（旧版标题属性）

在 Premiere Pro 2022 中，所有与字幕中各对象属性相关的选项都放置在【字幕属性】面板（旧版标题属性）中。利用该面板中的各个选项，用户不仅可以对字幕的位置、大小、颜色等基本属性进行调整，还可以为其定制描边与阴影效果，如图 6-8 所示。

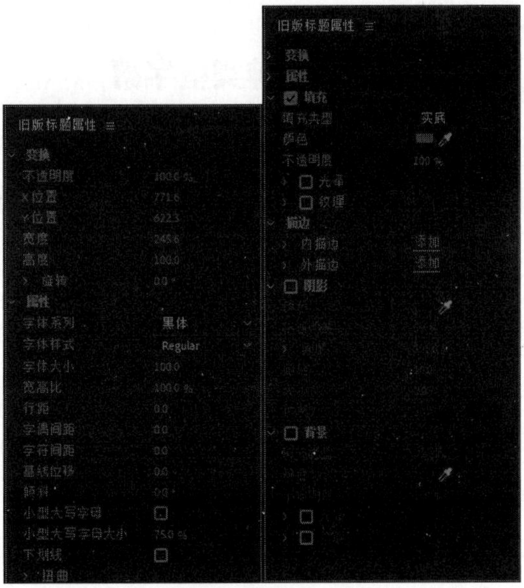

图 6-8 【字幕属性】面板（旧版标题属性）

技能拓展

Premiere Pro 2022 中的各种字幕样式实质上是记录着不同属性的属性参数集合，而应用字幕样式便是将这些属性参数集中的参数设置应用于当前所选对象。

6.1.2 字幕的种类

在 Premiere Pro 2022 中，字幕分为默认静态字幕、默认滚动字幕和默认游动字幕 3 种类型。创建字幕后，可以在这 3 种字幕类型之间随意转换。

1. 默认静态字幕

默认静态字幕是指在默认状态下停留在画面指定位置不动的字幕，对于该类型字幕，如果要使其在画面中产生移动效果，则必须为其设置【位置】关键帧。默认静态字幕在系统默认状态下位于创建位置静止不动，可以在【特效控制台】面板制作位移、缩放、旋转、透明度关键帧动画。

2. 默认滚动字幕

默认滚动字幕在被创建之后，其默认的状态即为在画面中从上到下垂直运动，运动速度取决于该字幕文件的持续时间。默认滚动字幕是不需要设置关键帧动画的，除非用户需要更改其运动状态。

3. 默认游动字幕

默认游动字幕在被创建之后，其默认状态就是沿画面水平方向运动。其运动方向可以是从左至右的，也可以是从右至左的。虽然默认游动字幕的默认状态为水平方向运动，但用户可根据视频编辑需求，通过制作位移、缩放等关键帧动画更改字幕运动状态。

6.2 创建多种类型字幕

在 Premiere Pro 2022 中，文本字幕可以分为多种类型，除基本的水平文本字幕和垂直文本字幕外，还能够创建路径文本字幕和动态字幕。本节将详细介绍创建多种类型字幕的相关知识及操作方法。

6.2.1 创建水平文本字幕

水平文本字幕是指沿水平方向分布的字幕类型。在字幕工作区中，使用【文字工具】单击【字幕】编辑窗口中的任意位置后，即可输入相应的文字，从而创建水平文本字幕，如图 6-9 所示。在输入文本内容的过程中，按【Enter】键即可实现换行，从而使接下来的内容另起一行，如图 6-10 所示。

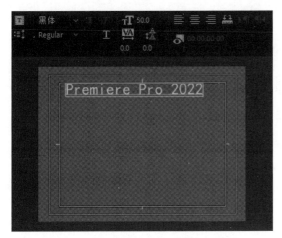

图 6-9 定位文本插入点创建水平字幕

图 6-10 按【Enter】键换行继续输入

此外，可以使用【区域文字工具】在【字幕】编辑窗口中绘制文本框，如图 6-11 所示。输入文字内容后，就可以创建水平多行文本字幕，如图 6-12 所示。

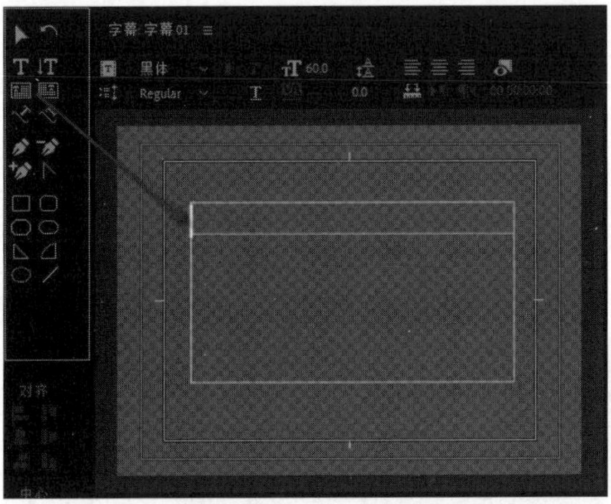

图 6-11 在【字幕】编辑窗口中绘制文本框

图 6-12 创建水平多行文本字幕

6.2.2 创建垂直文本字幕

垂直文本字幕的创建方法与水平文本字幕的创建方法相似。例如，选择【垂直文字工具】在【字幕】编辑窗口中单击，如图 6-13 所示，输入相应的文字内容即可创建垂直文本字幕。使用【垂直区域文字工具】在【字幕】编辑窗口中绘制文本框后，输入相应的文字即可创建垂直多行文本字幕，如图 6-14 所示。

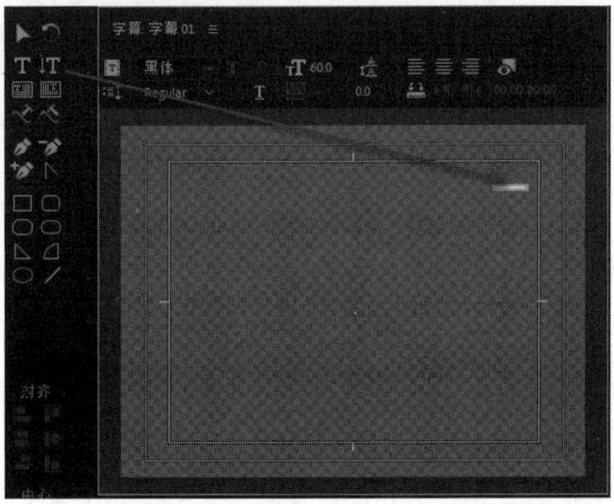

图 6-13 创建垂直文本字幕

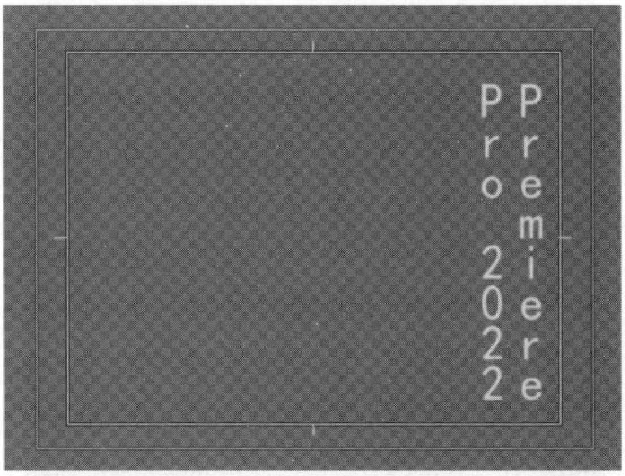

图 6-14　创建垂直多行文本字幕

> **温馨提示**
> 在 Premiere Pro 2022 中，无论是普通的垂直文本字幕，还是垂直多行文本字幕，其输入顺序都是从上至下、从右至左。

6.2.3　创建路径文本字幕

与水平文本字幕和垂直文本字幕相比，路径文本字幕的特点是能够通过调整路径形状改变字幕的整体形态，但字幕必须依附于路径才能够存在。下面将详细介绍创建路径文本字幕的操作方法。

步骤 01　使用【路径文字工具】单击【字幕】编辑窗口中的任意位置后，创建路径的第一个节点。使用相同的方法创建路径的第二个节点，并通过调整节点上的控制柄来修改路径形状，如图 6-15 所示。

步骤 02　完成路径的绘制后，使用相同的工具在路径中单击，直接输入文本内容，即可完成路径文本字幕的创建，如图 6-16 所示。

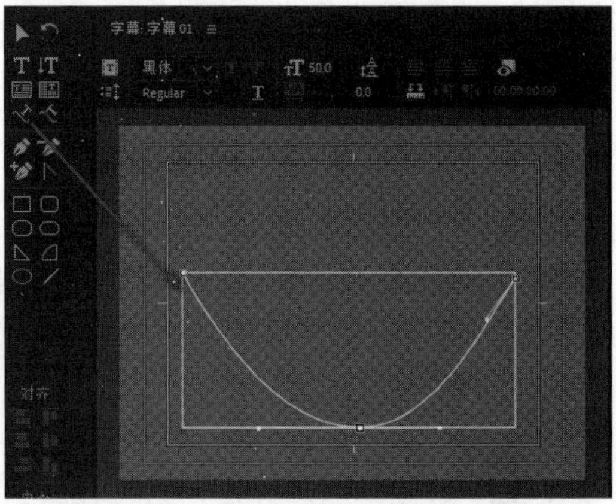

图 6-15　创建路径

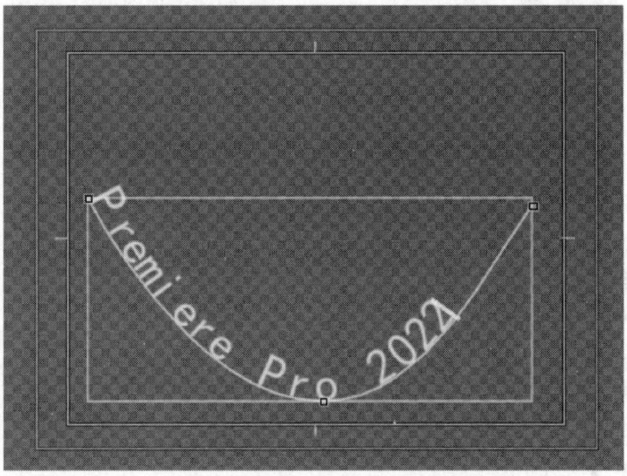

图 6-16　输入文本内容

课堂范例——文字溶解出现效果

本范例将介绍如何应用文字溶解出现效果。首先创建字幕，在字幕工作区中设置字幕属性后关闭字幕工作区；其次将字幕拖入【时间轴】面板中，为字幕添加效果，为效果添加关键帧，最后查看效果。

步骤 01 新建“文字溶解出现效果”项目文件，打开“素材文件\第 6 章\课堂范例——文字溶解出现效果”文件夹，将“云.mp4”素材导入【项目】面板中，并将其拖入【时间轴】面板中创建序列，如图 6-17 所示。

步骤 02 执行【文件】→【新建】→【旧版标题】命令，弹出【新建字幕】对话框，保持默认设置，单击【确定】按钮，打开字幕工作区，使用【文字工具】输入文本内容，设置字体为“方正古隶简体”，字号为 100，颜色为白色，如图 6-18 所示。

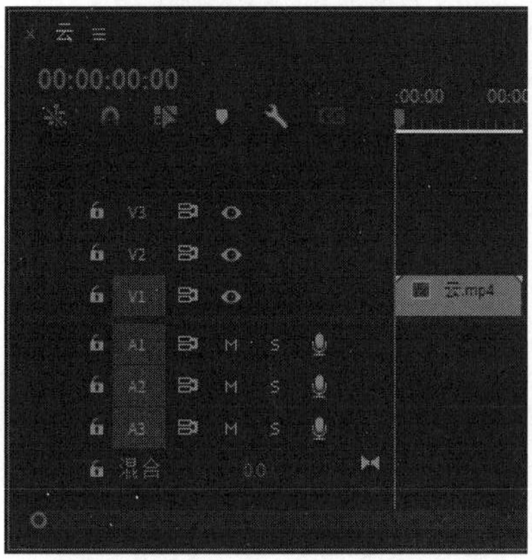

图 6-17 创建序列

图 6-18 创建字幕

步骤 03 关闭字幕工作区，将创建的字幕拖入 V2 轨道，打开【效果】面板，搜索“粗糙边缘”，将搜索到的效果拖入 V2 轨道的字幕素材上，如图 6-19 所示。

步骤 04 打开【效果控件】面板，在 25 帧的位置，单击【粗糙边缘】选项下的【边框】选项左侧的【切换动画】按钮，设置参数，创建第 1 个关键帧，如图 6-20 所示。

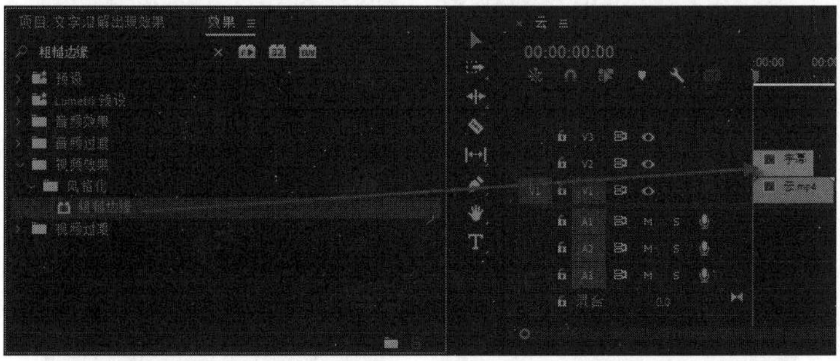

图 6-19 添加效果

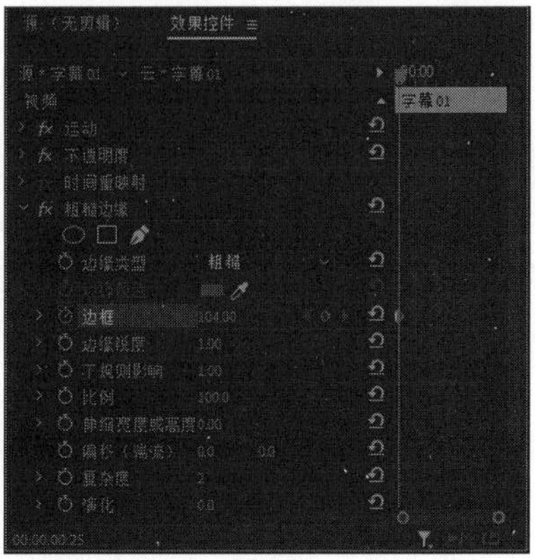

图 6-20 创建第 1 个关键帧

步骤 05 在 00：00：03：19 处继续设置【边框】选项参数，创建第 2 个关键帧，如图 6-21 所示。

步骤 06 在【节目】监视器面板中播放视频查看字幕效果，如图 6-22 所示。

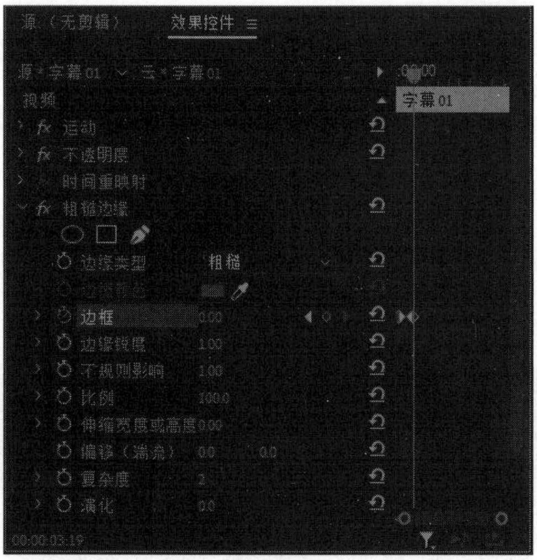

图 6-21　创建第 2 个关键帧

图 6-22　查看效果

6.3 设置字幕属性

在 Premiere Pro 2022 的【字幕属性】面板（旧版标题属性）中，【属性】选项组中的选项主要用于调整字幕的基本属性，如字体类型、字体大小、字幕间距、字幕行距等，本节将详细介绍设置字幕属性的相关知识及操作方法。

6.3.1 设置字体类型

【字体系列】选项用于设置字体的类型，用户既可以直接在【字体系列】列表框中输入字体名称，也可以单击该选项的下拉按钮，在弹出的【字体系列】下拉列表中选择合适的字体类型，如图 6-23 所示。

根据字体类型的不同，某些字体拥有多种不同的形态效果，【字体样式】选项便是用于指定当前所要显示的字体形态，如图 6-24 所示。

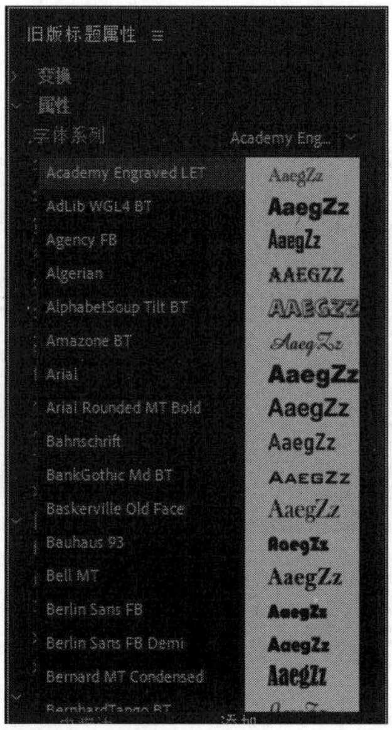

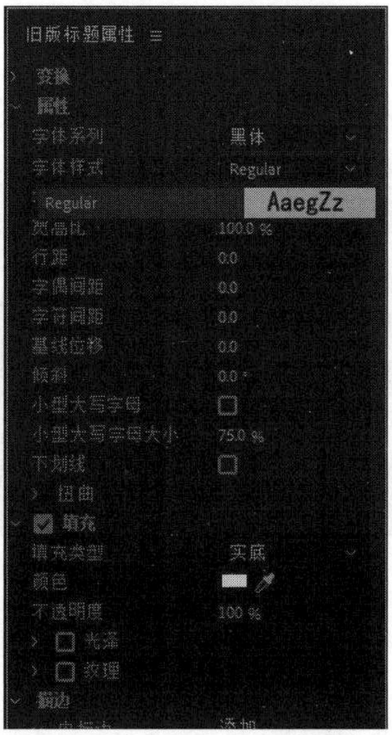

图 6-23 【字体系列】下拉列表　图 6-24 【字体样式】下拉列表

6.3.2 设置字体大小

【字体大小】选项用于控制文本的尺寸，如图6-25所示。其取值越大，字体的尺寸就越大；反之，则越小。原字体大小和设置字体大小后的效果对比如图 6-26 所示。

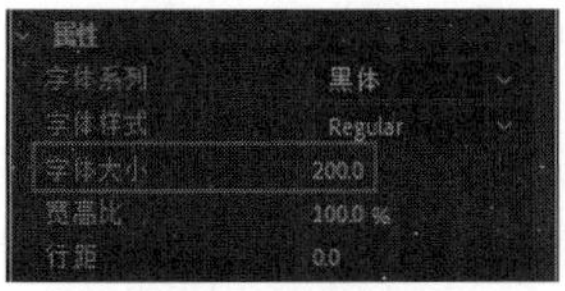

图 6-25 【字体大小】选项

图 6-26　字体大小的效果对比

6.3.3 设置字幕间距

【字偶间距】选项用于调整字幕中字与字之间的距离，其调整效果与【字符间距】选项的调整效果类似，如图 6-27 所示。原字幕间距和设置字幕间距后的效果对比如图 6-28 所示。

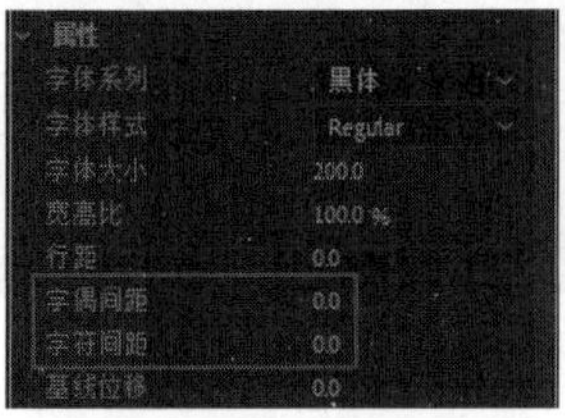

图 6-27 【字偶间距】和【字符间距】选项

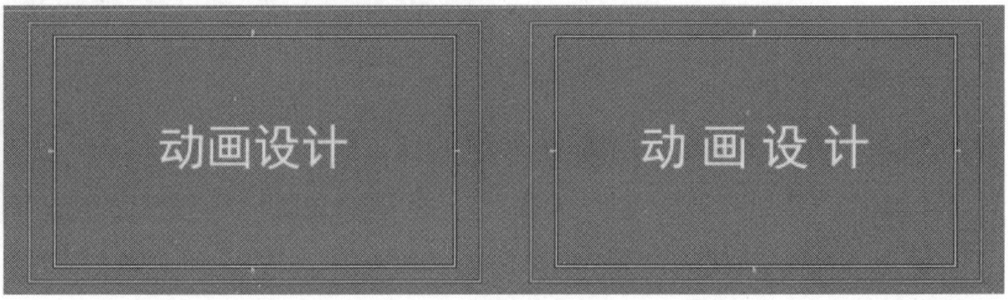

图 6-28　字幕间距的效果对比

6.3.4 设置字幕行距

【行距】选项用于控制文本中行与行之间的距离，如图 6-29 所示。原字幕行距和设置字幕行距后的效果对比如图 6-30 所示。

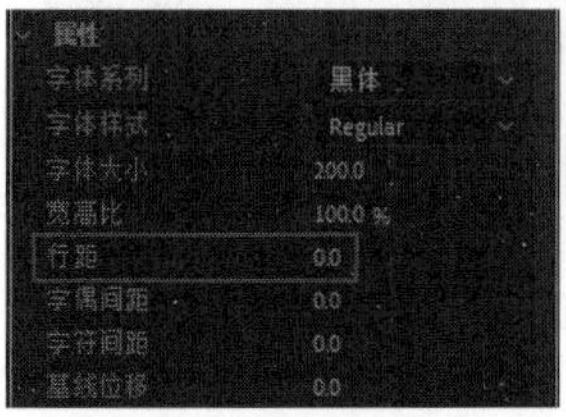

图 6-29 【行距】选项

图 6-30　字幕行距的效果对比

6.4 设置字幕外观效果

在 Premiere Pro 2022 中，只有设置字幕颜色填充、字幕描边效果、字幕阴影效果等参数之后，才能够获得各种精美的字幕，本节将详细介绍设置字幕外观效果的相关知识及操作方法。

6.4.1 设置字幕颜色填充

创建字幕后，通过在【字幕属性】面板（旧版标题属性）中选中【填充】复选框，并对该选项内的各项参数进行调整，即可对字幕的填充颜色进行控制。如果不希望将填充效果应用于字幕，则可以取消选中【填充】复选框，关闭填充效果，从而使字幕的相应部分成为透明状态。

步骤 01 在【字幕】编辑窗口中创建文本字幕后，在【字幕属性】面板（旧版标题属性）中的【填充】选项下，选择【填充类型】为实底，单击【颜色】选项右侧的颜色块，如图 6-31 所示。

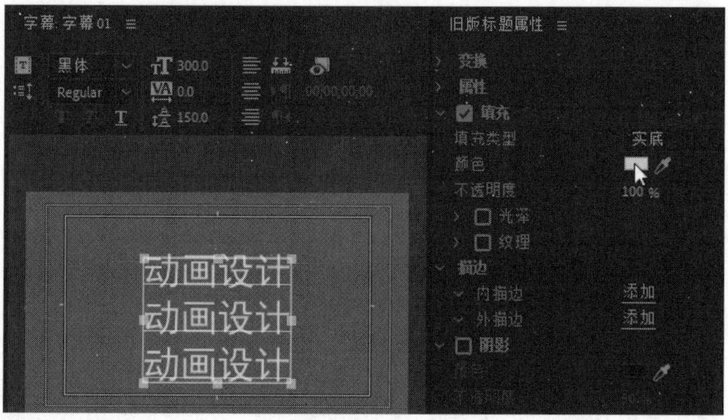

图 6-31 设置字幕属性

步骤 02 弹出【拾色器】对话框，选择一种准备填充的颜色，单击【确定】按钮，如图 6-32 所示。

步骤 03 通过以上步骤即可完成设置字幕颜色填充的操作，如图 6-33 所示。

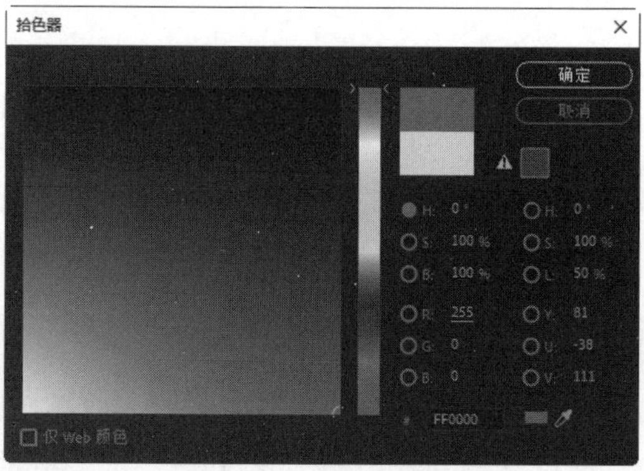

图 6-32 选择填充颜色

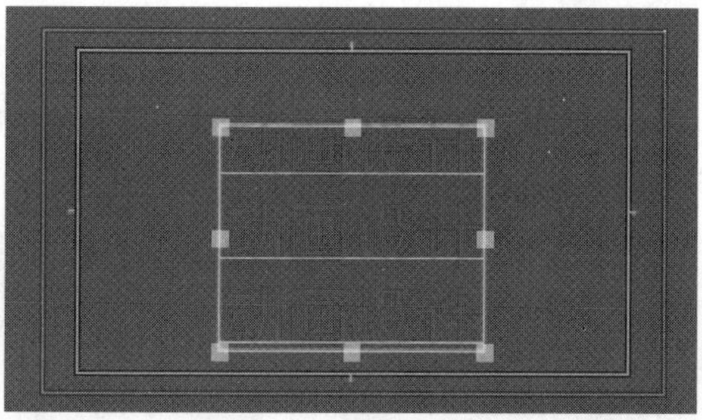

图 6-33 字幕颜色填充

6.4.2 设置字幕描边效果

Premiere Pro 2022 将描边分为内描边和外描边两种类型，内描边的效果是从字幕边缘向内进行扩展，因此会覆盖字幕原有的填充效果；外描边的效果是从字幕文本的边缘向外进行扩展，因此会增大字幕所占据的屏幕范围。

展开【描边】选项组，单击【外描边】选项右侧的【添加】按钮，如图 6-34 所示，即可为当前所选字幕对象添加默认的黑色描边效果，如图 6-35 所示。

在【类型】下拉列表中，Premiere Pro 2022 根据描边方式的不同提供了【深度】【边缘】【凹进】3 个选项，如图 6-36 所示。下面将详细介绍这 3 种不同的描边方式。

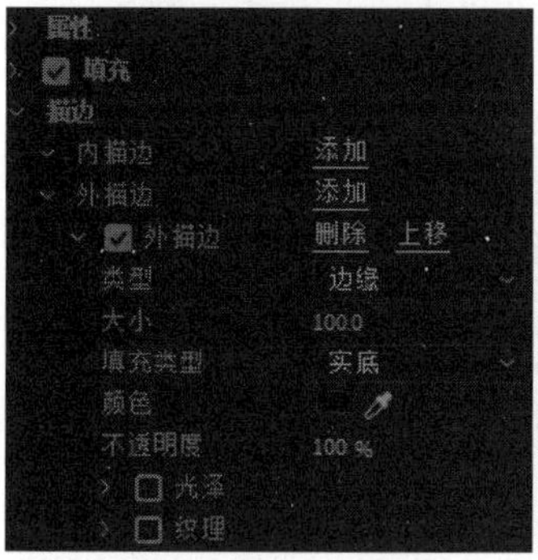

图 6-34 【描边】选项

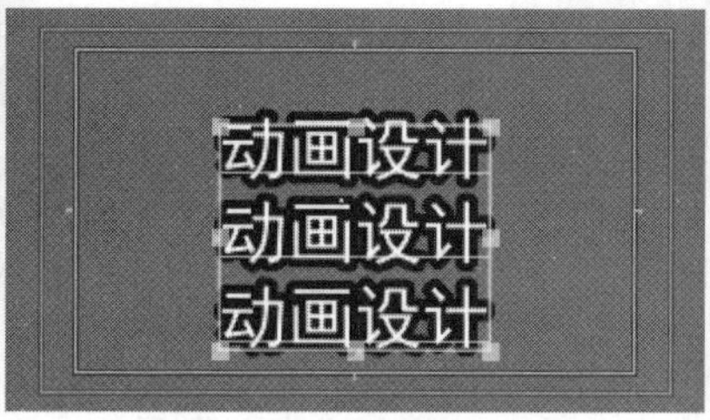

图 6-35 黑色描边效果

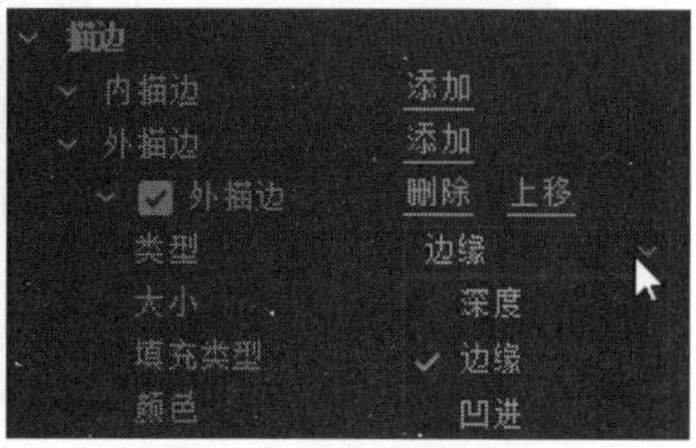

图 6-36 描边类型

1. 边缘描边

边缘描边是Premiere Pro 2022 默认采用的描边方式，对于边缘描边效果来说，其描边宽度可通过【大小】选项进行控制，该选项的取值越大，描边的宽度也就越大;【颜色】选项则用于调整描边的色彩。【填充类型】【不透明度】【纹理】等选项，作用和控制方法与【填充】选项组中的相应选项完全相同。

2. 深度描边

当采用深度描边方式进行描边时，Premiere Pro 2022 中的描边只能出现在字幕的一侧，且描边宽度受到【大小】选项的控制，如图 6-37 所示。

3. 凹进描边

凹进描边的描边位于字幕对象上方，类似投影效果，如图 6-38 所示。默认情况下，为字幕添加凹进描边时无任何效果，只有在调整【强度】选项后，凹进描边才会显现出来，并随着【强度】参数值的增大而逐渐远离字幕文本。【角度】选项用于控制凹进描边相对于字幕文本的偏离方向。

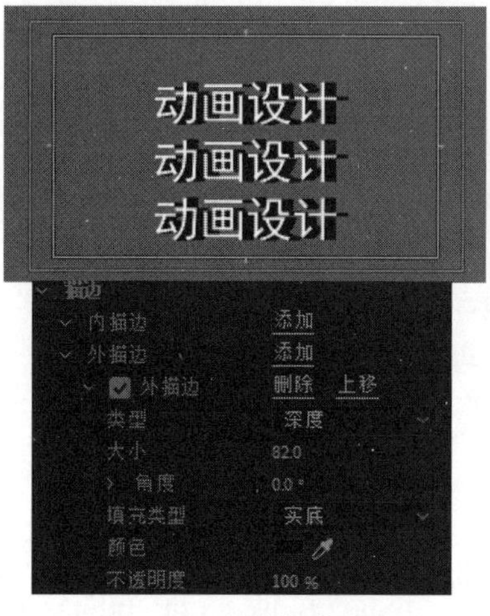

图 6-37 深度描边效果

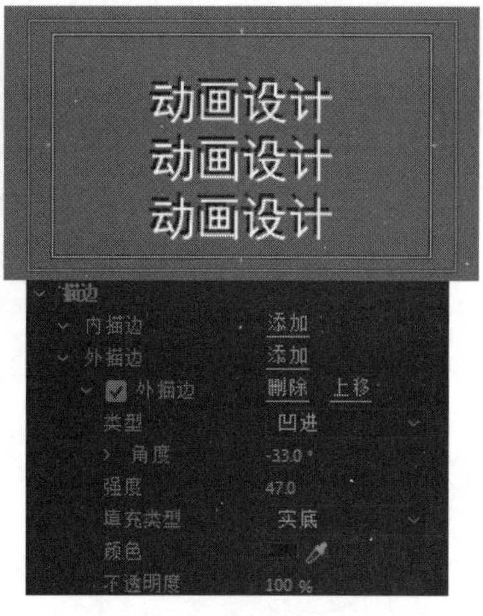

图 6-38 凹进描边效果

6.4.3 设置字幕阴影效果

与填充效果相同，阴影效果也属于可选效果，用户只有在选中【阴影】复选框后，Premiere Pro 2022 才会为字幕添加阴影。在【阴影】选项组中，各个选项的参数如图 6-39 所示，添加阴影后的字幕效果如图 6-40 所示。

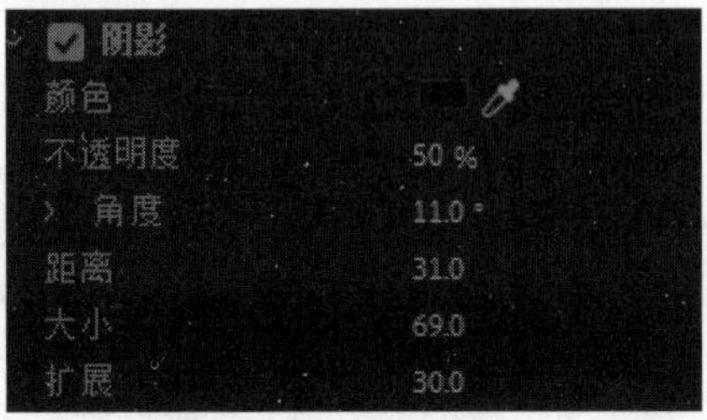

图 6-39 【阴影】选项

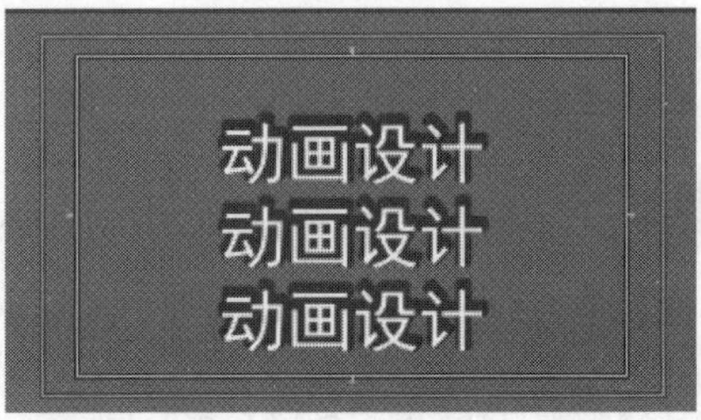

图 6-40 阴影效果

在【阴影】选项组中，各个选项的作用如下。

（1）【颜色】选项：用于控制阴影的颜色，用户可从字幕颜色、视频画面的颜色，以及整个影片的色彩基调等多方面考虑，从而最终决定字幕阴影的色彩。

（2）【不透明度】选项：用于控制投影的透明程度。在实际应用中，应适当降低该选项的取值，使阴影呈适当的透明状态，从而获得更真实的阴影效果。

（3）【角度】选项：用于控制字幕阴影的投射位置。

（4）【距离】选项：用于确定阴影与主体间的距离，其取值越大，两者的距离越远；反之，则越近。

（5）【大小】选项：默认情况下，字幕阴影与字幕主体的大小相同，而该选项的作用就是在原有字幕阴影的基础上，改变阴影的大小。

（6）【扩展】选项：用于控制阴影边缘的发散效果，其取值越小，阴影就越清晰；其取值越大，阴影就越模糊。

6.5 应用字幕样式

字幕样式是 Premiere Pro 2022 预置的设置方案，作用是帮助用户快速设置字幕属性，从而获得精美的字幕。在【字幕】面板中，用户不仅可以应用预设的字幕样式，还可以自定义样式。本节将详细介绍应用字幕样式的相关知识及操作方法。

6.5.1 应用字幕样式

在 Premiere Pro 2022 中，字幕样式的应用方法很简单，只需在输入相应的字幕文本内容后，在【字幕样式】面板（旧版标题样式）中单击某个字幕样式的预览图，即可将其应用于当前字幕，如

图 6-41 所示。

如果需要有选择地应用字幕样式所记录的字幕属性，则可在【字幕样式】面板（旧版标题样式）中右击字幕样式的预览图，在弹出的快捷菜单中选择【应用带字体大小的样式】或【仅应用样式颜色】命令，如图 6-42 所示。

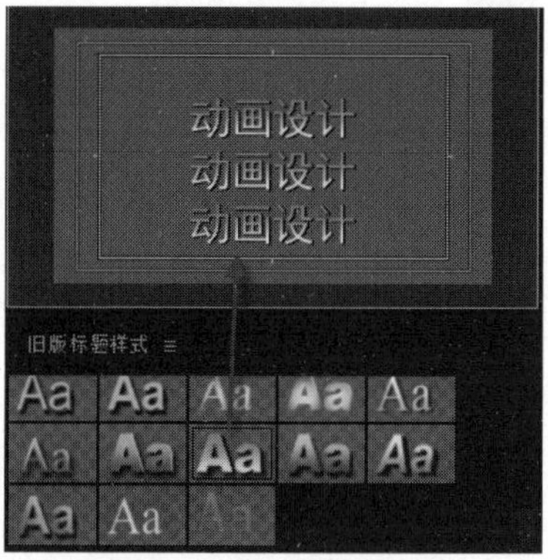

图 6-41 应用字幕样式

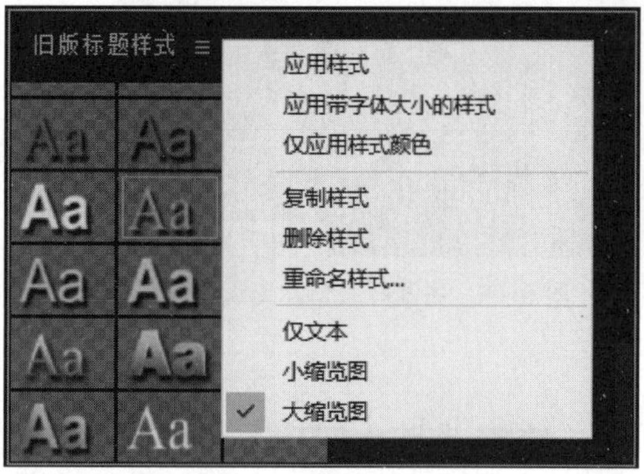

图 6-42 字幕样式快捷菜单

6.5.2 创建字幕样式

为进一步提高用户创建字幕时的工作效率，Premiere Pro 2022 还为用户提供了自定义字幕样式的功能，便于随后进行相同属性或相近属性的设置。下面将详细介绍创建字幕样式的操作方法。

步骤 01 完成字幕素材的设置后，在【字幕样式】面板（旧版标题样式）中单击【面板菜单】按钮≡，在弹出的快捷菜单中选择【新建样式】命令，如图 6-43 所示。

步骤 02 弹出【新建样式】对话框，在【名称】文本框中输入名称，如“黄蓝渐变”，单击【确定】按钮，如图 6-44 所示。

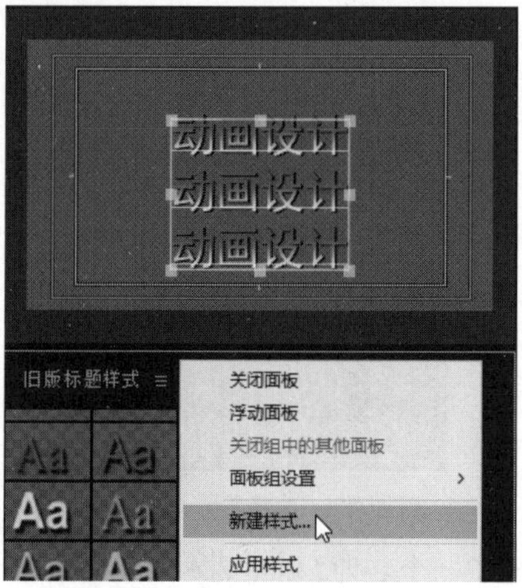

图 6-43 选择【新建样式】命令

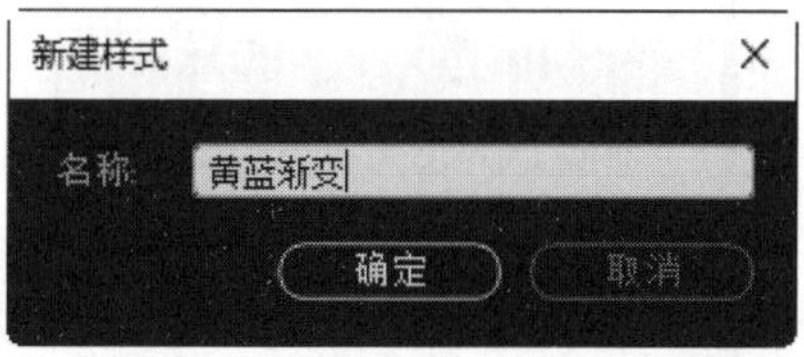

图 6-44 【新建样式】对话框

步骤 03 返回【字幕样式】面板（旧版标题样式），即可看到刚刚创建的字幕样式的预览图，如图 6-45 所示。

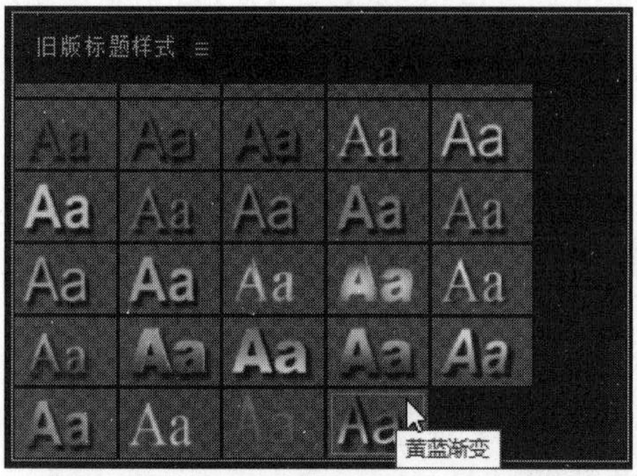

图 6-45　字幕样式创建完成

技能拓展

在为字幕添加字幕样式后，还可以在【字幕属性】面板（旧版标题属性）中设置字幕文本的各项属性，从而在字幕样式的基础上获得更精美的字幕效果。

6.6 使用【基本图形】面板创建字幕

使用旧版标题属性创建字幕的方法将在 Premiere Pro 中停用，用户可以使用【基本图形】面板创建字幕，本节将详细介绍使用【基本图形】面板创建字幕的方法。

6.6.1 创建字幕

在 Premiere Pro 2022 中使用【基本图形】面板创建字幕的方法很简单，下面介绍使用【基本图形】面板创建字幕的方法。

步骤 01 执行【窗口】→【基本图形】命令，如图 6-46 所示，打开【基本图形】面板。

步骤 02 在【基本图形】面板中选择【编辑】选项卡，单击【新建图层】按钮，在弹出的列表中选择【文本】选项，如图 6-47 所示。

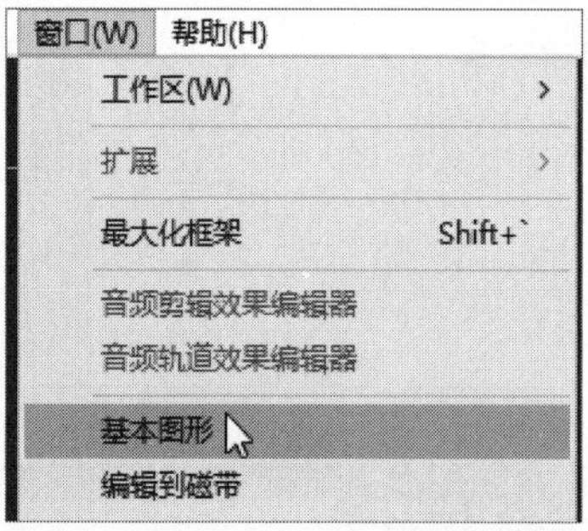

图 6-46　选择【基本图形】命令

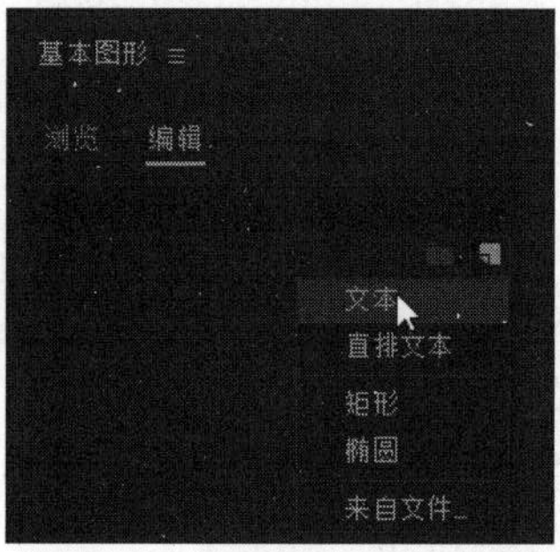

图 6-47　选择【文本】选项

步骤 03 在【基本图形】面板中可以看到已经创建了一个名为“新建文本图层”的文本图层，同时【节目】监视器面板中显示文本字幕，【时间轴】面板中的 V2 轨道上添加了一个与 V1 轨道素材对齐的字幕素材，如图 6-48 所示。

步骤 04 在工具栏中单击【文字工具】按钮T，在【节目】监视器面板中单击字幕定位光标，输入内容，如图 6-49 所示，即可完成使用【基本图形】面板创建字幕的操作。

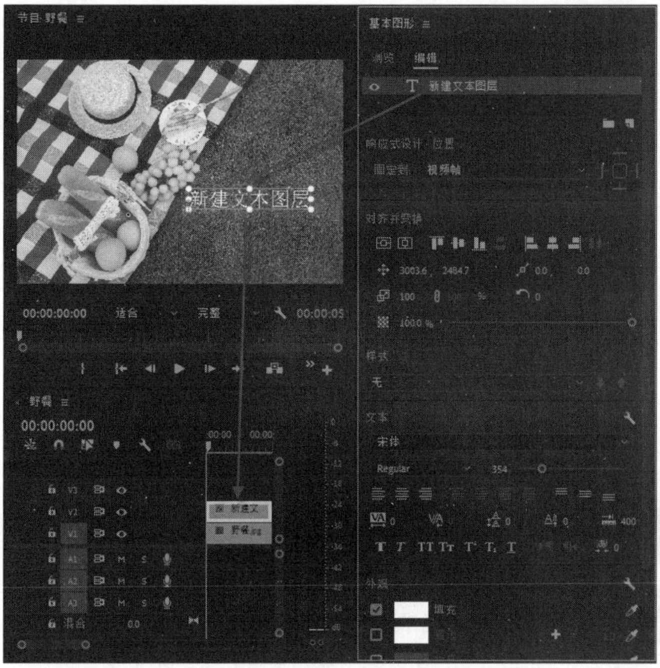

图 6-48 创建一个字幕素材

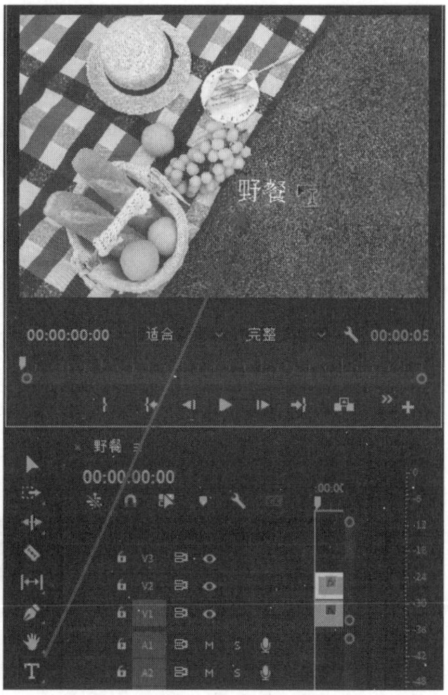

图 6-49 输入内容

6.6.2 在【基本图形】面板中设置字幕属性

在【节目】监视器面板中单击选中字幕，在【基本图形】面板中的【文本】和【外观】区域即可设置字幕的字体、大小、对齐方式、字符间距、行间距、特殊格式、填充颜色、描边、背景及阴影等选项，设置方法与在字幕工作区中的设置方法相同，如图 6-50 所示。

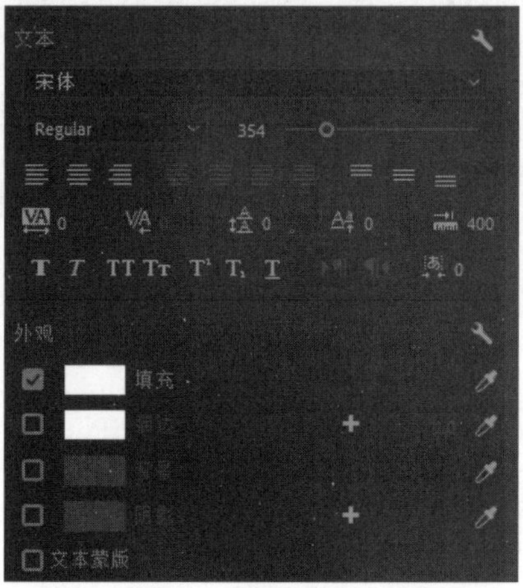

图 6-50 【文本】和【外观】选项区域

课堂问答

通过本章的讲解，读者对编辑与设置影视字幕有了一定的了解，下面列出一些常见的问题供读者学习参考。

问题 1：如何为字幕添加渐变色背景？

答：用户不仅可以为字幕添加纯色背景，还可以添加渐变色背景。为字幕添加渐变色背景的操作方法如下。

步骤 01 在【字幕属性】面板（旧版标题属性）中，展开【背景】选项组，设置【填充类型】为径向渐变，设置渐变的颜色，如图 6-51 所示。

步骤 02 即可为字幕添加渐变色背景，如图 6-52 所示。

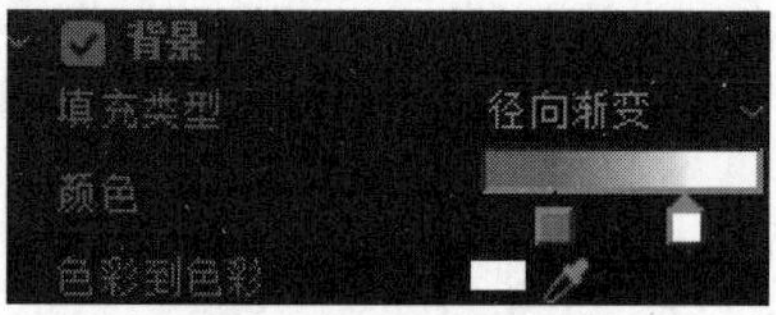

图 6-51 设置渐变颜色

图 6-52 为字幕添加渐变色背景

问题 2：如何在视频上绘制椭圆形状？

答：打开字幕工作区，单击【椭圆工具】按钮，在屏幕上单击并在按住鼠标左键的同时拖动鼠标，即可绘制一个椭圆形状，如图 6-53 所示。

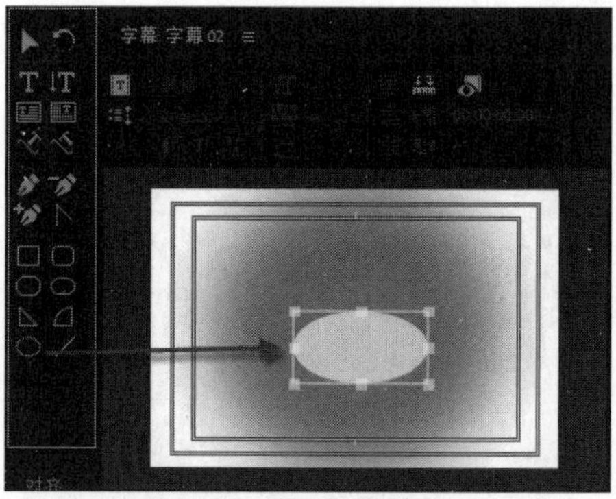

图 6-53 使用【椭圆工具】绘制椭圆

上机实战——制作逐字出现字幕效果

为了帮助读者巩固本章知识点，下面讲解一个技能综合案例，使读者对本章的知识有更深入的了解。

效果展示

思路分析

本案例将制作逐字出现字幕效果，步骤是新建项目，导入素材并将其拖入 V1 轨道，执行【文件】→【新建】→【旧版标题】命令，创建并设置字幕，然后关闭字幕面板，将字幕拖入 V2 轨道，为字幕创建椭圆形蒙版并创建蒙版关键帧动画，最后查看动画效果。

制作步骤

步骤 01 新建一个名为“逐字出现字幕动画”的项目，打开“素材文件\第 6 章\上机实战——逐字出现字幕\海螺.jpg”，并将图片拖入 V1 轨道中，如图 6-54 所示。

步骤 02 在菜单栏中单击【文件】主菜单，在弹出的菜单中选择【新建】命令，在弹出的子菜单中选择【旧版标题】命令，如图 6-55 所示。

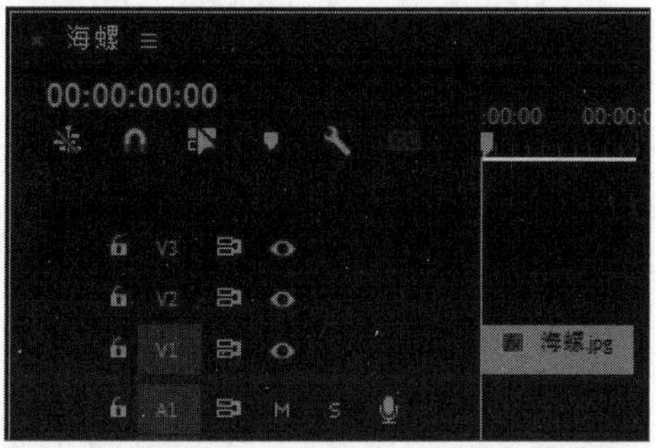

图 6-54 将图片拖入 V1 轨道

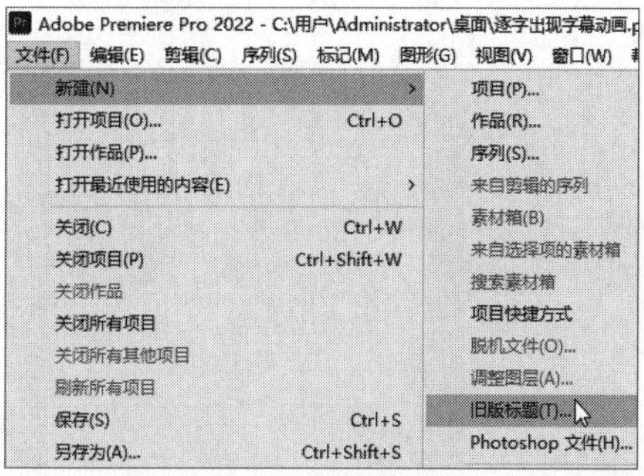

图 6-55 选择【旧版标题】命令

步骤 03 弹出【新建字幕】对话框，在【名称】文本框中输入名称，单击【确定】按钮，如图 6-56 所示。

步骤 04 在弹出的字幕工作区中，单击【文字工具】按钮T，在【字幕】编辑窗口输入内容，在【字幕属性】面板（旧版标题属性）设置字幕的字体、字号和颜色，如图 6-57 所示。

步骤 05 关闭【字幕】面板，将字幕拖入 V2 轨道，如图 6-58 所示。

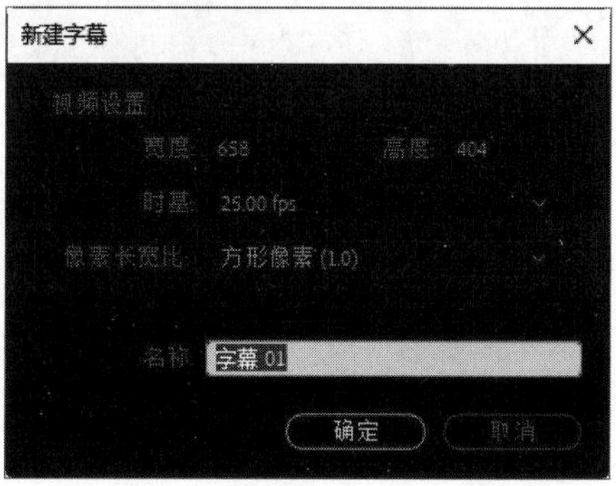

图 6-56 【新建字幕】对话框

图 6-57　设置字幕属性

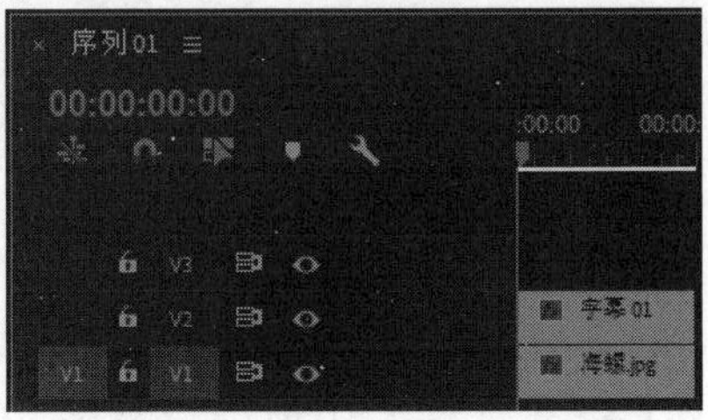

图 6-58　将字幕拖入 V2 轨道

步骤 06　选中字幕，在【效果控件】面板中，在素材开始处单击【不透明度】选项中的【创建椭圆形蒙版】按钮，【节目】监视器面板中会出现一个椭圆形的蒙版，将其移到字幕之外的位置，并调整椭圆的大小。单击【蒙版路径】选项左侧的【切换动画】按钮，为字幕创建关键帧，如图 6-59 所示。

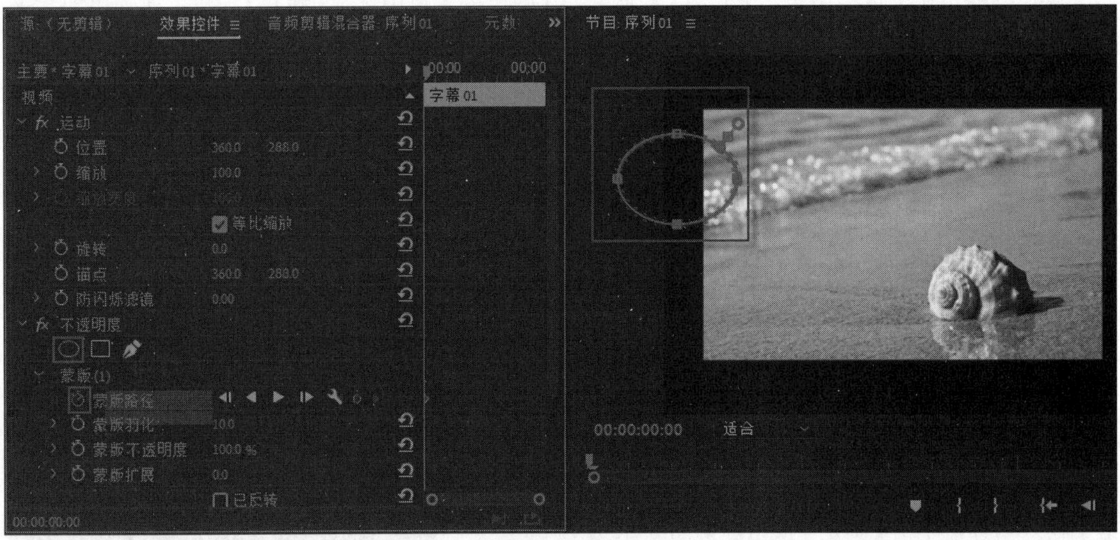

图 6-59　创建关键帧

步骤 07　将当前时间指示器移至 00：00：02：00 处，改变椭圆形蒙版的大小直至完全显示出所有字幕，添加第 2 个关键帧，如图 6-60 所示。

步骤 08　在【节目】监视器面板中预览最终效果，如图 6-61 所示。

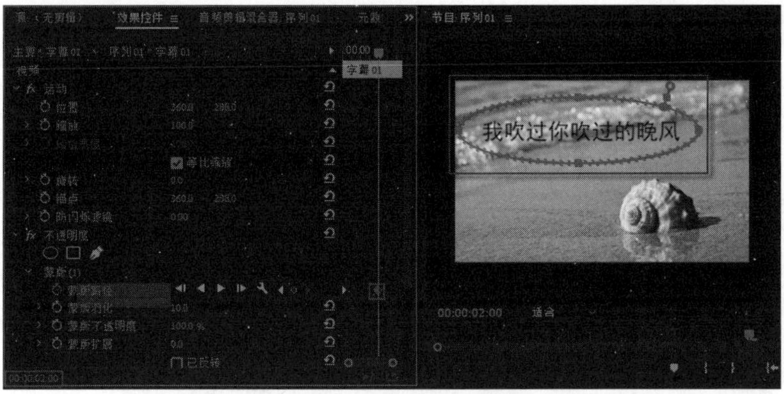

图 6-60 添加第 2 个关键帧

图 6-61 查看效果

同步训练——制作水中倒影文字特效

为了提高读者的动手能力，下面安排一个同步训练案例，让读者举一反三、触类旁通。

图解流程

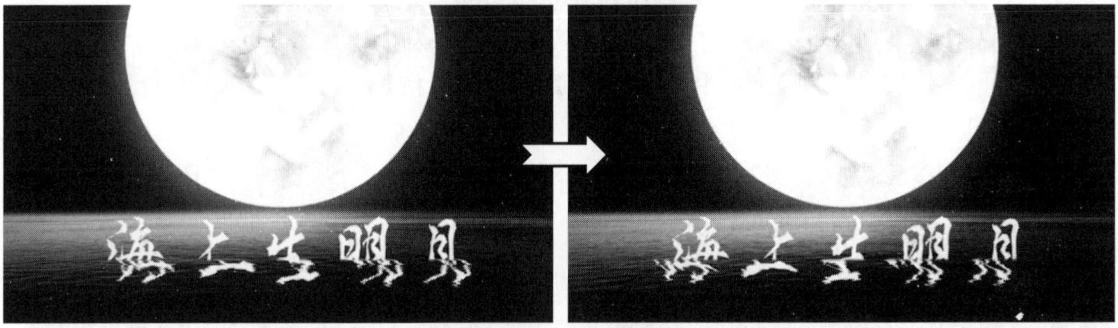

思路分析

本案例首先为创建的字幕添加【湍流置换】视频效果，然后为该效果创建【演化】关键帧动画，最后添加矩形蒙版。

关键步骤

步骤 01 新建一个名为“同步训练——制作水中倒影文字特效”的项目，打开“素材文件\第6章\同步训练——制作水中倒影文字特效\湖面素材.mp4”，并将素材拖入V1轨道。

步骤 02 使用工具栏中的文本工具在【节目】监视器面板中单击，输入“海上生明月”，打开【基本图形】面板，在其中设置字体、字号和填充颜色，如图 6-62 所示。

步骤 03 在【效果】面板中搜索“湍流置换”，将搜索到的效果拖曳到素材上。

图 6-62　创建并设置字幕

步骤 04　在【效果控件】面板中设置【置换】为【水平置换】，为【演化】选项创建关键帧，如图 6-63 所示。

步骤 05　移至素材结束处，设置【演化】选项参数，创建第 2 个关键帧，如图 6-64 所示。

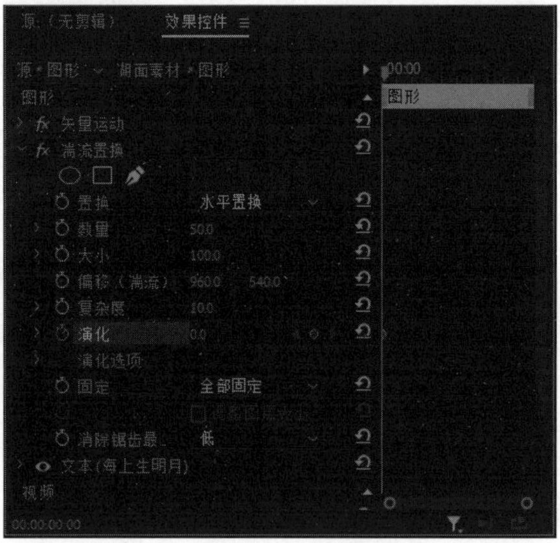

图 6-63　创建关键帧

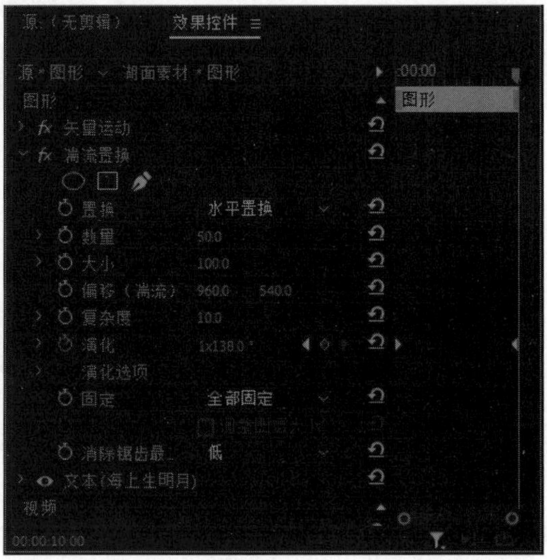

图 6-64　创建第 2 个关键帧

步骤 06　单击【创建 4 点多边形蒙版】按钮■，勾选【已反转】复选框，在【节目】监视器面板中调整蒙版的位置和大小，使其只露出字幕下半部分，如图 6-65 所示。

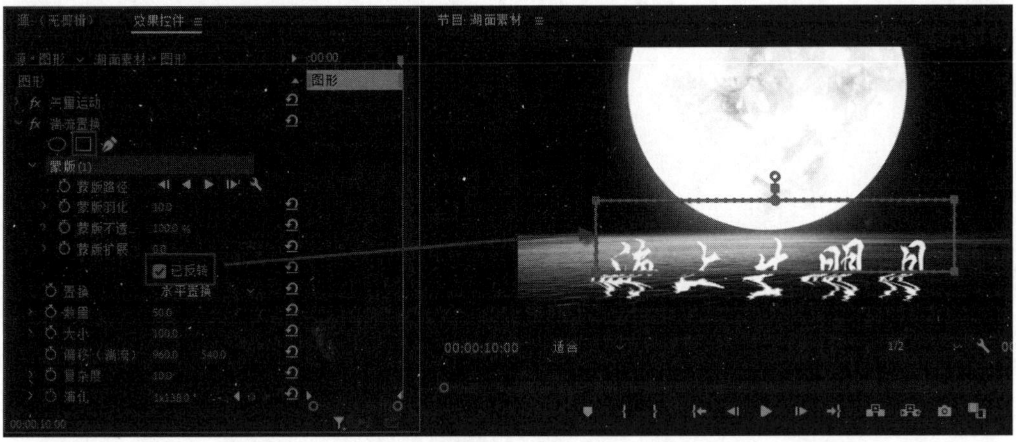

图 6-65　创建蒙版

知识能力测试

本章讲解了编辑与设置字幕的相关知识，为对知识进行巩固和考核，请读者完成以下练习题。

一、填空题

1. 垂直文本字幕是指沿 ______ 方向分布的字幕类型。
2. ________ 选项用于控制文本中行与行之间的距离。

二、选择题

1. 旧版字幕工作区中不包括（　　）面板。

A.【字幕】面板　　B.【字幕工具】面板　　C.【字幕动作】面板　　D.【基本图形】面板

2. 按照字幕的运动形态，Premiere Pro 2022 中包括默认静态字幕、默认滚动字幕及（　　）。

A. 默认滑动字幕　　B. 默认直线运动字幕　　C. 默认游动字幕　　D. 默认曲线运动字幕

三、简答题

1. 在 Premiere Pro 2022 中，字幕有哪些种类？
2. 如何设置字体类型？

Premiere Pro 2022

第7章 编辑与制作音频特效

本章主要介绍音频制作基础知识、添加与编辑音频、音频控制台方面的知识与技巧，同时还讲解了如何制作音频效果。通过对本章内容的学习，读者可以掌握编辑与制作音频特效方面的知识，为深入学习Premiere Pro 2022知识奠定基础。

学习目标

- 了解音频制作基础知识
- 熟练掌握添加与编辑音频的方法
- 了解音频控制台
- 熟练掌握制作音频效果的方法

7.1 音频制作基础知识

在制作影视节目时，声音是必不可少的元素，无论是同期的配音、后期的效果，还是背景音乐，都是不可或缺的。影视制作中的声音包括人声、解说、音乐和音响等，本节将详细介绍音频制作基础知识。

7.1.1 音频的基础概念

基本音频处理是使用Premiere Pro 2022编辑影片过程中非常重要的部分，音频涉及许多基本概念，现简述如下。

（1）音量。音量用来标记声音的强弱程度，是声音的重要属性之一。音量越大，声波的幅度（振幅）就越大。

（2）音调。音调即通常所说的“音高”，音调的高低取决于声音频率的高低，频率越高音调越高。有时为了得到某些特殊效果，会将声音频率调高或调低。

（3）音色。音色好比绘图中的颜色，发音体、发音环境的不同都会影响声音的音色。不同的谐波具有不同的幅值和相位偏移，由此而产生各种音色。

（4）噪声。噪声会对人的正常听觉造成一定的干扰，它通常是由不同频率和不同强度的声波的无规律组合所形成的声音，即物体无规律地振动所产生的声音。噪声不仅由声音的物理特性决定，而且还与人们的生理和心理状态有关。

（5）动态范围。动态范围是录音或放音设备在不失真和高于该设备固有噪声的情况下所能承受的音量范围，通常以分贝表示。

（6）静音。所谓静音，就是无声，没有声音是一种具有积极意义的表现手段，在影视作品中通常用来表现恐惧、不安、孤独及内心极度空虚的气氛和心情。

（7）失真。失真是指声音经录制加工后产生的一种畸变，一般分为非线性失真和线性失真两种。非线性失真指的是声音在录制加工后出现了一种新的频率。线性失真没有产生新的频率，但是原有声音的比例发生了变化，要么增加了高频成分的音量，要么减少了低频成分的音量。

（8）增益。增益是“放大量”的统称，它包括功率的增益、电压的增益和电流的增益。通过调整音响设备的增益量，使系统的信号电平处于最佳的状态之中。

7.1.2 音频的分类

在Premiere Pro 2022中可以新建单声道、立体声和5.1声道3种类型的音频轨道，每一种轨道只能添加相应类型的音频素材。

1. 单声道

单声道的音频素材只包含一个音轨，其录制技术是最早问世的音频制式，如果使用双声道的扬声器播放单声道音频，则两个声道的声音完全相同。

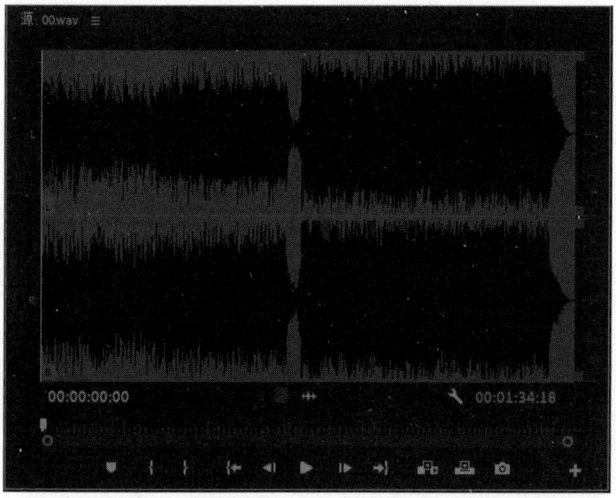

图 7-1 立体声素材在【源】监视器面板中的显示效果

2. 立体声

立体声是在单声道基础上发展起来的，该录音技术至今依然被广泛使用。在用立体声录音技术录制音频时，用左右两个单声道系统，将两个声道的音频信息分别记录，可准确再现声源点的位置及运动效果，其主要作用是声音定位。立体声素材在【源】监视器面板中的显示效果如图 7-1 所示。

3. 5.1 声道

5.1 声道是指中央声道，前置左、右声道，后置左、右环绕声道，以及 0.1 声道（重低音声道）。一套系统总共可连接 6 个喇叭。5.1 声道已广泛应用于各类传统影院和家庭影院中，一些比较知名的声音录制压缩格式，如杜比 AC-3（Dolby Digital AC-3）、DTS（数字影院系统）等都是以 5.1 声音系统为技术蓝本的，其中 0.1 声道是一个专门设计的超低音声道，这一声道可以产生频响范围为 20 ～ 120Hz 的超低音。

7.2 添加与编辑音频

所谓音频素材，是指能够持续一段时间，含有各种音响效果的声音。在制作影片的过程中，声音素材的好坏将直接影响影视节目的质量。本节将详细介绍添加与编辑音频的相关知识及操作方法。

7.2.1 添加音频

在 Premiere Pro 2022 中，添加音频素材的方法与添加视频素材的方法基本相同，下面将详细介绍两种添加音频的方法。

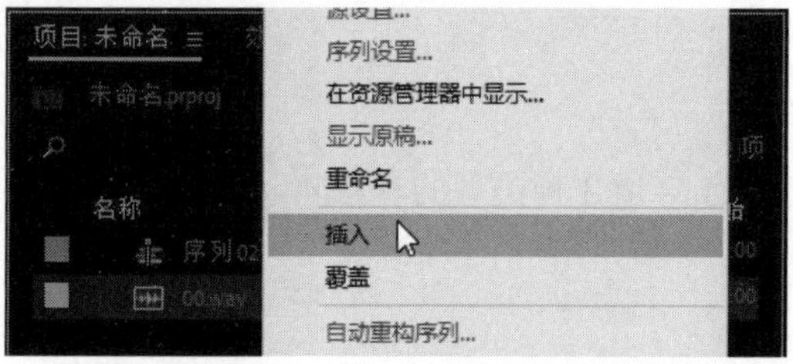

图 7-2 选择【插入】命令

1. 通过【项目】面板添加音频

在【项目】面板中右击音频素材，在弹出的快捷菜单中选择【插入】命令，即可将音频添加到时间轴上，如图 7-2 所示。

2. 通过鼠标拖曳添加音频

除使用菜单添加音频外，用户还可以直接在【项目】面板中单击并拖曳准备添加的音频素材至时间轴上，如图 7-3 所示。

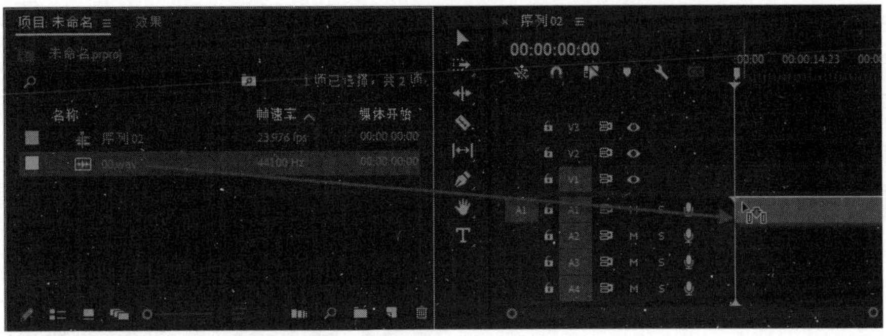

图 7-3 拖曳音频至时间轴

技能拓展

在使用快捷菜单添加音频素材时，需要先在【时间轴】面板中激活要添加素材的音频轨道，被激活的音频轨道将以白色显示。如果在【时间轴】面板中没有激活相应的音频轨道，则快捷菜单中的【插入】命令将被禁用。

7.2.2 在时间轴中编辑音频

原始的音频素材可能无法满足用户需求，Premiere Pro 2022 在提供了强大的视频编辑功能的同时，还可以处理音频素材。在【时间轴】面板中用户即可编辑音频。

1. 更改音频单位

对于视频来说，视频帧是其标准的测量单位，通过视频帧可以精确地设置入点或出点。在 Premiere Pro 2022 中，音频素材应该使用毫秒或音频采样率作为显示单位。

如果要查看音频的单位及音频素材的声波图形，应该先将音频素材或带有声音的视频素材添加至【时间轴】面板。默认情况下，时间轴上的音频素材会显示音频波形和音频名称。要想控制音频素材的名称与波形显示与否，只需要单击【时间轴】面板中的【时间轴显示设置】按钮，在弹出的菜单中取消对【显示音频波形】和【显示音频名称】的选择，即可隐藏音频波形和音频名称，如图 7-4 所示。

如果要显示音频单位，可以在【时间轴】面板中单击【面板菜单】按钮，在弹出的菜单中选择【显示音频时间单位】命令，如图 7-5 所示，即可在时间标尺上显示时间单位。

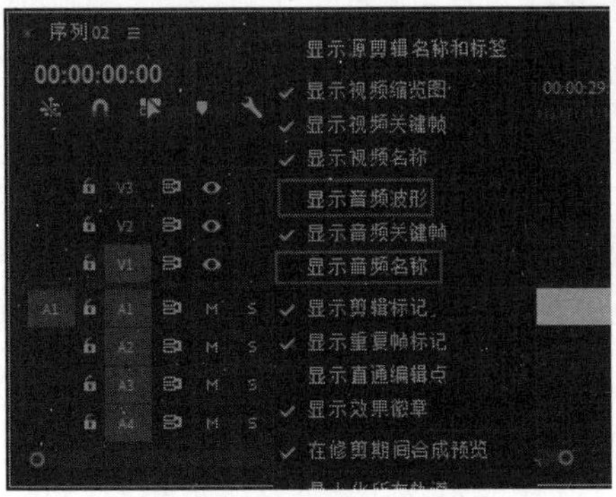

图 7-4 取消选择相应命令

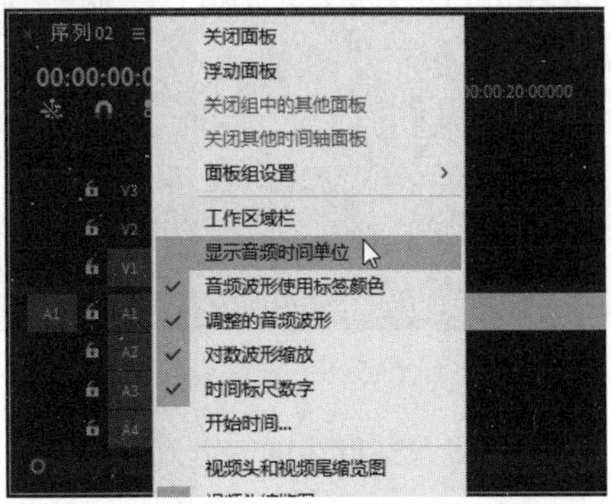

图 7-5 选择【显示音频时间单位】命令

默认情况下，Premiere Pro 2022 项目文件会采用音频采样率作为音频单位，用户可根据需要将其修改为毫秒。下面将详细介绍修改音频单位的操作方法。

步骤 01 启动Premiere Pro 2022，单击【文件】主菜单，在弹出的菜单中选择【项目设置】命令，在弹出的子菜单中选择【常规】命令，如图 7-6 所示。

步骤 02 弹出【项目设置】对话框，在【音频】选项组中的【显示格式】下拉列表中选择【毫秒】选项，如图 7-7 所示，单击【确定】按钮即可完成修改音频单位的操作。

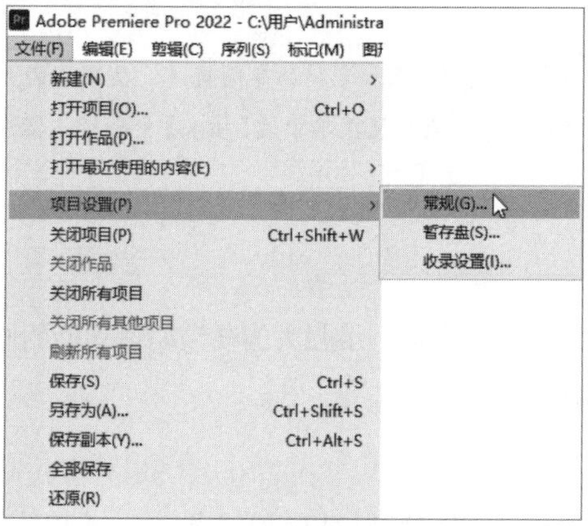

图 7-6 选择【常规】命令

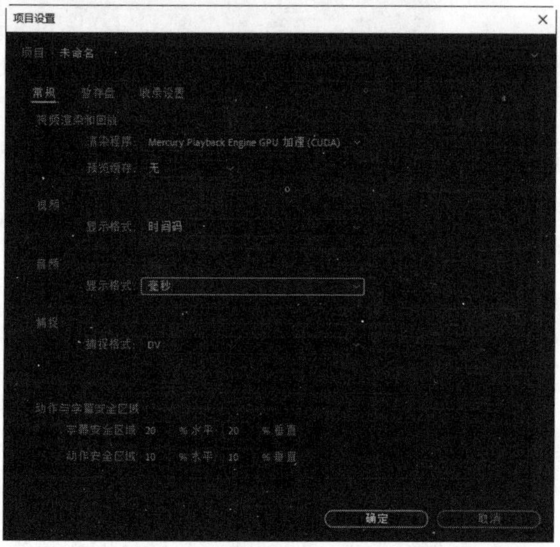

图 7-7 【项目设置】对话框

2. 调整音频素材的持续时间

音频素材的持续时间是指音频素材的播放长度，用户可以通过设置音频素材的入点和出点来调整其持续时间。另外，Premiere Pro 2022 还允许用户通过更改素材长度和播放速度的方式来调整其持续时间。

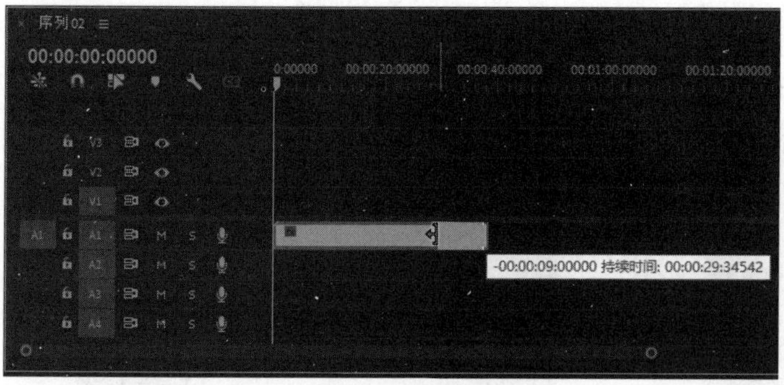

图 7-8 更改音频素材长度

如果要通过更改其长度来调整音频素材的持续时间，可以将鼠标移至【时间轴】面板中音频素材的末尾，当光标变成形状时，拖动鼠标即可更改其长度，如图 7-8 所示。

拖动鼠标来延长或缩短音频素材持续时间的方式，会影响音频素材的完整性。因此，如果要在保证音频内容完整的前提下调整持续时间，必须通过更改播放速度的方式来实现，具体操作方法如下。

步骤 01 在【时间轴】面板中，在音频素材上右击，在弹出的快捷菜单中选择【速度/持续时间】命令，如图 7-9 所示。

步骤 02 弹出【剪辑速度/持续时间】对话框，在【速度】文本框中输入数值，单击【确定】按钮，如图 7-10 所示。

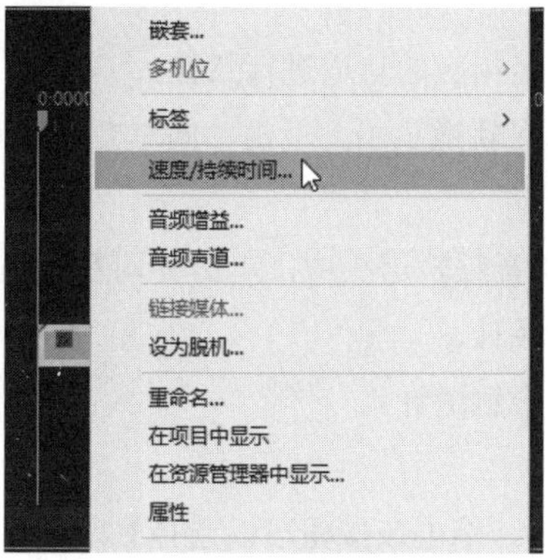

图 7-9 选择【速度/持续时间】命令

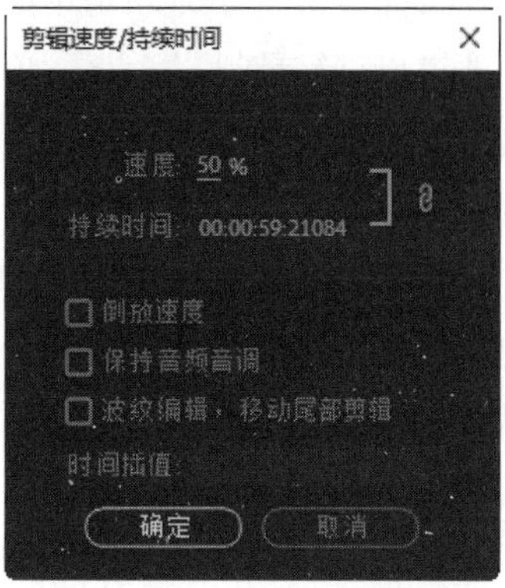

图 7-10 【剪辑速度/持续时间】对话框

温馨提示

在调整音频素材时长时，向左拖动鼠标持续时间变短，向右拖动鼠标则持续时间变长。但是，当音频素材处于最长持续时间状态时，将不能通过向右拖动鼠标的方式来延长其持续时间。

3. 快速编辑音频

Premiere Pro 2022 为【时间轴】面板中的轨道添加了自定义轨道头。通过自定义轨道头，能够为音频轨道添加编辑与控制音频的功能按钮。通过这些功能按钮，能够快速地控制与编辑音频素材。下面将详细介绍自定义轨道头的操作方法。

步骤 01 单击【时间轴】面板中的【时间轴显示设置】按钮，在弹出的菜单中选择【自定义音频头】命令，如图 7-11 所示。

步骤 02 弹出【按钮编辑器】对话框，如图 7-12 所示，将音频轨道中没有或需要的功能按钮拖曳至轨道中，单击【确定】按钮即可完成自定义轨道头的操作。

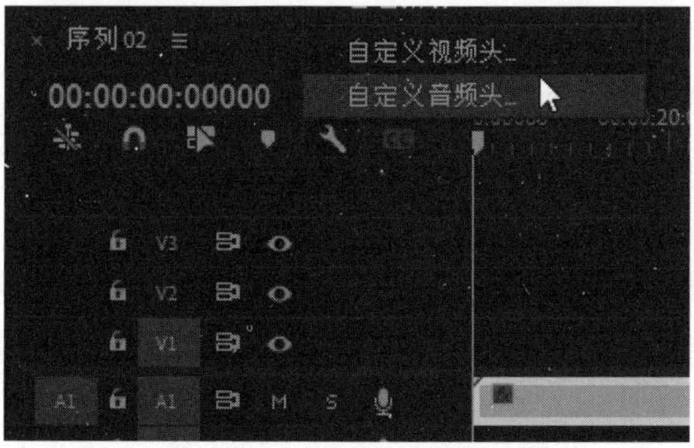

图 7-11 选择【自定义音频头】命令

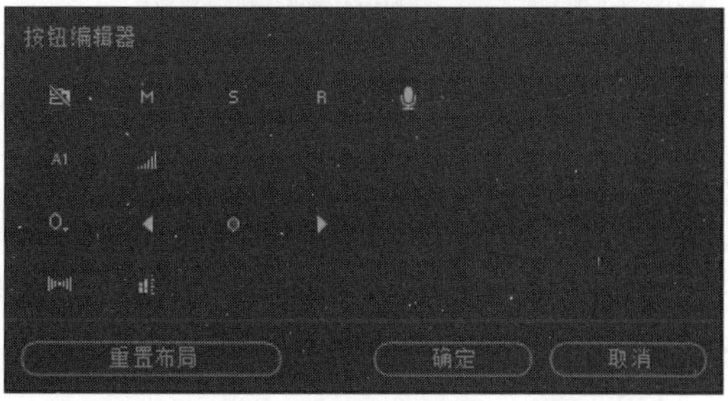

图 7-12 【按钮编辑器】对话框

音频轨道中的功能按钮操作起来非常简单，在播放音频的过程中，只要单击某个功能按钮，即可在音频中听到相应的变化。主要功能按钮的名称和作用如下。

【静音轨道】按钮：单击该按钮，对应轨道中的音频将无法播放出声音。

【独奏轨道】按钮：当两个或两个以上的轨道同时播放音频时，单击其中一个轨道中的该按钮，即可禁止播放除该轨道外其他轨道中的音频。

【启用轨道以进行录制】按钮：单击该按钮，能够启用相应的轨道进行录音。

【轨道音量】按钮：添加该按钮后，以数字形式显示在轨道头中，单击并向左右拖动鼠标，即可降低或提高音量。

【左/右平衡】按钮：该按钮以圆形滑块形式显示在音频轨道头中，单击并向左右拖动鼠标，即可控制左右声道音量的大小，相当于提供了一个水平音频计。

【轨道计】按钮：单击该按钮，音频轨道头将提供一个轨道计。

【轨道名称】按钮：添加该按钮，将显示轨道名称。

【显示关键帧】按钮：该按钮用来显示添加的关键帧。单击该按钮可以选择【剪辑关键帧】或【轨道关键帧】选项。

【添加/移除关键帧】按钮：单击该按钮可以在轨道中添加或移除关键帧。

【转到上一关键帧】按钮：当轨道中添加了两个或两个以上的关键帧时，可以通过单击该按钮选择上一个关键帧。

【转到下一关键帧】按钮：当轨道中添加了两个或两个以上的关键帧时，可以通过单击该按钮选择下一个关键帧。

7.2.3 在效果控件中编辑音频

除可以在【时间轴】面板中快速编辑音频外，某些音频的效果还可以在【效果控件】面板中进行精确的设置。

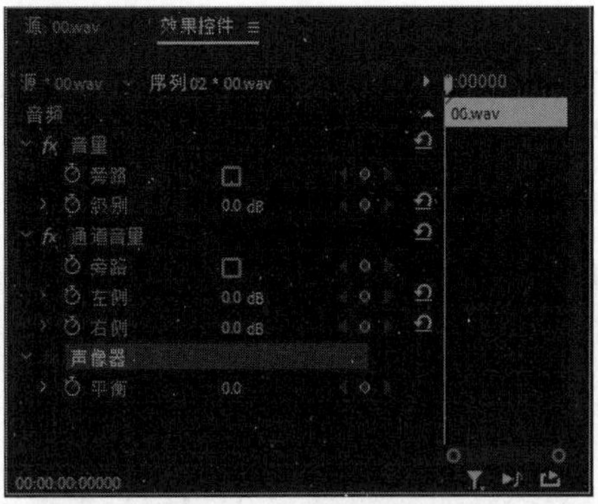

图 7-13 【效果控件】面板

当选中【时间轴】面板中的音频素材后，【效果控件】面板中将显示【音量】【通道音量】【声像器】3 个选项组，如图 7-13 所示。

1. 音量

【音量】选项组中包括【旁路】和【级别】选项。【旁路】选项用于指定是应用还是绕过合唱效果的关键帧选项，【级别】选项则是用来控制总体音量的高低。

在【级别】选项中，除可以设置总体音量的高低外，还可以为其添加关键帧，从而使音频素材在播放时音量能够时高时低。下面将详细介绍其操作方法。

步骤 01 确定当前时间指示器在时间轴中的位置，在【效果控件】面板中单击【级别】选项左侧的【切换动画】按钮，创建第 1 个关键帧，如图 7-14 所示。

步骤 02 拖动当前时间指示器改变其位置，单击【级别】选项右侧的【添加/移除关键帧】按钮，添加第 2 个关键帧，并修改此处的音量，如图 7-15 所示。

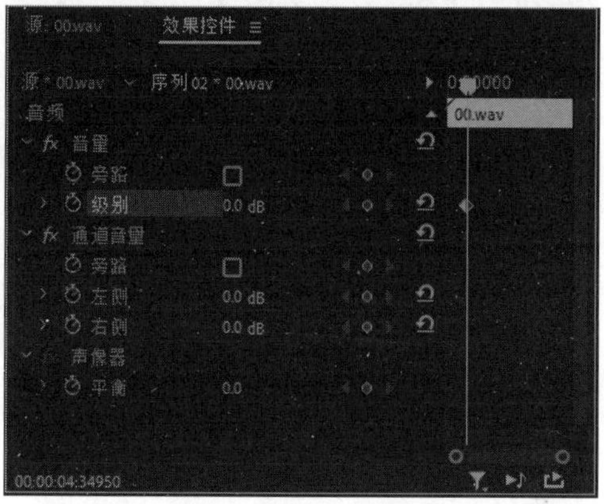

图 7-14 创建第 1 个关键帧

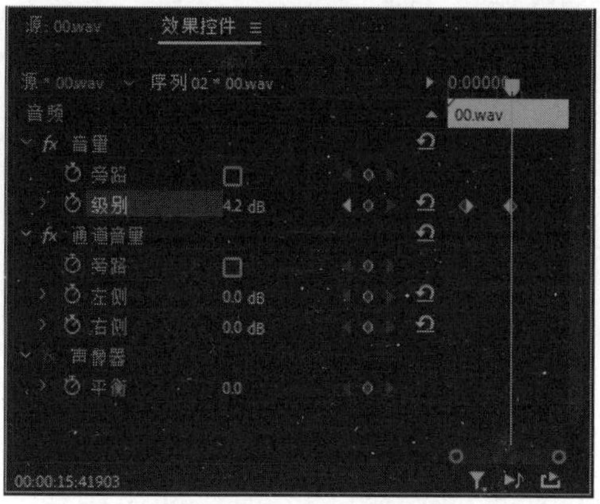

图 7-15 添加第 2 个关键帧

步骤 03 拖动当前时间指示器改变其位置，单击【级别】选项右侧的【添加/移除关键帧】按钮，添加第 3 个关键帧，并修改此处的音量，如图 7-16 所示。

步骤 04 在【时间轴】面板中播放音频素材，测试设置效果，如图 7-17 所示。

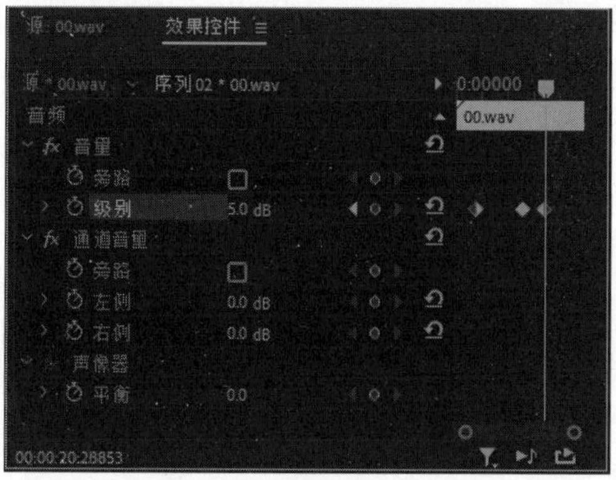

图 7-16 添加第 3 个关键帧

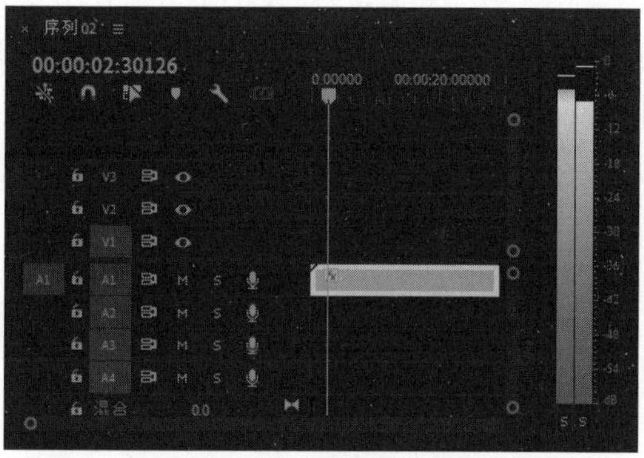

图 7-17 测试设置效果

2. 通道音量

【通道音量】选项组中的选项用来设置音频素材的左右声道的音量，在该选项组中既可以同时设置左右声道的音量，也可以分别设置左右声道的音量。其设置方法与【音量】选项组相同，如图 7-18 所示。

3. 声像器

【声像器】选项组用来设置音频的立体声声道，创建多个关键帧，然后通过拖动关键帧下方相对应的点，或者拖动鼠标改变点与点之间的弧度，来控制声音变化的缓急，改变音频轨道中音频的立体声效果，如图 7-19 所示。

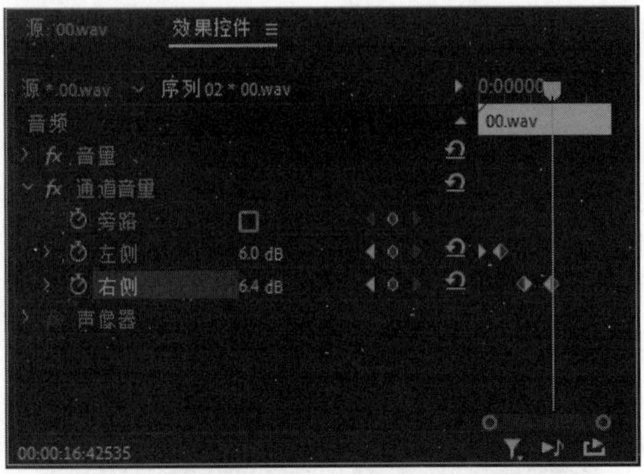

图 7-18　设置【通道音量】选项组的关键帧

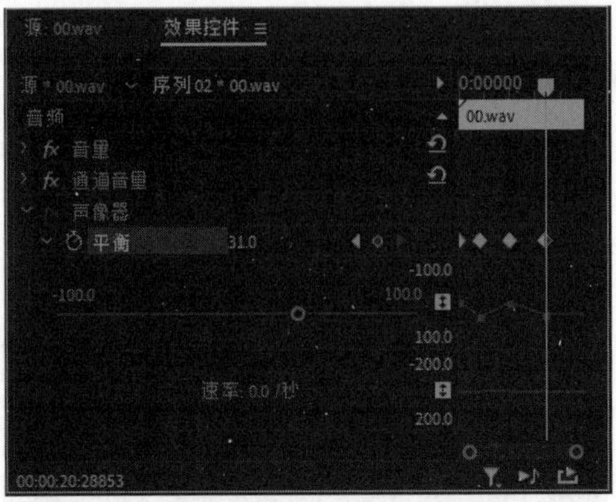

图 7-19　设置【声像器】选项组的关键帧

7.2.4 调整音频增益、淡化声音

在 Premiere Pro 2022 中，音频素材内音频信号的声调高低称为增益。下面将详细介绍调整音频增益、淡化声音的操作方法。

1. 调整音频增益

制作影视节目时，整部影片往往会使用多个音频素材。此时，就需要对各个音频素材的增益进行调整，以免部分音频素材出现声调过高或过低的情况，影响整个影片的最终效果。下面将详细介绍调整音频增益的操作方法。

步骤 01　打开“素材文件\第 7 章\调整增益\调整增益.prproj”，在【时间轴】面板中选中音频素材后，单击【剪辑】主菜单，在弹出的菜单中选择【音频选项】命令，在弹出的子菜单中选择【音频增益】命令，如图 7-20 所示。

步骤 02　弹出【音频增益】对话框，如图 7-21 所示，选中【将增益设置为】单选按钮，在右侧文本框中输入增益数值，单击【确定】按钮即可完成调整音频增益的操作。

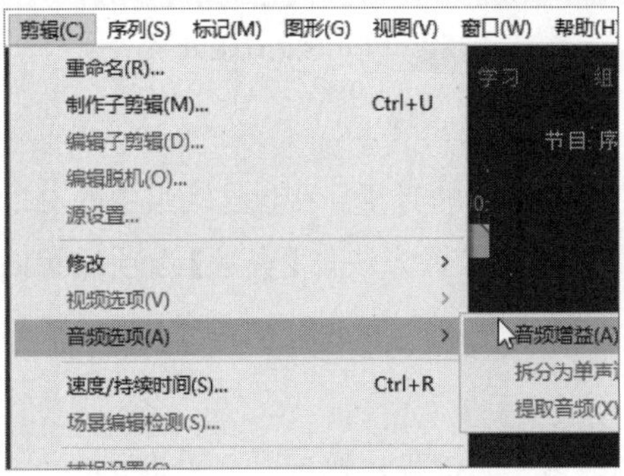

图 7-20　选择【音频增益】命令

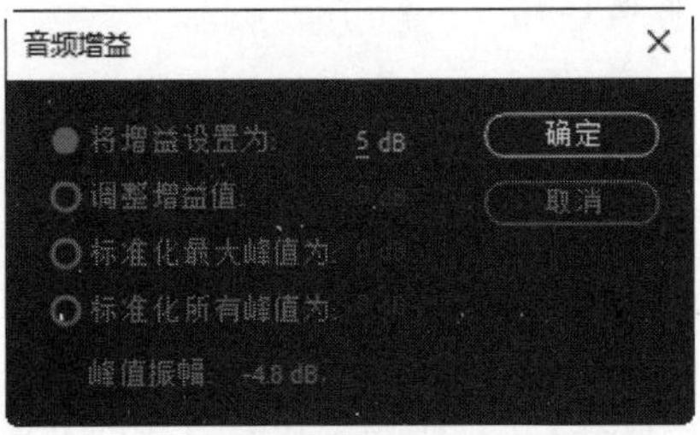

图 7-21　【音频增益】对话框

2. 淡化声音

在影视节目中，对背景音乐最为常见的一种处理是随着影片的播放，背景音乐的声音逐渐减小，

直至消失。这种效果称为声音的淡化处理，用户可以通过调整关键帧的方式来制作。

要实现音频素材的淡化效果，至少应该为音频素材添加两处音量关键帧：一处位于淡化效果的起始阶段，另一处位于淡化效果的末尾阶段。在【工具】面板中单击【钢笔工具】按钮，使用【钢笔工具】调整关键帧的增益，即可实现相应音频素材逐渐淡化直至消失的效果，如图 7-22 所示。

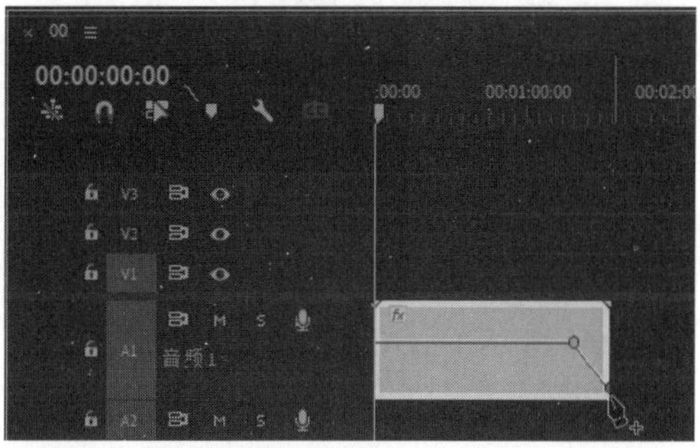

图 7-22 使用【钢笔工具】调整关键帧的增益

课堂范例——制作大喇叭广播音效

本范例制作大喇叭广播音效，首先创建项目，导入素材，添加音频效果，在【效果控件】面板中单击【编辑】按钮，然后在【剪辑效果编辑器】对话框中设置【预设】选项。

步骤 01 新建“大喇叭广播音效”项目，打开“素材文件\第 7 章\课堂范例——制作大喇叭广播音效\通知.mp3”，将其拖入【时间轴】面板中创建序列，如图 7-23 所示。

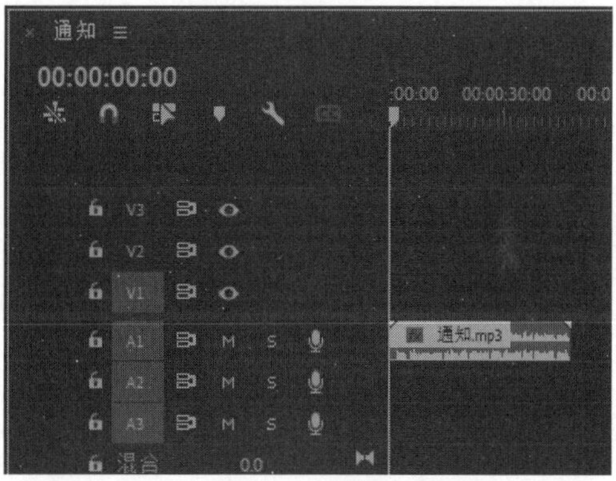

图 7-23 创建序列

步骤 02 在【效果】面板中搜索“模拟延迟”，将搜索到的效果拖曳至A1 轨道中的素材上，打开【效果控件】面板，单击【模拟延迟】选项下的【编辑】按钮，如图 7-24 所示。

步骤 03 打开【剪辑效果编辑器】对话框，如图 7-25 所示，在【预设】列表框中选择【公共地址】选项，单击【关闭】按钮关闭对话框，即可完成制作大喇叭广播音频效果的操作。

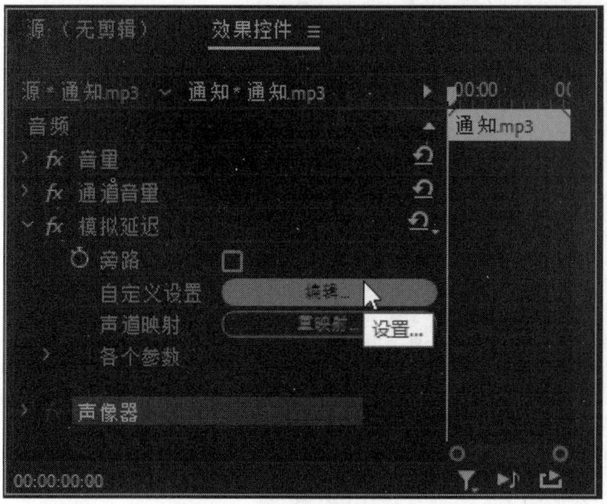

图 7-24 单击【编辑】按钮

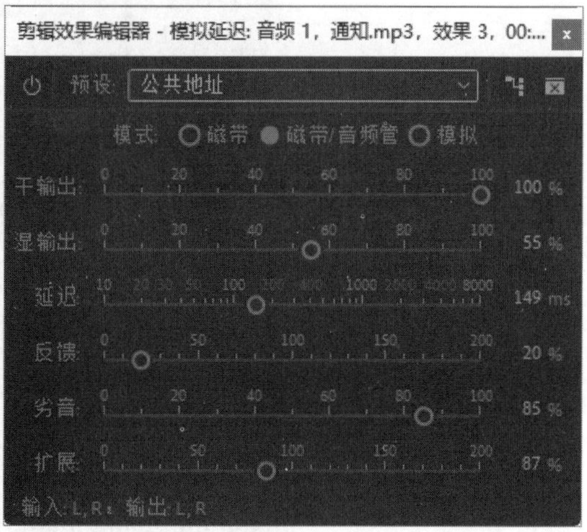

图 7-25 【剪辑效果编辑器】对话框

7.3 音频控制台

作为专业的影视编辑软件，Premiere Pro 2022 对音频的控制能力是非常出色的，除可以在多个面板中使用多种方法编辑音频素材外，还为用户提供了专业的音频控制面板，本节将详细介绍音轨混合器和音频剪辑混合器的相关知识及操作方法。

7.3.1 音轨混合器

在【音轨混合器】面板中，可在听取音频轨道和查看视频轨道时调整设置。音轨混合器是 Premiere Pro 2022 为用户制作高质量音频所准备的多功能音频素材处理平台。利用 Premiere Pro 2022 音轨混合器，用户可以在现有音频素材的基础上创建复杂的音频效果。

从【音轨混合器】面板中可以看出，音轨混合器由若干音频轨道控制器和播放控制器组成，而每个轨道控制器又由对应轨道的控制按钮和音量控制器等控件组成，如图 7-26 所示。

1. 自动模式

在【音轨混合器】面板中，自动模式控件对音频的调节作用主要分为调节音频素材和调节音频轨道两种方式。当调节对象为音频素材时，音频调节效果仅对当前素材有效，且调节效果会在用户删除素材后一同消失。如果是对音频轨道进行调节，则音频效果将应用于整个音频轨道内，即所有处于该轨道的音频素材都会受到影响。

在实际应用中，将音频素材添加到时间轴上，在【音轨混合器】面板中单击相应轨道中的【自动模式】下拉按钮 读取 ，即可选择所要应用的自动模式选项，如图 7-27 所示。

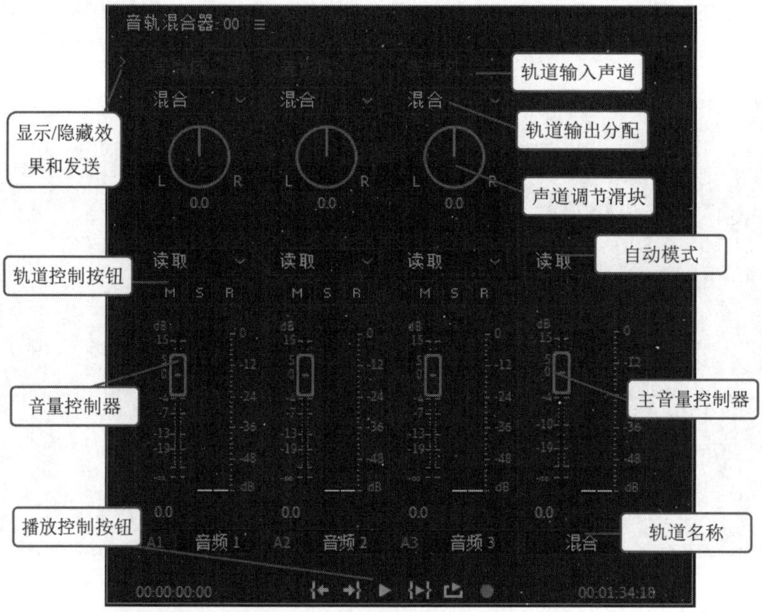

图 7-26 【音轨混合器】面板

2. 轨道控制按钮

在【音轨混合器】面板中，【静音轨道】按钮M、【独奏轨道】按钮S、【启用轨道以进行录制】按钮R等的作用是在用户预听音频素材时，让指定轨道以完全静音或独奏的方式进行播放，如图7-28所示。

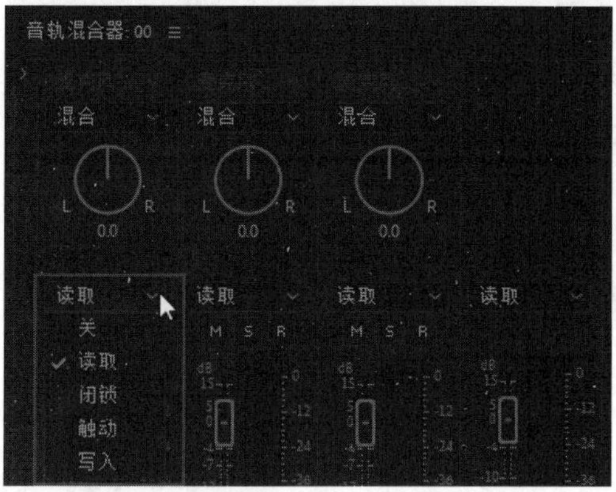

图 7-27　单击【自动模式】下拉按钮

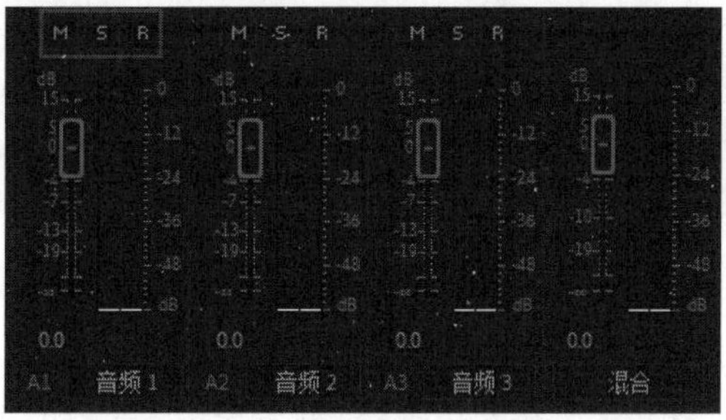

图 7-28　轨道控制按钮

3. 声道调节滑块

当调节的音频素材只有左、右两个声道时，声道调节滑块可用来切换音频素材的播放声道。例如，当用户向左拖动声道调节滑块时，相应轨道音频素材的左声道音量将会得到提升，而右声道音量将会降低；当用户向右拖动声道调节滑块时，相应轨道音频素材的右声道音量将会得到提升，而左声道音量将会降低，如图 7-29 和图 7-30 所示。

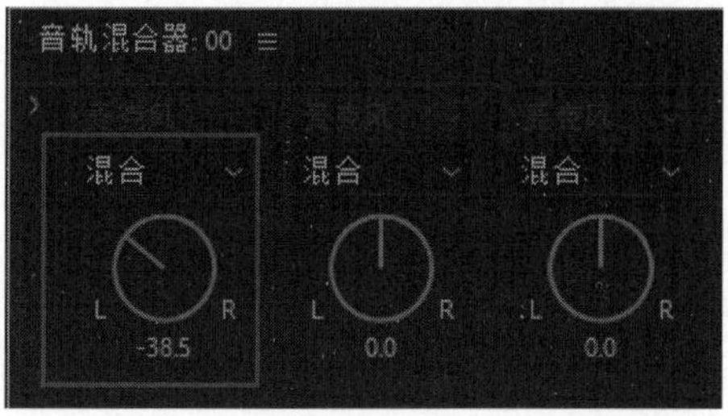

图 7-29　向左拖动声道调节滑块

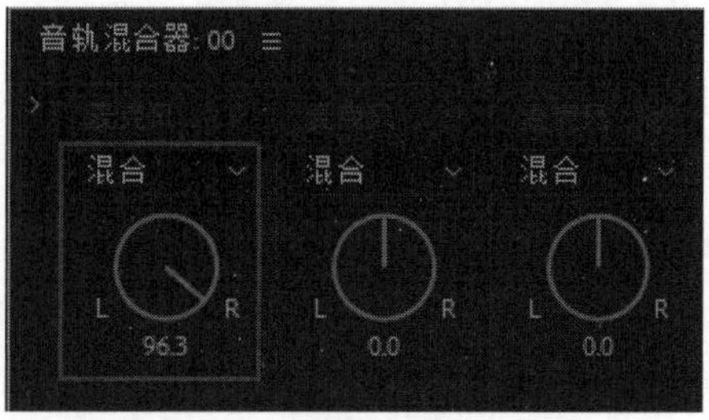

图 7-30　向右拖动声道调节滑块

温馨提示

除拖动声道调节滑块设置音频素材的播放音量外，还可以直接单击其数值，使其进入编辑状态，然后直接输入数值。

4. 音量控制器

音量控制器的作用是调节相应轨道内音频素材的播放音量，由左侧的VU仪表和右侧的音量调节滑块组成，根据类型的不同分为主音量控制器和普通音量控制器。其中，普通音量控制器的数量由相应序列内的音频轨道数量决定，而主音量控制器只有一个。

在用户预览音频素材播放效果时，VU仪表将会显示音频素材音量大小的变化。此时，利用音量调节滑块即可调整素材的声音大小，向上拖动滑块可增大素材音量，反之则降低素材音量，如图 7-31 和图 7-32 所示。

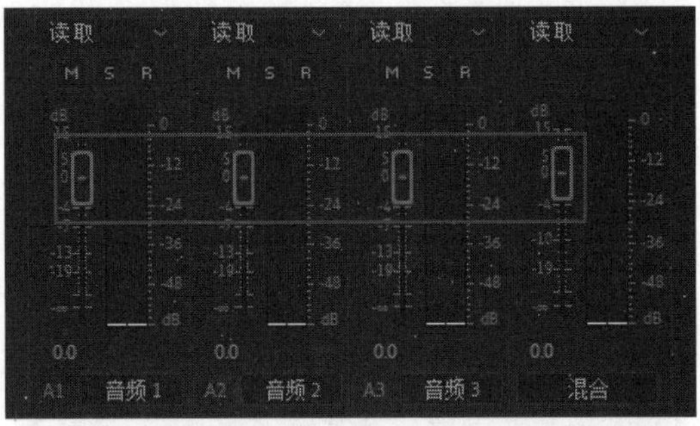

图 7-31　向上拖动滑块增大音量

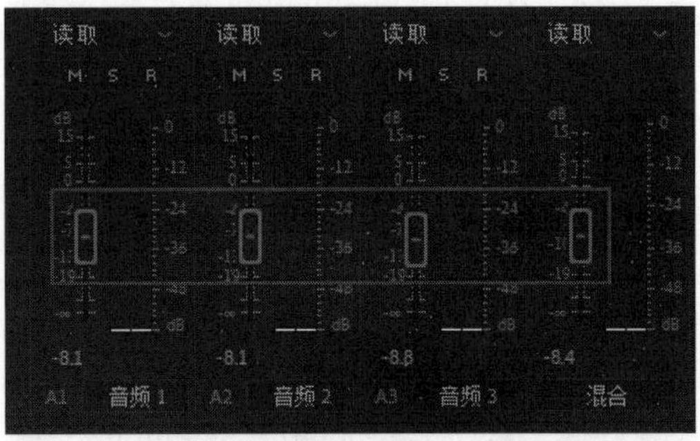

图 7-32　向下拖动滑块降低音量

5. 播放控制按钮

播放控制按钮位于【音轨混合器】面板的正下方，其功能是控制音频素材的播放状态。当用户为音频素材设置入点和出点之后，就可以利用各个播放控制按钮对其进行控制，如图 7-33 所示。

图 7-33　播放控制按钮

各按钮的名称和作用如下。

【转到入点】按钮：将当前时间指示器移至音频素材的开始位置。

【转到出点】按钮：将当前时间指示器移至音频素材的结束位置。

【播放-停止切换】按钮：播放或停止播放音频素材。

【从入点播放到出点】按钮：播放音频素材入点与出点间的部分。

【循环】按钮：使音频素材不断循环播放。

【录制】按钮：单击该按钮，即可开始对音频素材进行录制。

6. 显示 / 隐藏效果和发送

默认情况下，效果和发送选项被隐藏在【音轨混合器】面板中，用户可以通过单击【显示/隐藏效果和发送】按钮展开该区域，如图 7-34 所示。

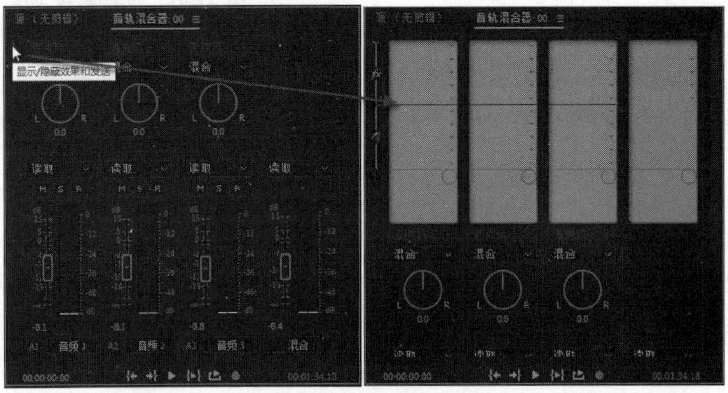

图 7-34　展开【显示/隐藏效果和发送】区域

7. 面板菜单

由于【音轨混合器】面板中的控制选项众多，Premiere Pro 2022 允许用户通过【音轨混合器】面板菜单自定义【音轨混合器】面板中的功能。用户只需单击面板右上角的【面板菜单】按钮☰，即可显示该面板菜单，如图 7-35 所示。

在编辑音频素材的过程中，选择【音轨混合器】面板菜单中的【显示音频时间单位】命令，可以在【音频混合器】面板中按照音频单位显示音频时间，从而能够以更精确的方式来设置音频处理效果，如图 7-36 所示。

8. 重命名轨道名称

在【音轨混合器】面板中，轨道名称不再是固定不变的，而是能够更改的。在【轨道名称】文本框中输入文本，即可更改轨道名称，如图 7-37 所示。

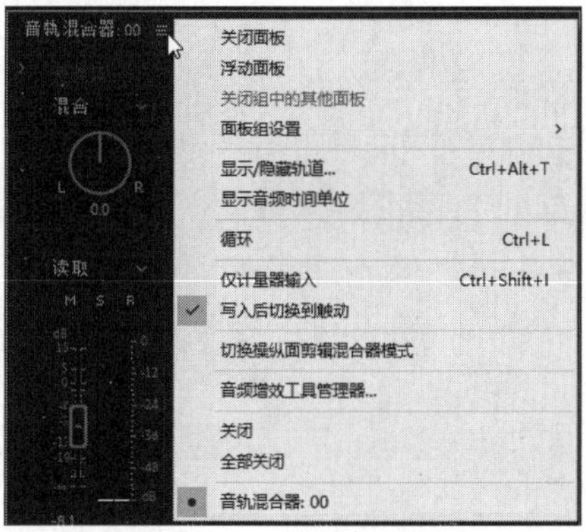

图 7-35 面板菜单

图 7-36 按照音频单位显示音频时间

图 7-37 重命名轨道名称

7.3.2 音频剪辑混合器

音频剪辑混合器是Premiere Pro 2022 中混合音频的新方式。除混合轨道外，还可以控制混合器界面中的单个剪辑，并创建更平滑的音频淡化效果。

【音频剪辑混合器】面板与【音轨混合器】面板之间相互关联，但是当【时间轴】面板是目前所关注的面板时，可以通过【音频剪辑混合器】面板监视并调整序列中剪辑的音量和声像；同样，当【源】监视器面板是所选中的面板时，可以通过【音频剪辑混合器】面板监视【源】监视器中的剪辑，如图 7-38 所示。

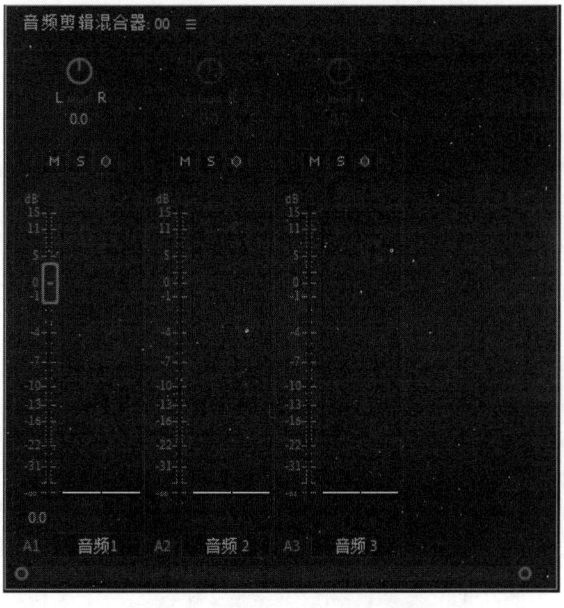

图 7-38 【音频剪辑混合器】面板

Premiere Pro 2022 中的【音频剪辑混合器】面板起着检查器的作用，其音量控制器会映射至剪辑的音量水平，而声像控制会映射至剪辑的声像。

当【时间轴】面板处于选中状态时，播放指示器当前位置下方的每个剪辑都将映射到【音频剪辑混合器】面板的声道中。例如，【时间轴】面板 A1 轨道上的剪辑，会映射到音频剪辑混合器的 A1 声道上，如图 7-39 所示。只有播放指示器下存在剪辑时，【音频剪辑混合器】面板才会显示剪辑音频。当轨道包含间隙时，【音频剪辑混合器】中相应声道为空，如图 7-40 所示。

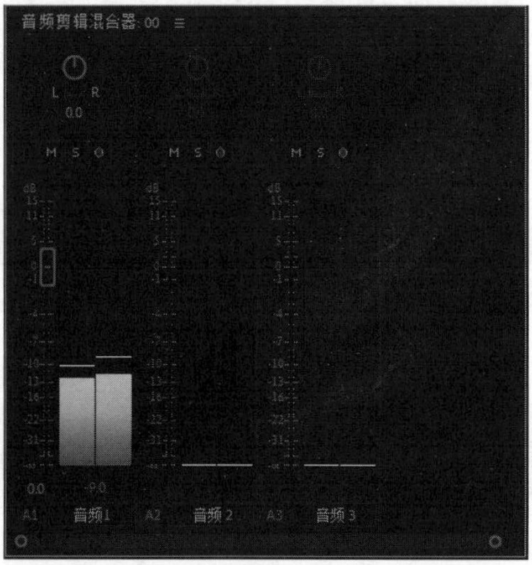

图 7-39　剪辑映射到音频剪辑混合器的 A1 声道

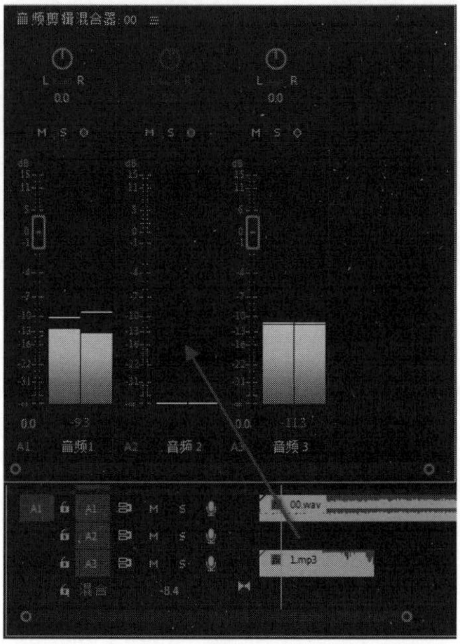

图 7-40　声道为空

【音频剪辑混合器】面板与【音轨混合器】面板相比，除可以进行音量的设置外，还可以进行声道音量及关键帧的设置，下面将分别进行介绍。

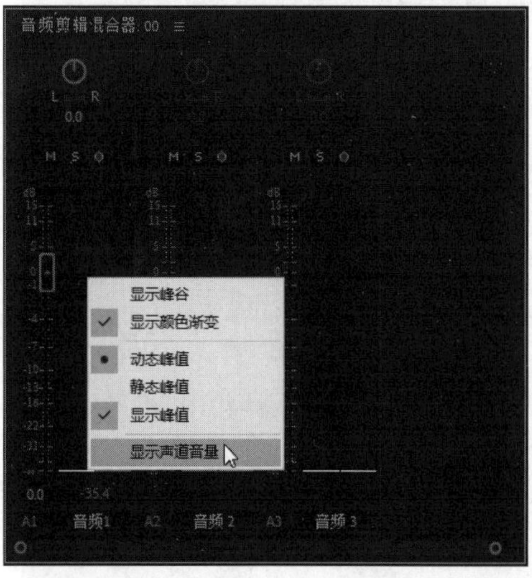

图 7-41　选择【显示声道音量】命令

1. 声道音量

在【音频剪辑混合器】面板中除可以设置音频轨道中的总体音量外，还可以单独设置声道音量，但是默认情况下这一功能是禁用的。

如果想要单独设置声道音量，首先要在【音频剪辑混合器】面板中的音量表上右击，在弹出的快捷菜单中选择【显示声道音量】命令，如图 7-41 所示，即可显示出声道衰减器，如图 7-42 所示。

当光标指向【音频剪辑混合器】面板中的音量表时，声道衰减器会变成按钮形式，如图 7-43 所示。这时，单击并上下拖动声道衰减器，可以单独控制声道音量。

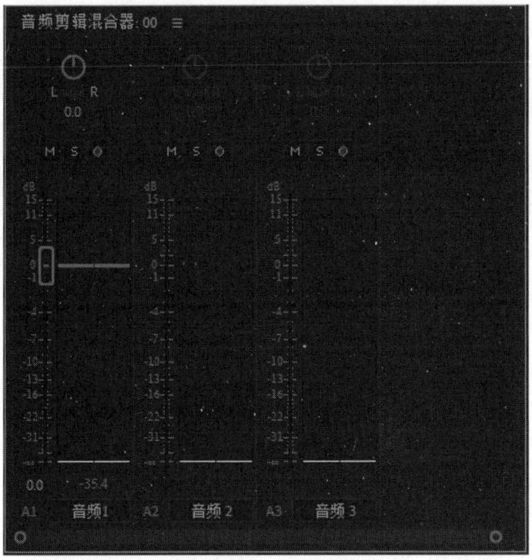

图 7-42　声道衰减器

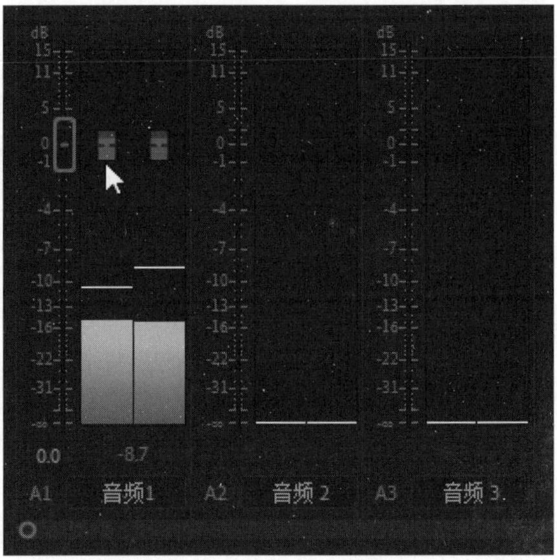

图 7-43　声道衰减器变成按钮形式

2. 音频关键帧

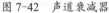

【音频剪辑混合器】面板中的【写关键帧】按钮，可以对音量或声像器进行调整。在该面板中不仅可以设置音频轨道中的总体音量和声道音量，还可以设置不同时间段的音频音量。下面将详细介绍设置不同时间段的音频音量的操作方法。

步骤 01　在时间轴上确定播放指示器在音频片段中的位置，在【音频剪辑混合器】面板中单击【写关键帧】按钮，如图 7-44 所示。

步骤 02　按下【Space（空格）】键播放音频片段后，在不同的时间段中单击并拖动【音频剪辑混合器】面板中控制音量的声道衰减器，创建关键帧，设置音量高低，如图 7-45 所示。

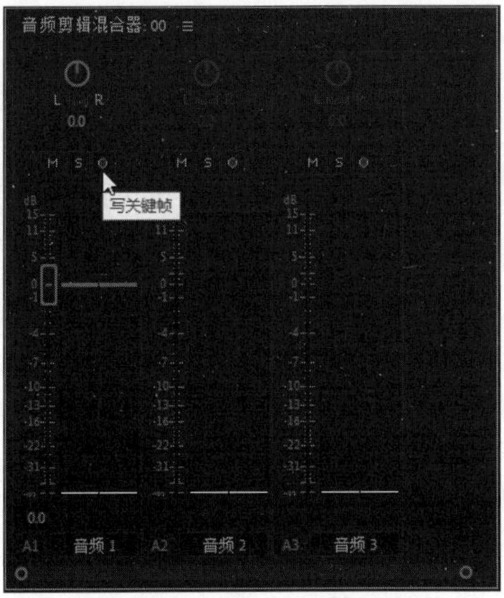

图 7-44　单击【写关键帧】按钮

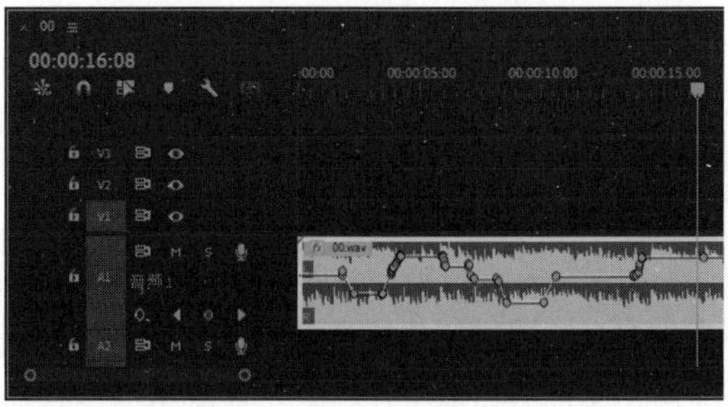

图 7-45　创建关键帧设置音量高低

7.4 制作音频效果

在制作影片的过程中，为音频素材添加音频过渡效果或音频效果，能够使音频素材间的连接更为自然、融洽，从而提高影片的整体质量。利用 Premiere Pro 2022 内置的音频效果可以快速制作出想要的音频效果。

7.4.1 音频过渡概述

与视频切换效果相同，音频过渡效果也放在【效果】面板中。在【效果】面板中，依次展开【音频过渡】→【交叉淡化】文件夹，即可显示 Premiere Pro 2022 内置的 3 种音频过渡效果，如图 7-46 所示。

【交叉淡化】文件夹中的不同音频过渡效果可以实现不同的音频处理效果。如果要为音频素材应用过渡效果，需要先将音频素材添加到【时间轴】面板中，再将相应的音频过渡效果拖至音频素材的开始或末尾位置即可，如图 7-47 所示。

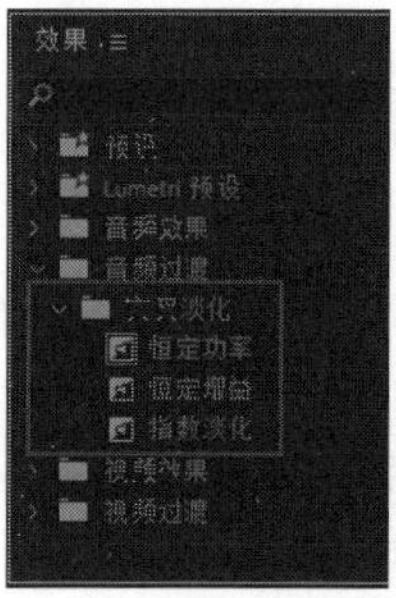

图 7-46　内置音频过渡效果

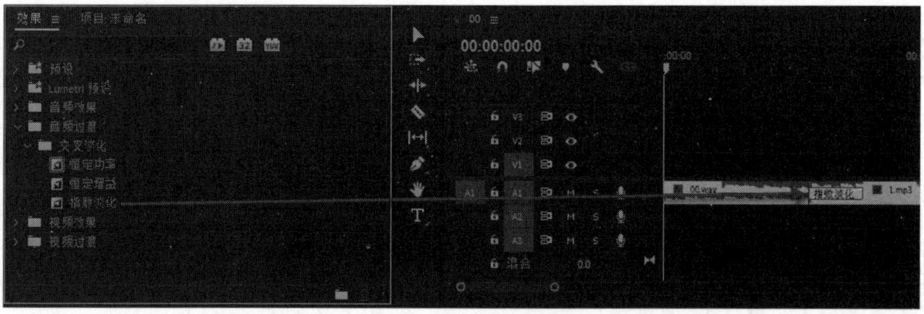

图 7-47　拖曳音频过渡效果至时间轴上

默认情况下，所有音频过渡效果的持续时间均为 1 秒。不过，当在【时间轴】面板中选择某个音频过渡效果后，可以在【效果控件】面板中的【持续时间】文本框中设置其持续时间，如图 7-48 所示。

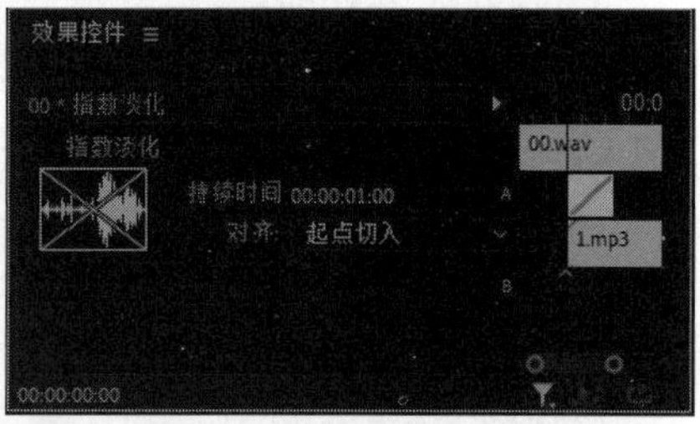

图 7-48　设置播放时间

7.4.2 音频效果概述

在 Premiere Pro 2022 中，声音可以如同视频图像那样被添加各种特效。音频特效不仅可以应用于音频素材，还可以应用于音频轨道。利用 Premiere Pro 2022 提供的这些音频效果，用户可以非常方便地为影片添加混响、延时、反射等声音特效。

虽然Premiere Pro 2022将音频素材根据声道数量划分为不同的类型，但是在【效果】面板中的【音频效果】文件夹中，Premiere Pro 2022却没有进行分类，而是将所有音频效果罗列在一起，如图7-49所示。

添加音频效果的方法与添加视频效果的方法相同，可以通过【时间轴】面板来完成，也可以通过【效果控件】面板来完成。

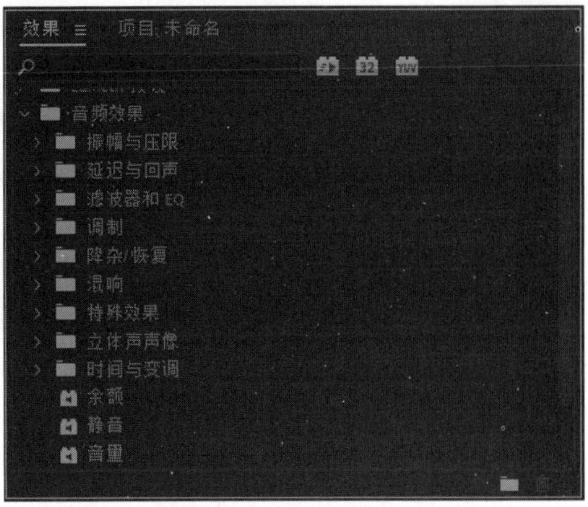

图7-49 【效果】面板中的音频效果

7.4.3 制作山谷回声效果

电影电视中经常会有回声效果，这种回声效果是利用延迟音频效果实现的。下面将详细介绍制作山谷回声效果的操作方法。

步骤01 打开“素材文件\第7章\山谷回声\山谷回声.prproj”，可以看到已经新建了一个【鸟语花香】序列，并在【时间轴】面板中导入了一个音频素材和一个视频素材，如图7-50所示。

图7-50 打开项目文件

步骤02 在【时间轴】面板中选中音频素材，在【效果】面板中搜索【延迟】，双击搜索到的【延迟】效果，如图7-51所示。

步骤03 在为音频素材添加了【延迟】之后，打开【效果控件】面板，即可看到效果参数，设置【延迟】【反馈】和【混合】选项参数即可完成操作，如图7-52所示。

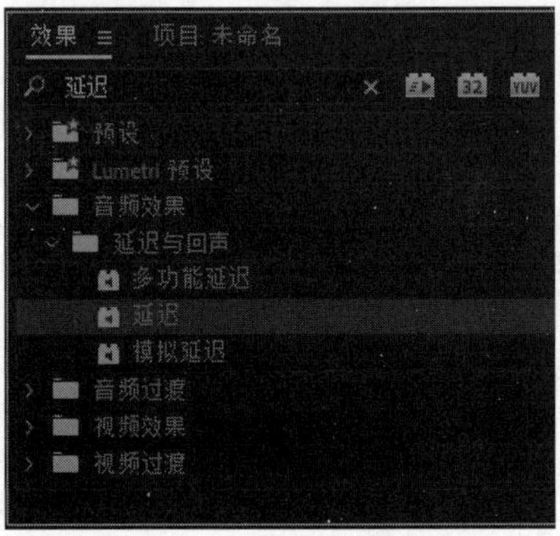

图7-51 双击【延迟】效果

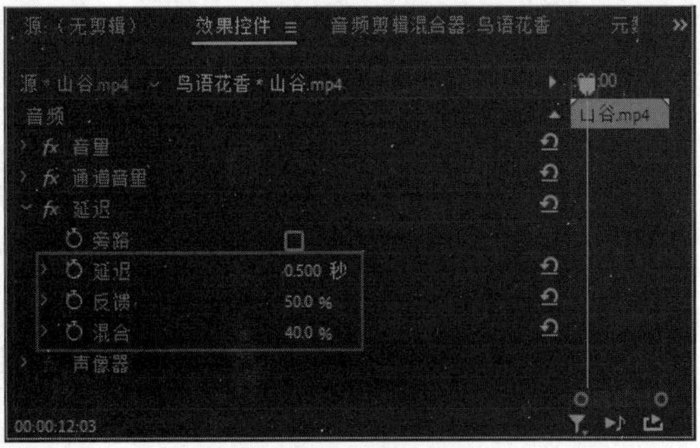

图7-52 设置参数

7.4.4 消除背景杂音效果

信息采集过程中，经常会采集到一些杂音，下面将详细介绍通过【降噪】效果来消除音频素材中的背景杂音的操作方法。

步骤 01 打开“素材文件\第 7 章\演唱会\演唱会.prproj”，可以看到已经新建了一个【演唱会】序列，并在【时间轴】面板中导入了一个音频素材和一个视频素材，如图 7-53 所示。

步骤 02 在【项目】面板中双击“演唱会. 3gp”素材文件，在【源】监视器面板中将其打开，然后单击【设置】按钮，在弹出的快捷菜单中选择【音频波形】命令，如图 7-54 所示。

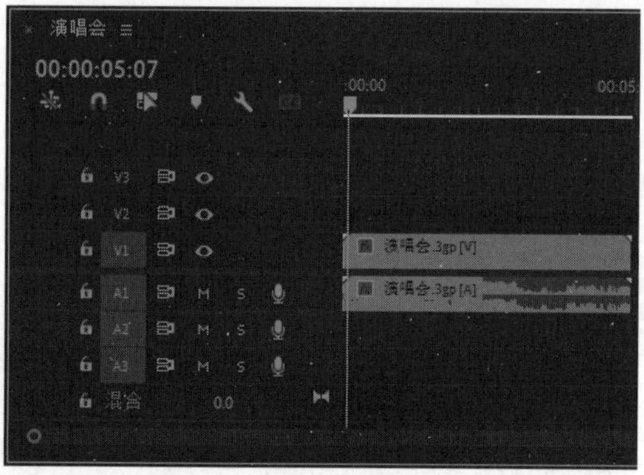

图 7-53　打开项目文件

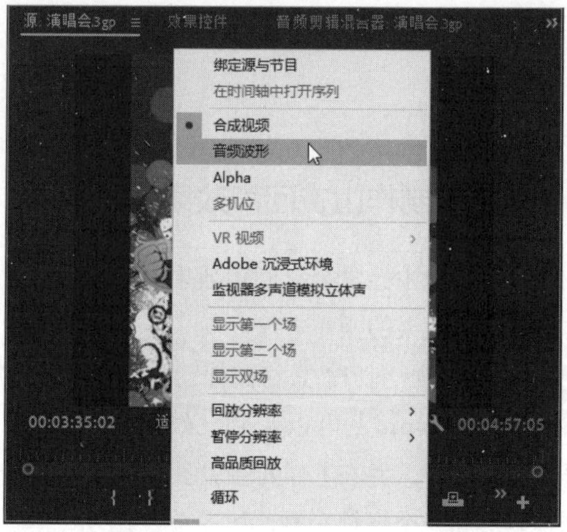

图 7-54　选择【音频波形】命令

步骤 03 在【源】监视器面板中显示音频波形效果，如图 7-55 所示。

步骤 04 在【时间轴】面板中选中音频素材，打开【效果】面板，在【音频效果】文件夹中双击【降噪】，即可为音频素材添加该效果，如图 7-56 所示。

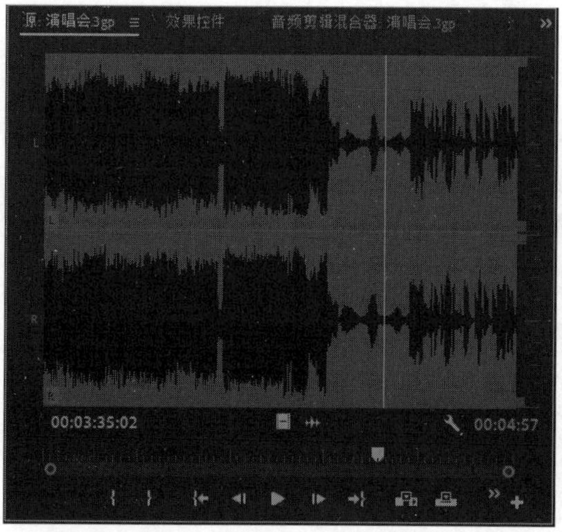

图 7-55 【源】监视器面板显示音频波形效果

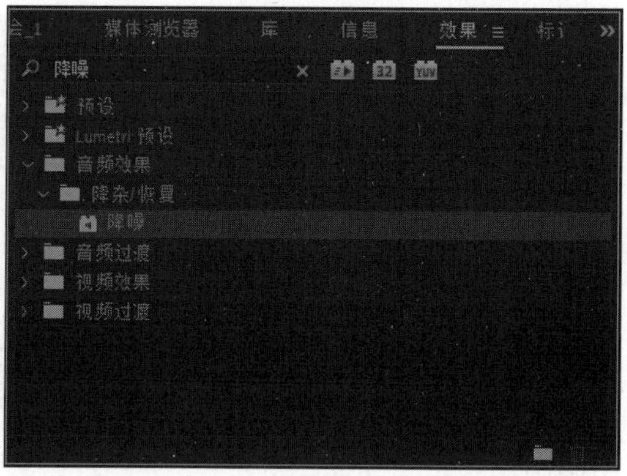

图 7-56　为音频添加效果

步骤 05 打开【效果控件】面板，单击【自定义设置】选项右侧的【编辑】按钮，如图 7-57 所示。

步骤 06 弹出【剪辑效果编辑器】对话框，如图 7-58 所示，在【预设】下拉列表中选择【弱降噪】选项，设置降噪参数，设置完成后，单击【关闭】按钮即可完成消除背景杂音的操作。

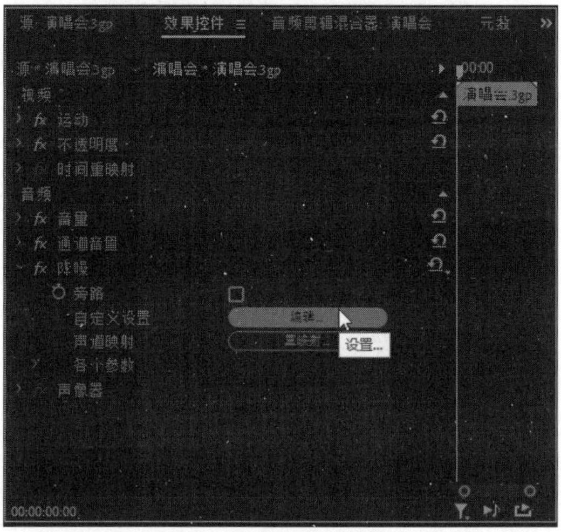

图 7-57 单击【编辑】按钮

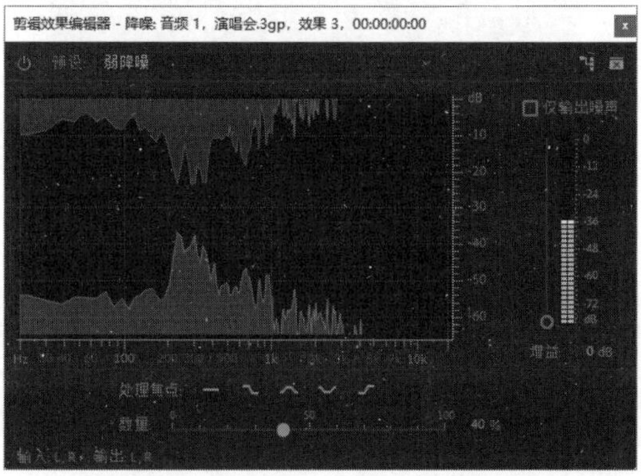

图 7-58 【剪辑效果编辑器】对话框

课堂范例——制作内心独白音效

有时给电视剧、广播剧配音时，要表现此段台词是人物的内心独白，需要与平时的对话声音效果有所区别，就需要用到内心独白音效。下面就详细介绍制作内心独白音效的方法。

步骤 01 新建“内心独白”项目文件，打开“素材文件\第 7 章\课堂范例——制作内心独白音效\1.mp3”，将其拖入【时间轴】面板中创建序列，如图 7-59 所示。

步骤 02 选中 A1 轨道中的素材，在【效果】面板中搜索【室内混响】，双击搜索到的【室内混响】效果，即可为音频添加该效果，如图 7-60 所示。

图 7-59 创建序列

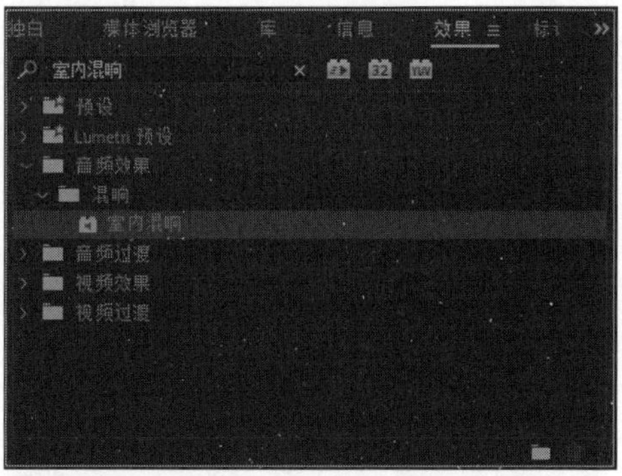

图 7-60 添加【室内混响】效果

步骤 03 在【效果控件】面板中单击【自定义设置】选项右侧的【编辑】按钮，如图 7-61 所示。

步骤 04 弹出【剪辑效果编辑器】对话框，如图 7-62 所示，设置【预设】为【人声混响（中）】选项，单击【关闭】按钮即可完成制作内心独白音效的操作。

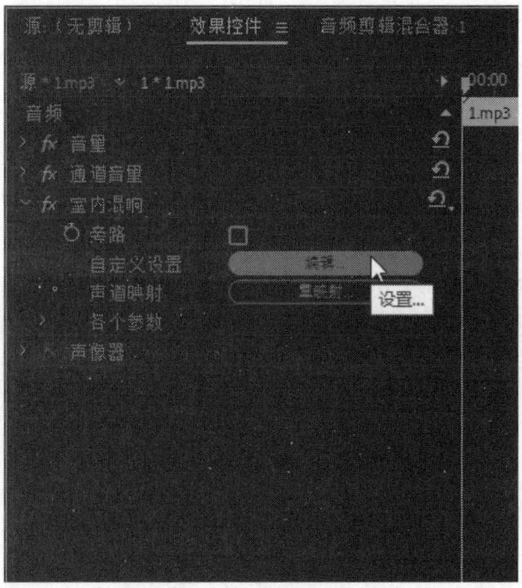

图 7-61　单击【编辑】按钮

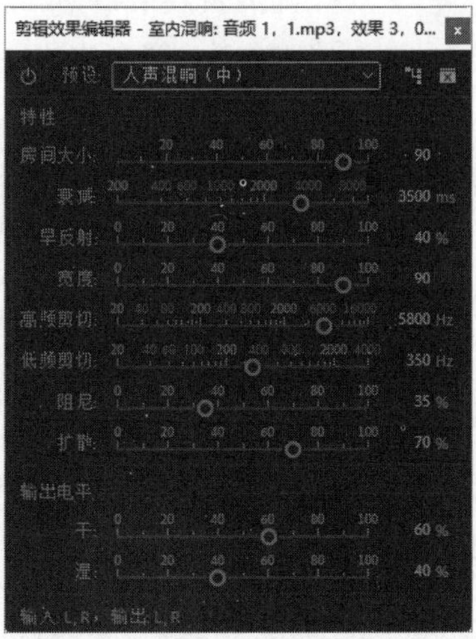

图 7-62　【剪辑效果编辑器】对话框

课堂问答

通过本章的讲解，读者对编辑与制作音频效果有了一定的了解，下面列出一些常见的问题供读者学习参考。

问题 1：如何使配音更饱满？

答：有时配音演员的声线和音色由于先天条件限制，不能完全和剧中人物吻合，我们可以通过后期设置使配音更饱满，方法如下。

步骤 01 选中音频素材，在【效果】面板中搜索【图形均衡器】，双击【图形均衡器（20 段）】，即可为素材添加该效果，如图 7-63 所示。

步骤 02 打开【效果控件】面板，单击【自定义设置】选项右侧的【编辑】按钮，如图 7-64 所示。

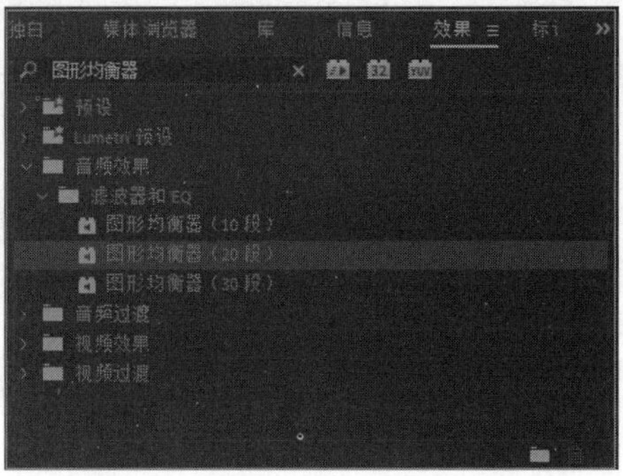

图 7-63　添加【图形均衡器（20 段）】效果

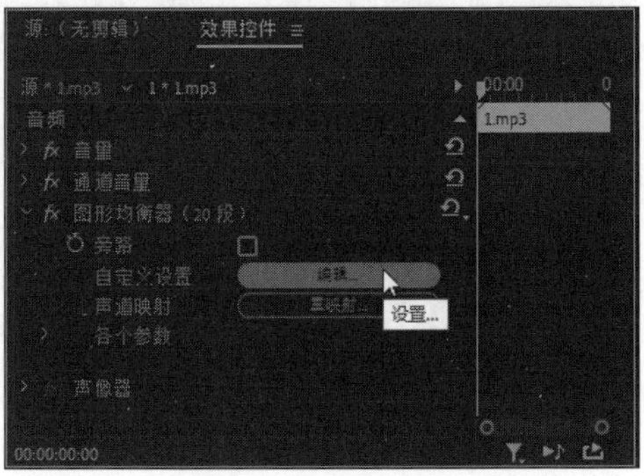

图 7-64　单击【编辑】按钮

步骤03 弹出【剪辑效果编辑器】对话框，如图 7-65 所示，将左数第 8 个开始的 4 个按钮向上移动，使其与其他按钮位置大致持平，单击【关闭】按钮即可完成操作。

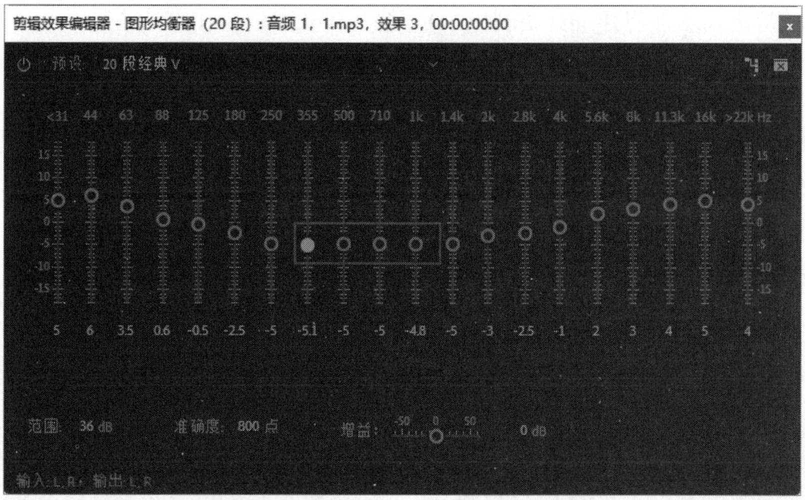

图 7-65 【剪辑效果编辑器】对话框

问题 2：如何创建音频子混合轨道？

答：为混音效果创建独立的音频子混合轨道是编辑音频素材时的良好习惯，这样做能够使整个项目内的音频编辑工作更有条理，便于进行修改或其他操作。创建音频子混合轨道的操作方法如下。

步骤01 单击【序列】主菜单，在弹出的菜单中选择【添加轨道】命令，如图 7-66 所示。

步骤02 弹出【添加轨道】对话框，将【音频子混合轨道】选项组中的【添加】选项设置为 1，单击【确定】按钮即可完成创建音频子混合轨道的操作，如图 7-67 所示。

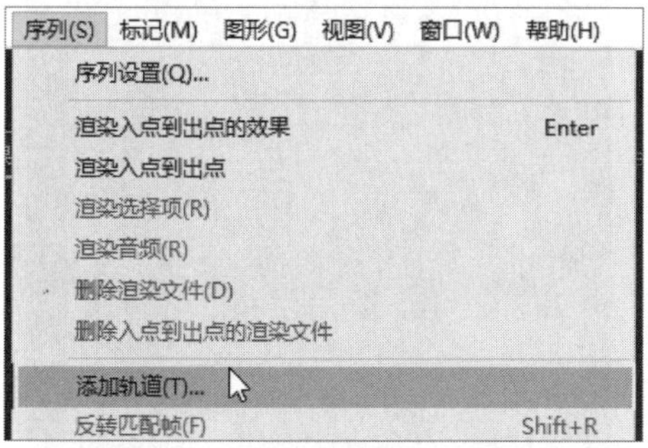

图 7-66 选择【添加轨道】命令

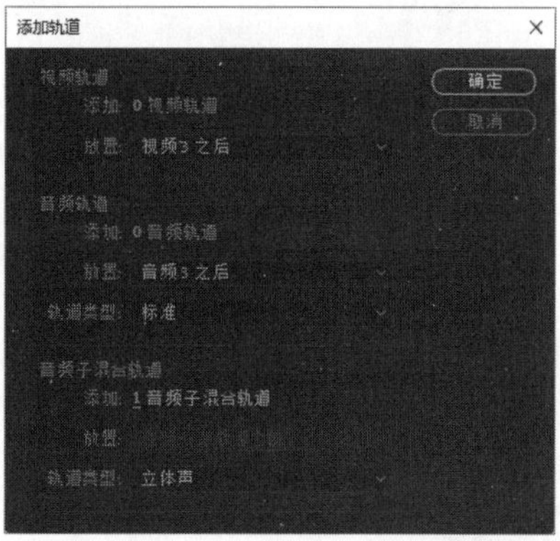

图 7-67 【添加轨道】对话框

上机实战——制作 3D 环绕音效

为了帮助读者巩固本章知识点，下面讲解一个技能综合案例，使读者对本章的知识有更深入的了解。

思路分析

本案例主要是通过控制音频左右声道的变化，来制作一种声音在耳边 360°环绕播放的效果，以增强音乐的感染力。下面将详细介绍制作 3D环绕音频效果的操作方法。

制作步骤

步骤 01 新建“3D环绕音效”项目文件，打开“素材文件\第 7 章\上机实战——制作 3D环绕音效\轻松.wav”，并将其拖入【时间轴】面板中，创建序列，如图 7-68 所示。

步骤 02 按住【Alt】键，单击并拖曳音频素材至A2 轨道中，复制出一个素材，分别双击A1 和A2 轨道头的空白处，放大轨道，如图 7-69 所示。

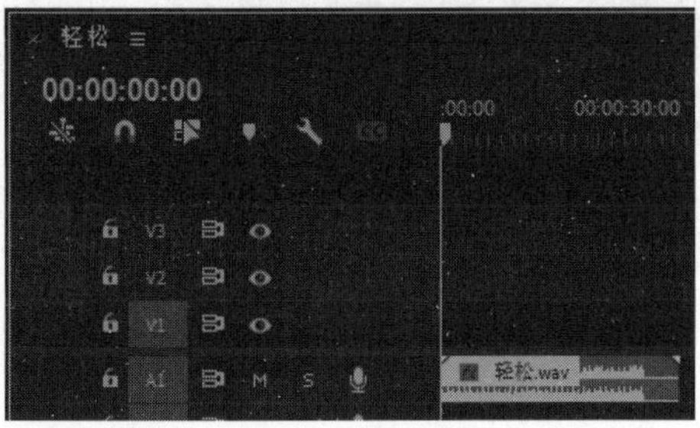

图 7-68 创建序列

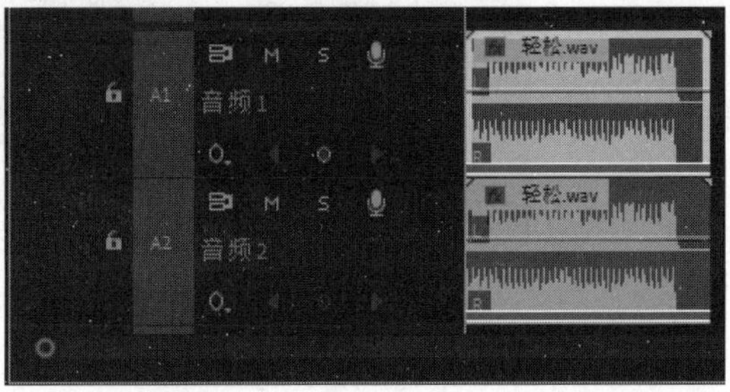

图 7-69 复制素材并放大轨道

步骤 03 右击A1 轨道中的素材，在弹出的快捷菜单中选择【音频声道】命令，如图 7-70 所示。

步骤 04 弹出【修改剪辑】对话框，只勾选左声道【L】复选框，单击【确定】按钮，如图 7-71 所示。

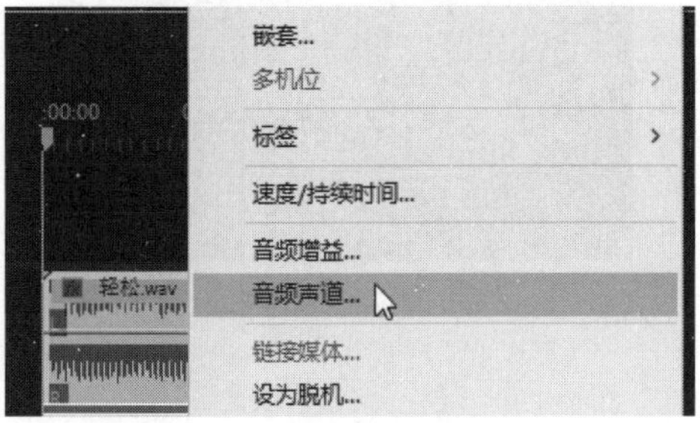

图 7-70 选择【音频声道】命令

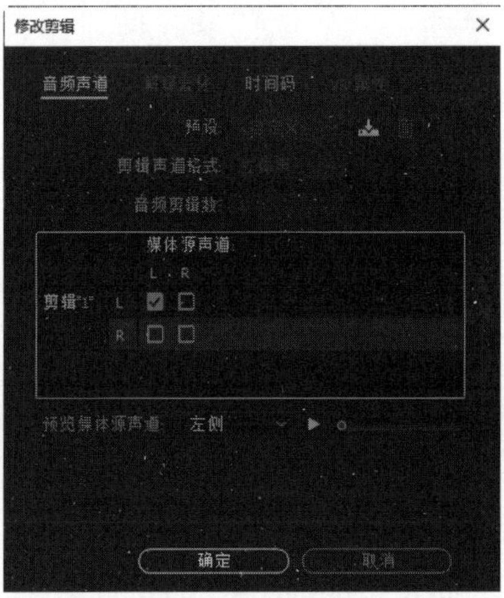

图 7-71 【修改剪辑】对话框

步骤 05 右击A2 轨道中的素材，在弹出的快捷菜单中选择【音频声道】命令，弹出【修改剪辑】对话框，只勾选右声道【R】复选框，单击【确定】按钮，效果如图 7-72 所示。

步骤 06 使用钢笔工具给两个音频素材的相同位置添加关键帧，并将第 1 个和最后一个关键帧移至最低处，如图 7-73 所示。

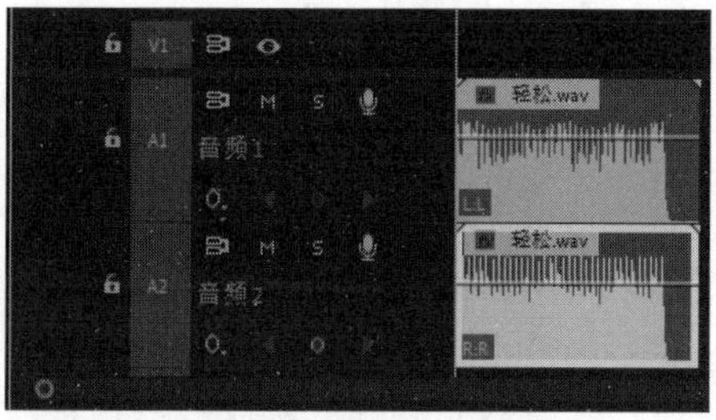

图 7-72 设置 A2 轨道素材

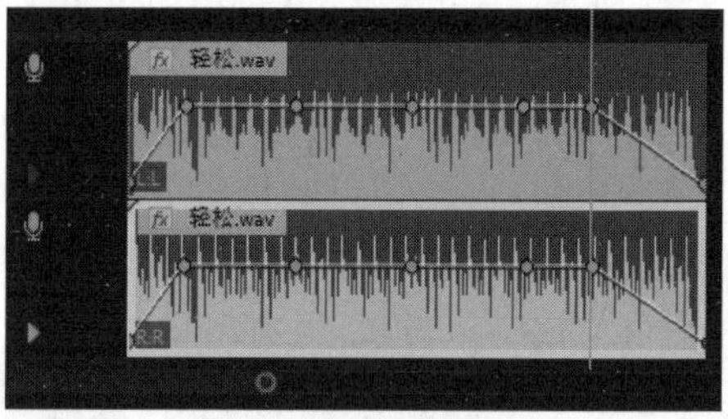

图 7-73 添加关键帧

步骤 07 调节两个素材中间的关键帧位置，如图 7-74 所示，即可完成制作 3D 环绕音效的操作。

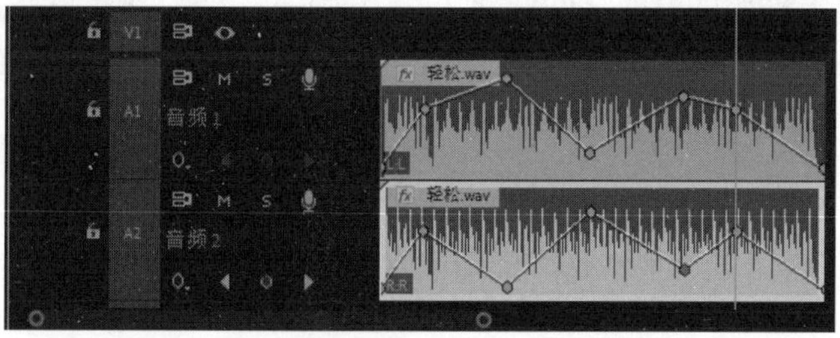

图 7-74 调节关键帧位置

同步训练——制作左右声道不同的音乐

为了提高读者动手能力，下面安排一个同步训练案例，让读者举一反三、触类旁通。

思路分析

本案例将制作左右声道不同的音乐，首先创建项目文件，导入素材，创建序列；其次裁剪音频素材并将其选中，执行【音频声道】命令，最后在【修改剪辑】对话框中设置参数。

关键步骤

步骤 01 新建“左右声道不同的音乐”项目文件，打开“素材文件\第 7 章\同步训练——制作左右声道不同的音乐”文件夹，将“日不落 1.mp3”和“日不落 2.mp3”导入【项目】面板中，并将其拖入【时间轴】面板中，创建序列，如图 7-75 所示。

步骤 02 将时间指示器移至 00：00：25：06 处，使用剃刀工具裁剪 A1 轨道中的音频，删除 A1 轨道中的第 1 段音频；将时间指示器移至 00：00：17：15 处，使用剃刀工具裁剪 A2 轨道中的音频，删除 A2 轨道中的第 1 段音频，将两个音频素材的前奏都删除。

步骤 03 将时间指示器移至 00：00：14：16 处，使用剃刀工具分别裁剪两个音频，分别删除第 2 段音频。

步骤 04 选中两个音频并右击，在弹出的快捷菜单中选择【音频声道】命令，如图 7-76 所示。

步骤 05 弹出【修改剪辑】对话框，剪辑 1 只勾选【L】复选框，剪辑 2 只勾选【R】复选框，如图 7-77 所示，单击【确定】按钮即可完成制作左右声道不同音乐的操作。

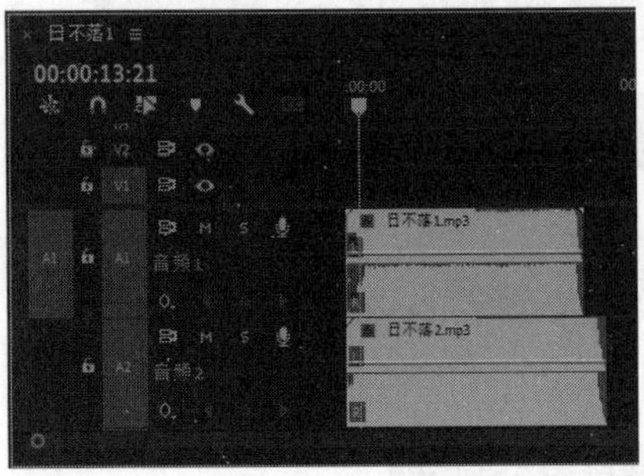

图 7-75 创建序列

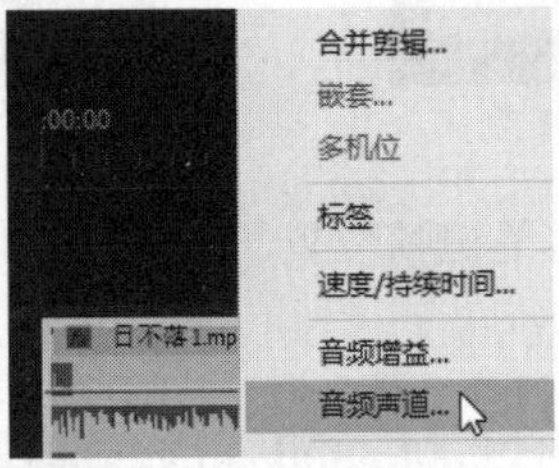

图 7-76 选择【音频声道】命令

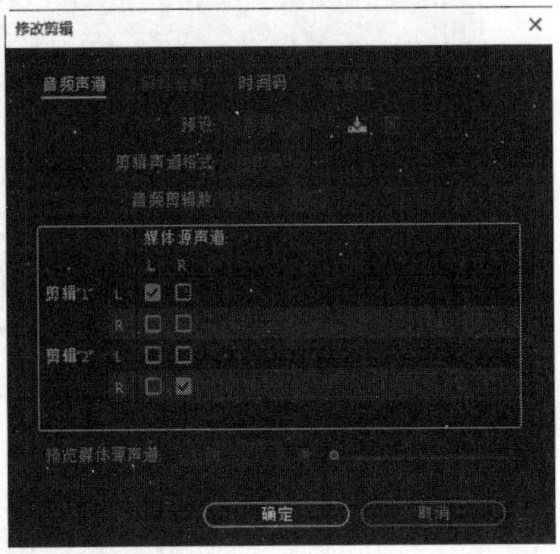

图 7-77 【修改剪辑】对话框

知识能力测试

本章讲解了编辑与制作音频特效的相关知识，为对知识进行巩固和考核，请读者完成以下练习题。

一、填空题

1. 当选中【时间轴】面板中的音频素材后，【效果控件】面板中将显示【音量】【声道音量】和________ 3 个选项组。

2. 在 Premiere Pro 2022 中可以新建单声道、立体声和________ 3 种类型的音频轨道。

二、选择题

1. 在 Premiere Pro 2022 中，音频素材内音频信号的声调高低称为（　　）。

A. 增益　　B. 振幅　　C. 赫兹　　D. 采样率

2. 增益是“放大量”的统称，它包括功率的增益、电压的增益和（　　）的增益。

A. 电流　　B. 电阻　　C. 电荷　　D. 电功

三、简答题

1. 如何调整音频增益？

2. 如何添加音频？

Premiere Pro 2022

第8章 设计动画与视频效果

本章主要介绍关键帧动画、视频效果的基本操作、视频变形效果、调整画面质量方面的知识与技巧，同时还讲解了常用视频效果的制作方法。通过对本章内容的学习，读者可以掌握设计动画与视频效果方面的知识，为深入学习Premiere Pro 2022知识奠定基础。

学习目标

- 学会关键帧动画的制作方法
- 熟练掌握视频效果的基本操作
- 熟练掌握视频变形效果的制作方法
- 熟练掌握调整画面质量的方法
- 熟练应用常用视频效果

8.1 关键帧动画

Premiere 中的运动效果大部分都是靠关键帧动画实现的。运动效果是指在原有视频画面的基础上，通过后期制作与合成技术对画面进行的移动、变形和缩放等操作。由于 Premiere 拥有强大的运动效果生成功能，因此用户只需在Premiere中进行少量的关键帧设置，即可使静态的素材画面产生运动效果，为视频添加丰富的视觉变化效果。本节将详细介绍关键帧动画方面的知识。

8.1.1 创建关键帧

Premiere Pro 2022 中的关键帧可以帮助用户控制视频或音频效果中的参数变化，并将效果的渐变过程附加在过渡帧中，从而形成个性化的效果。在 Premiere Pro 2022 中的【时间轴】和【效果控件】面板中都可以为素材添加关键帧，下面将分别进行介绍。

1. 在【时间轴】面板中添加关键帧

将素材文件拖曳至时间轴上，使用鼠标在相邻轨道交界处单击并拖动，将素材所在轨道变宽，使关键帧在轨道中可见。然后单击【添加/移除关键帧】按钮，即可为素材添加关键帧，如图 8-1 所示。

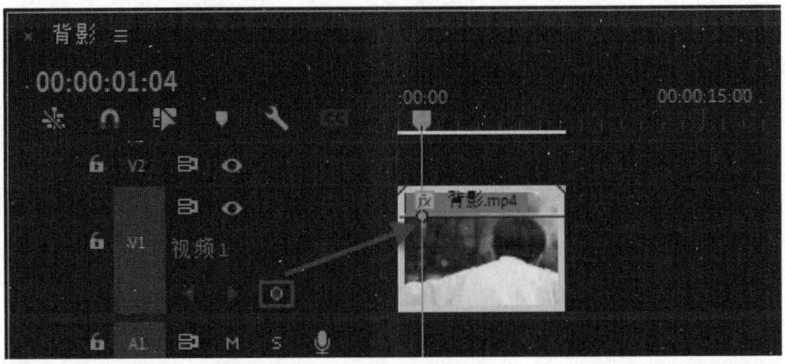

图 8-1 添加关键帧

2. 在【效果控件】面板中添加关键帧

通过【效果控件】面板，不仅可以添加或删除关键帧，还可以通过对关键帧各项参数的设置，实现素材的自定义运动效果。

在【时间轴】面板中选择素材后，打开【效果控件】面板，此时需要在某一视频效果栏中单击属性选项左侧的【切换动画】按钮，即可开启该属性的【切换动画】选项，如图 8-2 所示。同时，Premiere Pro 2022 会在当前时间指示器所在位置为之前所选的视频效果属性添加关键帧。

此时，已开启【切换动画】选项的属性栏，【添加/移除关键帧】按钮被激活。如果要添加新的关键帧，只需移动当前时间指示器的位置，然后单击【添加/移除关键帧】按钮即可，如图 8-3 所示。

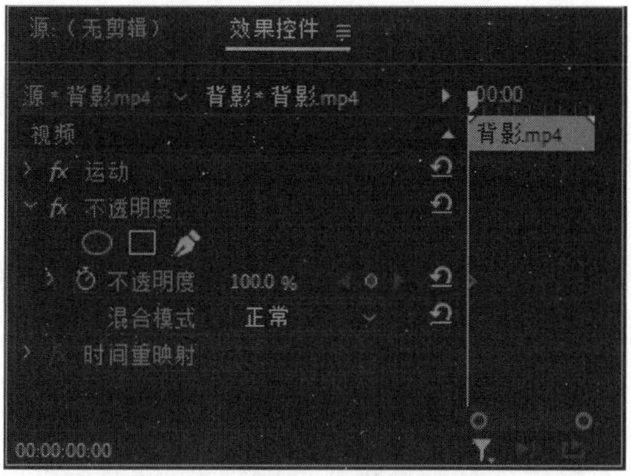

图 8-2　【切换动画】按钮

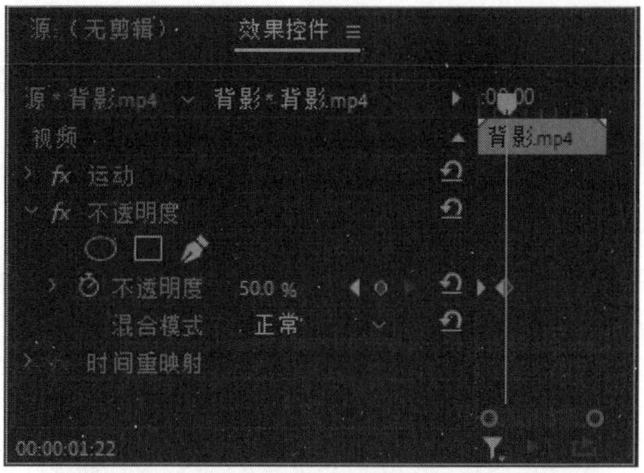

图 8-3　单击【添加/移除关键帧】按钮

> **技能拓展**
>
> 　　当视频效果的某一属性栏中包含多个关键帧时，单击【添加/移除关键帧】按钮◎两侧的【转到上一关键帧】按钮◀或【转到下一关键帧】按钮▶，即可在多个关键帧之间进行切换。

8.1.2　复制、移动和删除关键帧

使用 Premiere Pro 2022 创建关键帧后，还可以根据需要对关键帧进行复制、移动和删除等操作，下面将分别进行介绍。

1. 复制和粘贴关键帧

在创建运动效果的过程中，如果多个素材中的关键帧具有相同的参数，则可以利用复制和粘贴关键帧的功能来提高操作效率。

在准备复制的关键帧上右击，在弹出的快捷菜单中选择【复制】命令，如图 8-4 所示。移动当前时间指示器至合适的位置后，在【效果控件】面板的轨道区域中右击，在弹出的快捷菜单中选择【粘贴】命令，即可在当前位置创建一个与之前完全相同的关键帧，如图 8-5 所示。

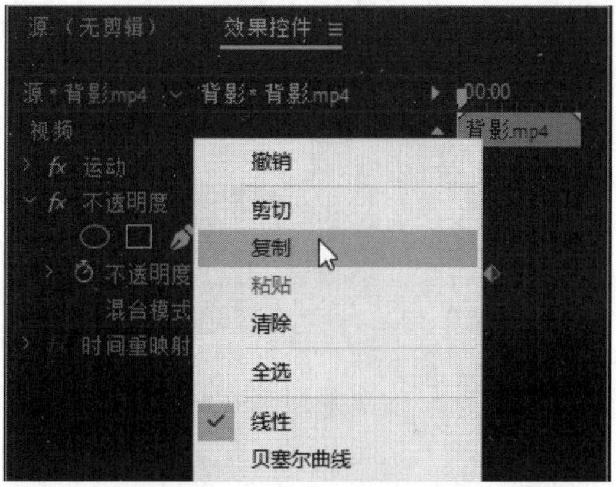

图 8-4　选择【复制】命令

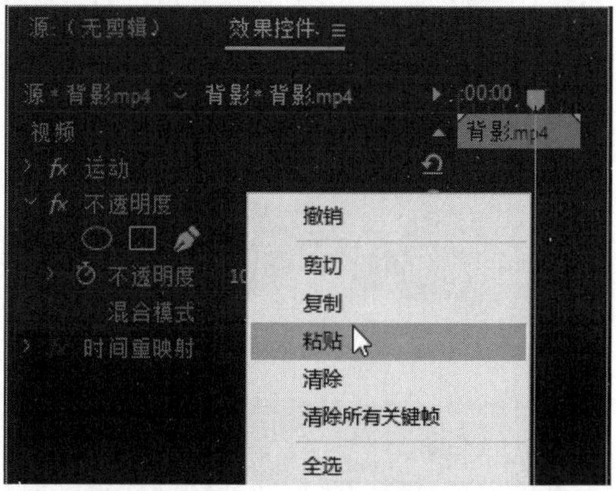

图 8-5　选择【粘贴】命令

2. 移动关键帧

为素材添加关键帧后，只需在【效果控件】面板中单击并拖动关键帧，即可完成移动关键帧的操作，如图 8-6 所示。

3. 删除关键帧

在准备删除的关键帧上右击，在弹出的快捷菜单中选择【清除】命令，即可删除关键帧，如图 8-7 所示。

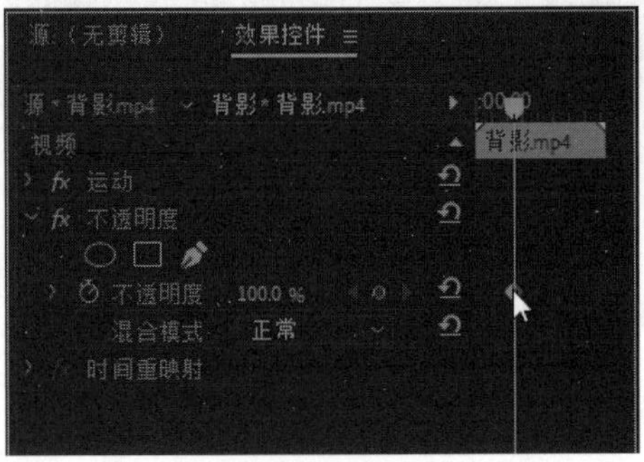

图 8-6 移动关键帧

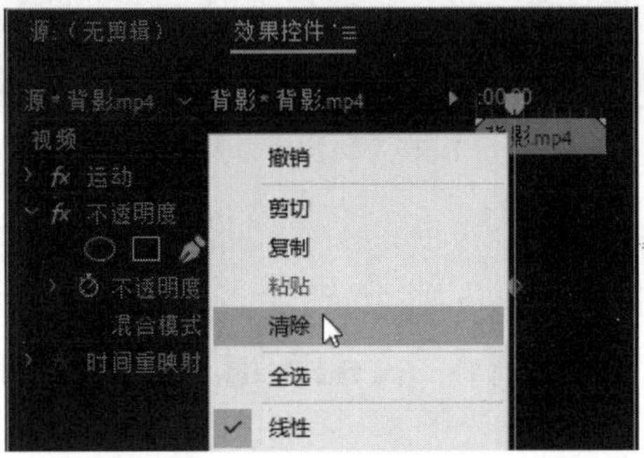

图 8-7 删除关键帧

> **温馨提示** 在【效果控件】面板的轨道区域中右击，在弹出的快捷菜单中选择【清除所有关键帧】命令，将移除当前素材中的所有关键帧，无论该关键帧是否被选中。

8.1.3 快速添加运动效果

通过更改视频素材在画面中的位置，可以快速创建出不同的素材运动效果。

在【节目】监视器面板中双击监视器画面，即可选中屏幕最顶层的视频素材。此时，所选素材上将会出现一个中心控制点，素材周围也会出现 8 个控制柄，如图 8-8 所示。直接在【节目】监视器面板的监视器画面内拖动所选素材，即可调整该素材在画面中的位置，如图 8-9 所示。

图 8-8 选中素材

图 8-9 调整素材在画面中的位置

如果在移动素材之前创建了【位置】关键帧，并对当前时间指示器的位置进行了调整，那么 Premiere Pro 2022 将在监视器画面中创建一条表示素材运动轨迹的路径，如图 8-10 所示。

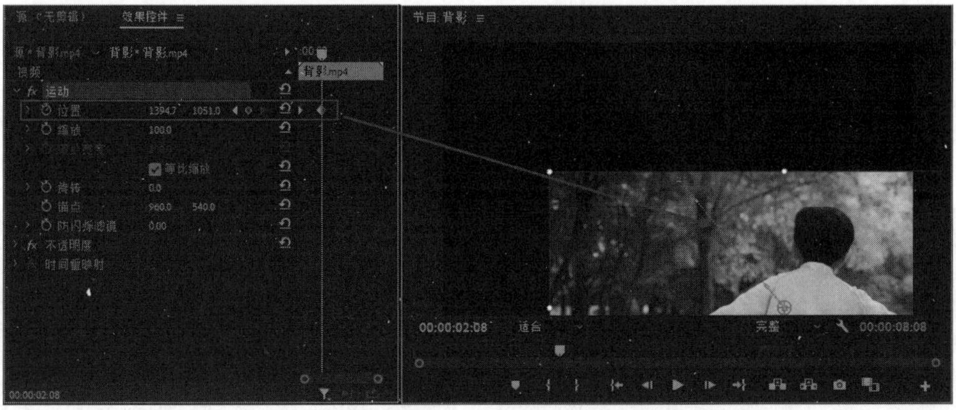

图 8-10 创建素材运动轨迹路径

默认情况下，新的运动轨迹路径全部为直线。拖动路径端点附近的锚点，可以将素材的运动轨迹路径更改为曲线。

> **技能拓展**
> 在【节目】监视器面板中，利用素材四周的控制柄可以快速调整素材图像在画面中的尺寸大小。

8.1.4 更改不透明度

制作影片时，降低素材的不透明度可以使素材画面呈现半透明效果，从而利于各素材之间的混合处理。

在 Premiere Pro 2022 中，选择需要调整的素材后，在【效果控件】面板中单击【不透明度】左侧的【折叠/展开】按钮▶，即可打开用于所选素材的【不透明度】滑竿，如图 8-11 所示。在开启【不透明度】属性的【切换动画】选项后，为素材添加多个【不透明度】关键帧，并为各个关键帧设置不同的【不透明度】参数值，如图 8-12 所示，即可制作出一段简单的【不透明度】过渡帧动画效果。

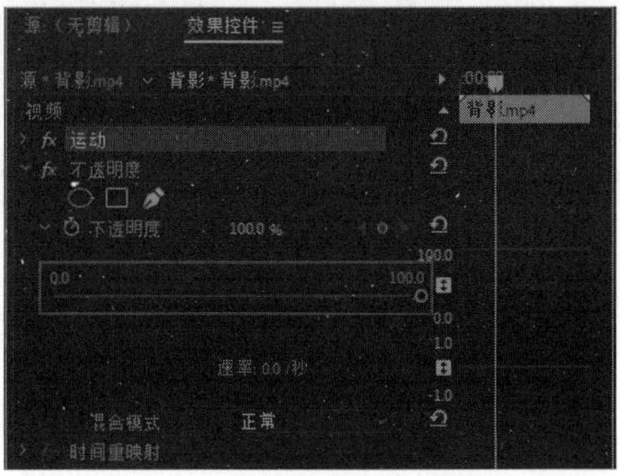

图 8-11 【不透明度】滑竿

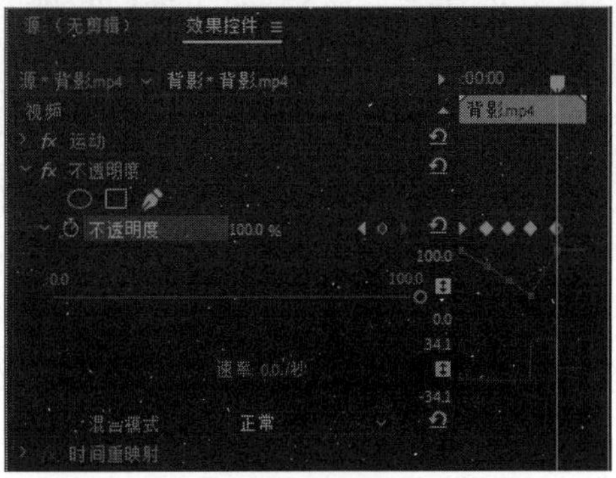

图 8-12 制作【不透明度】过渡帧动画

课堂范例——制作调色过渡效果

本案例将介绍为视频添加【线性擦除】视频效果，并为该效果添加关键帧动画的操作。

步骤 01 新建“调色过渡”项目文件，打开“素材文件\第 8 章\课堂范例——制作调色过渡效果\云.mp4”，将素材拖入【时间轴】面板中，创建序列，如图 8-13 所示。

步骤 02 按住【Alt】键，单击并拖动 V1 轨道中的素材至 V2 轨道，复制一个素材，如图 8-14 所示。

图 8-13 创建序列

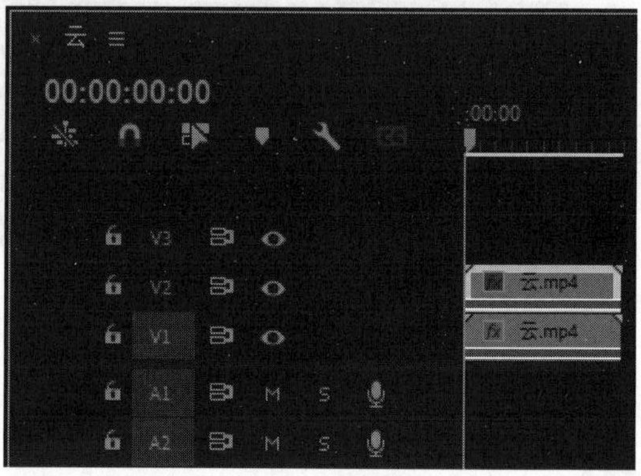

图 8-14 复制素材

步骤 03 在【时间轴】面板中选中 V2 轨道中的素材，在【效果】面板中搜索【黑白】，双击搜索到的效果即可为 V2 轨道中的素材添加该效果，如图 8-15 所示。

步骤 04 在【效果】面板中搜索【线性擦除】，双击搜索到的效果即可为 V2 轨道中的素材添加该效果，如图 8-16 所示。

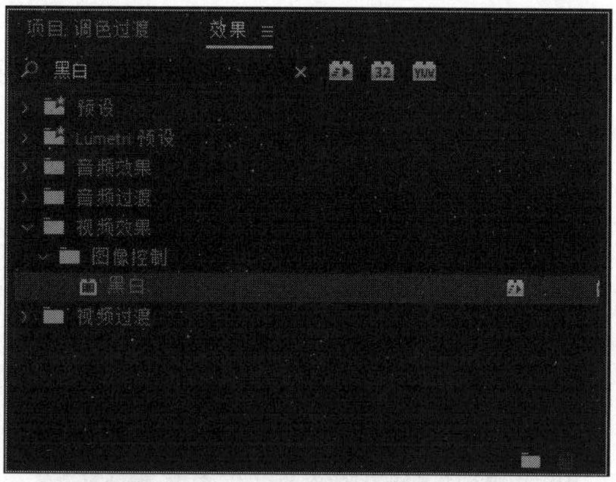

图 8-15 添加黑白效果

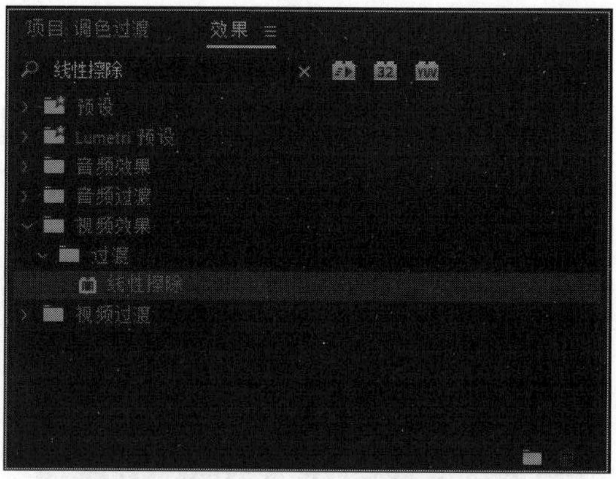

图 8-16 添加线性擦除效果

步骤 05 将时间指示器移至 00：00：01：20 处，在【效果控件】面板中单击【过渡完成】选项左侧的【切换动画】按钮，创建第 1 个关键帧，如图 8-17 所示。

步骤 06 将时间指示器移至 00：00：03：20 处，设置【过渡完成】选项参数为 100%，创建第 2 个关键帧，如图 8-18 所示。

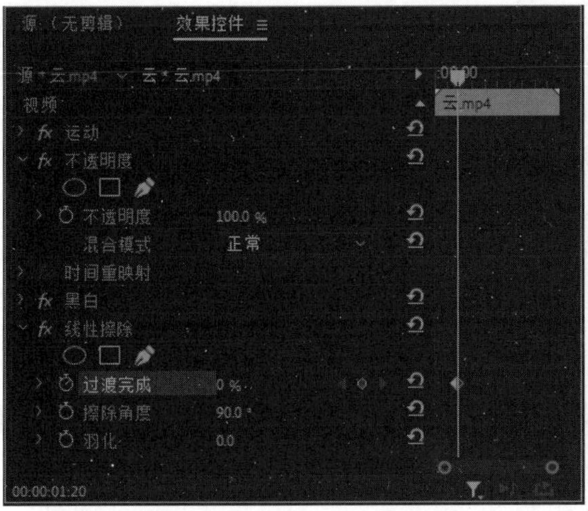

图 8-17 创建第 1 个关键帧

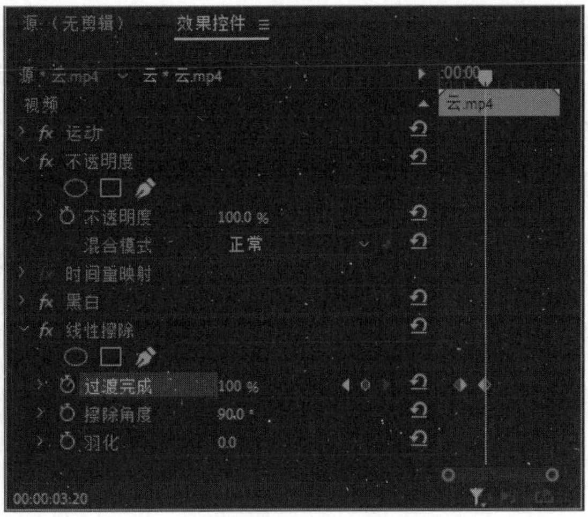

图 8-18 创建第 2 个关键帧

步骤 07 在【节目】监视器面板中查看关键帧动画效果，如图 8-19 所示。

图 8-19 查看动画效果

> **温馨提示**
>
> 如果要在【时间轴】面板中直接创建关键帧，则必须在【效果控件】面板中开启相应的视频效果属性的【切换动画】选项。在已开启【切换动画】选项的状态下，单击【切换动画】按钮，则会清除相应属性栏中的所有关键帧。

8.2 视频效果的基本操作

随着影视节目的制作迈入数字时代，即使是刚刚学习非线性编辑的初学者，也能够在 Premiere Pro 2022 的帮助下快速完成多种视频效果的制作。本节将详细介绍视频效果的基本操作。

8.2.1 添加视频效果

Premiere Pro 2022 强大的视频效果功能，使得用户可以在原有素材的基础上创建出各种各样的艺术效果。应用视频效果的方法也非常简单，用户可以为任意轨道中的视频素材添加一个或多个效果。

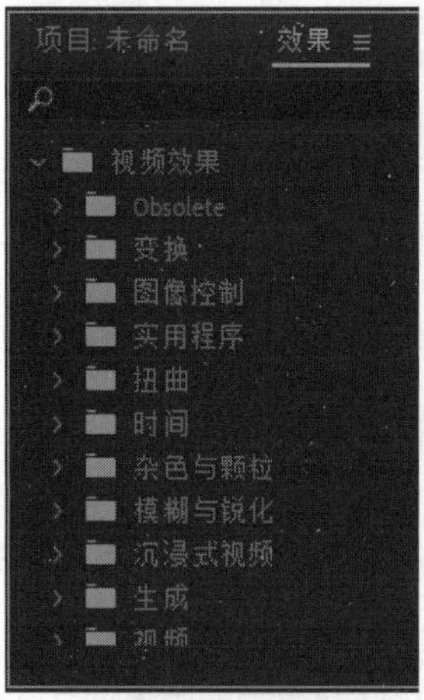

图 8-20 视频效果

Premiere Pro 2022 为用户提供了非常多的视频效果，所有效果按照类别被放置在【效果】面板中的【视频效果】文件夹下的子文件夹中，如图 8-20 所示，方便用户查找指定视频效果。

为素材添加视频效果的方法主要有 3 种：利用【时间轴】面板添加；利用【效果控件】面板添加；首先在【时间轴】面板中选择素材，然后在【效果】面板中双击效果，为选中的素材添加效果。第 3 种方法前面已经演示过，这里不再赘述，下面着重讲解前两种添加效果的方法。

1. 利用【时间轴】面板添加视频效果

利用【时间轴】面板为视频素材添加视频效果，只需在【视频效果】文件夹中选择所要添加的视频效果，然后将其拖曳到视频轨道中的相应素材上即可，如图 8-21 所示。

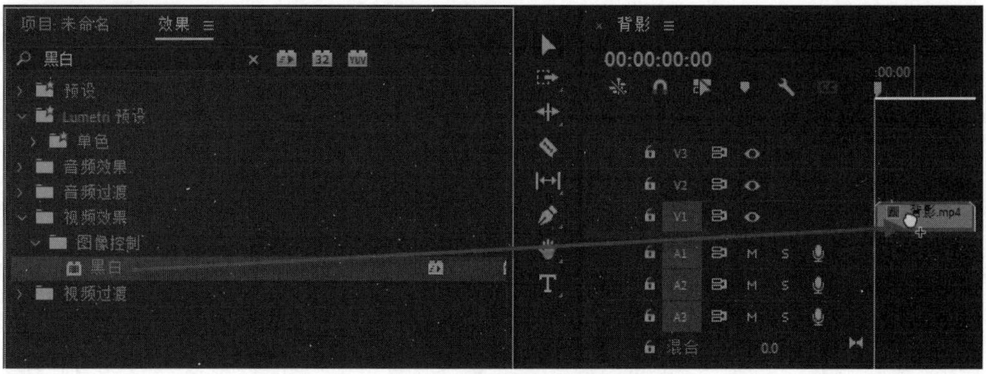

图 8-21 拖曳视频效果至时间轴上

2. 利用【效果控件】面板添加视频效果

利用【效果控件】面板为视频素材添加视频效果，是最为直观的一种添加方式。即使用户为同一个视频素材添加了多种视频效果，也可以在【效果控件】面板中一目了然地查看。

要利用【效果控件】面板添加视频效果，只需在选择素材后，从【效果】面板中选择所要添加的视频效果，并将其拖曳至【效果控件】面板中即可，如图 8-22 所示。

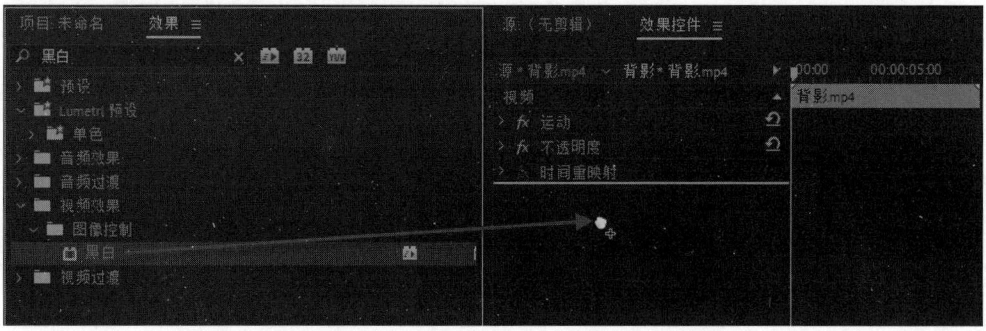

图 8-22 拖曳视频效果至【效果控件】面板

8.2.2 编辑视频效果

为视频素材添加视频效果后，还可以对视频效果进行一些编辑操作，如删除、复制视频效果等，下面将分别进行介绍。

1. 删除视频效果

当不再需要为视频素材应用视频效果时，可以利用【效果控件】面板将其删除。在【效果控件】面板中的视频效果上右击，在弹出的快捷菜单中选择【清除】命令即可，如图 8-23 所示。

2. 复制视频效果

当多个影片剪辑需要使用相同的视频效果时，复制、粘贴视频效果可以减少操作步骤，加快影片剪辑的速度。在【效果控件】面板中的视频效果上右击，在弹出的快捷菜单中选择【复制】命令；选择新的素材，在【效果控件】面板的空白区域中右击，在弹出的快捷菜单中选择【粘贴】命令即可完成操作，如图 8-24 和图 8-25 所示。

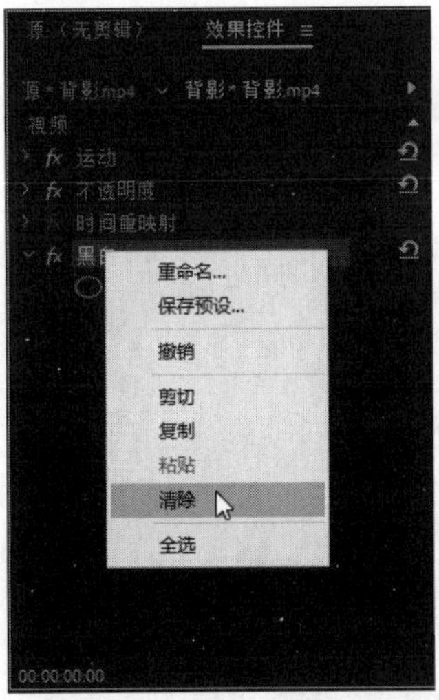

图 8-23　选择【清除】命令

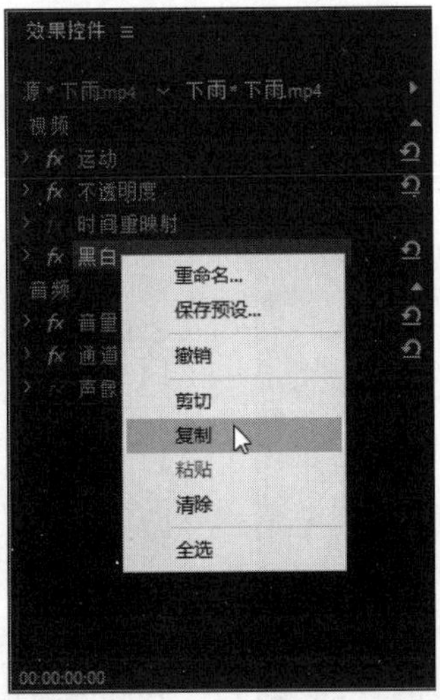

图 8-24　选择【复制】命令

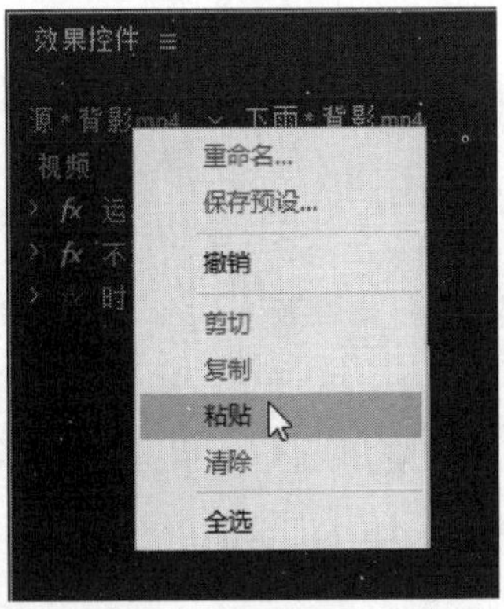

图 8-25　选择【粘贴】命令

8.2.3 设置视频效果参数

为影片剪辑应用视频效果后，还可以对视频效果参数进行设置，从而使效果更为突出，为用户打造精彩影片提供更为广阔的创作空间。

在【效果控件】面板中单击视频效果左侧的【折叠/展开】按钮，即可显示该效果所具有的全部参数，如图 8-26 所示。如果要调整某个参数的数值，只需单击参数右侧的数值，使其进入编辑状态，输入具体数值即可，如图 8-27 所示。

技能拓展

将光标放在参数值的位置上，当光标变成形状时，拖曳鼠标也可以修改参数值。

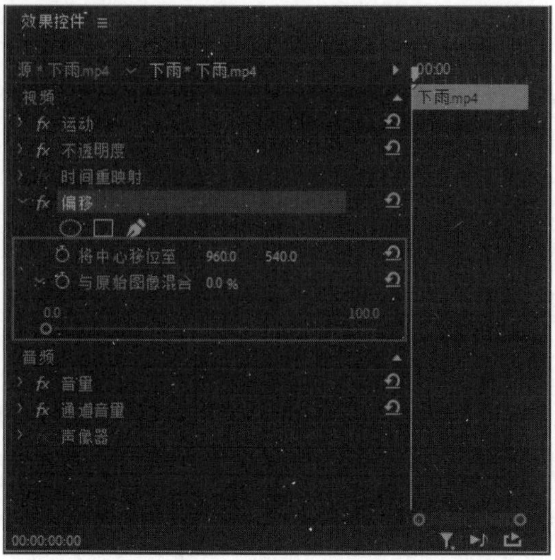

图 8-26 视频效果参数

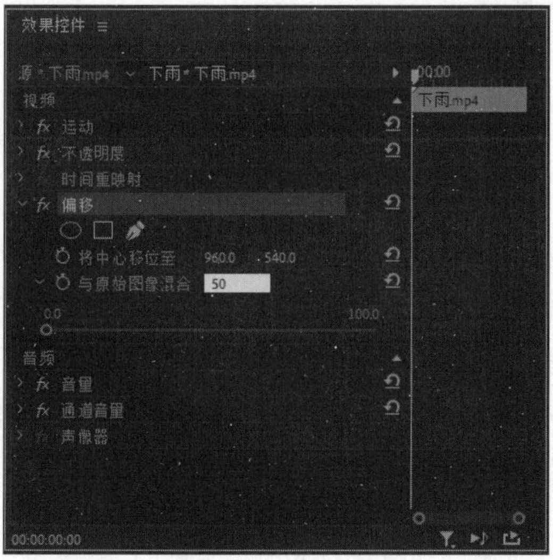

图 8-27 输入参数

展开参数的详细设置面板，可以通过拖动其中的滑块来更改属性的参数值，如图 8-28 所示。在【效果控件】面板中，单击视频效果左侧的【切换效果开关】按钮，可以在视频素材中隐藏该视频效果，如图 8-29 所示。

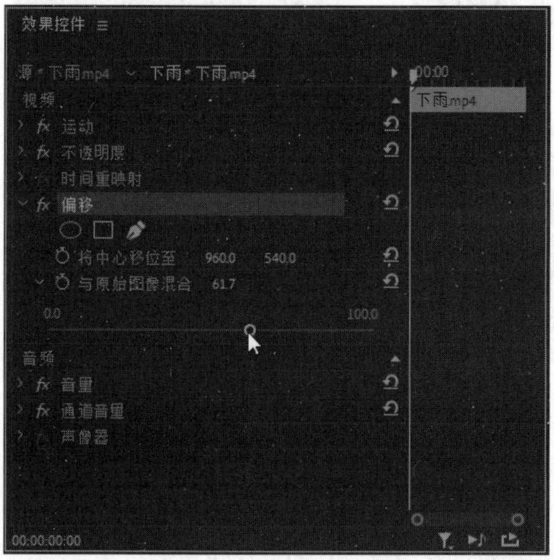

图 8-28 拖动滑块更改属性参数

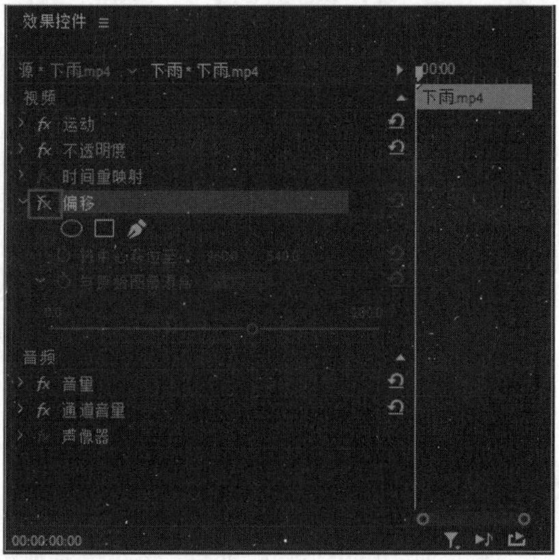

图 8-29 隐藏视频效果

8.3 视频变形效果

在视频拍摄时，视频画面有时是倾斜的，这时可以通过【效果】面板中的【视频效果】文件夹下的【变换】效果组中的效果对视频画面进行校正，或者采用【扭曲】效果组中的效果对视频画面进行变形，从而丰富视频画面效果。本节将详细介绍视频变形效果的相关知识。

8.3.1 变换

【变换】类视频效果可以使视频素材的形状产生二维或三维的变化。该类视频效果包含了【垂直翻转】【水平翻转】【羽化边缘】【自动重新构图】【裁剪】等效果。下面将以【羽化边缘】效果为例，详细介绍制作变换效果的操作方法。

步骤 01 打开“素材文件\第 8 章\变换\海上日落.prproj”，在【效果】面板中的【视频效果】文件夹下的【变换】效果组中，将【羽化边缘】效果拖至视频素材上，如图 8-30 所示。

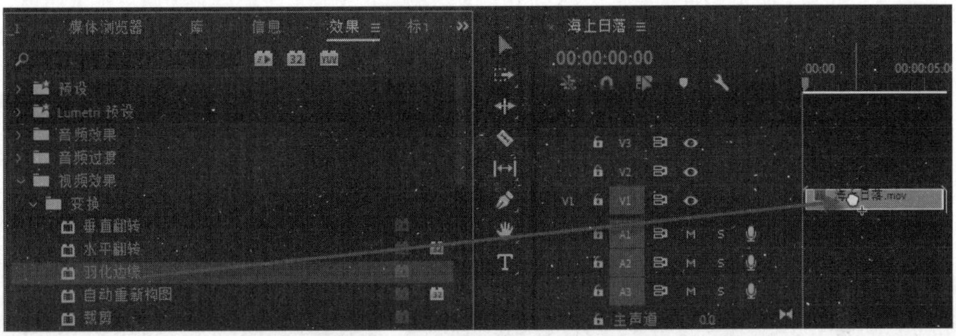

图 8-30 将【羽化边缘】效果拖至视频素材上

步骤 02 打开【效果控件】面板，单击【羽化边缘】选项组下的【数量】选项左侧的【切换动画】按钮，创建第 1 个关键帧，如图 8-31 所示。

步骤 03 移动当前时间指示器至其他位置，更改【数量】参数，添加第 2 个关键帧，如图 8-32 所示。

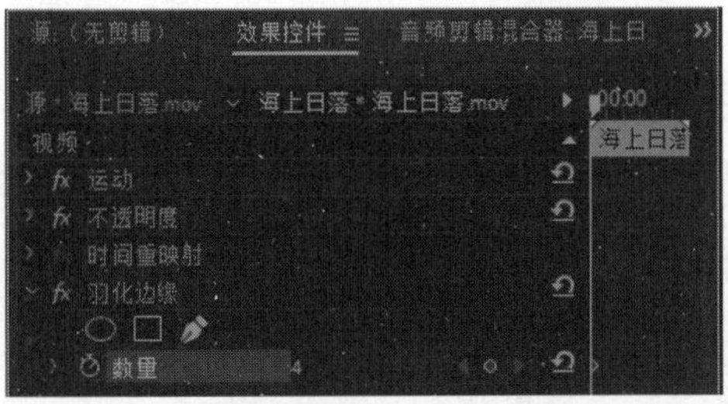

图 8-31 创建第 1 个关键帧

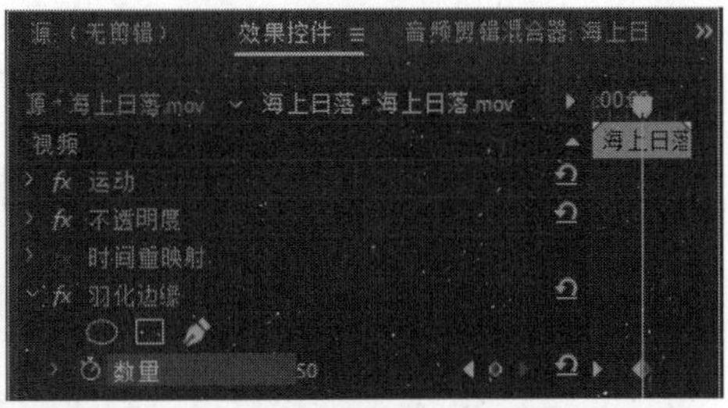

图 8-32 添加第 2 个关键帧

步骤 04 通过以上步骤即可完成给素材添加【羽化边缘】效果的操作，如图 8-33 所示。

图 8-33 查看效果

8.3.2 扭曲

【扭曲】类视频效果可以使素材画面产生多种变形效果。该类视频效果包含了【偏移】【变形稳定器】【放大】【旋转扭曲】【波形变形】【球面化】等效果。下面将以【波形变形】效果为例，详细介绍制作扭曲效果的操作方法。

步骤 01 打开“素材文件\第 8 章\扭曲\背景.prproj”，在【效果】面板中的【视频效果】文件夹下的【扭曲】效果组中，双击【波形变形】效果，将该效果添加到视频素材上，如图 8-34 所示。

步骤 02 打开【效果控件】面板，分别开启【波形高度】和【波形宽度】属性的【切换动画】选项，设置详细的关键帧，如图 8-35 所示。

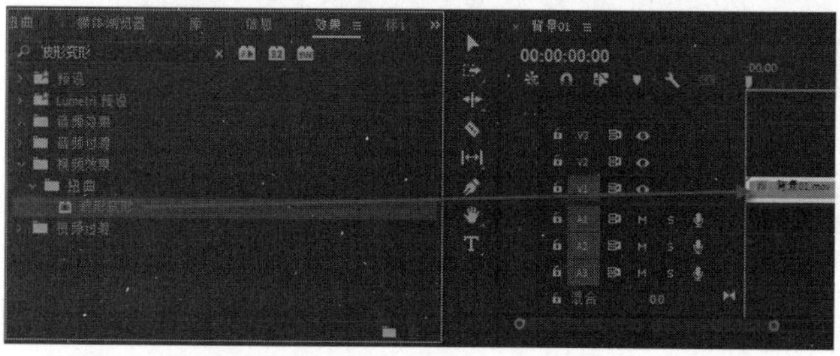

图 8-34 添加【波形变形】效果

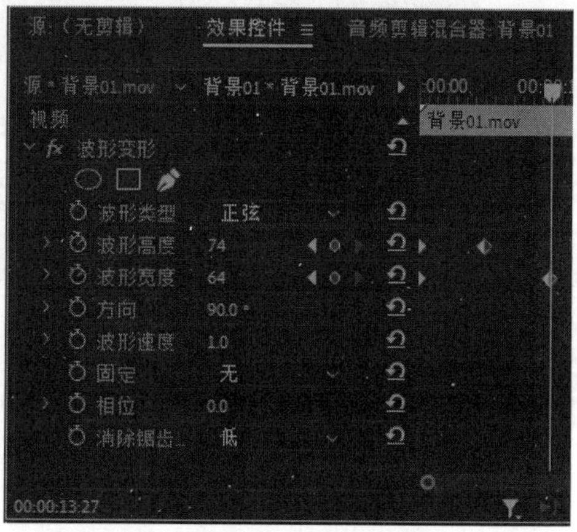

图 8-35 设置详细关键帧

步骤 03 完成设置后可以在【节目】监视器面板中预览波形变形效果，如图 8-36 所示，通过以上步骤即可完成给素材添加【波形变形】效果的操作。

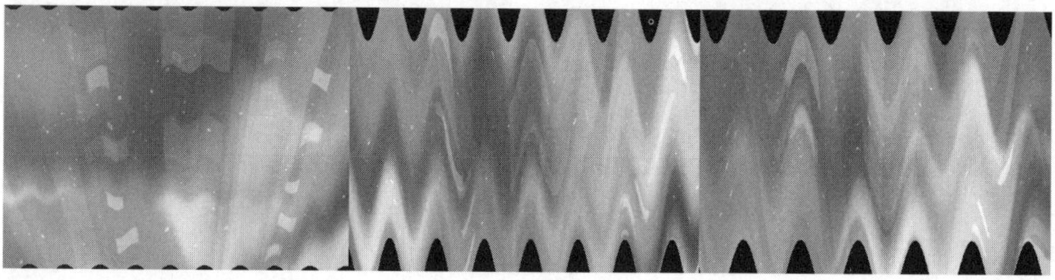

图 8-36 查看效果

8.3.3 图像控制

【图像控制】效果组主要通过各种方法对图像中的特定颜色进行处理，从而制作出特殊的视觉效果，如图 8-37 所示。在【图像控制】效果组中，各个效果的具体用法如下。

【Gamma Correction（灰度系数校正）】效果：通过调整灰度系数的数值，可以在不改变图像高亮区域的情况下使图像变亮或变暗。

【Color Replace（颜色替换）】效果：能够将图像中指定的颜色替换为另一种指定颜色，其他颜色保持不变。

【Color Pass（颜色过滤）】效果：能过滤掉图像中除指定颜色外的其他颜色，即图像中只保留指定的颜色，其他颜色以灰度模式显示。

【黑白】效果：能忽略图像的颜色信息，将彩色图像转换为黑白灰度模式的图像。

例如，应用【Color Replace（颜色替换）】效果前后的效果对比如图 8-38 所示。

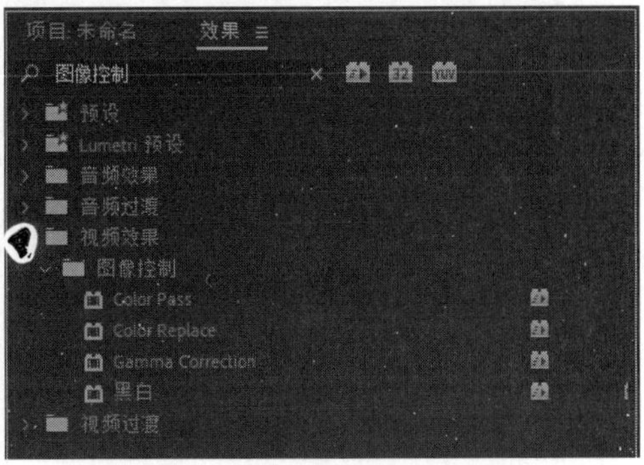

图 8-37 【图像控制】效果组

图 8-38 应用【颜色替换】效果前后的效果对比

8.4 调整画面质量

使用 DV 拍摄的视频，其画面效果并不是非常理想，画面中的模糊、杂点等质量问题，可以通过【杂色与颗粒】和【模糊与锐化】等效果组中的效果来调整。本节将详细介绍调整画面质量的相关知识及操作方法。

8.4.1 杂色与颗粒

【杂色与颗粒】类视频效果主要用于对图像进行柔和处理，去除图像中的噪点，或者在图像中添加杂色效果。【杂色与颗粒】类视频效果中包含 2 个杂色效果，如图 8-39 所示，其中一个是加速效果。

【杂色】效果能够在素材画面中增加随机的像素杂点，效果类似于采用较高ISO参数拍摄出的数码照片，两个效果的具体参数并没有不同，其相关参数设置及效果如图 8-40 所示。

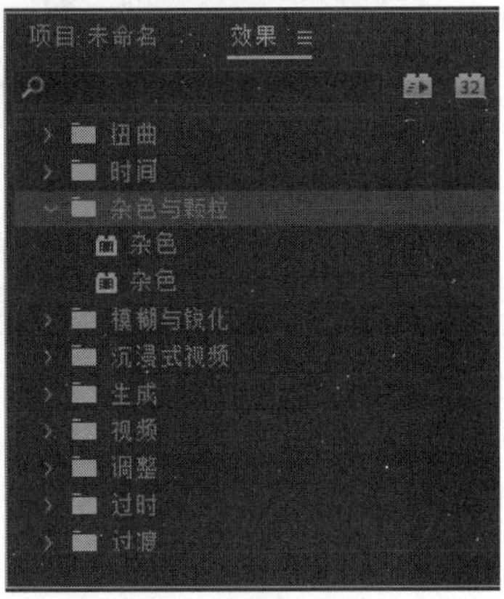

图 8-39 【杂色与颗粒】效果文件夹

图 8-40 【杂色】参数及效果

在【杂色】选项组中，各个选项的作用如下。

【杂色数量】选项：控制画面内的噪点数量，该选项的参数值越大，噪点的数量就越多。

【杂色类型】选项：选择产生噪点的算法类型，是否勾选该选项右侧的【使用颜色杂色】复选框会影响素材画面内的噪点分布情况。

【剪切】选项：决定是否将原始的素材画面与产生噪点后的画面叠放在一起，取消勾选该选项右侧的【剪切结果值】复选框后将仅显示产生噪点后的画面。

8.4.2 模糊与锐化

【模糊与锐化】类视频效果有些可以使素材画面变得更加朦胧，有些则可以使素材画面变得更为清晰。该类视频效果包含了多种不同的效果，下面将对其中几种比较常用的效果进行讲解。

1. 方向模糊

【方向模糊】效果能够使画面向指定方向进行模糊处理，从而使画面产生动态效果，其相关参数设置及效果如图 8-41 所示。

图 8-41 【方向模糊】参数及效果

2. 锐化

【锐化】效果的作用是增加相邻像素的对比度，从而达到提高画面清晰度的目的，其相关参数设置及效果如图 8-42 所示。

图 8-42 【锐化】参数及效果

3. 高斯模糊

【高斯模糊】效果能够利用高斯运算方法生成模糊效果，使画面中部分区域的画面更为细腻，其相关参数设置及效果如图 8-43 所示。

图 8-43 【高斯模糊】参数及效果

4. Camera Blur（相机模糊）

【Camera Blur（相机模糊）】效果用于使图像产生类似相机拍摄时没有对准焦距的虚焦效果，其相关参数设置及效果如图 8-44 所示。

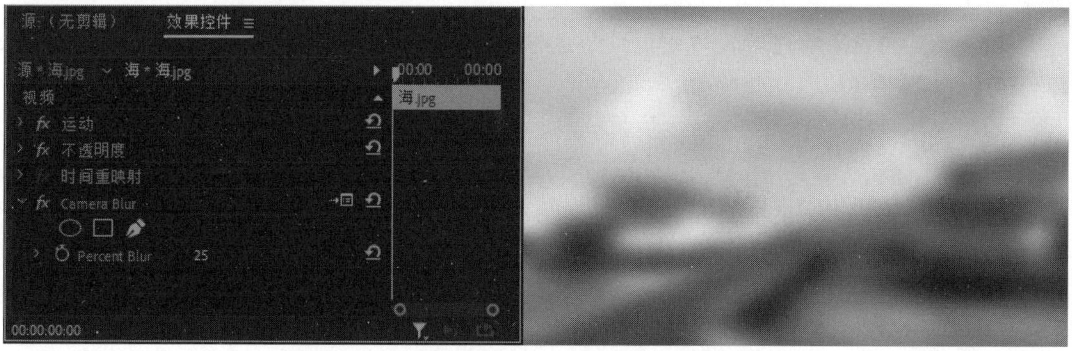

图 8-44 【Camera Blur（相机模糊）】参数及效果

8.5 常用视频效果

Premiere Pro 2022 中内置了许多视频效果，在【视频效果】文件夹中，还包括其他一些效果组，如【过渡】效果组、【时间】效果组、【透视】效果组、【生成】效果组和【视频】效果组等，本节将详细介绍常用视频效果的相关知识。

8.5.1 过渡效果

【过渡】类视频效果主要用于两个影片之间的切换。下面将介绍几种常用的过渡效果。

1. 块溶解

【块溶解】效果能够在画面中随机产生块状区域，从而在不同视频轨道中的视频素材重叠部分实现画面切换，其相关参数设置及效果如图 8-45 所示。

图 8-45 【块溶解】参数及效果

温馨提示

在【效果控件】面板中的【块溶解】选项组中，选中【柔化边缘（最佳品质）】复选框，能够使块形状的边缘更加柔和。

2. 渐变擦除

【渐变擦除】效果用于根据两个图层的亮度值建立一个渐变层，在指定层和原图层之间进行渐变切换，其相关参数设置及效果如图 8-46 所示。

图 8-46 【渐变擦除】参数及效果

3. 线性擦除

【线性擦除】是通过改变擦除角度来获得任意方向上的直线擦除效果，其相关参数设置及效果如图 8-47 所示。

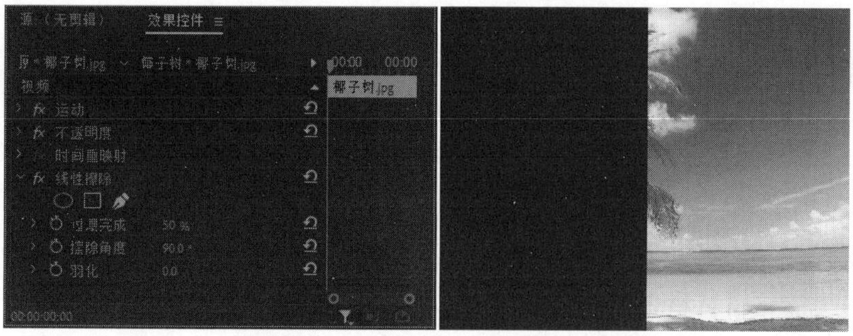

图 8-47 【线性擦除】参数及效果

8.5.2 时间效果

【时间】类视频效果可以设置画面的重影效果，以及视频播放的快慢效果。下面将详细介绍两种常用的时间效果。

1. 色调分离时间

【色调分离时间】效果可以制作出具有空间停顿感的运动画面，其相关参数设置及效果如图 8-48 所示。

图 8-48 【色调分离时间】参数及效果

2. 残影

【残影】效果能够为视频画面添加重影效果，其相关参数设置及效果如图 8-49 所示。

图 8-49 【残影】参数及效果

8.5.3 透视效果

【透视】类视频效果包含了【基本 3D】【投影】等效果，这些视频效果主要用于制作三维立体效果和空间效果。下面将详细介绍几种常用的透视效果。

1. 基本3D

【基本3D】效果可以模拟平面图像在三维空间的运动效果，其相关参数设置及效果如图 8-50 所示。

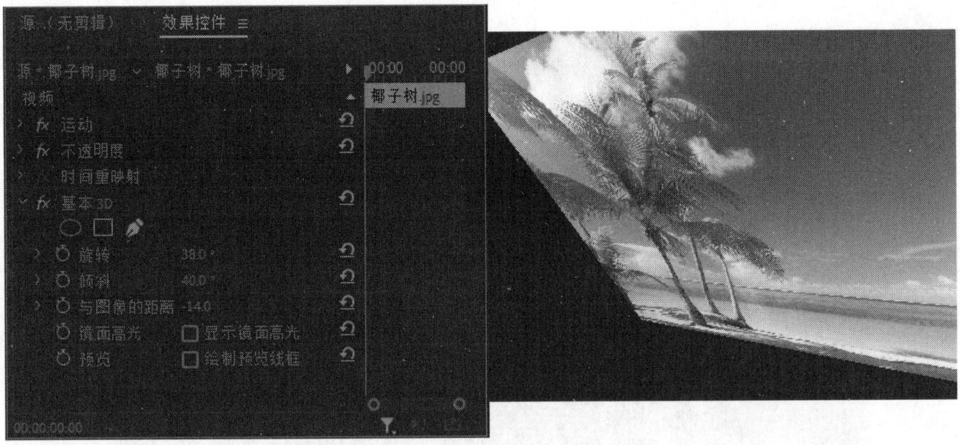

图 8-50 【基本3D】参数及效果

2. 投影

【投影】效果用于为素材添加阴影效果，其相关参数设置及效果如图 8-51 所示。

图 8-51 【投影】参数及效果

8.5.4 生成效果

【生成】类视频效果主要是对光和填充色的处理，可以使画面看起来更具光感和动感。下面将详细介绍两种常用的生成效果。

1. 镜头光晕

【镜头光晕】效果用于在图像上模拟出相机镜头拍摄的强光折射效果，其相关参数设置及效果如图 8-52 所示。

图 8-52 【镜头光晕】参数及效果

2. 闪电

【闪电】效果用于在图像上产生类似闪电或电火花的光电效果，其相关参数设置及效果如图 8-53 所示。

图 8-53 【闪电】参数及效果

8.5.5 视频特效

【视频】类特效可以调整素材的颜色、亮度、质感等，实际应用中主要用于修复原始素材的偏色及曝光不足等方面的缺陷，也可以为素材添加简单的文本说明效果。下面将详细介绍两种常用的视频特效。

1. 简单文本

为素材添加【简单文本】效果后，在【效果控件】面板中单击【编辑文本】按钮，将弹出对话框，在文本框中输入内容，单击【确定】按钮即可看到为素材添加了文本，其相关参数设置及效果如图 8-54 所示。

图 8-54 【简单文本】参数及效果

2. SDR 遵从情况

为素材添加【SDR 遵从情况】效果后，在【效果控件】面板中可以设置亮度、对比度等选项，从而改变素材的明暗度，其相关参数设置及效果如图 8-55 所示。

图 8-55 【SDR遵从情况】参数及效果

课堂范例——制作描边弹出效果

本案例将使用【查找边缘】【色彩】和【变换】等视频效果来制作为动漫人物描边并弹出的效果。

步骤 01　新建“描边弹出”项目文件，将“素材文件\第 8 章\课堂范例——制作描边弹出效果\素材.mp4”导入【项目】面板中，并将其拖入【时间轴】面板中创建序列，如图 8-56 所示。

步骤 02　使用剃刀工具在 00：00：02：14 处裁剪素材，并将后一段素材复制一份移至V2 轨道中，如图 8-57 所示。

图 8-56　导入素材并创建序列

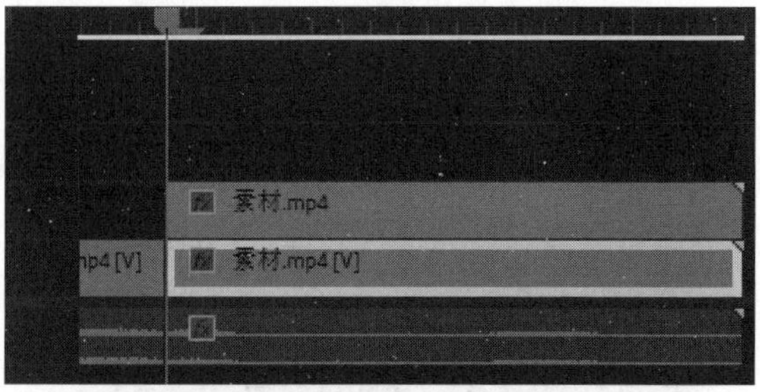

图 8-57　裁剪并复制素材

步骤 03　在【效果】面板中搜索【查找边缘】，如图 8-58 所示，将搜索到的效果拖入V2 轨道中的素材上。

步骤 04　在【效果控件】面板下的【查找边缘】选项中，勾选【反转】复选框，如图 8-59 所示。

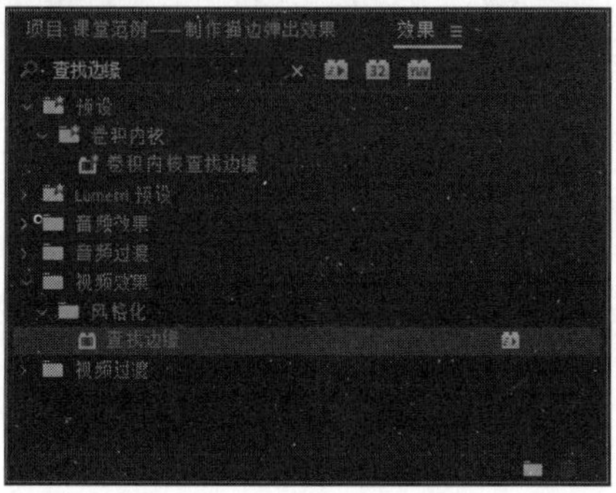

图 8-58　添加视频效果

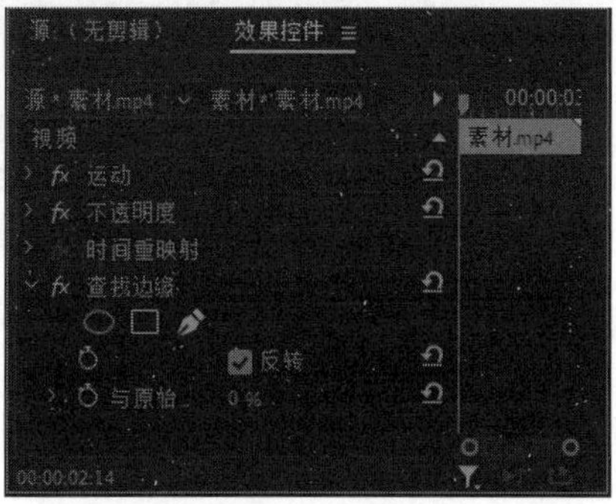

图 8-59　设置【查找边缘】效果参数

步骤 05　在【效果】面板中搜索【色彩】，将搜索到的效果拖曳至 V2 轨道中的素材上，在【效果控件】面板下的【色彩】选项中，单击【将白色映射到】选项的颜色块，如图 8-60 所示。

步骤 06　弹出【拾色器】对话框，设置 RGB 数值，如图 8-61 所示。

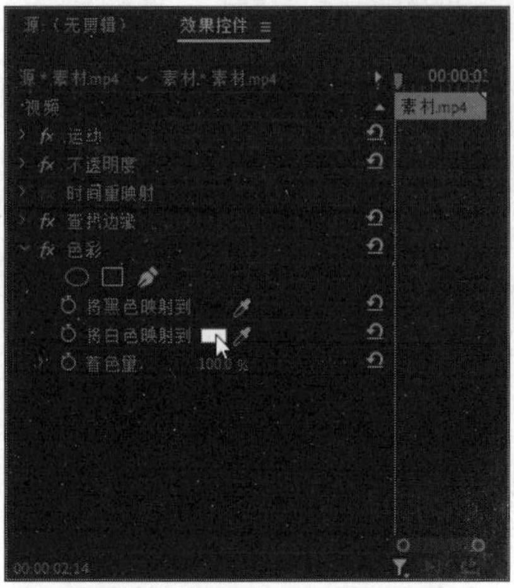

图 8-60　设置【色彩】效果参数

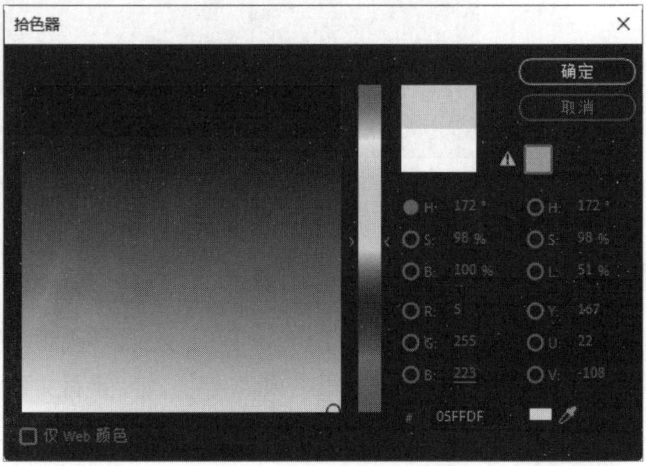

图 8-61　【拾色器】对话框

步骤 07　在【效果控件】面板中单击展开【不透明度】选项，设置【混合模式】为【颜色减淡】选项，如图 8-62 所示。

步骤 08　在【效果】面板中搜索【变换】，将搜索到的效果拖曳至 V2 轨道中的素材上，在【效果控件】面板下的【变换】选项中，在开始处为【缩放】选项创建关键帧，如图 8-63 所示。

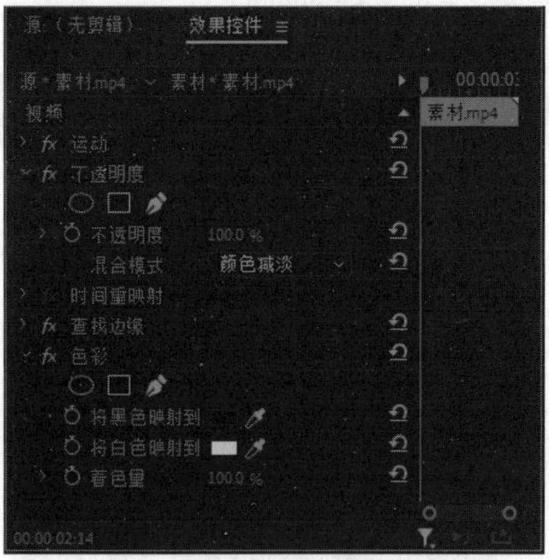

图 8-62　设置【不透明度】选项参数

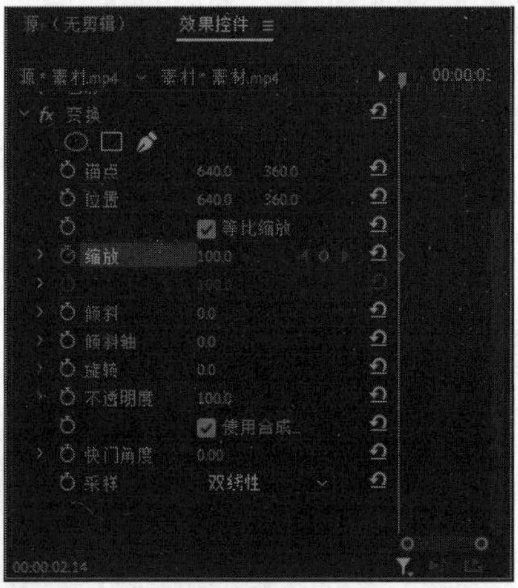

图 8-63　创建关键帧

步骤 09　在 00：00：02：21 处设置【缩放】选项参数为 143，创建第 2 个关键帧，选中两个关键帧并右击，在弹出的快捷菜单中选择【缓入】命令，如图 8-64 所示。

步骤 10　右击关键帧，在弹出的快捷菜单中选择【缓出】命令，如图 8-65 所示。

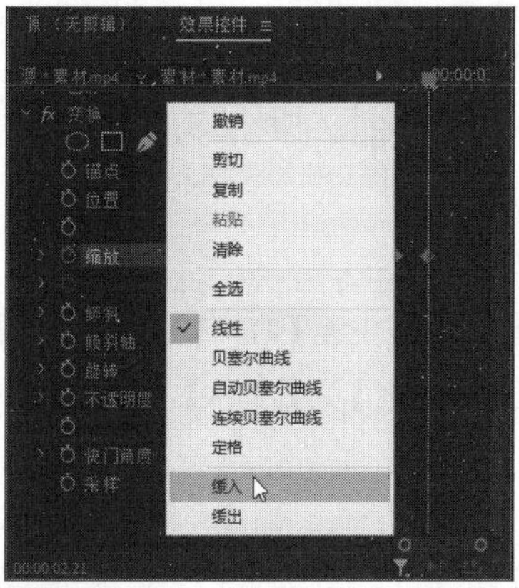

图 8-64 设置缓入

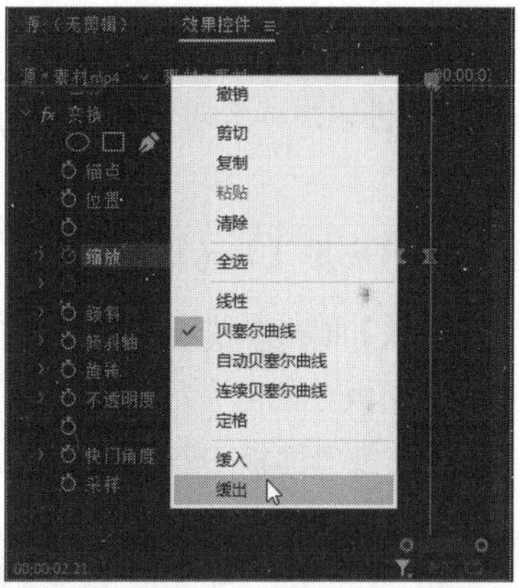

图 8-65 设置缓出

步骤 11 展开【缩放】选项，调节关键帧之间的曲线弧度，如图 8-66 所示。

步骤 12 在 00：00：02：17 处为【不透明度】选项创建关键帧，如图 8-67 所示。

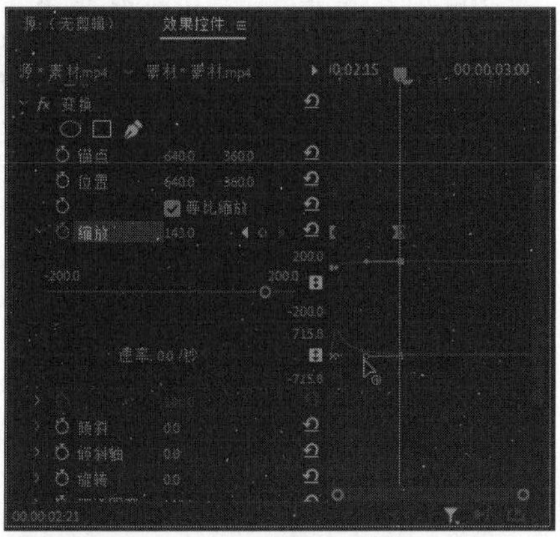

图 8-66 调节关键帧曲线弧度

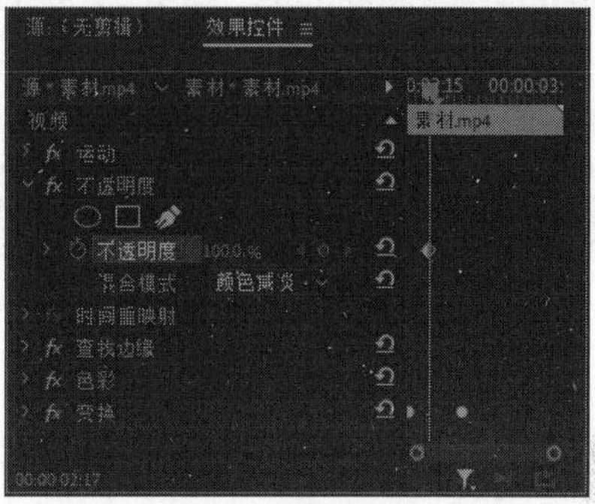

图 8-67 创建关键帧

步骤 13 在 00：00：02：21 处设置【不透明度】选项参数，创建第 2 个关键帧，如图 8-68 所示。

步骤 14 在【节目】面板中查看效果，如图 8-69 所示。

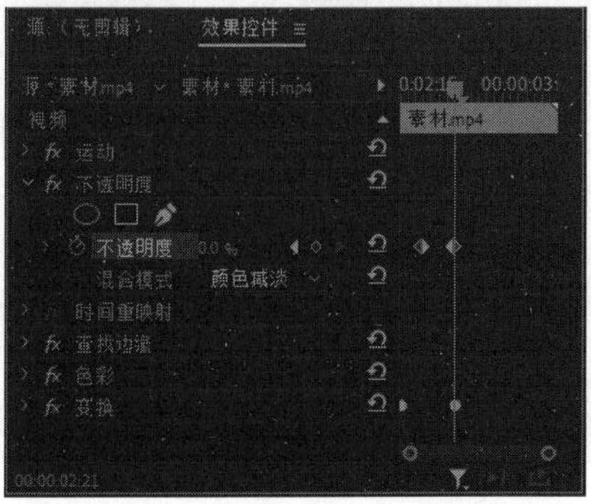

图 8-68 创建第 2 个关键帧

图 8-69 查看效果

课堂问答

通过本章的讲解，读者对设计动画与视频效果有了一定的了解，下面列出一些常见的问题供读者学习参考。

问题 1：如何应用【单元格图案】效果？

答：在【效果】面板中搜索【单元格图案】，将搜索到的效果拖曳至【时间轴】面板中的素材上，在【效果控件】面板下的【单元格图案】选项中，设置【单元格图案】为【晶体】，勾选【反转】复选框，在【节目】监视器面板中查看效果，如图 8-70 所示。

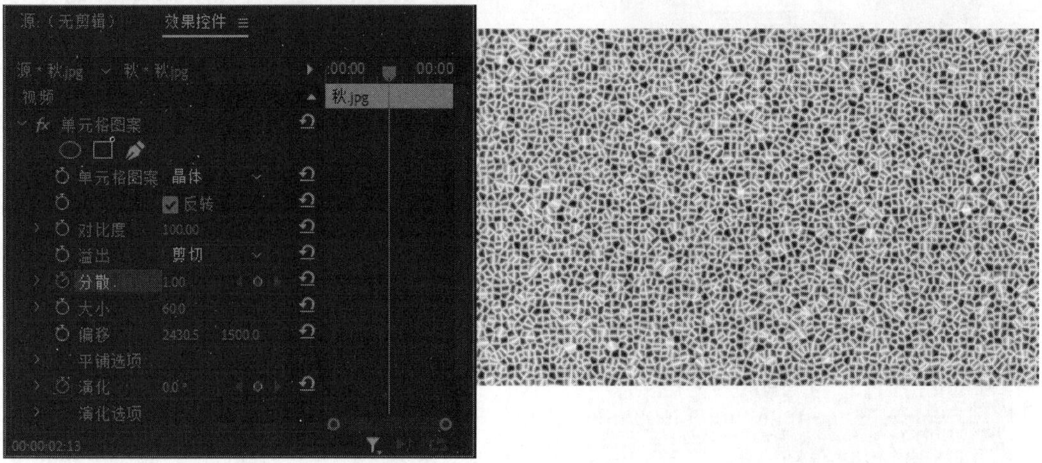

图 8-70 【单元格图案】参数及效果

问题 2：如何应用【径向擦除】效果？

答：在【效果】面板中搜索【径向擦除】，将搜索到的效果拖曳至【时间轴】面板中的素材上，在【效果控件】面板下的【径向擦除】选项中，在开始处为【过渡完成】选项创建关键帧，在 00：00：03：02 处设置【过渡完成】选项参数为 100%，在【节目】监视器面板中查看效果，如图 8-71 所示。

图 8-71 【径向擦除】参数及效果

上机实战——制作亮度键转场

为了帮助读者巩固本章知识点，下面讲解一个技能综合案例，使读者对本章的知识有更深入的了解。

效果展示

思路分析

本案例将制作亮度键转场效果，首先创建项目，导入素材，创建序列；其次取消素材的音视频链接并删除音频；再次移动素材至V2轨道中，裁剪素材；最后为素材添加效果，为效果创建关键帧动画。

制作步骤

步骤 01 新建“上机实战——制作亮度键转场”项目，将“素材文件\第8章\上机实战——制作亮度键转场”文件夹中的“素材1.mp4”和“素材2.mp4”导入【项目】面板，并将其拖入【时间轴】面板中创建序列，如图8-72所示。

步骤 02 取消“素材1.mp4”的视频和音频的链接，并删除音频，如图8-73所示。

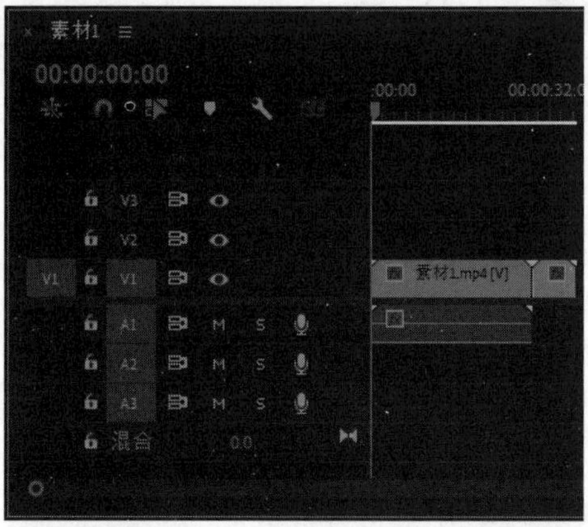

图8-72 导入素材并创建序列

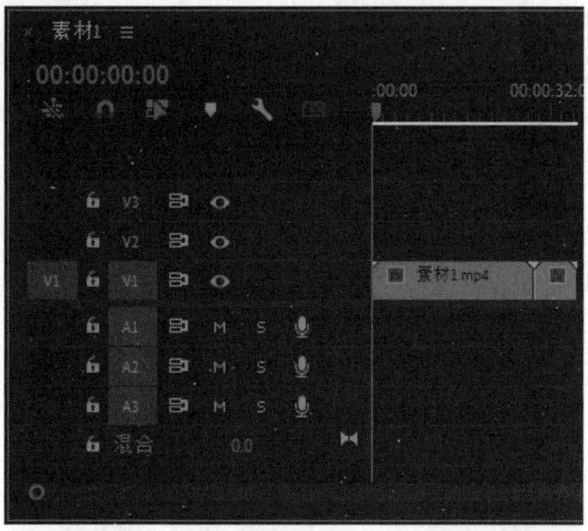

图8-73 取消音视频链接并删除音频

步骤 03 将“素材1.mp4”移至V2轨道中，将“素材2.mp4”向左移动使其与“素材1.mp4”有重叠部分，使用剃刀工具裁剪重叠部分的素材，如图8-74所示。

步骤 04 在【效果】面板中搜索【亮度键】，如图8-75所示，将搜索到的效果拖曳至V2轨道的后一段素材上。

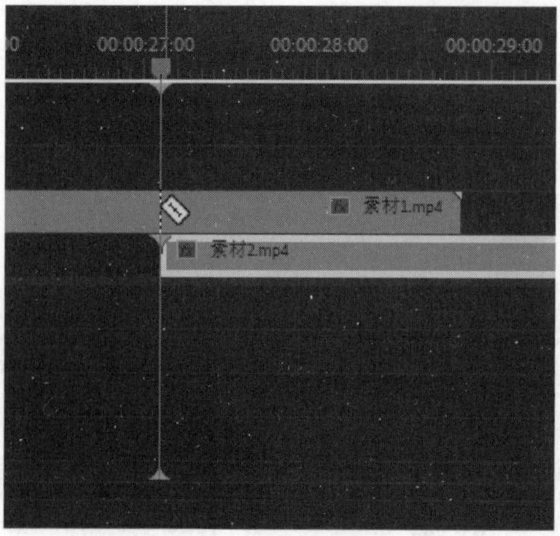

图 8-74 使用剃刀工具裁剪

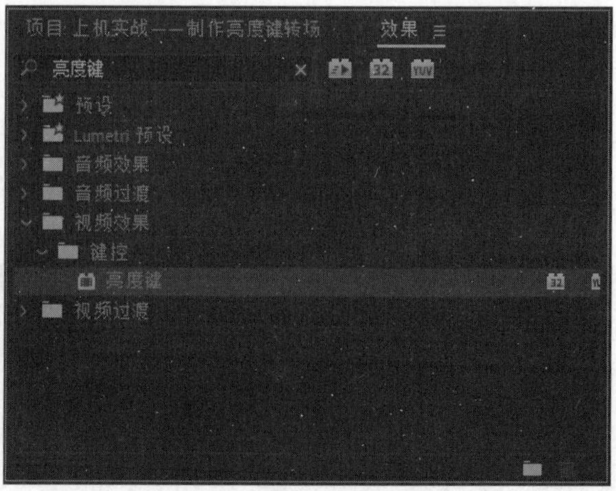

图 8-75 搜索【亮度键】

步骤 05 在【效果控件】面板中，在开始处为【阈值】和【屏蔽度】选项创建关键帧，如图 8-76 所示。

步骤 06 在结尾处设置【阈值】和【屏蔽度】选项参数，创建第 2 个关键帧即可，如图 8-77 所示。

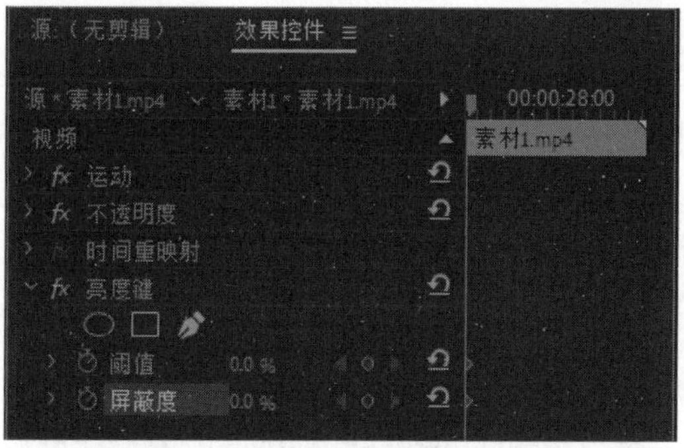

图 8-76 创建关键帧

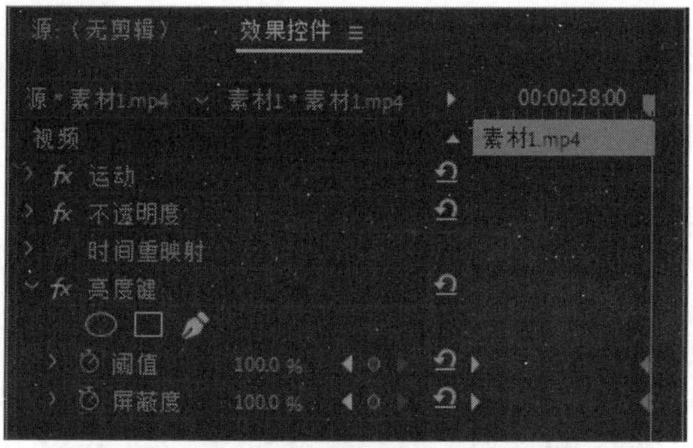

图 8-77 创建第 2 个关键帧

同步训练——制作镜头光晕动画

为了提高读者的动手能力，下面安排一个同步训练案例，让读者举一反三、触类旁通。

思路分析

本案例将制作镜头光晕动画，首先打开素材，其次为素材添加效果，为效果创建关键帧动画，最后查看效果。

关键步骤

步骤 01 打开“素材文件\第 8 章\镜头光晕\镜头光晕.prproj”，可以看到已经新建了一个【镜头光晕】序列，并在【时间轴】面板中导入了一个图片素材，在【节目】监视器面板中可以查看原素材效果，如图 8-78 所示。

步骤 02 在【效果】面板中，依次选择【视频效果】→【生成】文件夹，将【镜头光晕】效果拖曳到素材上，如图 8-79 所示。

图 8-78　查看素材效果

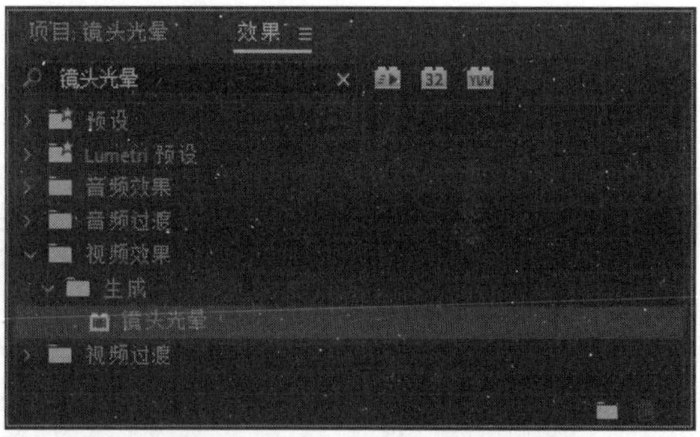

图 8-79　添加视频效果

步骤 03 将【镜头光晕】效果添加到素材上后，打开【效果控件】面板，将当前时间指示器移至起始位置，单击【光晕中心】和【光晕亮度】选项左侧的【切换动画】按钮，设置关键帧，如图 8-80 所示。

步骤 04 将当前时间指示器移至 00：00：01：00 处，给【光晕中心】和【光晕亮度】添加关键帧，设置参数如图 8-81 所示。

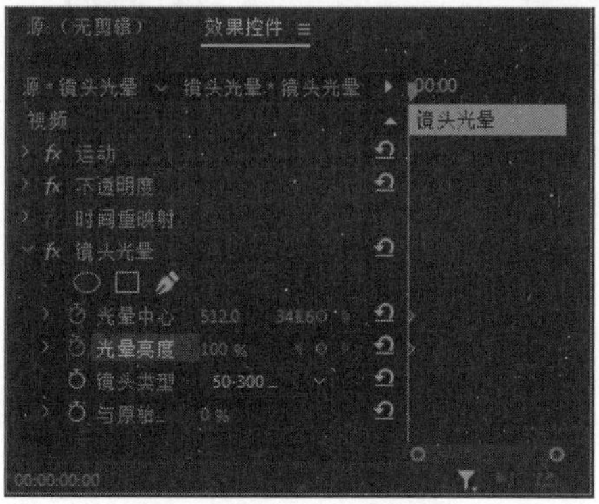

图 8-80　设置关键帧

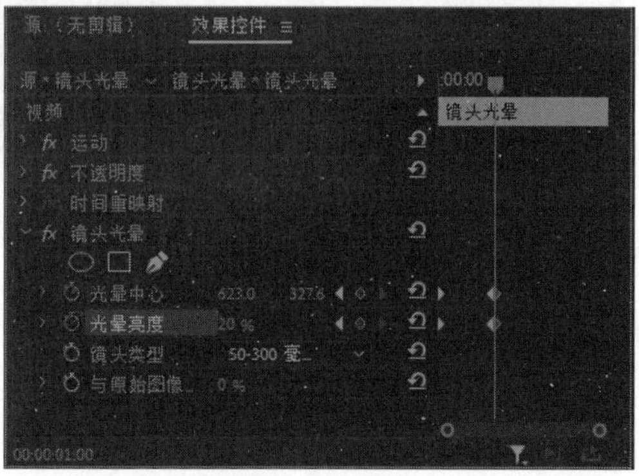

图 8-81　添加关键帧并设置参数

步骤 05 使用相同的方法，在 00：00：02：20 处给【光晕中心】和【光晕亮度】添加关键帧，设置参数如图 8-82 所示。

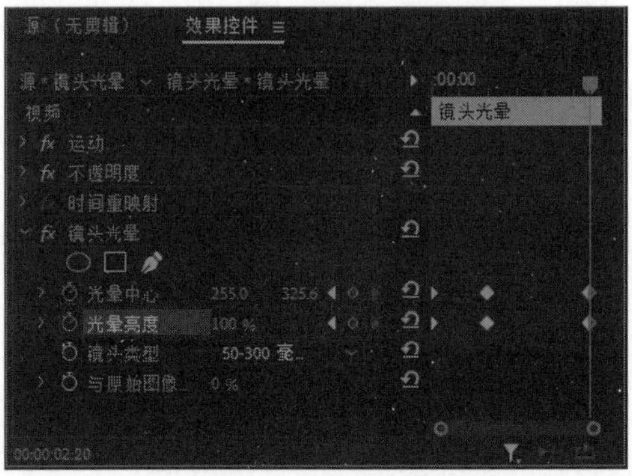

图 8-82　添加关键帧并设置参数

步骤 06　完成上述操作之后，在【节目】监视器面板中可以看到最终的画面效果，如图 8-83 所示。

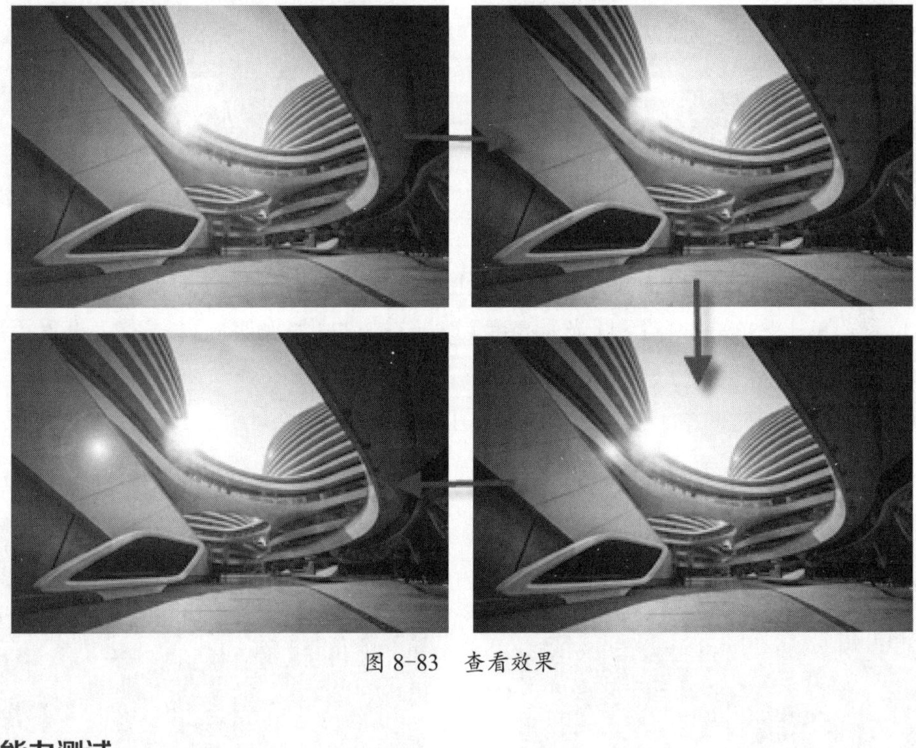

图 8-83　查看效果

知识能力测试

本章讲解了设计动画与视频效果的相关知识，为对知识进行巩固和考核，请读者完成以下练习题。

一、填空题

1. 通过更改视频素材在画面中的__________，可以快速创建出各种不同的素材运动效果。

2. 当视频效果的某一属性栏中包含多个关键帧时，单击【添加/移除关键帧】按钮两侧的________按钮或________按钮，即可在多个关键帧之间进行切换。

3. 在【效果控件】面板的轨道区域中右击，在弹出的快捷菜单中选择________命令，Premiere Pro 2022 将移除当前素材中的所有关键帧，无论该关键帧是否被选中。

二、选择题

1.【Color Pass】效果属于（　　）效果组的特效。

A.【图像控制】　　B.【实用程序】　　C.【视频】　　D.【沉浸式视频】

2. 以下不属于【过渡】效果组的特效是（　　）。

A.【块溶解】　　B.【渐变擦除】　　C.【线性擦除】　　D.【径向擦除】

3. 以下属于【透视】效果组的特效是（　　）。

A.【波形变换】　　B.【投影】　　C.【闪电】　　D.【镜头光晕】

三、简答题

1. 如何添加【波形变形】视频效果？

2. 如何复制、移动和删除关键帧？

Premiere Pro 2022

第9章 调整影片的色彩与色调

本章主要介绍调节视频色彩、调校视频颜色方面的知识与技巧，同时还讲解了如何应用视频调整类效果。通过对本章内容的学习，读者可以掌握调整影片的色彩与色调方面的知识，为深入学习Premiere Pro 2022知识奠定基础。

学习目标

- 学会调节视频色彩
- 学会调校视频颜色
- 熟练应用视频调整类效果

9.1 调节视频色彩

【图像控制】类视频效果的主要功能是更改或替换素材画面内的某些颜色，从而达到突出画面内容的目的。该效果组不仅包含调节画面灰度和亮度的效果，还包括改变固定颜色和影片整体颜色的效果。本节将详细介绍调节视频色彩方面的知识。

9.1.1 调整灰度和亮度

Premiere Pro 2022 中的关键帧可以帮助用户控制视频或音频效果中的参数变化，并将效果的渐变过程附加在过渡帧中，从而形成个性化的节目内容。在Premiere Pro 2022 中的【时间轴】和【效果控件】面板中都可以为素材添加关键帧，下面将分别进行介绍。

在【效果】面板中的【视频效果】文件夹下的【图像控制】效果组中，【Gamma Correction（灰度系数校正）】效果的作用是通过调整画面的灰度级别，改善图像显示效果、优化图像质量，如图 9-1 所示。

与其他视频效果相比，【Gamma Correction】效果的调整参数较少，如图 9-2 所示。调整方法也较为简单，当降低【Gamma（灰度系数）】选项的取值时，将提高图像内灰度像素的亮度；当提高【Gamma】选项的取值时，将降低图像内灰度像素的亮度。

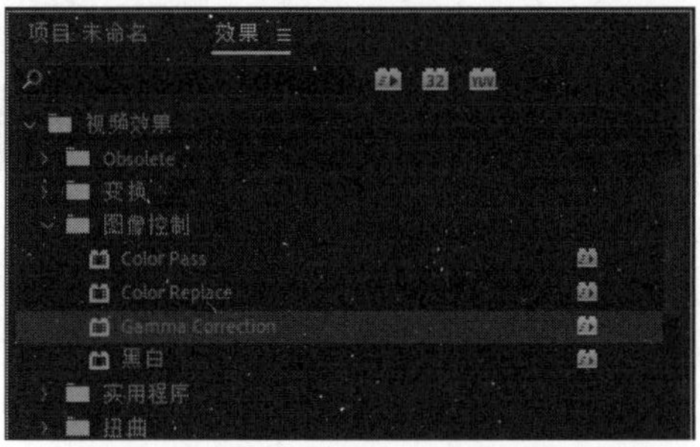

图 9-1 【Gamma Correction】效果

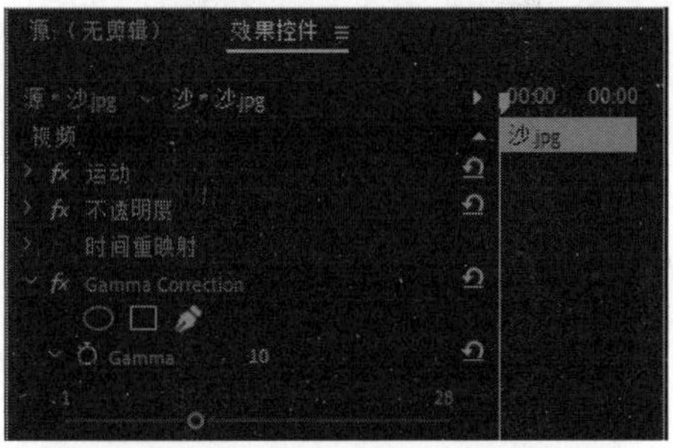

图 9-2 【Gamma Correction】参数

如图9-3所示，当降低【Gamma】选项的取值后，画面有一种提高环境光源亮度的效果；如图9-4所示，当提高【Gamma】选项的取值后，画面色彩更加鲜艳。

图 9-3 降低【Gamma】选项的取值

图 9-4 提高【Gamma】选项的取值

9.1.2 视频饱和度

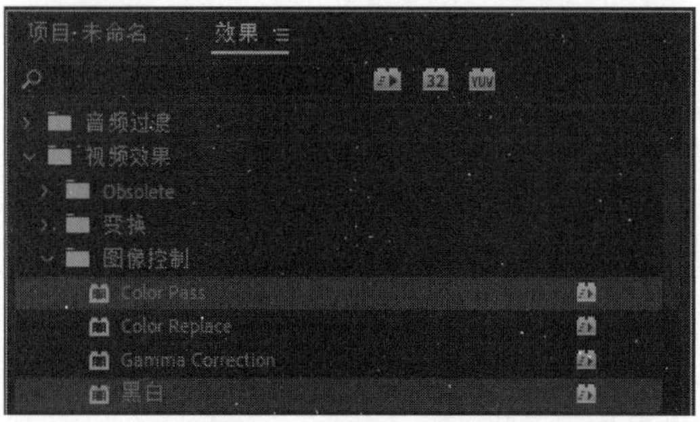

图 9-5 【Color Pass】和【黑白】效果

日常生活中的视频通常为彩色的，如果想要制作出灰度效果，则可以通过【图像控制】效果组中的【Color Pass】和【黑白】效果来实现，如图 9-5 所示。前者能够将视频画面逐渐转换为灰度，只保留某种颜色；后者则是将画面直接变成灰度。

【Color Pass】效果的功能，是将指定颜色及其相近色之外的彩色区域全部变为灰度图像。默认情况下，为素材应用【Color Pass】效果后，整个素材画面会变为灰色，如图 9-6 所示。

此时，在【效果控件】面板中的【Color Pass】选项中，单击【Color（颜色）】吸管按钮，如图 9-7 所示，然后在【监视器】面板中单击要保留的颜色，即可去除其他部分的色彩信息。

图 9-6 添加【Color Pass】效果

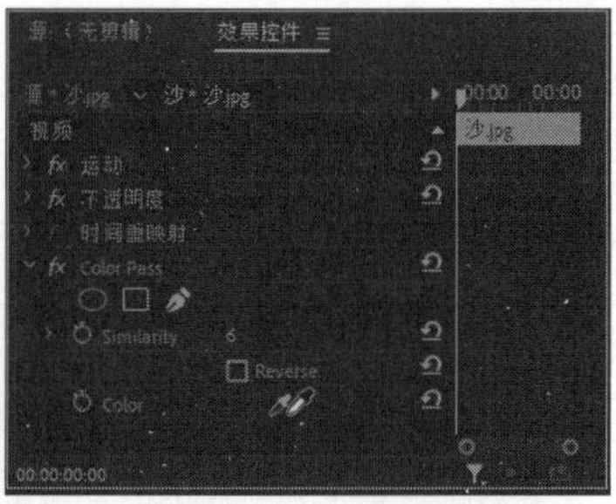

图 9-7 单击【颜色】吸管按钮

由于【Similarity（相似性）】参数值较低，因此单独调节【颜色】选项无法满足过滤画面色彩的需求。此时，只需要适当提高【Similarity】参数值，即可逐渐改变保留色彩区域的范围，如图 9-8 所示。

图 9-8 提高【Similarity】参数值效果

【黑白】效果的作用就是将彩色画面转换为灰度效果。该效果没有任何参数，只要将该效果添加至轨道中，即可将彩色画面转换为黑白色调，如图 9-9 所示。

图 9-9 【黑白】效果

9.1.3 Color Replace（颜色替换）

【Color Replace（颜色替换）】效果能够将画面中的某个颜色替换为指定颜色，而画面中的其他颜色不发生变化。要实现该效果，只需要将该效果添加至轨道中的素材上，并在【效果控件】面板中分别设置【Target Color（目标颜色）】和【Replace Color（替换颜色）】选项，即可改变画面中的某个颜色，如图 9-10 所示。

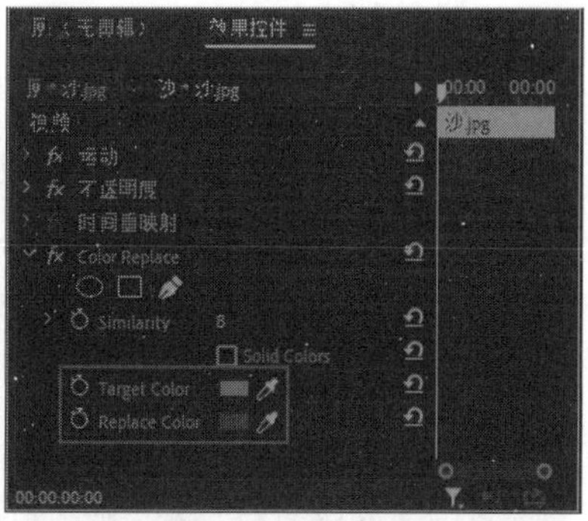

图 9-10 【Color Replace】参数

由于【Similarity】参数值较低，因此单独设置【Color Replace】选项无法满足过滤画面色彩的需求。此时，只需要适当提高【Similarity】参数值，即可逐渐改变保留色彩区域的范围，如图 9-11 所示。

图 9-11 提高【Similarity】参数值效果

技能拓展

在【Color Replace】效果中，可以通过选中【Solid Colors（纯色）】复选框，将要替换颜色的区域填充为纯色效果。

课堂范例——应用【保留颜色】效果

【保留颜色】效果可以只保留素材中指定的颜色，下面将详细介绍应用【保留颜色】效果的操作方法。

步骤 01　打开“素材文件\第 9 章\课堂范例——保留颜色\保留颜色.prproj”，可以看到已经新建了一个序列，并在【时间轴】面板中导入了一个素材，如图 9-12 所示。

步骤 02　在【效果】面板中搜索【保留颜色】，将搜索到的效果拖曳至时间轴中的素材上，在【效果控件】面板中设置参数，如图 9-13 所示。

步骤 03　可以在【节目】监视器面板中查看效果，如图 9-14 所示。

图 9-12　打开项目文件

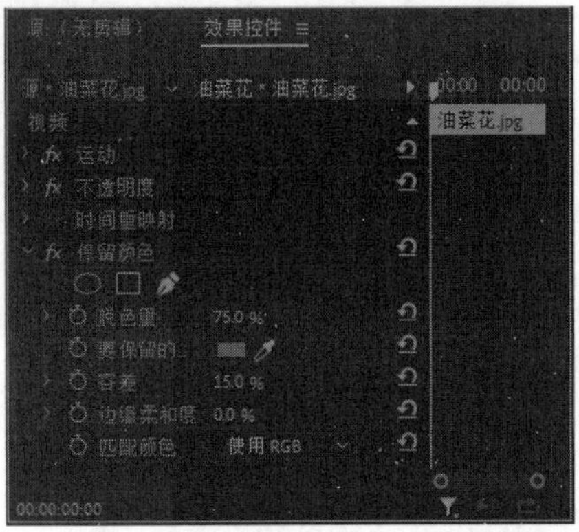

图 9-13　设置【保留颜色】效果参数

图 9-14　查看效果

9.2 调校视频颜色

拍摄得到的视频，其画面由于受拍摄当天的光照等自然因素的影响，可能会出现亮度不够、低饱和度或偏色等问题，颜色校正类效果可以很好地解决此类问题。本节将详细介绍调校视频颜色的相关知识及操作方法。

9.2.1 校正颜色

快速颜色校正器、亮度校正器和三向颜色校正器是专门用于校正画面偏色的效果，针对亮度、色相等问题进行校正，下面将详细介绍这 3 种颜色校正效果。

1. 快速颜色校正器

在【效果】面板中，依次展开【视频效果】→【过时】文件夹，将【快速颜色校正器】效果拖曳至轨道中的素材上，如图 9-15 所示。

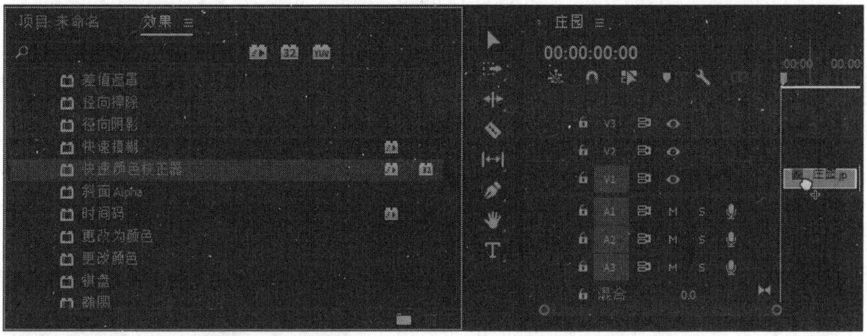

图 9-15　拖曳【快速颜色校正器】效果至素材上

在【效果控件】面板中即可显示该效果的参数，如图 9-16 所示。

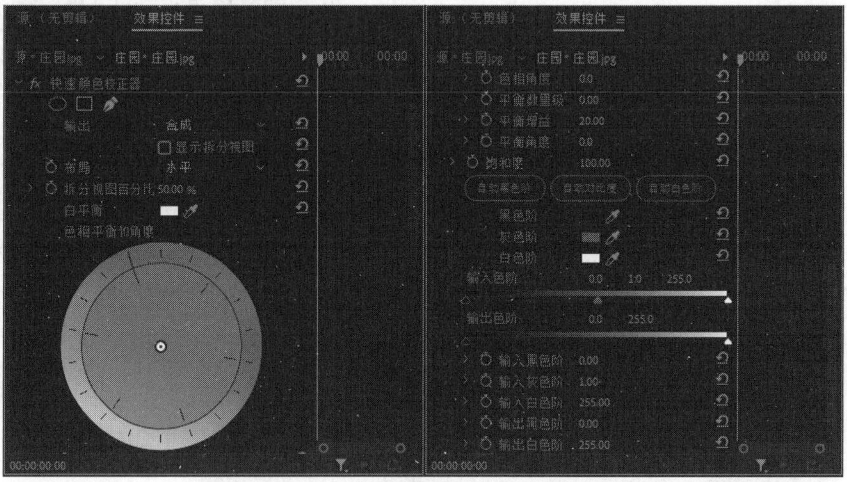

图 9-16　【快速颜色校正器】参数

在【效果控件】面板中，通过设置该效果的参数，可以得到不同的效果。下面将详细介绍一些主要的参数。

【输出】下拉按钮：用于设置输出选项，其中包括合成和亮度两种类型。如果选中【显示拆分视图】复选框，则可以设置为分屏预览效果。

【布局】下拉按钮：用于设置分屏预览布局，其中包括水平和垂直两种预览模式。

【拆分视图百分比】选项：用于设置分配比例。

【白平衡】选项：用于设置白色平衡，参数值越大，画面中的白色就越多。

【色相平衡和角度】选项：该调色盘是调整色相平衡和角度的，可以直接用它来改变画面的色调。

【色相角度】选项：用于调整调色盘中的色相角度。

【平衡数量级】选项：用于控制引入视频的颜色强度。

【平衡增益】选项：用于设置色彩的饱和度。

【平衡角度】选项：用于设置白平衡角度。

【自动黑色阶】【自动对比度】和【自动白色阶】按钮：分别用于改变素材中的黑白灰程度，也就是素材的暗调、中间调和亮调。同样可以通过设置下面的【黑色阶】【灰色阶】和【白色阶】选项来自定义颜色。

【输入色阶】和【输出色阶】选项：分别用于设置图像中的输入和输出范围，可以拖动滑块改变输入和输出范围，也可以通过该选项渐变条下方的选项参数值来设置输入和输出范围。其中，滑块与选项参数值相对应，当其中一方设置后，另一方同时更改。例如，【输入色阶】选项中的黑色滑块对应【输入黑色阶】参数。

2. 亮度校正器

【亮度校正器】效果可以调节视频画面的明暗关系。使用前文介绍的方法将该效果拖至轨道中的素材上，在【效果控件】面板中，该效果的选项与【快速颜色校正器】效果部分相同，其中【亮度】和【对比度】选项是该效果特有的，如图 9-17 所示。

在【效果控件】面板中，向左拖动【亮度】滑块，可以降低画面亮度；向右拖动【亮度】滑块，可以提高画面亮度。向左拖动【对比度】滑块，能够降低画面对比度；向右拖动【对比度】滑块，能够增强画面对比度。提高亮度、对比度前后的效果对比如图 9-18 所示。

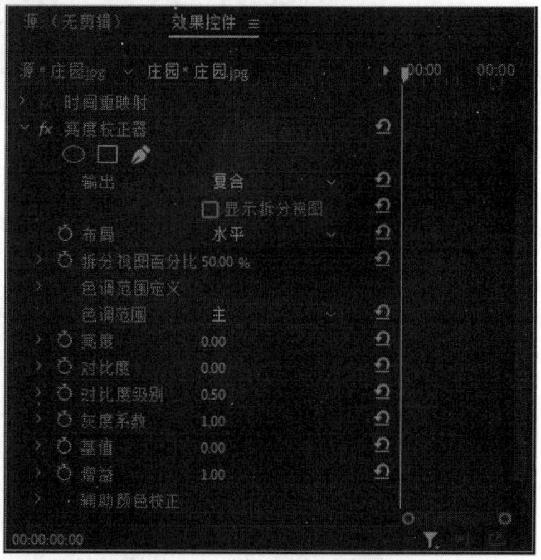

图 9-17 【亮度校正器】参数

图 9-18 提高亮度、对比度前后的效果对比

3. 三向颜色校正器

【三向颜色校正器】效果通过 3 个调色盘来调节不同色相的平衡和角度，效果参数和调节 3 个调色盘得到的效果分别如图 9-19 和图 9-20 所示。

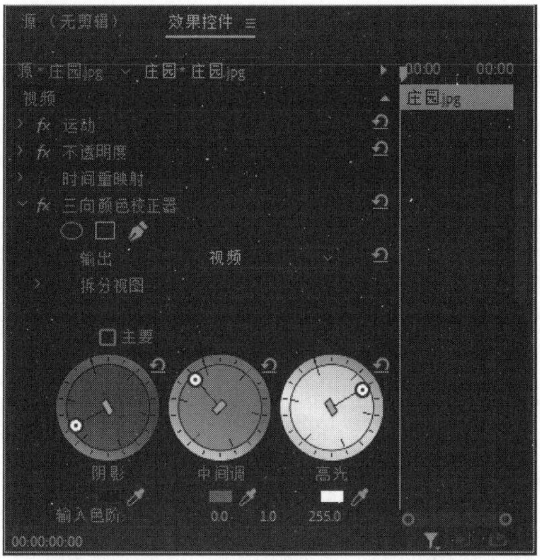

图 9-19 【三向颜色校正器】参数

图 9-20 【三向颜色校正器】效果

9.2.2 亮度调整

【亮度曲线】效果可以调整视频画面的明暗关系，能够针对 256 个色阶进行亮度或对比度调整。

【亮度曲线】效果虽然也用来设置视频画面的明暗关系，但是该效果能够更加细致地进行调节。其调节方法是：在【亮度波形】方格中，单击并向上拖动曲线，能够提高画面亮度；单击并向下拖动曲线，能够降低画面亮度；如果同时调节，能够增强画面对比度，其参数及效果如图 9-21 所示。

图 9-21 【亮度曲线】参数及效果

9.2.3 饱和度调整

颜色校正类效果还包括一些控制画面色彩饱和度的效果，如【颜色平衡（HLS）】效果，不仅可以降低饱和度，还可以改变视频画面的色调和亮度。将该效果添加至素材后，直接在【色相】选项右侧单击输入数值，或者调整该选项下方的色调圆盘，可以改变画面色调，效果如图 9-22 所示。

向左拖动【亮度】滑块，可以降低画面亮度；向右拖动【亮度】滑块，可以提高画面亮度，但是会使画面呈现一层灰色或白色，如图 9-23 所示。

图 9-22　设置【色相】效果

图 9-23　设置【亮度】效果

【饱和度】选项用来设置画面饱和度效果。向左拖动【饱和度】滑块，能够降低画面饱和度；向右拖动【饱和度】滑块，能够增强画面饱和度，设置不同饱和度的效果如图 9-24 所示。

图 9-24　设置不同【饱和度】的效果

9.2.4 复杂颜色调整

使用 Premiere Pro 2022，不仅能校正色调、调整亮度及饱和度，还可以为视频画面进行更加综合的颜色调整设置，其中包括整体色调的变换和固定颜色的变换。

1. RGB 曲线

【RGB 曲线】效果能够调整素材画面的明暗关系和色彩关系，并且能够平滑地调整素材画面的 256 级灰度，使画面调整效果更加细腻。将该效果添加至素材后，【效果控件】面板中将显示该效果的参数选项，如图 9-25 所示。【RGB 曲线】效果与【亮度曲线】效果的调整方法相同，但后者只能针对画面的明暗关系进行调整，前者则既能够调整画面的明暗关系，又能够调整画面的色彩关系。调整后的效果如图 9-26 所示。

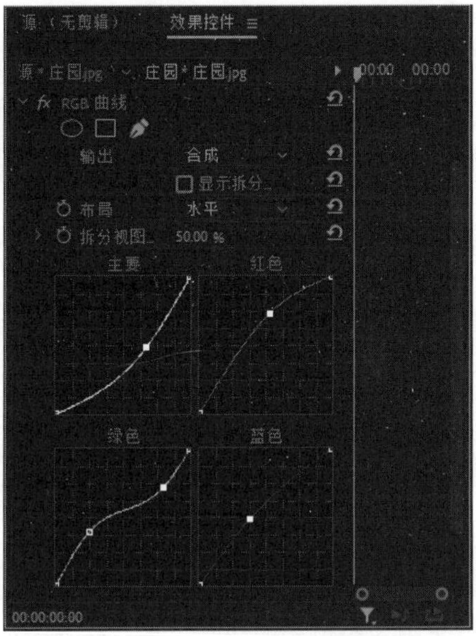

图 9-25 【RGB 曲线】参数

图 9-26 【RGB 曲线】调整后效果

2. 颜色平衡

【颜色平衡】效果能够分别为画面中的高光、中间调和暗部区域进行红、蓝、绿色调的调整。其设置方法也很简单，只需要将该效果添加至素材，在【效果控件】面板中拖动相应的滑块，或者直接输入数值，即可改变相应区域的色调效果，如图 9-27 所示。

图 9-27 【颜色平衡】参数及效果

3. 通道混合器

【通道混合器】效果是根据通道颜色调整视频画面的效果，该效果分别为红色、绿色、蓝色准备了该颜色到其他多种颜色的设置，如图 9-28 所示。

图 9-28 【通道混合器】参数及效果

在该效果中，还可以通过选中【单色】复选框，将彩色视频画面转换为灰度效果。如果在选中【单色】复选框后继续设置颜色选项，那么会改变灰度效果中各个色相的明暗关系，从而改变整幅画面的明暗关系，如图 9-29 所示。

图 9-29 选中【单色】复选框及效果

4. 更改颜色

如果想要对视频画面中的某个色相或色调进行变换，可以通过【更改颜色】效果来实现。【更改颜色】效果不但可以改变某种颜色，还可以将其转换为任何色相，并且可以设置该颜色的亮度、饱和度及匹配容差与匹配柔和度，如图 9-30 所示。

图 9-30 【更改颜色】参数及效果

9.3 视频调整类效果

视频调整类效果主要通过调整图像的色阶、阴影或高光，以及亮度、对比度等，达到优化影像质量或获得某种特殊画面效果的目的。本节将详细介绍视频调整类效果的相关知识及操作方法。

9.3.1 阴影/高光

【阴影/高光】效果能够基于阴影或高光区域，使其局部相邻像素的亮度提高或降低，从而达到校正因强逆光而形成的剪影画面的目的。

在【效果控件】面板中，展开【阴影/高光】选项后，主要通过【阴影数量】和【高光数量】等选项来调整该视频效果的应用效果，如图 9-31 所示。

图 9-31 【阴影/高光】参数及效果

在【阴影/高光】选项组中，主要选项的作用如下。

【阴影数量】选项：用于控制画面暗部区域的亮度提高数量，取值越大，暗部区域变得越亮。

【高光数量】选项：用于控制画面亮部区域的亮度降低数量，取值越大，高光区域的亮度越低。

【与原始图像混合】选项：用于为处理后的画面设置不透明度，从而将其与原画面叠加生成最终效果。

【更多选项】选项组：其中包括阴影/高光色调宽度、阴影/高光半径、中间调对比度等选项，通过这些选项，可以改变阴影区域的调整范围。

9.3.2 自动色阶

自动色阶效果会自动调整影像的最暗点和最亮点，并且在每个色版中都会把部分阴影和亮部剪裁掉，然后将每个彩色色版中最亮和最暗的像素对应到纯白色和纯黑色，也就是色阶 255 和色阶 0，如此一来，中间像素值便会依照比例重新分配。因此，使用自动色阶效果时，像素值会增加，而使影像的对比增强。如果影像中对比较低，则是因为像素值受到了压缩，因为自动色阶效果会个别地调整色版，所以可能会移除颜色或带入颜色投射。

对于某些只需要增加对比便能平均分配像素值的影像来说，自动色阶的效果特别好，如图 9-32 所示。

图 9-32 【自动色阶】参数及效果

课堂范例——制作朦胧感画面效果

本案例将详细介绍制作朦胧感画面的方法，需要用到【高斯模糊】视频效果。

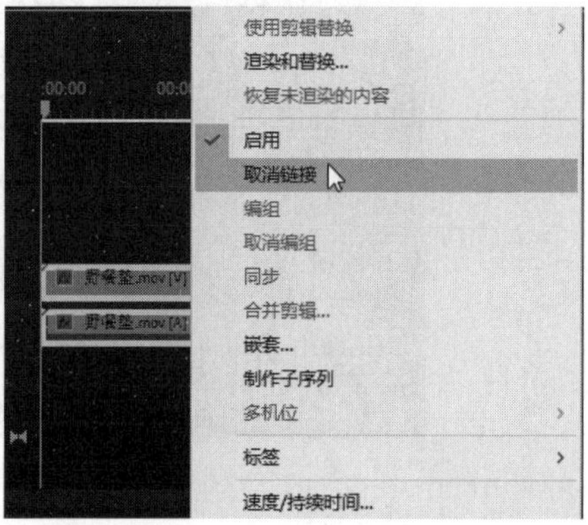

图 9-33 选择【取消链接】命令

步骤 01 打开“素材文件\第 9 章\课堂范例——制作画面朦胧感的梦境效果\画面朦胧感的梦境效果.prproj”，右击【时间轴】面板中的素材，在弹出的快捷菜单中选择【取消链接】命令，如图 9-33 所示。

步骤 02 音频和视频的链接已经取消，按住【Alt】键单击并拖曳 V1 轨道上的视频至 V2 轨道中，复制一个视频素材，如图 9-34 所示。

步骤 03 选中 V2 轨道中的素材，在【效果】面板中搜索【高斯模糊】，双击搜索到的效果即可将该效果添加到V2轨道中的素材上，如图9-35所示。

步骤04 在【效果控件】面板中设置【高斯模糊】选项下的【模糊度】选项参数，勾选【重复边缘像素】复选框，如图9-36所示。

步骤05 单击展开【不透明度】选项，设置【混合模式】为【滤色】选项，如图9-37所示。

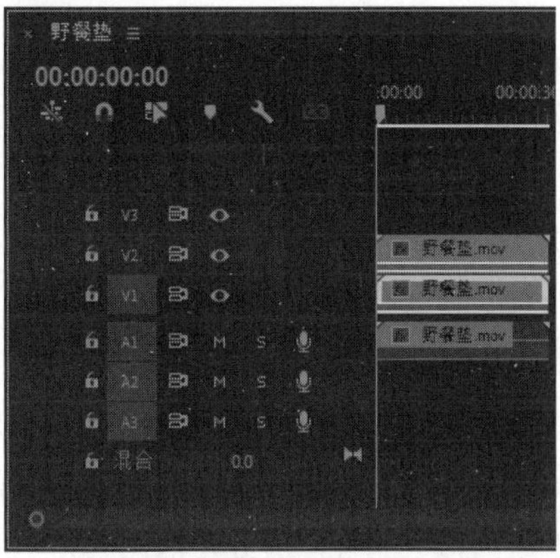

图9-34 复制视频素材

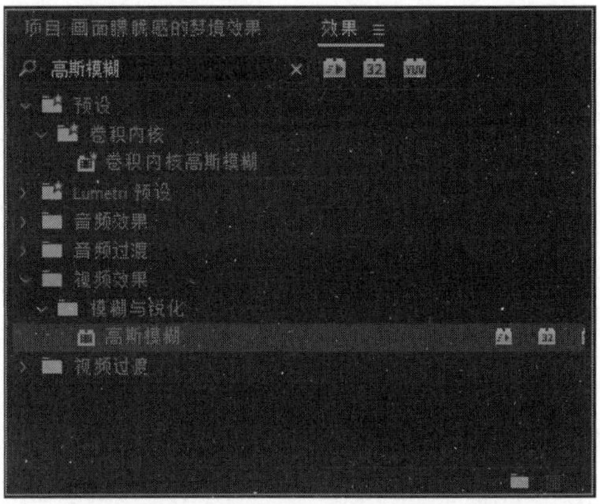

图9-35 双击【高斯模糊】效果

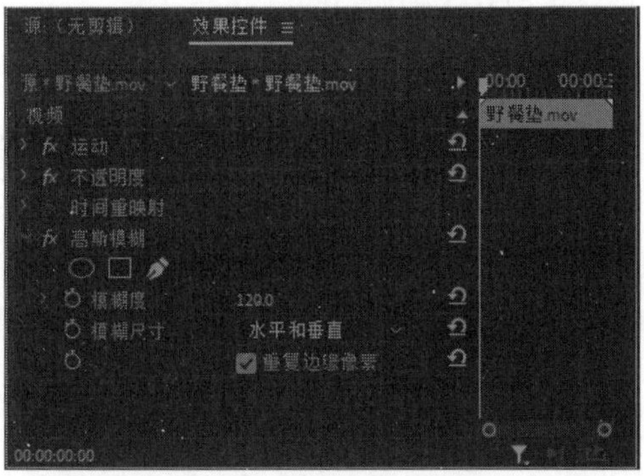

图9-36 设置效果参数

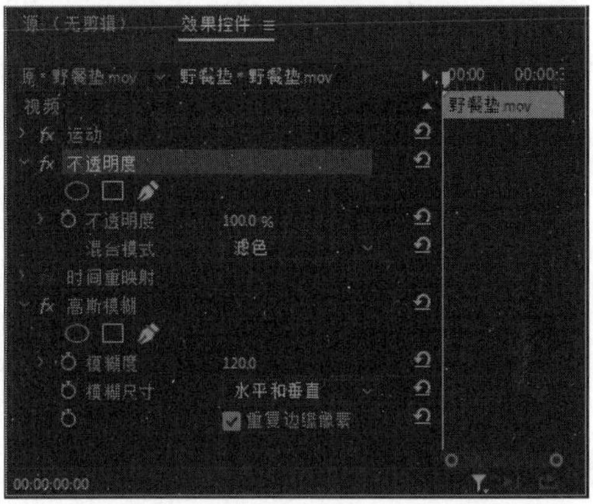

图9-37 设置【混合模式】参数

步骤06 通过以上步骤即可制作出画面具有朦胧感的效果，原素材与添加效果后的素材的对比如图9-38所示。

图9-38 效果对比

课堂问答

通过本章的讲解，读者对调整影片的色彩与色调有了一定的了解，下面列出一些常见的问题供读者学习参考。

问题 1：什么是色彩三要素？

答：在日常生活中，人们在观察物体色彩的同时，也会注意到物体的形状、面积、材质、肌理，以及该物体的功能及其所处的环境。通常来说，这些因素也会影响人们对色彩的感觉。人们通过对色彩认知进行分析，最终总结出了色相、饱和度和亮度这 3 种构成色彩的基本要素。

色相是指色彩的相貌，是区别色彩种类的名称，根据不同光线的波长进行划分。也就是说，只要色彩的波长相同，其表现出的色相便相同。

饱和度是指色彩的纯净程度，即纯度。在所有的可见光中，有波长较为单一的，也有波长较为混杂的，还有处在两者之间的。其中，黑、白、灰等波长最为混杂的色彩，是饱和度、色相感的逐渐消失造成的。从色彩的纯度方面来看，红、橙、黄、绿、青、蓝、紫这几种颜色是纯度最高的颜色，因此被称为纯色。从色彩的成分来看，饱和度取决于该色彩中的含色成分与消色成分（黑、白、灰）之间的比例。

亮度是所有色彩都具有的属性，是指色彩的明暗程度。在色彩搭配中，亮度关系是颜色搭配的基础。一般来说，通过不同亮度的对比，能够突出表现物体的立体感和空间感。

问题 2：什么是亮度和对比度？

答：对比度是画面黑与白的比值，也就是从黑到白的渐变层次。比值越大，从黑到白的渐变层次就越多，色彩表现越丰富。

亮度是指发光体光强与光源面积之比，定义为该光源单位的亮度，即单位投影面积上的发光强度。亮度也称明度，表示色彩的明暗程度。人眼所感受到的亮度是色彩反射或透射的光亮所决定的。

上机实战——制作复古电影效果

为了帮助读者巩固本章知识点，下面讲解一个技能综合案例，使读者对本章的知识有更深入的了解。

效果展示

思路分析

本案例将制作复古电影效果，首先打开素材，为素材添加【彩色浮雕】效果和【杂色】效果，并设置效果参数；其次打开【Lumetri颜色】面板，单击展开【创意】选项，设置选项参数；再次为素材添加【波形变形】效果并设置参数；最后导入素材，为素材添加【黑白】效果并设置效果参数。

制作步骤

步骤 01 打开“素材文件\第 9 章\上机实战——制作复古电影效果\复古电影效果.prproj”，可以看到已经新建一个序列，如图 9-39 所示。

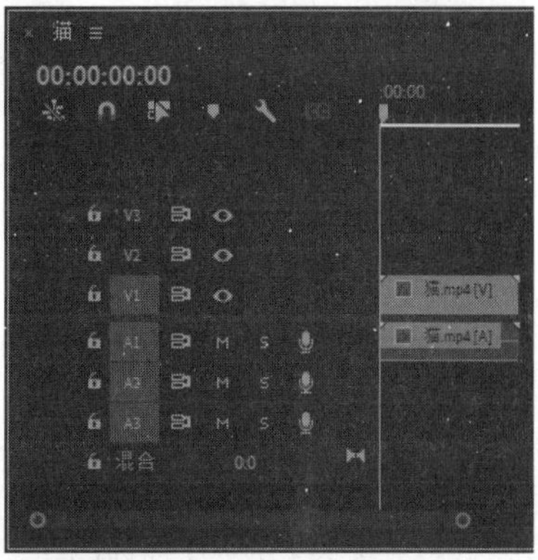

图 9-39 打开素材

步骤 02 选中 V1 轨道中的素材，在【效果】面板中搜索【彩色浮雕】，双击搜索到的效果即可将该效果添加到V1 轨道中的素材上，在【效果控件】面板中设置【彩色浮雕】选项的参数，如图 9-40 所示。

步骤 03 在【效果】面板中搜索【杂色】，双击搜索到的效果即可将该效果添加到V1 轨道中的素材上，在【效果控件】面板中设置【杂色】选项的参数，如图 9-41 所示。

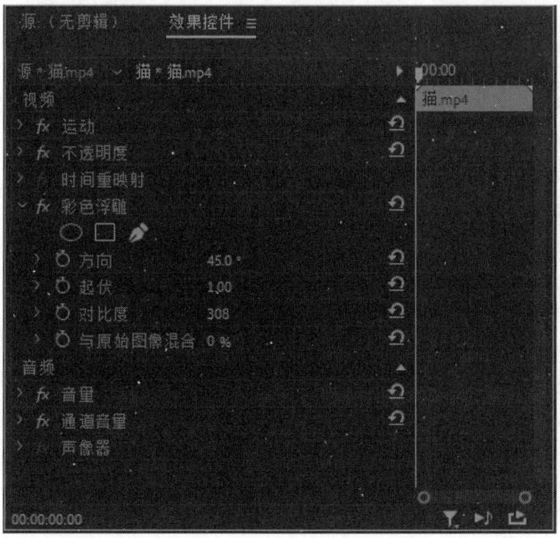

图 9-40 设置【彩色浮雕】效果参数

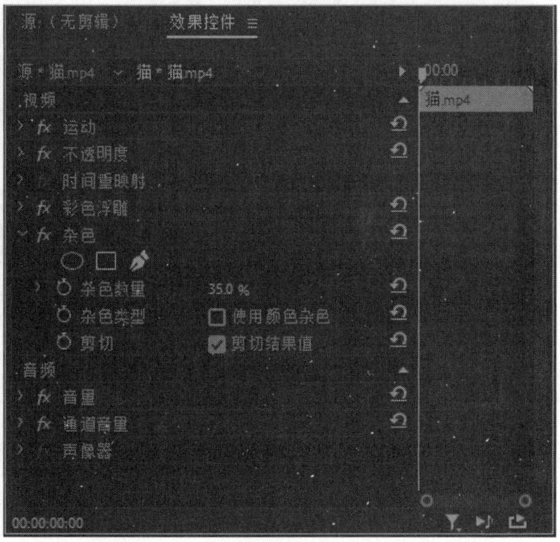

图 9-41 设置【杂色】效果参数

步骤 04 打开【Lumetri 颜色】面板，单击展开【创意】选项，设置选项参数，如图 9-42 所示。

步骤 05 在【效果】面板中搜索【波形变形】，双击搜索到的效果即可将该效果添加到V1 轨道中的素材上，在【效果控件】面板中设置【波形变形】选项的参数，如图 9-43 所示。

步骤 06 将“电影斑点.mov”导入【项目】面板，将其拖入V1 轨道中，右击素材，在弹出的快捷菜单中选择【取消链接】命令，如图 9-44 所示。

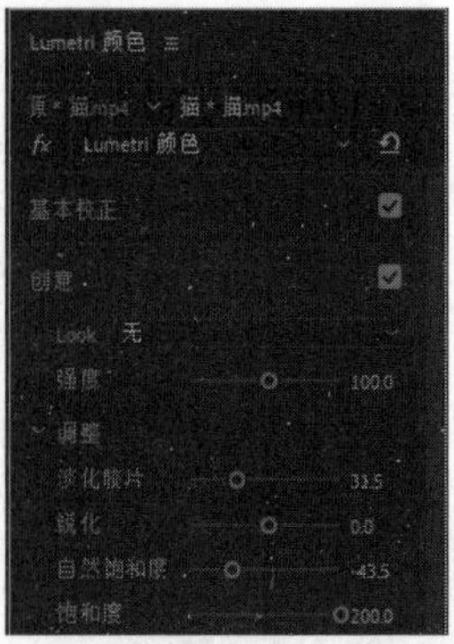

图 9-42 设置【创意】选项参数

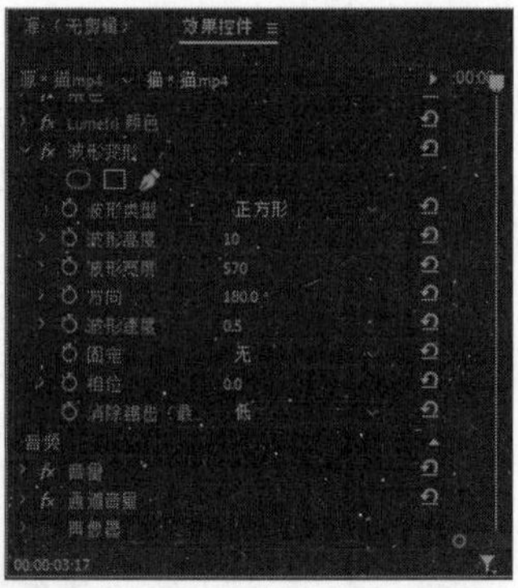

图 9-43 设置【波形变形】效果参数

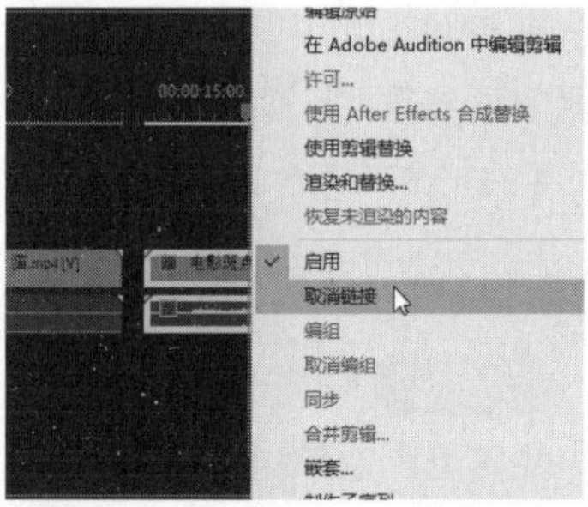

图 9-44 选择【取消链接】命令

步骤 07 删除“电影斑点.mov”的音频文件，将“电影斑点.mov”移至 V2 轨道中与“猫.mp4”对齐，如图 9-45 所示。

步骤 08 选中“电影斑点.mov”素材，在【效果】面板中搜索【黑白】，双击搜索到的效果即可将该效果添加到“电影斑点.mov”素材上，如图 9-46 所示。

步骤 09 选中“电影斑点.mov”素材，在【效果控件】面板中单击展开【不透明度】选项，设置【混合模式】为【柔光】选项即可，如图 9-47 所示。

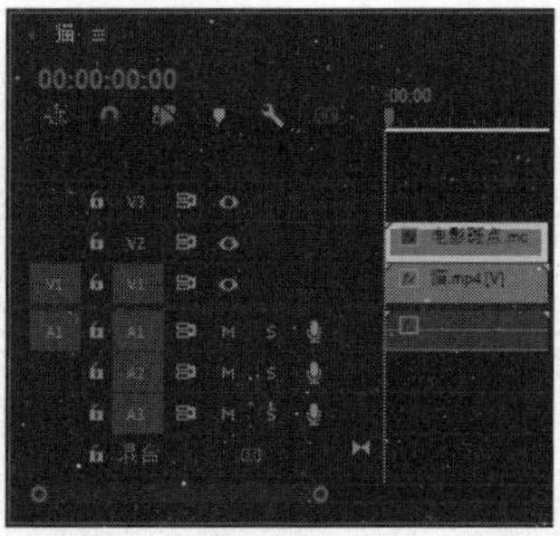

图 9-45 移动素材位置

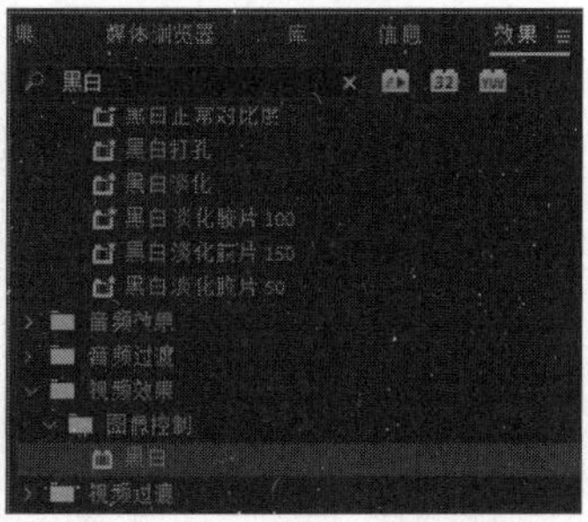

图 9-46 添加【黑白】效果

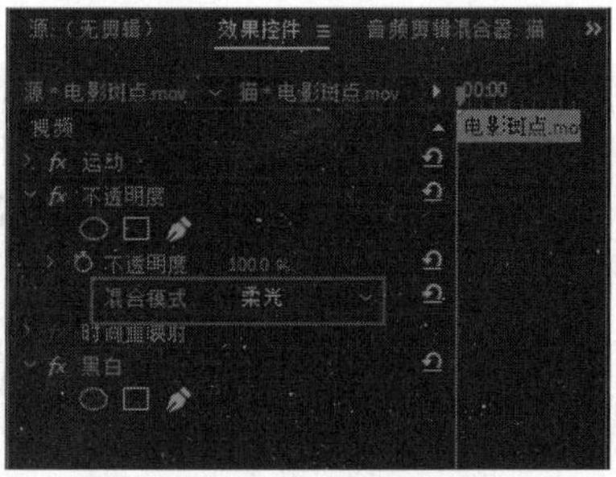

图 9-47 设置【混合模式】选项

同步训练——制作颜色分离效果

为了提高读者的动手能力，下面安排一个同步训练案例，让读者举一反三、触类旁通。

图解流程

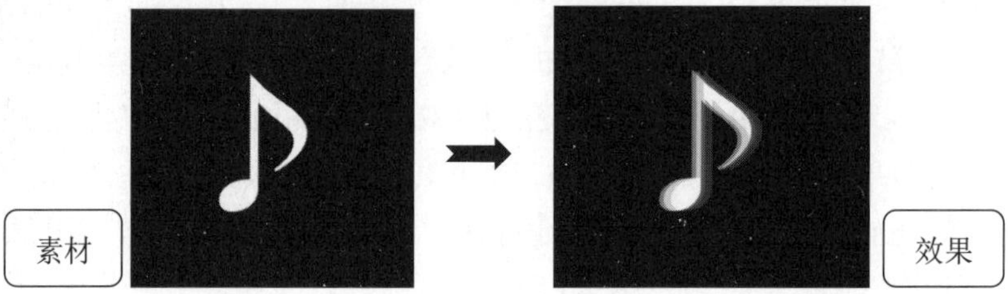

思路分析

本案例将制作颜色分离效果，步骤是打开素材，复制两份素材至V2、V3轨道中，再为素材添加效果，设置效果参数，最后移动每个素材的位置。

关键步骤

步骤 01 打开“素材文件\第 9 章\颜色分离\颜色分离.prproj”，可以看到已经新建了一个序列，并在【时间轴】面板中导入了一个素材，此时在【节目】监视器面板中可以看到素材文件的画面效果，如图 9-48 所示。

步骤 02 在【效果】面板的搜索框中输入“RGB”，将搜索到的【Color Balance（RGB）】效果拖曳至V1 轨道中的素材上，复制素材至V2 和V3 轨道中。

步骤 03 在【时间轴】面板中选中 V1 轨道中的素材，在【效果控件】面板中设置【Color Balance（RGB）】选项的参数，如图 9-49 所示。

图 9-48 素材效果

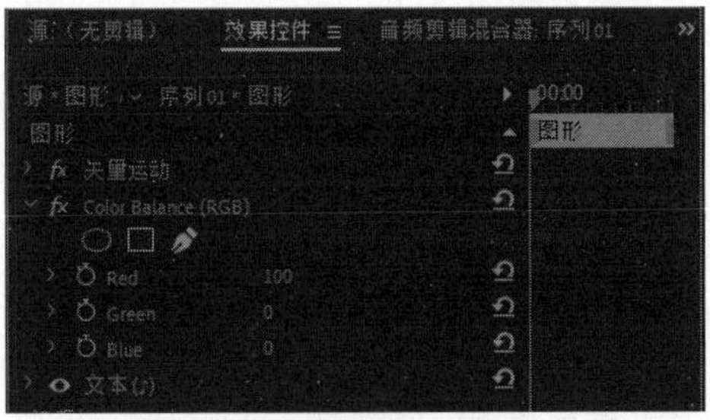

图 9-49 设置效果参数 1

步骤 04 在【时间轴】面板中选中 V2 轨道中的素材，在【效果控件】面板中设置【Color Balance（RGB）】选项的参数，并设置【不透明度】选项下的【混合模式】为【滤色】选项，如图 9-50 所示。

步骤 05 在【时间轴】面板中选中 V3 轨道中的素材，在【效果控件】面板中设置【Color Balance（RGB）】选项的参数，并设置【不透明度】选项下的【混合模式】为【滤色】选项，如图 9-51 所示。

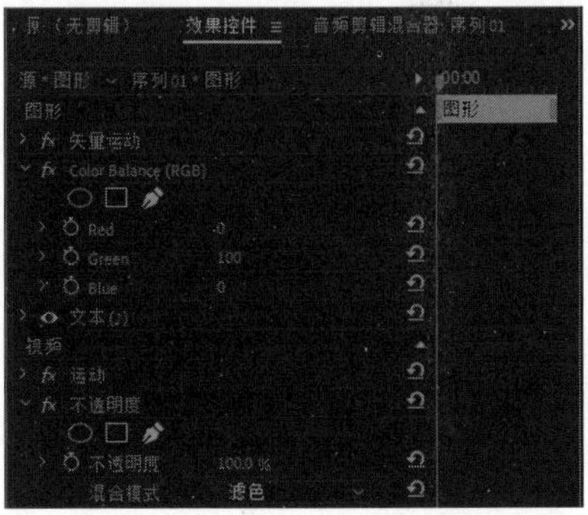

图 9-50 设置效果参数 2

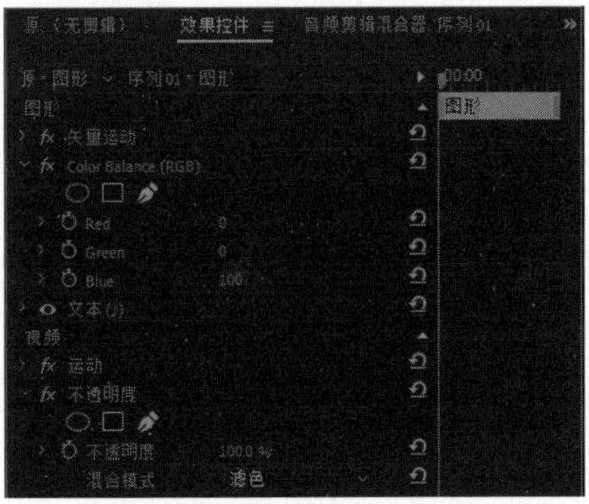

图 9-51 设置效果参数 3

步骤 06 稍微向左移动V2、向右移动V3轨道中素材的【X】位置选项参数，使不同的颜色露出一部分，即完成操作。

知识能力测试

本章讲解了调整影片的色彩与色调的相关知识，为对知识进行巩固和考核，请读者完成以下练习题。

一、填空题

1. 日常生活中的视频通常为彩色的，如果想要制作出灰度效果，则可以通过【图像控制】效果组中的_________和_________效果来实现。

2. 快速颜色校正器、亮度校正器和_________专门用于校正画面偏色。

3. ____________效果可以调节视频画面的明暗关系。

二、选择题

1. 以下不属于【图像控制】效果的是（　　）。

A.【Gamma Correction（灰度系数校正）】　B.【Color Replace（颜色替换）】
C. 颜色平衡（RGB）　D.【Color Pass（颜色过滤）】

2. 以下不属于色彩三要素的是（　　）。

A. 饱和度　B. RGB 曲线　C. 色相　D. 亮度

三、简答题

1. 如何为素材添加【自动色阶】效果？

2. 如何为素材添加【Color Replace（颜色替换）】效果？

Premiere Pro 2022

第10章 叠加与抠像

本章主要介绍叠加与抠像概述、叠加方式与抠像方面的知识与技巧，同时还讲解了如何使用颜色遮罩抠像。通过对本章内容的学习，读者可以掌握叠加与抠像方面的知识，为深入学习 Premiere Pro 2022 知识奠定基础。

学习目标

- 认识叠加与抠像的作用
- 熟练掌握叠加方式与抠像技能
- 熟练使用颜色遮罩抠像

10.1 叠加与抠像概述

抠像作为一门实用且有效的特效手段，被广泛运用于影视处理的很多领域，它可以使多种影片素材通过剪辑产生完美的画面合成效果。叠加是将多个素材混合在一起，从而产生各种特别的效果。本节将详细介绍叠加与抠像的相关知识。

10.1.1 叠加概述

在编辑视频时，如果需要使两个或多个画面同时出现，则可以使用叠加的方式来实现。

在 Premiere Pro 2022 中，【视频效果】文件夹下的【键控】效果组提供了多种效果，可以帮助用户制作素材叠加的效果，如图 10-1 所示。

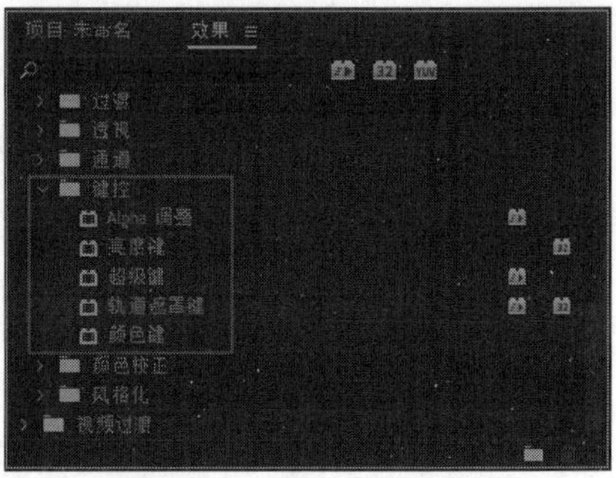

图 10-1 【键控】效果组

10.1.2 抠像概述

抠像是将画面中的某一颜色进行抠除并转换为透明色，是影视制作领域较为常见的技术手段，如演员在绿色或蓝色的背景前表演，但是在影片中看不到这些背景，就是运用了抠像的技术手段。

在影视制作过程中，背景的颜色不仅仅局限于绿色和蓝色，任何与演员服饰、妆容等区分开来的纯色都可以应用该技术，如图 10-2 所示。

抠像的最终目的是将物体与背景进行融合。可以使用其他背景素材替换原背景，也可以再添加一些相应的前景元素，使其与原始图像相互融合，形成二层或多层画面的叠加合成，以获得丰富的层次感及神奇的视觉艺术效果，如图 10-3 所示。

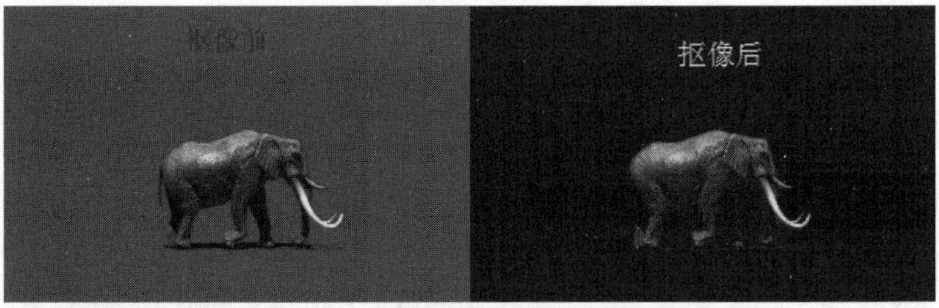

图 10-2 抠像前后的效果对比

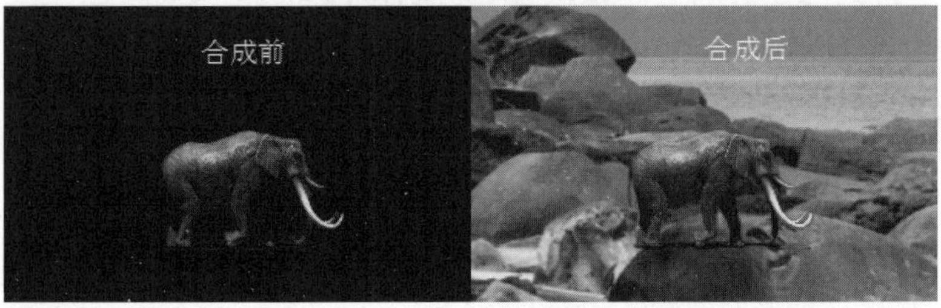

图 10-3 合成前后的效果对比

10.1.3 调节不透明度

在Premiere Pro 2022中，操作最为简单、使用最为方便的视频合成方式，就是通过降低顶层视频轨道中的素材的透明度，从而显现出底层视频轨道中的素材内容。操作时，只需选择顶层视频轨道中的素材，在【效果控件】面板中直接降低【不透明度】参数值，所选视频素材的画面将会呈现一种半透明状态，从而隐约透出底层视频轨道中的内容，如图10-4所示。

图10-4　降低【不透明度】参数值显现底层视频

上述操作多应用于两个视频素材的重叠部分。也就是说，通过添加【不透明度】关键帧，影视编辑人员可以使用降低素材透明度的方式来制作过渡效果，降低【不透明度】参数值的过渡效果如图10-5所示。

图10-5　降低【不透明度】参数值的过渡效果

10.2 叠加方式与抠像

抠像是影视合成中常用的技术，它通过去除指定区域的颜色，使其变得透明来完成和其他素材的合成。叠加方式与抠像技术是紧密相连的，叠加类特效主要用于处理抠像效果、对素材进行动态跟踪和叠加各种不同的素材，是影视编辑与制作中常用的视频特效。

10.2.1 Alpha调整

【视频效果】文件夹中的【键控】效果组中的【Alpha调整】效果，用于为上层图像中的Alpha通道设置遮罩叠加效果，其相关参数设置及效果如图10-6所示。

图 10-6 【Alpha调整】参数及效果

在【Alpha调整】选项组中，各个选项的作用如下。

【不透明度】选项：能够控制Alpha通道的透明程度，因此在更改其参数值后会直接影响相应图像素材在画面中的表现效果。

【忽略Alpha】复选框：选中该复选框，序列将会忽略图像素材Alpha通道所定义的透明区域，并使用黑色像素填充这些透明区域。

【反转Alpha】复选框：选中该复选框，会反转Alpha通道所定义的透明区域的范围。

【仅蒙版】复选框：选中该复选框，则图像素材在画面中的非透明区域将显示为通道画面，但透明区域不会受影响。

10.2.2 亮度键

【亮度键】效果用于将生成图像中的灰度像素设置为透明，并且保持色度不变。在【效果控件】面板中，通过更改【亮度键】选项组中的【阈值】和【屏蔽度】参数，可以调整应用于素材中的效果，其相关参数设置及效果如图 10-7 所示。

图 10-7 【亮度键】参数及效果

10.2.3 差值遮罩

【差值遮罩】效果在Premiere Pro 2020 版本中被放置在【键控】视频效果文件夹中，在Premiere Pro 2022 版本中则被放置在【过时】视频效果文件夹中。【差值遮罩】效果的作用是对比两个相似的图像剪辑，并去除两个图像在画面中的相似部分，只留下有差异的图像内容。因此，该视频效果在应用时对素材的内容要求较为严格，但在某些情况下，能够很轻易地将运动对象从静态背景中抠取出来。其参数设置及效果如图 10-8 所示。

图 10-8 【差值遮罩】参数及效果

在【差值遮罩】选项组中，各个选项的作用如下。

【视图】下拉按钮：用于确定最终输出于【节目】监视器面板中的画面的内容，共有【最终输出】【仅限源】和【仅限遮罩】3 个选项。【最终输出】选项用于输出两个素材进行差值匹配后的结果画面；【仅限源】选项用于输出应用该效果的素材画面；【仅限遮罩】选项用于输出差值匹配后产生的遮罩画面。

【差值图层】下拉按钮：用于确定与源素材进行差值匹配操作的素材位置，即确定差值匹配素材所在的轨道。

【如果图层大小不同】下拉按钮：当源素材与差值匹配素材的尺寸不同时，可通过该选项来确定差值匹配操作将以何种方式展开。

【匹配容差】选项：该选项的取值越大，类似的匹配就越宽松；该选项的取值越小，类似的匹配就越严格。

【匹配柔和度】选项：该选项会影响差值匹配结果的透明度，其取值越大，差值匹配结果的透明度就越大；反之，则差值匹配结果的透明度就越小。

【差值前模糊】选项：根据该选项取值的不同，Premiere Pro 2022 会在差值匹配操作前对匹配素材进行一定程度的模糊处理。因此，【差值前模糊】选项的取值将直接影响差值匹配的精确程度。

10.2.4 轨道遮罩键

从效果及实现原理来看，【轨道遮罩键】效果与【图像遮罩键】效果完全相同，都是将其他素材作为遮罩后隐藏或显示目标素材的部分内容。从实现方式来看，【轨道遮罩键】效果是将图像添加到时间轴作为遮罩素材使用；而【图像遮罩键】效果是直接将遮罩素材附加在目标素材上。【轨道遮罩键】参数及效果如图 10-9 所示。

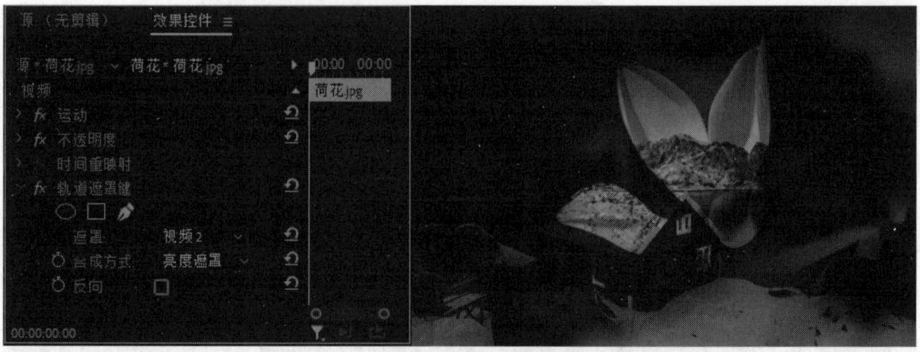

图 10-9 【轨道遮罩键】参数及效果

在【轨道遮罩键】选项组中，各个选项的作用如下。

【遮罩】下拉按钮：用于设置遮罩素材的位置。

【合成方式】下拉按钮：用于确定遮罩素材将以怎样的方式来影响目标素材。当【合成方式】选项为【Alpha 遮罩】时，Premiere Pro 2022 将利用遮罩素材内的 Alpha 通道来隐藏目标素材；当【合成方式】选项为【亮度遮罩】时，Premiere Pro 2022 则会使用遮罩素材本身的视频画面来控制目标素材内容的显示与隐藏。

【反向】复选框：用于反转遮罩内的黑、白像素，从而显示原本透明的区域，并隐藏原本能够显示的内容。

课堂范例——应用【非红色键】效果

【非红色键】效果能够同时去除视频画面内的蓝色和绿色背景，它包括两个混合滑块，可以混合两个轨道素材。

步骤 01 打开“素材文件\第 10 章\课堂范例——非红色键\非红色键.prproj”，可以看到已经新建了一个序列，并在【时间轴】面板中导入了两个图片素材，如图 10-10 所示。

步骤 02 选中 V2 轨道中的素材，在【效果】面板中搜索【非红色键】，双击【非红色键】效果即可将效果添加到 V2 轨道中的素材上，如图 10-11 所示。

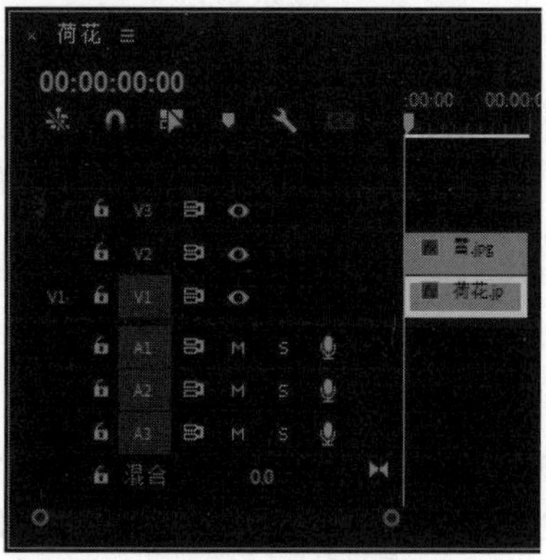

图 10-10 打开项目文件

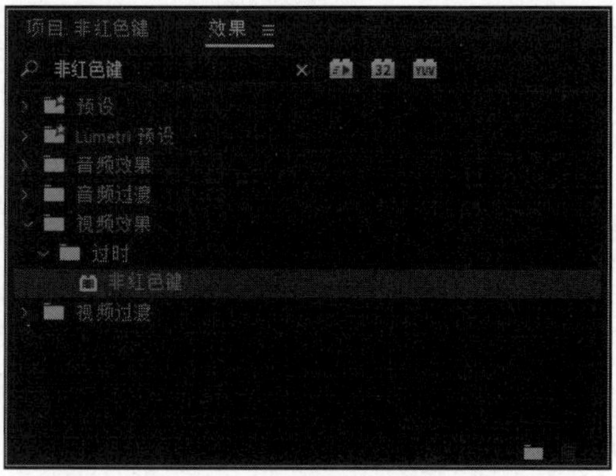

图 10-11 添加效果到素材上

步骤03 在【效果控件】面板中，单击【非红色键】选项组中的【阈值】选项左侧的【切换动画】按钮，在起始位置创建第 1 个关键帧，如图 10-12 所示。

步骤04 移动当前时间指示器至第 2 个位置，设置【阈值】参数，添加第 2 个关键帧，如图 10-13 所示。

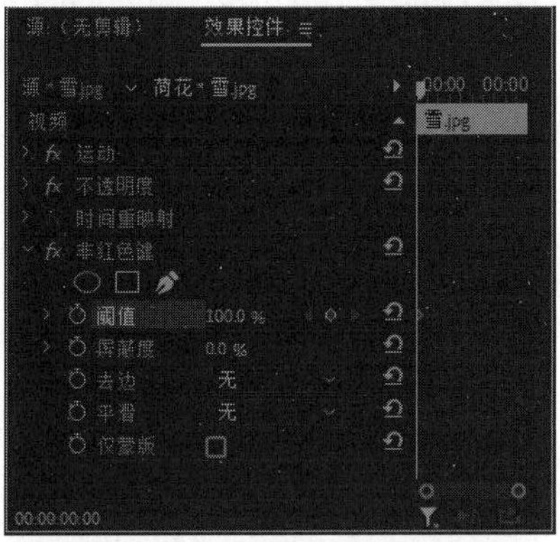

图 10-12 创建第 1 个关键帧

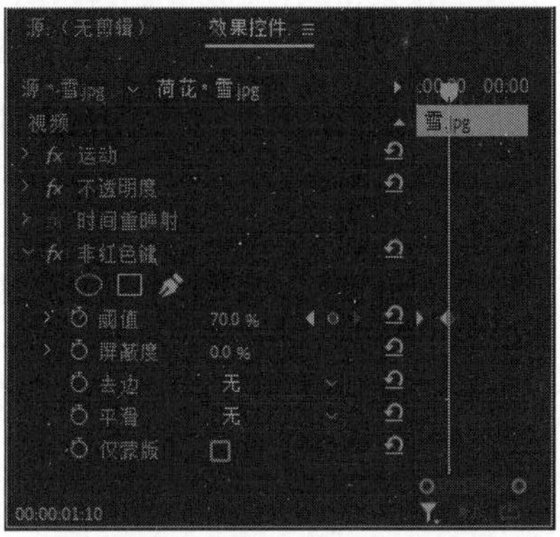

图 10-13 添加第 2 个关键帧

步骤05 移动当前时间指示器至第 3 个位置，设置【阈值】参数，添加第 3 个关键帧，如图 10-14 所示。

步骤06 移动当前时间指示器至第 4 个位置，设置【阈值】参数，添加第 4 个关键帧，如图 10-15 所示。

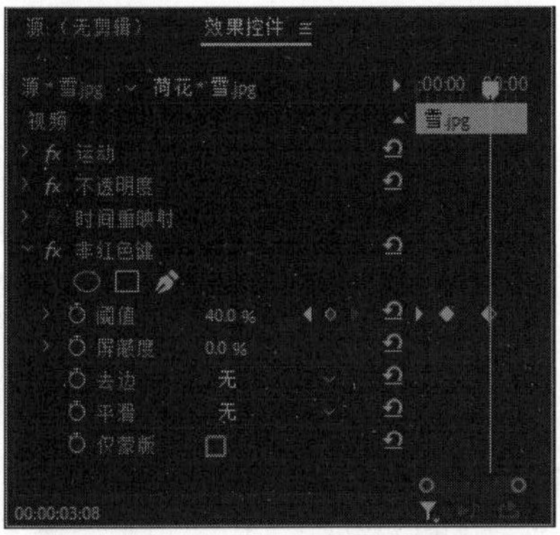

图 10-14 添加第 3 个关键帧

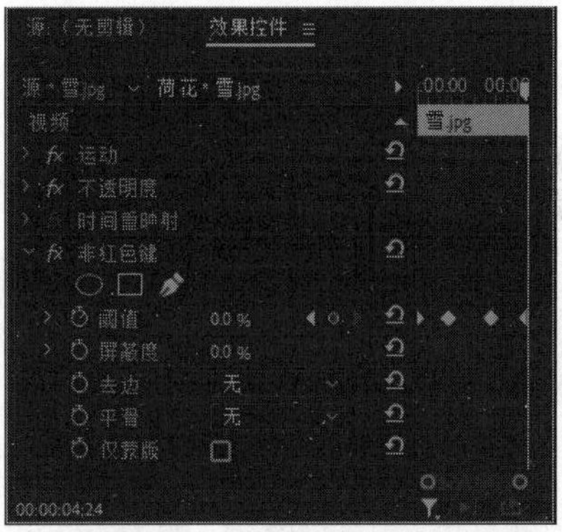

图 10-15 添加第 4 个关键帧

步骤07 在【节目】监视器面板中从头播放素材，查看添加的【非红色键】效果，如图 10-16 所示。

图 10-16 查看效果

在【非红色键】选项组中，各个选项的作用如下。

【阈值】选项：向左拖动会去除更多的绿色和蓝色区域。

【屏蔽度】选项：用于微调键控的屏蔽程度。

【去边】下拉按钮：从右侧的下拉列表中可以选择【无】【绿色】和【蓝色】3 种去边效果。

【平滑】下拉按钮：用于设置锯齿消除程度，通过混合像素颜色来平滑边缘。从右侧的下拉列表中可以选择【无】【低】和【高】3 种消除锯齿程度。

【仅蒙版】复选框：选中该复选框，可以显示素材的 Alpha 通道。

温馨提示

如果选中【图像遮罩键】选项组中的【反向】复选框，则会颠倒所应用遮罩图像中的黑、白像素。

10.3 使用颜色遮罩抠像

Premiere Pro 2022 最常用的遮罩方式，是根据颜色来隐藏或显示局部画面。在拍摄视频时，特别是用于后期合成的视频，通常情况下，其背景是蓝色或绿色布景，以方便后期的抠像合成。本节将详细介绍使用颜色遮罩抠像的相关知识。

10.3.1 颜色键

【颜色键】效果的作用是抠取画面中的指定色彩，多用于画面中包含大量色调相同或相近色彩的情况。【颜色键】参数如图 10-17 所示。应用【颜色键】效果前后的效果对比如图 10-18 所示。

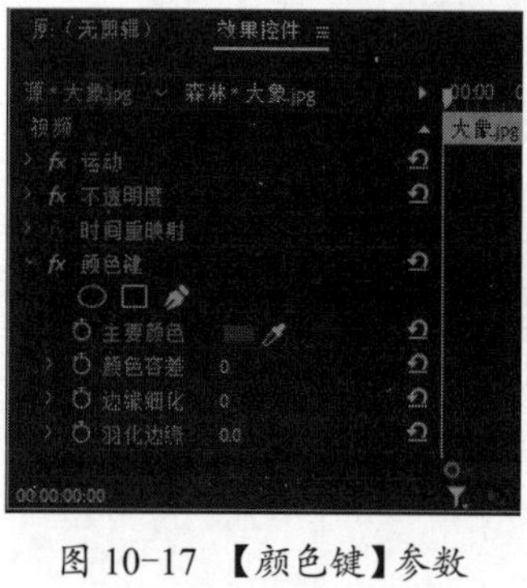

图 10-17 【颜色键】参数

图 10-18 应用【颜色键】效果前后的效果对比

在【颜色键】选项组中，各个选项的作用如下。

【主要颜色】选项：用于指定目标素材内所要抠除的色彩。

【颜色容差】选项：用于扩展所抠除色彩的范围，根据其选项参数的不同，部分与【主要颜色】选项相似的色彩也将被抠除。

【边缘细化】选项：能够在图像色彩抠取结果的基础上，扩大或减小【主要颜色】选项所设定颜色的抠取范围。

【羽化边缘】选项：对抠取后的图像进行边缘羽化操作，其参数值越大，羽化效果就越明显。

10.3.2 超级键

【超级键】效果是抠图中最常用的工具，功能也非常强大，对于纯色绿幕或蓝幕背景的视频，应用【超级键】效果可以快速抠好；而对于光线影响下的绿幕或蓝幕，结合【遮罩生成】和【遮罩清除】效果，也能轻松抠掉，后期结合不透明蒙版把不需要的部分去掉即可。【超级键】参数如图 10-19 所示。应用【超级键】效果前后的效果对比如图 10-20 所示。

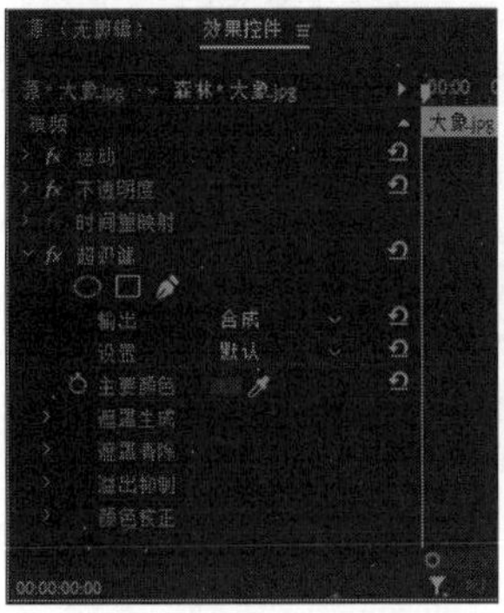

图 10-19 【超级键】参数

图 10-20 应用【超级键】效果前后的效果对比

课堂问答

通过本章的讲解，读者对叠加与抠像有了一定的了解，下面列出一些常见的问题供读者学习参考。

问题 1：如何应用【移除遮罩】效果？

答：应用【移除遮罩】效果的操作方法如下。

步骤 01 打开项目文件，在【效果】面板中，依次展开【视频效果】→【过时】文件夹，将【移除遮罩】效果拖曳至【时间轴】面板中的素材上，如图 10-21 所示。

步骤 02 在【效果控件】面板中，设置【移除遮罩】效果的【遮罩类型】为黑色，即可完成应用【移除遮罩】效果的操作，如图 10-22 所示。

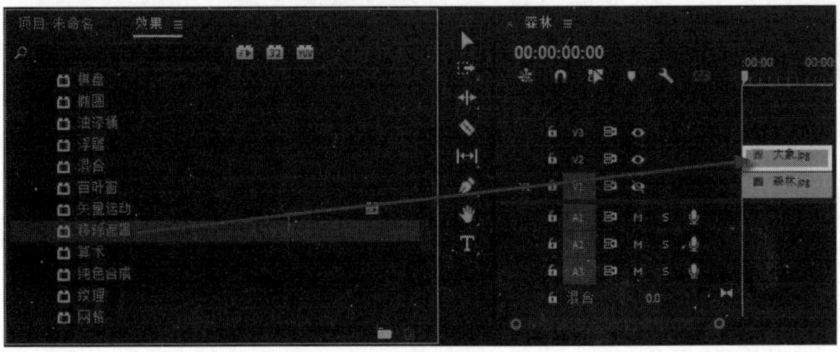

图 10-21 添加视频效果

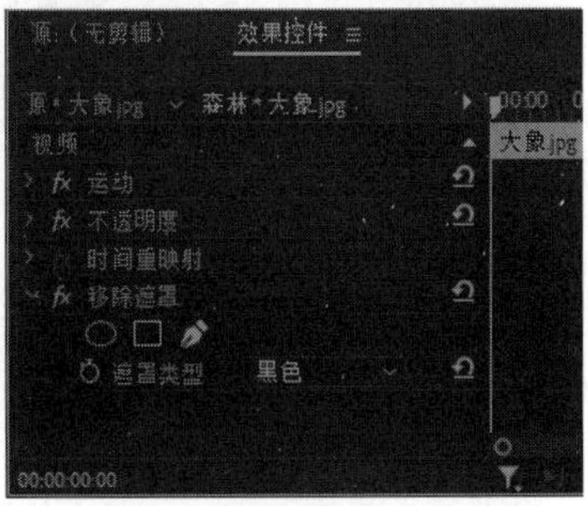

图 10-22 设置效果参数

问题 2：如何应用【蓝屏键】效果？

答：应用【蓝屏键】效果可以将纯蓝色的背景变为透明，应用【蓝屏键】效果的操作方法如下。

步骤 01 打开项目文件，在【效果】面板中，依次展开【视频效果】→【过时】文件夹，将【蓝屏键】效果拖曳至【时间轴】面板中的素材上，如图 10-23 所示。

步骤 02 在【效果控件】面板中，设置【移除遮罩】效果的【遮罩类型】为黑色，即可完成应用【移除遮罩】效果的操作，如图 10-24 所示。

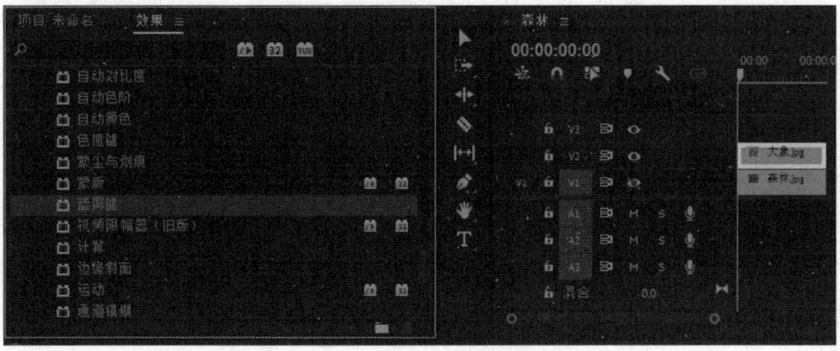

图 10-23 添加视频效果

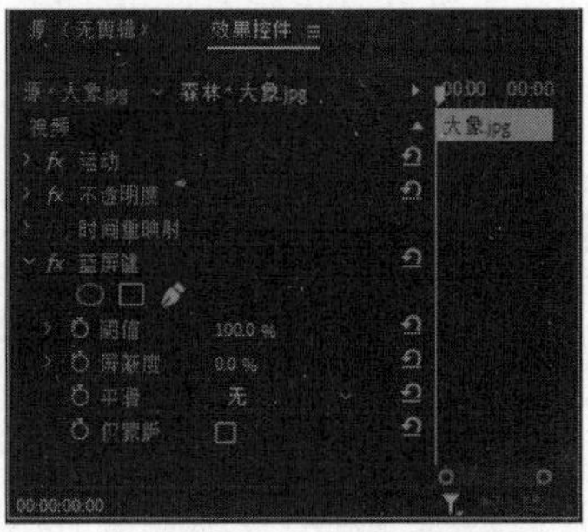

图 10-24 设置效果参数

上机实战——制作望远镜画面效果

为了帮助读者巩固本章知识点，下面讲解一个技能综合案例，使读者对本章的知识有更深入的了解。

效果展示

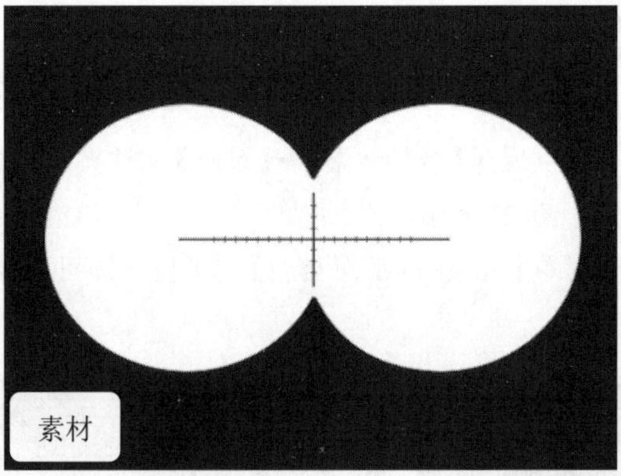

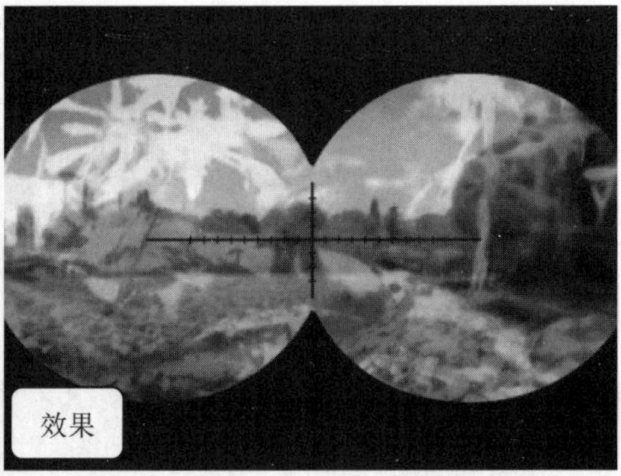

思路分析

本案例将制作望远镜画面效果，步骤为打开素材并为素材添加效果，设置效果参数，然后为素材添加关键帧，最后查看效果。

制作步骤

步骤 01 打开“素材文件\第 10 章\望远镜\望远镜画面.prproj”，可以看到已经新建了一个序列，并在【时间轴】面板中导入了一个视频素材和一个图像素材，如图 10-25 所示。

步骤 02 在【效果】面板中，依次展开【视频效果】→【键控】文件夹，将【轨道遮罩键】效果拖曳至【时间轴】面板中的“风景.avi”素材上，如图 10- 26 所示。

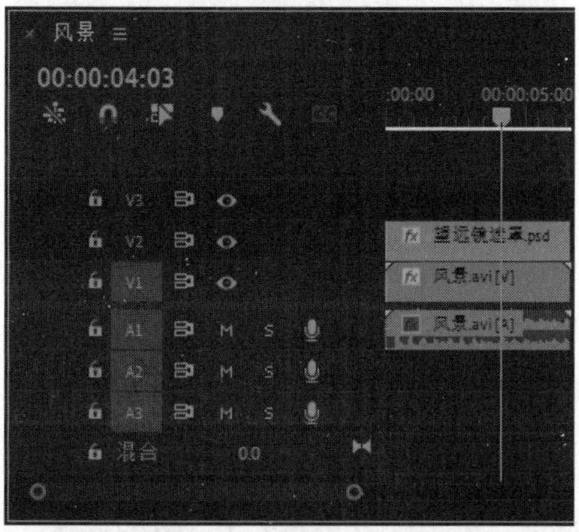

图 10-25 打开项目文件

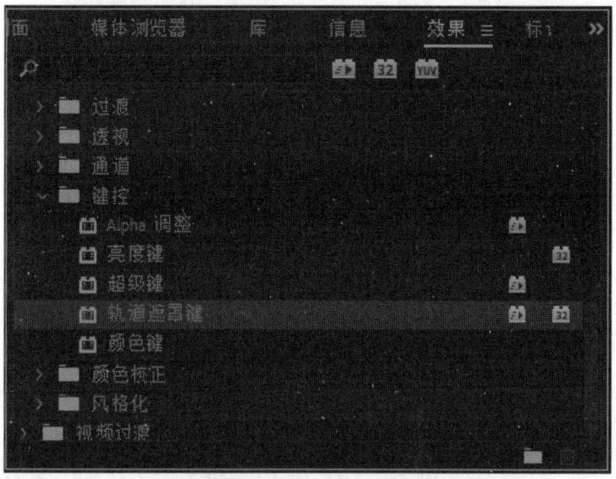

图 10-26 添加视频效果

步骤 03 在【效果控件】面板中，在【轨道遮罩键】选项组中的【遮罩】下拉列表中选择【视频 2】选项，在【合成方式】下拉列表中选择【亮度遮罩】选项，如图 10-27 所示。

步骤 04 在【节目】监视器面板中查看效果，如图 10-28 所示。

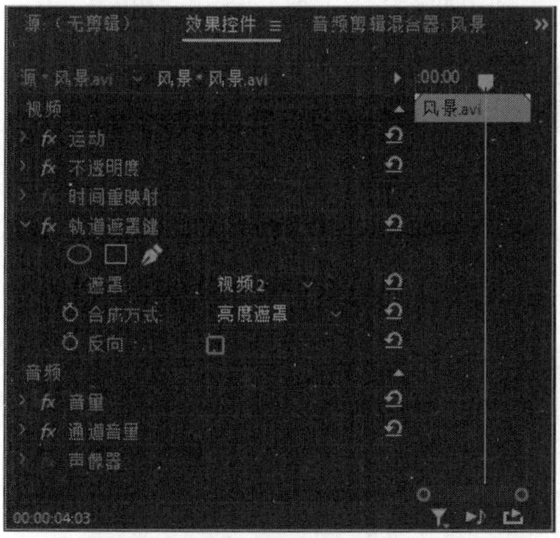

图 10-27 设置【轨道遮罩键】参数

图 10-28 查看效果

步骤 05 在时间轴上选中“望远镜遮罩.psd”，将当前时间指示器移至 00：00：02：05 处，单击【运动】选项组中的【位置】选项左侧的【切换动画】按钮，创建关键帧，如图 10- 29 所示。

步骤 06 将当前时间指示器移至影片开始处，单击【添加/移除关键帧】按钮，添加第 2 个关键帧，并设置【位置】参数，如图 10-30 所示。

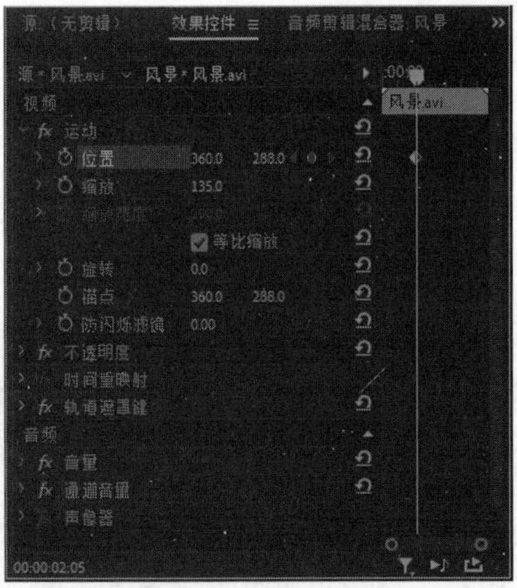

图 10-29　创建关键帧

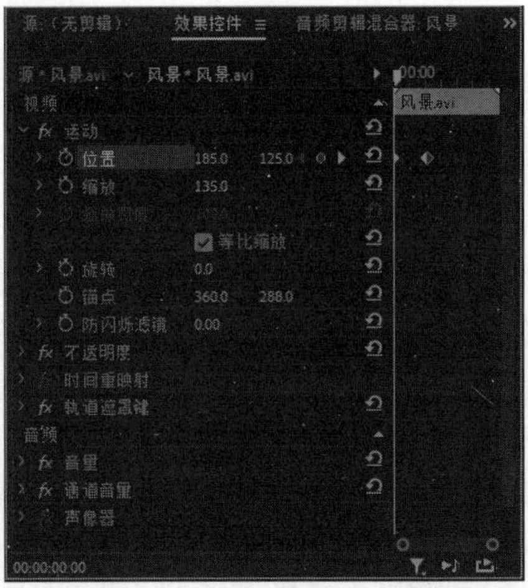

图 10-30　添加第 2 个关键帧

步骤 07　完成上述操作之后，在【节目】监视器面板中可以看到最终的画面效果，如图 10-31 所示。

图 10-31　查看效果

同步训练——制作水墨芭蕾人像合成效果

为了提高读者的动手能力，下面安排一个同步训练案例，让读者举一反三、触类旁通。

图解流程

思路分析

本案例将制作水墨芭蕾人像合成效果，步骤是打开素材后为素材添加效果并设置效果参数，然后设置素材大小和位置，添加轨道，将素材添加到新轨道中，为素材添加效果并创建关键帧动画，最后查看效果。

关键步骤

步骤 01　打开“素材文件\第 10 章\同步训练——制作水墨芭蕾人像合成效果\水墨芭蕾.prproj”，可以看到已经新建了一个【水墨芭蕾人像合成】序列，并在【时间轴】面板中导入了 3 个图片素材，在【节目】监视器面板中预览图像效果，如图 10-32 所示。

步骤 02　在【效果】面板中，依次展开【视频效果】→【键控】文件夹，将【颜色键】效果拖曳至【时间轴】面板中的“人像.jpg”素材上。打开【效果控件】面板，在【颜色键】选项组中单击【主要颜色】选项右侧的【吸管工具】按钮，如图 10-33 所示。

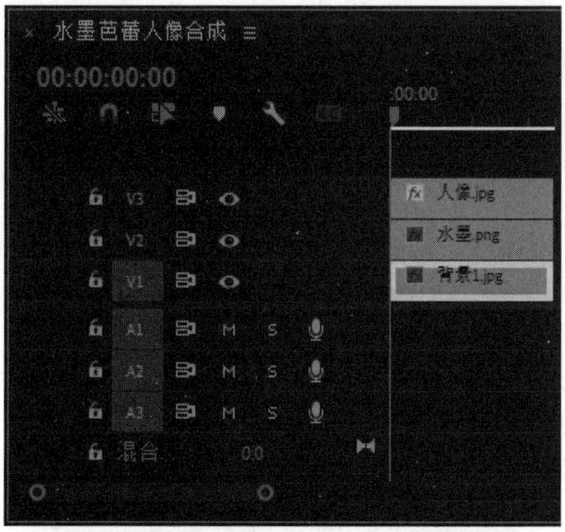

图 10-32　打开项目文件

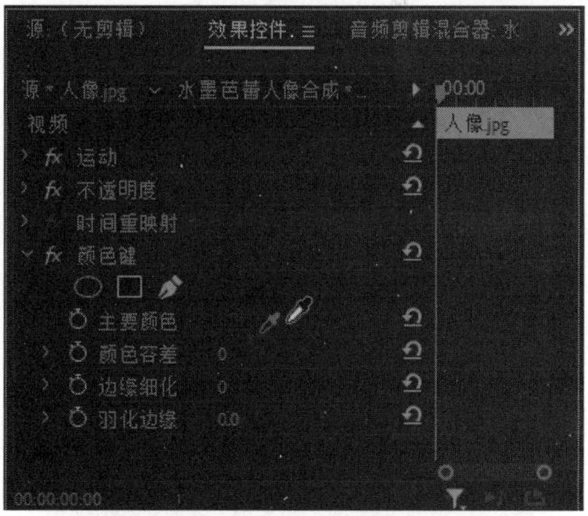

图 10-33　单击【吸管工具】按钮

步骤 03　在【节目】监视器面板中，吸取“人像.jpg”图层的背景颜色，如图 10-34 所示。

步骤 04　此时，在【节目】监视器面板中查看图像效果，如图 10-35 所示。

图 10-34　吸取颜色

图 10-35　查看效果

步骤 05　在【效果控件】面板中，设置【颜色容差】为 10，【边缘细化】为 2，【羽化边缘】为 1.0，如图 10-36 所示。

步骤 06　此时，在【节目】监视器面板中查看图像效果，如图 10-37 所示。

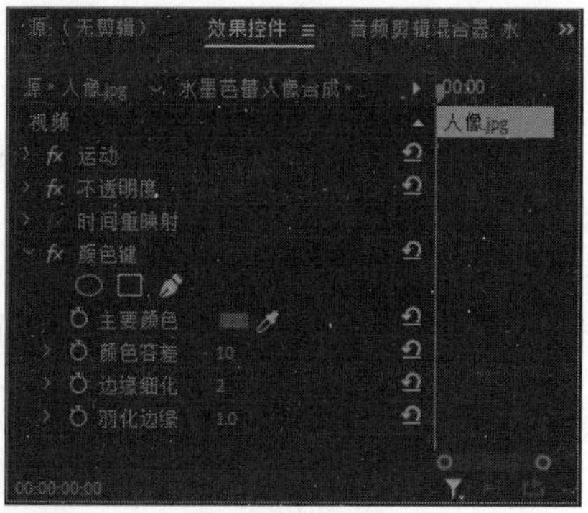

图 10-36　设置参数

图 10-37　查看效果

步骤 07　切换到【效果控件】面板，设置“人像.jpg”图层的【位置】为(300，290)，【缩放】为 65，如图 10-38 所示。

步骤 08　新建一个轨道 V4，将“水墨.png”素材文件拖曳至该轨道中并重命名为“水墨 1.png”，如图 10- 39 所示。

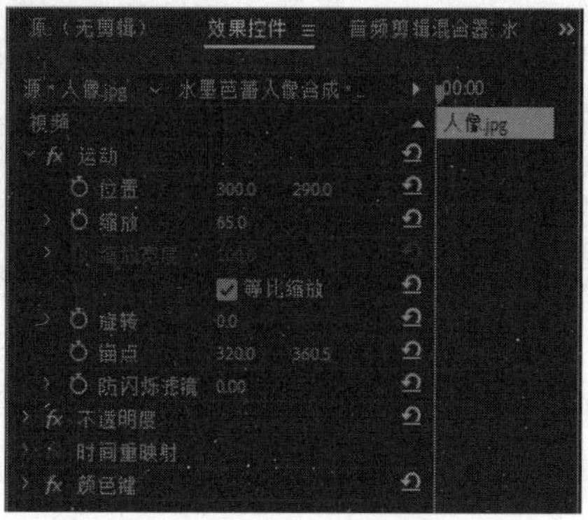

图 10-38　设置参数

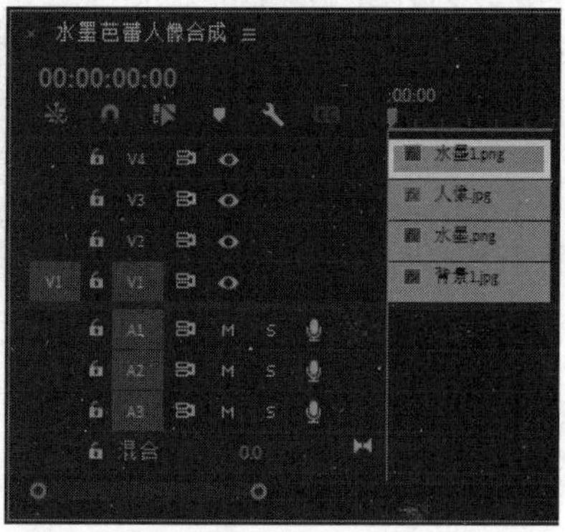

图 10-39　重命名素材

步骤 09 切换到【效果】面板，依次展开【视频效果】→【过渡】文件夹，将【线性擦除】效果添加到“水墨 1 .png”素材上，如图 10-40 所示。

步骤 10 将当前时间指示器移至起始帧处，单击【线性擦除】选项组中的【过渡完成】选项左侧的【切换动画】按钮，创建关键帧，如图 10-41 所示。

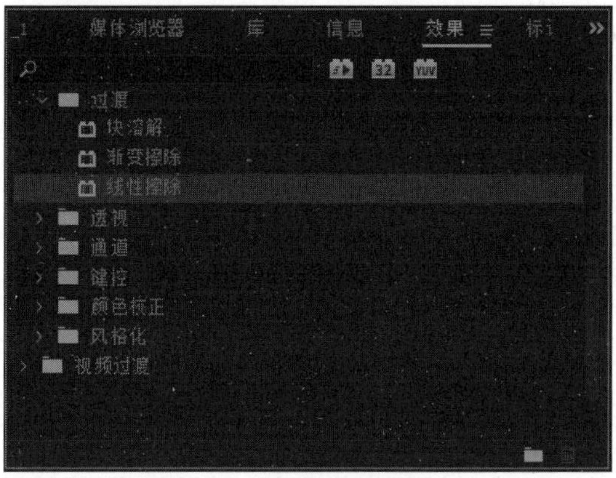

图 10-40 添加视频效果

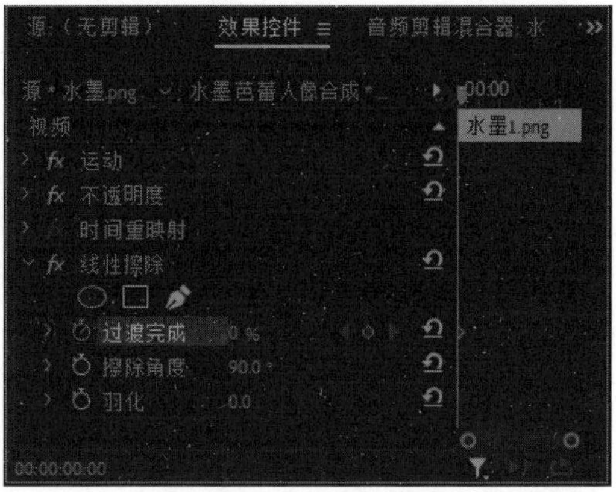

图 10-41 创建关键帧

步骤 11 将当前时间指示器移至 00：00：02：20 处，设置【过渡完成】为 100%，添加第 2 个关键帧，如图 10-42 所示。

步骤 12 完成上述操作之后，在【节目】监视器面板中可以看到最终的画面效果，如图 10-43 所示。

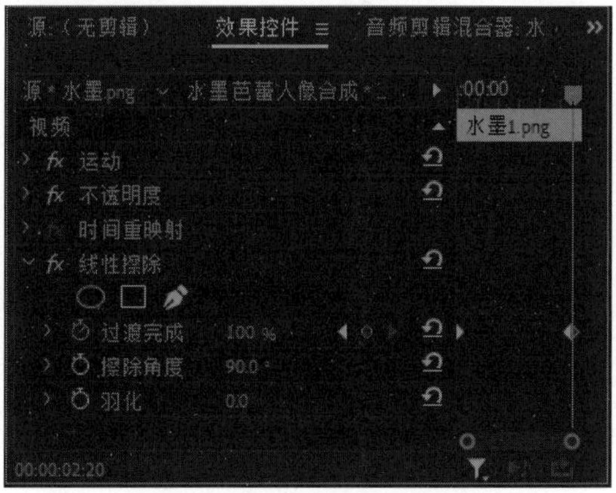

图 10-42 添加第 2 个关键帧

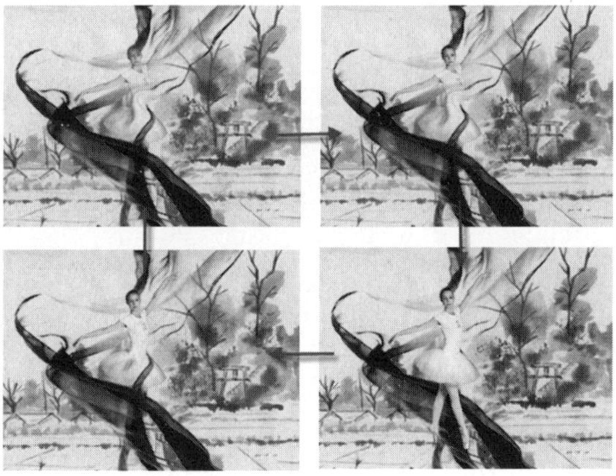

图 10-43 查看效果

知识能力测试

本章讲解了叠加与抠像的相关知识，为对知识进行巩固和考核，请读者完成以下练习题。

一、填空题

1. 在编辑视频时，如果需要使两个或多个画面同时出现，则可以使用_________的方式来实现。

2. 通过添加_________，可以使用降低素材透明度的方式来实现过渡效果。

3. _________效果是将图像添加到时间轴上，作为遮罩素材使用。

4. _________效果的作用是抠取画面中的指定色彩。

5. Premiere Pro 2022 最常用的遮罩方式，是根据_________来隐藏或显示局部画面。

二、选择题

1. 以下不属于【键控】效果组的特效为(　　)。

A. 非红色键　　B. Alpha 调整　　C. 差值遮罩　　D. 轨道遮罩键

2. 以下不属于【差值遮罩】参数的为(　　)。

A.【阈值】选项　　B.【视图】选项　　C.【匹配容差】选项　　D.【匹配柔和度】选项

三、简答题

1. 如何使用【轨道遮罩键】效果？

2. 如何使用【蓝屏键】效果？

Premiere Pro 2022

第11章 视频的输出操作

本章主要介绍视频的输出设置、输出媒体文件方面的知识与技巧，同时还讲解了如何输出交换文件。通过对本章内容的学习，读者可以掌握输出视频方面的知识，为深入学习Premiere Pro 2022 知识奠定基础。

学习目标

- 掌握视频的输出设置方法
- 熟练掌握输出媒体文件的方法
- 熟练掌握输出交换文件的方法

11.1 输出设置

在完成整个影视项目的编辑操作后，就可以将项目内所用到的各种素材整合在一起，输出为一个独立的、可直接播放的视频文件。在进行此类操作之前，还需要对影片输出时的各项参数进行设置，本节将详细介绍输出设置的相关知识及操作方法。

11.1.1 影片输出的基本流程

影片输出的基本流程如下。

步骤 01 选中准备输出的序列，在主界面中单击【文件】主菜单，在弹出的菜单中选择【导出】命令，在弹出的子菜单中选择【媒体】命令，如图 11-1 所示。

步骤 02 弹出【导出设置】对话框，如图 11-2 所示，在该对话框中可以对视频的最终尺寸、文件格式和编辑方式等参数进行设置，然后单击【导出】按钮即可。

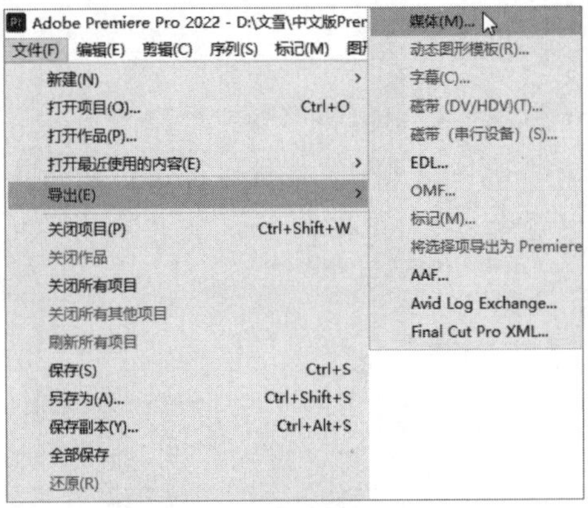

图 11-1 选择【媒体】命令

图 11-2 【导出设置】对话框

【导出设置】对话框的左半部分为视频预览区域，右半部分为参数设置区域。在左半部分的视频预览区域中，用户可以分别在【源】和【输出】选项卡中查看项目的最终编辑画面和最终输出为视频文件的画面。在视频预览区域的底部，调整滑竿上的滑块可控制当前画面在整个影片中的位置，调整滑竿上方的两个三角滑块则能够控制导出时的入点和出点，从而起到控制导出影片持续时间的作用，如图 11-3 所示。

图 11-3 视频预览区域底部

技能拓展

在【导出设置】对话框中的【源】选项卡下，单击【裁剪输出视频】按钮，可以在预览区域中通过拖动锚点或者在【裁剪输出视频】按钮右侧直接调整相应参数的方式，来更改画面的输出范围。

11.1.2 选择视频文件输出格式与输出方案

在完成对导出影片持续时间和画面范围的设定之后，可以在【导出设置】对话框的右半部分调整【格式】选项，确定导出影片的文件类型，如图 11-4 所示。

根据导出影片格式的不同，还可以在【预设】下拉列表中选择一种Premiere Pro 2022之前设置好参数的预设导出方案，完成后即可在【导出设置】选项组中的【摘要】区域查看部分导出设置内容，如图 11-5 所示。

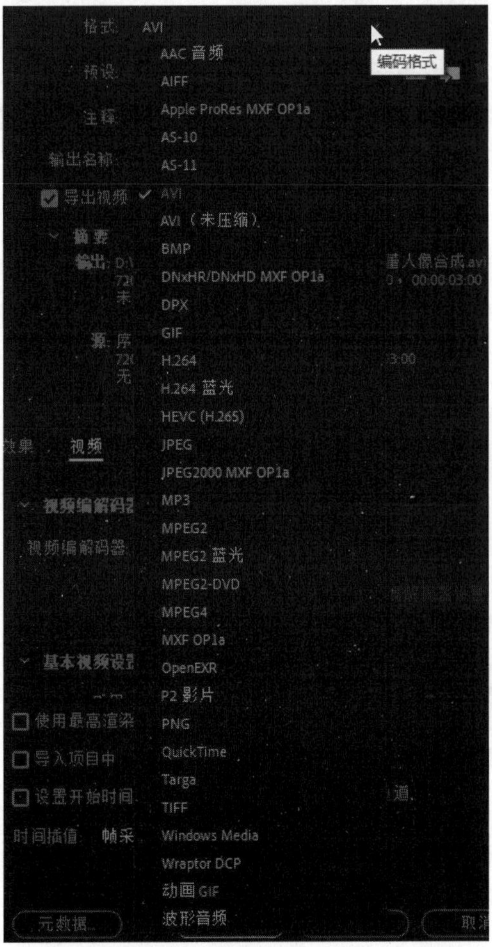

图 11-4 【格式】选项

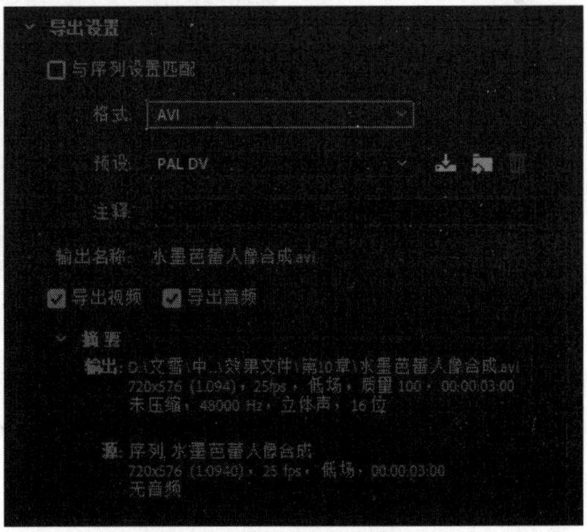

图 11-5 【摘要】区域

11.1.3 视频设置选项

在【导出设置】对话框下的参数设置区域中，【视频】选项卡可以对导出文件的视频属性进行设置，包括视频编解码器类型、影像质量、影像画面尺寸、视频帧速率、场序、像素长宽比等，如图 11-6 所示。选中不同的导出文件格式，可设置的选项也不同，用户可以根据实际需要进行设置，或者保持默认的选项设置进行输出。

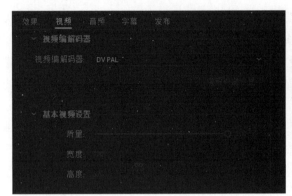

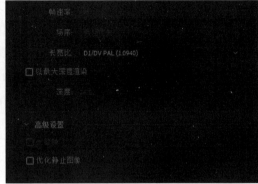

图 11-6 【视频】选项卡

11.1.4 音频设置选项

在【导出设置】对话框下的参数设置区域中，【音频】选项卡中的设置选项可以对导出文件的音频属性进行设置，包括音频编解码器类型、采样率、声道等，如图 11-7 所示。

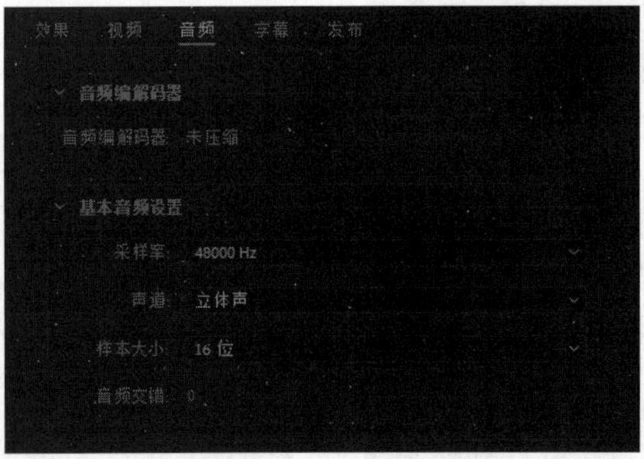

图 11-7 【音频】选项卡

11.2 输出媒体文件

目前，媒体文件的格式众多，输出不同类型媒体文件时的设置方法也不相同，因此，当用户在【导出设置】选项组中选择不同的输出文件后，Premiere Pro 2022 会根据所选文件的不同，调整不同的输出选项，以便用户更为快捷地调整媒体文件的输出设置。本节将详细介绍输出媒体文件的相关知识。

11.2.1 输出AVI文件

AVI格式的视频画质清晰，适合作为商业用途向大众展示。如果要将视频输出为AVI格式，则应在【格式】下拉列表中选择【AVI】选项，如图 11-8 所示。此时，其视频输出设置选项如图 11-9 所示。

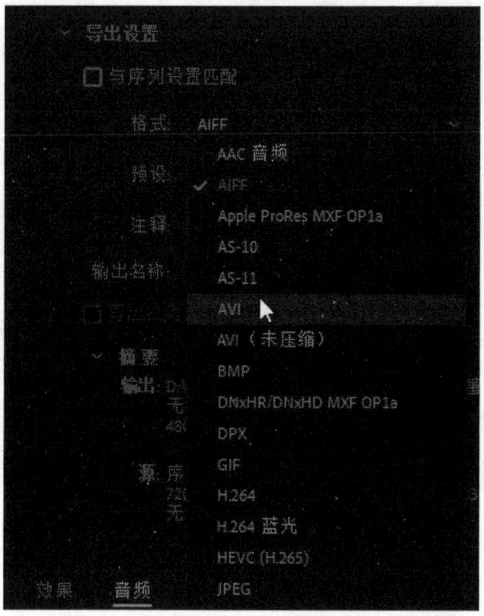

图 11-8 【格式】下拉列表选项

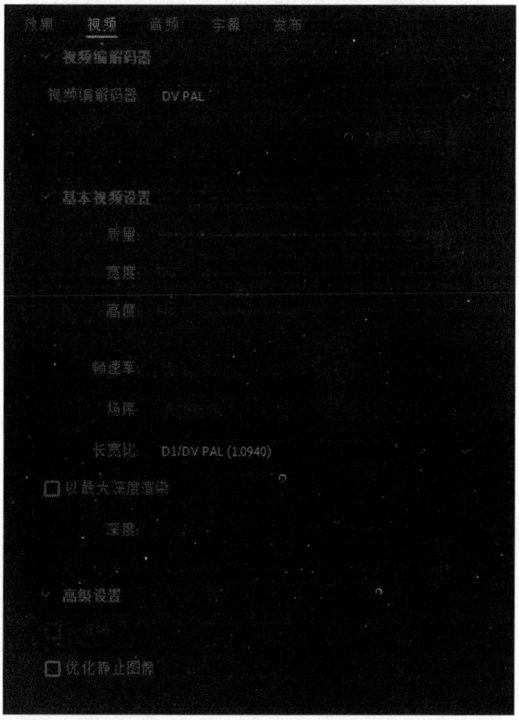

图 11-9 视频输出设置选项

上面所展示的AVI文件输出设置选项中，并不是所有的参数都需要调整。通常情况下，所需调整的部分选项的含义与功能如下。

1. 视频编解码器

在输出视频文件时，压缩程序或编解码器决定了计算机该如何准确地重构或剔除数据，从而尽可能地缩小数字视频文件的体积。

2. 场序

【场序】选项决定了所创建的视频文件在播放时的扫描方式，即采用隔行扫描式的【高场优先】【低场优先】，还是采用逐行扫描式的【逐行】。

11.2.2 输出WMV文件

在Premiere Pro 2022中，如果要输出WMV格式的视频文件，则应将【格式】设置为Windows Media，如图11-10所示。此时，其视频输出设置选项如图11-11所示。

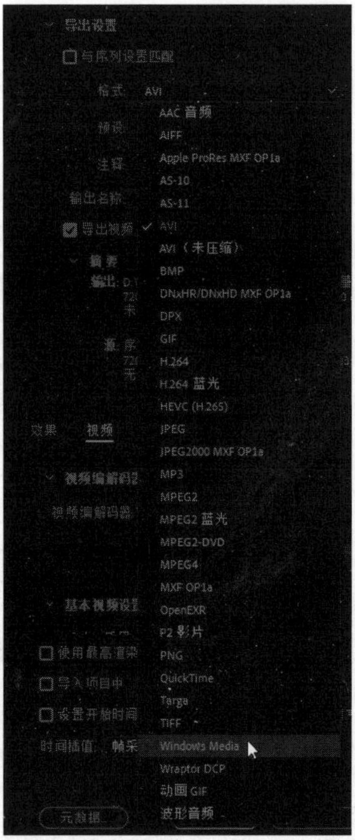

图 11-10　将【格式】设置为Windows Media

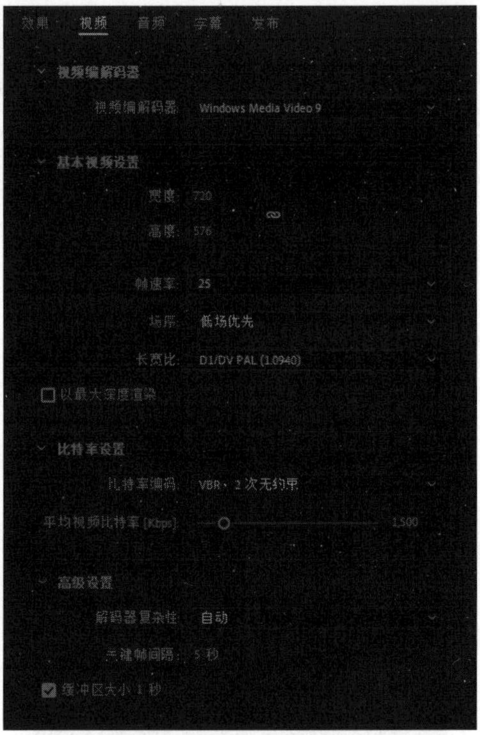

图 11-11　视频输出设置选项

通常情况下，输出WMV格式的视频文件所需调整的部分选项的含义与功能如下。

1. 1次编码时的参数设置

1次编码是指在渲染WMV时，编解码器只对视频画面进行1次编码分析，优点是速度快，缺点是往往无法获得最优的编码设置。当选择1次编码时，【比特率编码】选项会提供【固定】和【可变品质】两种设置选项供用户选择。其中，【固定】模式是指整部影片从头至尾采用相同的比特率设置，优点是编码方式简单，文件渲染速度较快。【可变品质】模式则是在渲染视频文件时，允许Premiere Pro 2022根据视频画面的内容来随时调整编码比特率，这样一来，就可在画面简单时采用低比特率进行渲染，从而降低视频文件的体积；在画面复杂时采用高比特率进行渲染，从而提高视频文件的画面质量。

2. 2次编码时的参数设置

与1次编码相比，2次编码的优势在于能够根据第1次编码时所采集到的视频信息，在第2次编码时调整和优化编码设置，从而以最佳的编码设置来渲染视频文件。在使用 2 次编码渲染视频文件时，【比特率编码】选项将包含【CBR，1 次】【VBR，1 次】【CBR，2 次】【VBR，2 次约束】和【VBR，2 次无约束】5 种不同模式，如图 11-12 所示。

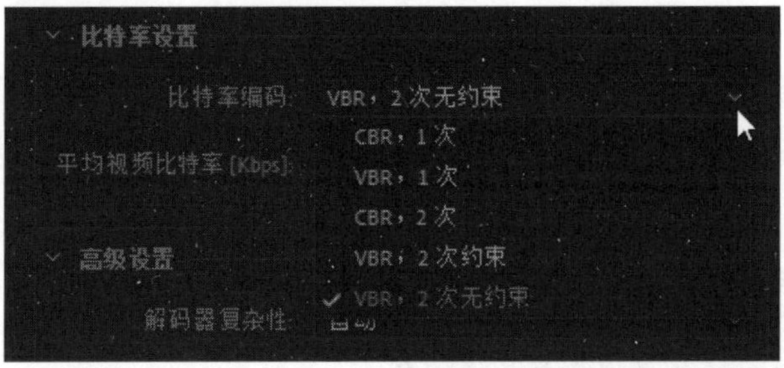

图 11-12 【比特率编码】选项

11.2.3 输出MPEG文件

作为业内最为重要的一种视频编码技术，MPEG为多个领域不同需求的使用者提供了多种样式的编码方式，下面将以目前最为流行的MPEG2 蓝光为例，详细介绍MPEG格式文件的输出设置。

在【导出设置】选项组中，将【格式】设置为MPEG2 蓝光，如图 11-13 所示，其视频输出设置选项如图 11-14 所示。

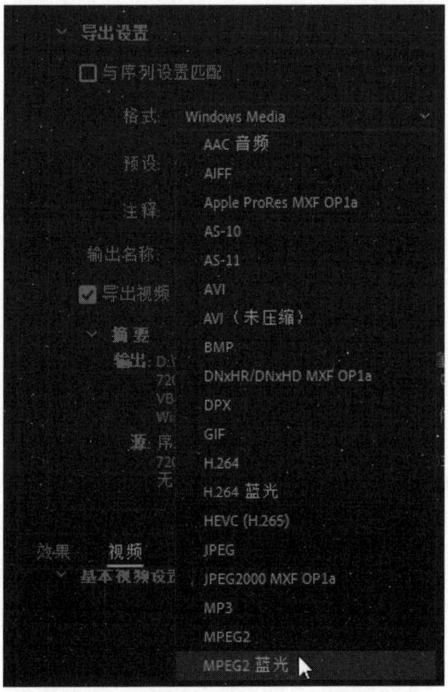

图 11-13 将【格式】设置为MPEG2 蓝光

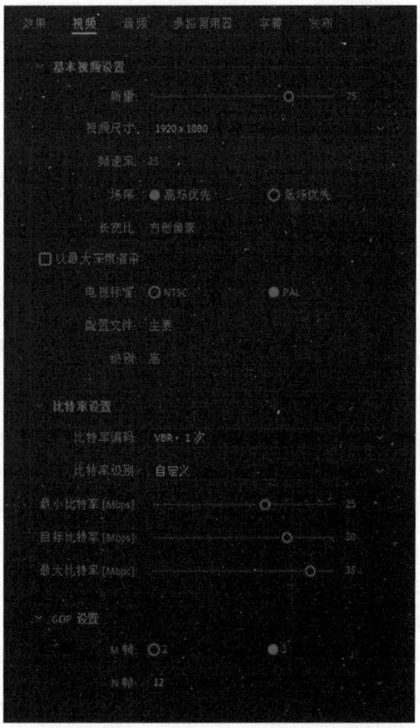

图 11-14 视频输出设置选项

在如图 11-14 所示的选项面板中，部分常用选项的含义与功能如下。

1. 视频尺寸（像素）

设定画面尺寸，预置有【720×576】【1280×720】【1440×1080】和【1920×1080】4 种尺寸供用户选择，如图 11-15 所示。

2. 比特率编码

确定比特率的编码方式，共包括【CBR】【VBR，1 次】和【VBR，2 次】3 种模式，如图 11-16 所示。其中，CBR 指固定比特率编码，VBR 指可变比特率编码。根据所采用编码方式的不同，比特率的设置方式也有所差别。

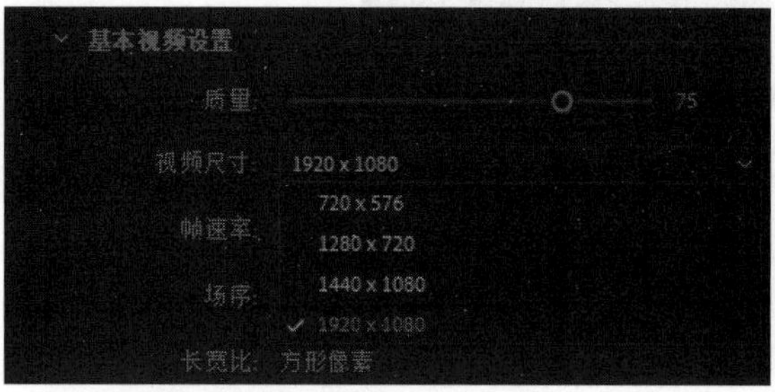

图 11-15 【视频尺寸】选项

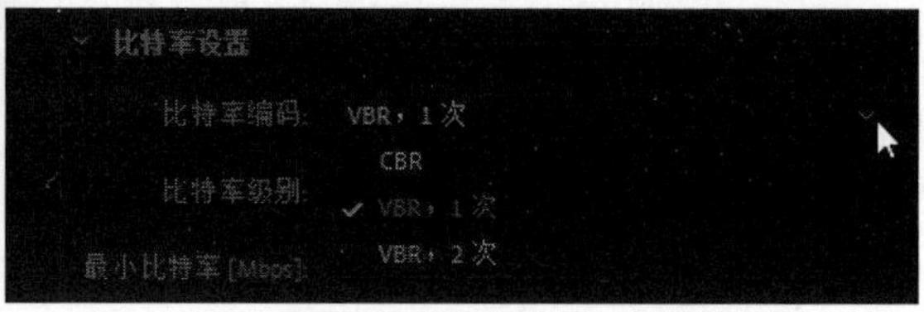

图 11-16 【比特率编码】选项

3. 最小比特率

仅当【比特率编码】选项为【VBR，1 次】或【VBR，2 次】时，才需要设置最小比特率，用于在可变比特率范围内限制比特率的最低值。

4. 目标比特率

仅当【比特率编码】选项为【VBR，1 次】或【VBR，2 次】时，才需要设置目标比特率，用于在可变比特率范围内限制比特率的参考基准值。大多数情况下，Premiere Pro 2022 会对该选项所设定的比特率进行编码。

5. 最大比特率

【最大比特率】与【最小比特率】选项相对应，作用是设定比特率所采用的最大值。

课堂范例——输出 JPEG 单帧图像文件

JPEG 可以用有损压缩方式去除冗余的图像数据，用较少的磁盘空间得到较好的图像品质。本范例介绍输出 JPEG 单帧图像文件的方法。

步骤 01 打开“素材文件\第 11 章\课堂范例——输出 JPEG 单帧图像文件\演职人员字幕表.prproj”，在时间轴中将当前时间指示器移至 00：00：05：00 处，如图 11-17 所示。

步骤 02 单击【文件】主菜单，在弹出的菜单中选择【导出】命令，在弹出的子菜单中选择【媒体】命令，如图 11-18 所示。

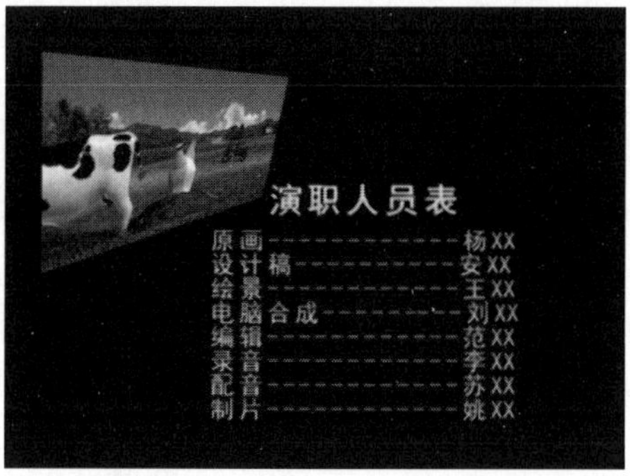

图 11-17　将当前时间指示器移至 00：00：05：00 处

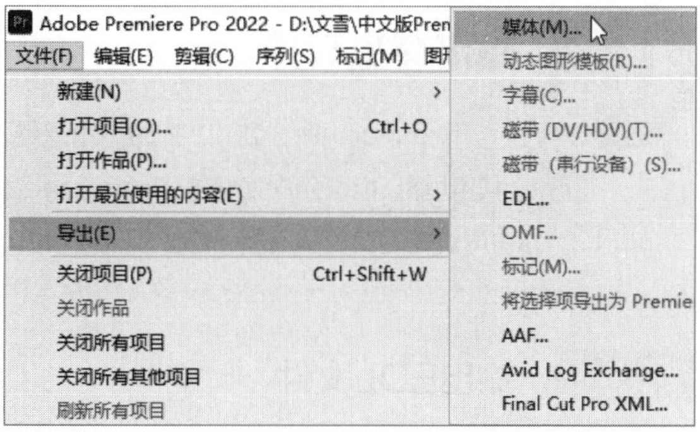

图 11-18　选择【媒体】命令

步骤 03 弹出【导出设置】对话框，在【导出设置】选项组的【格式】下拉列表中选择【JPEG】选项，如图 11-19 所示。

步骤 04 在对话框下方单击【导出】按钮，如图 11-20 所示。

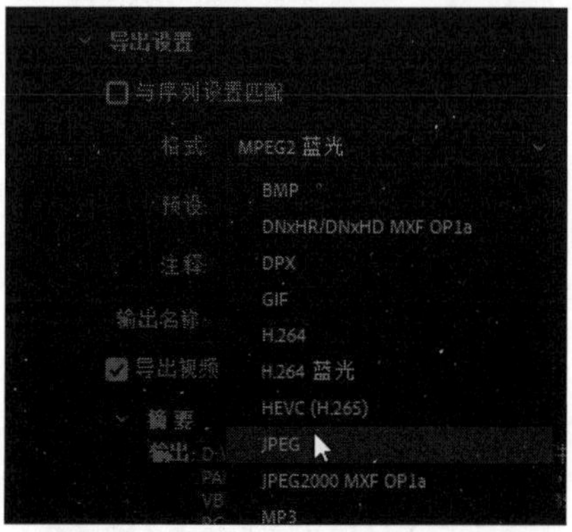

图 11-19　选择【JPEG】选项

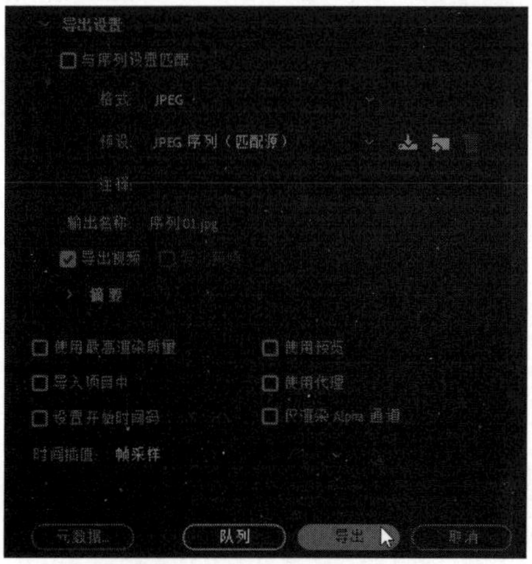

图 11-20　单击【导出】按钮

步骤 05 打开文件夹查看文件，如图 11-21 所示，完成输出 JPEG 图像的操作。

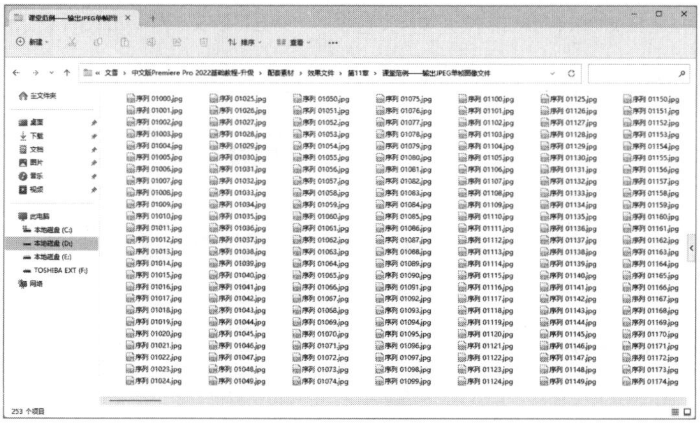
图 11-21　查看图像文件

11.3 输出交换文件

Premiere Pro 2022 在为用户提供强大的视频编辑功能的同时，还具备了输出多种交换文件的功能，以便用户能够将 Premiere 编辑的结果导入其他非线性编辑软件中，从而在多款软件协同编辑后获得高质量的影音播放效果。

11.3.1 输出EDL文件

EDL是一种广泛应用于视频编辑领域的编辑交换文件，其作用是记录用户对素材所做的各种编辑操作。下面将详细介绍输出EDL文件的操作方法。

步骤 01 单击【文件】主菜单，在弹出的菜单中选择【导出】命令，在弹出的子菜单中选择【EDL】命令，如图 11-22 所示。

步骤 02 弹出【EDL导出设置】对话框，调整EDL所要记录的信息范围，单击【确定】按钮，如图 11-23 所示。

图 11-22　选择【EDL】命令

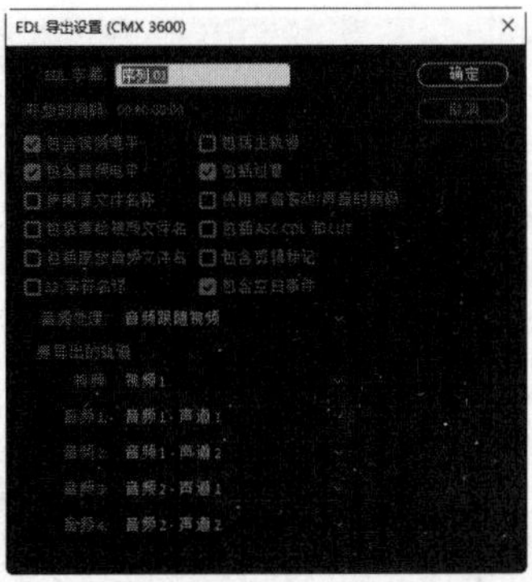

图 11-23　【EDL导出设置】对话框

步骤 03 弹出【将序列另存为EDL】对话框，选择准备保存文件的位置，在【文件名】文本框中输入名称，单击【保存】按钮，如图 11-24 所示。

步骤 04 打开文件所保存的路径，可以看到一个EDL文件，如图 11-25 所示，这样即可完成输出EDL文件的操作。

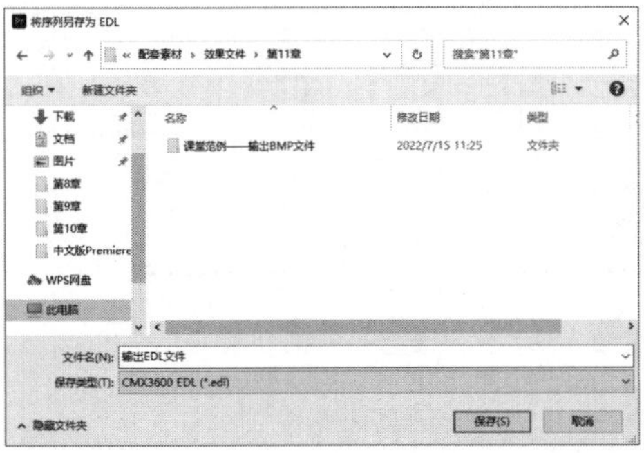

图 11-24　【将序列另存为EDL】对话框

图 11-25　查看保存的文件

11.3.2 输出OMF文件

OMF英文全称为Open Media Framework，中文翻译为公开媒体框架，指的是一种要求数字化音频视频工作站把关于同一音段的所有重要资料制成同类格式便于其他系统阅读的文本交换协议。OMF的特点是可以在一套完全不同的系统中打开并编辑音频或视频段落。下面将详细介绍输出OMF文件的操作方法。

步骤 01 单击【文件】主菜单，在弹出的菜单中选择【导出】命令，在弹出的子菜单中选择【OMF】命令，如图11-26所示。

步骤 02 弹出【OMF导出设置】对话框，在【OMF字幕】文本框中输入名称，设置OMF参数，单击【确定】按钮，如图11-27所示。

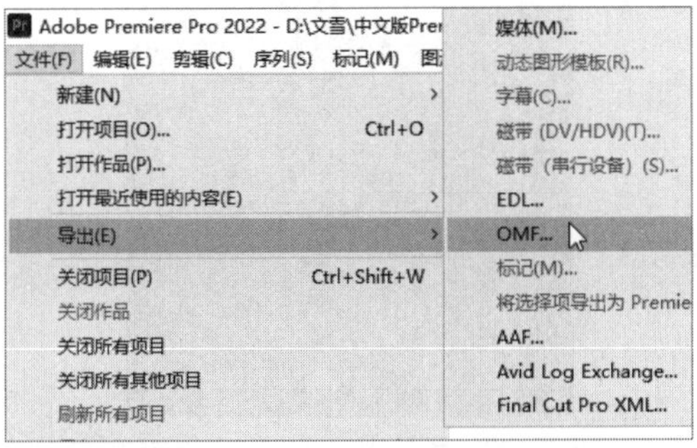

图11-26 选择【OMF】命令

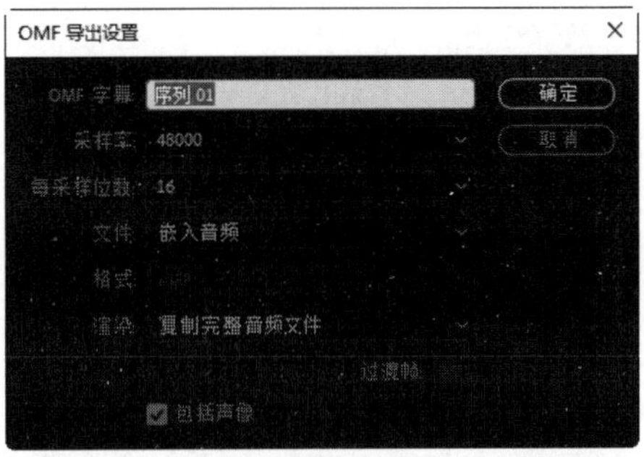

图11-27 【OMF导出设置】对话框

步骤 03 弹出【将序列另存为OMF】对话框，选择准备保存文件的位置，在【文件名】文本框中输入名称，单击【保存】按钮，如图11-28所示。

步骤 04 打开文件所保存的路径，可以看到一个OMF文件，如图11-29所示，这样即可完成输出OMF文件的操作。

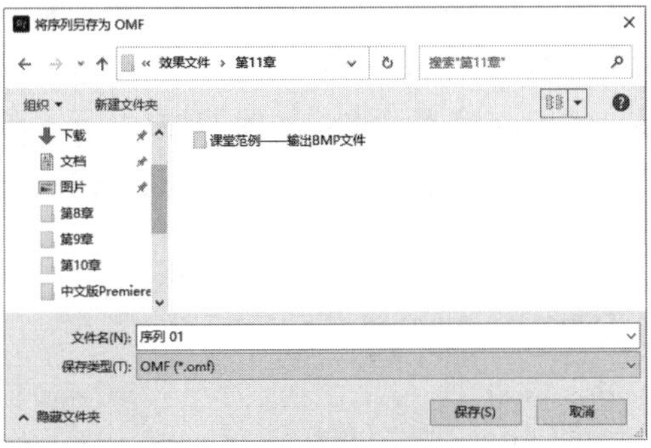

图11-28 【将序列另存为OMF】对话框

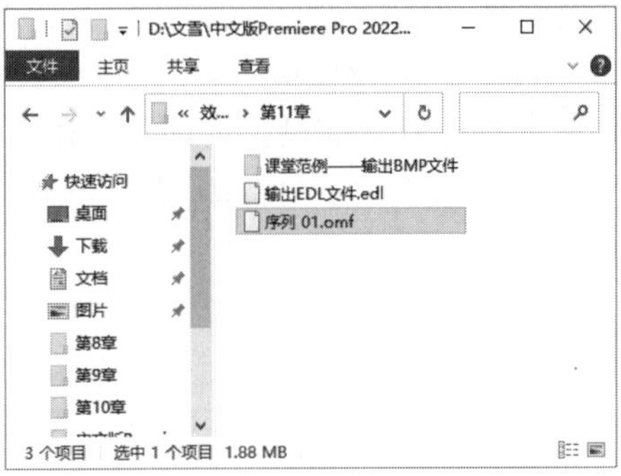

图11-29 查看保存的文件

课堂问答

通过本章的讲解，读者对渲染与输出视频有了一定的了解，下面列出一些常见的问题供读者学习参考。

问题 1：如何导出 AAF 文件？

答：AAF 英文全称为 Advanced Authoring Format，中文翻译为高级制作格式，是一种用于多媒体创作及后期制作的格式，面向企业的制作标准。下面将详细介绍导出 AAF 文件的方法。

步骤 01　选中准备输出的序列，在主界面中单击【文件】主菜单，在弹出的菜单中选择【导出】命令，在弹出的子菜单中选择【AAF】命令，如图 11-30 所示。

步骤 02　弹出【AAF 导出设置】对话框，如图 11-31 所示，设置参数，单击【确定】按钮即可完成导出 AAF 文件的操作。

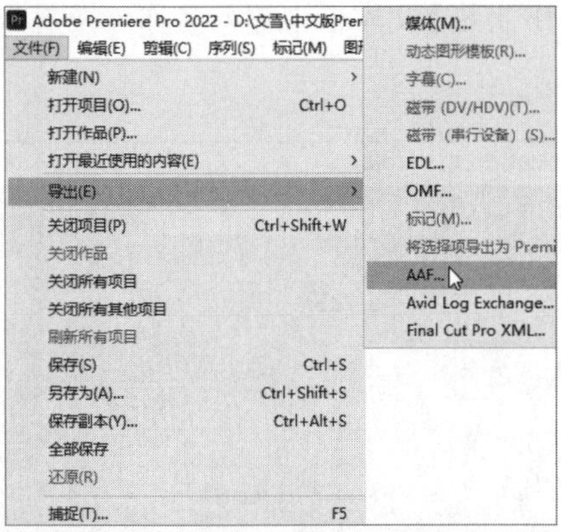

图 11-30　选择【AAF】命令

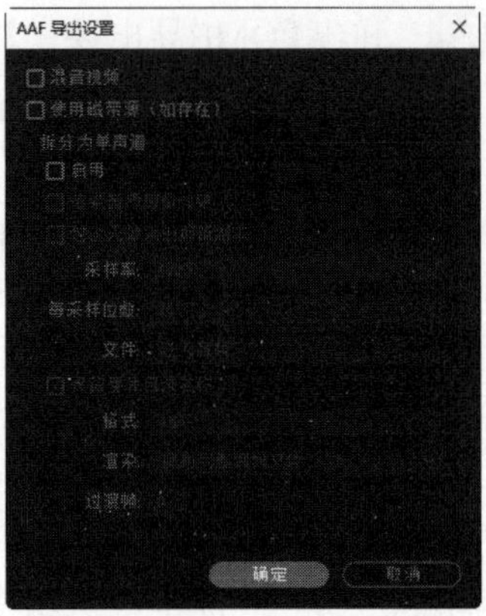

图 11-31　【AAF 导出设置】对话框

问题 2：如何导出 Avid Log Exchange 文件？

答：Avid Log Exchange（Avid 日志交换）格式是胶片数据库文件，以制表符分隔的 ASCII 文本格式保存，包含胶片、视频和音频数据的快照日志，用于在系统之间传输胶片数据，大多数 ALE 文件被视为 Video Files。下面介绍导出 Avid Log Exchange 文件的方法。

步骤 01　选中准备输出的序列，在主界面中单击【文件】主菜单，在弹出的菜单中选择【导出】命令，在弹出的子菜单中选择【Avid Log Exchange】命令，如图 11-32 所示。

步骤 02　弹出【将转换的序列另存为-Avid Log Exchange】对话框，如图 11-33 所示，选择保存位置，在【文件名】文本框中输入名称，单击【保存】按钮即可完成导出 Avid Log Exchange 文件的操作。

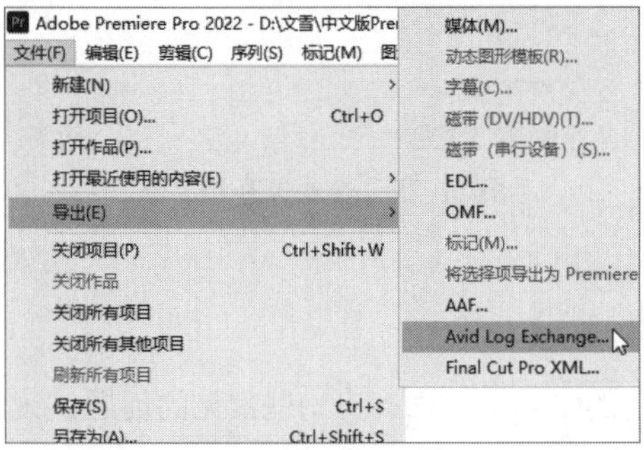

图 11-32　选择【Avid Log Exchange】命令

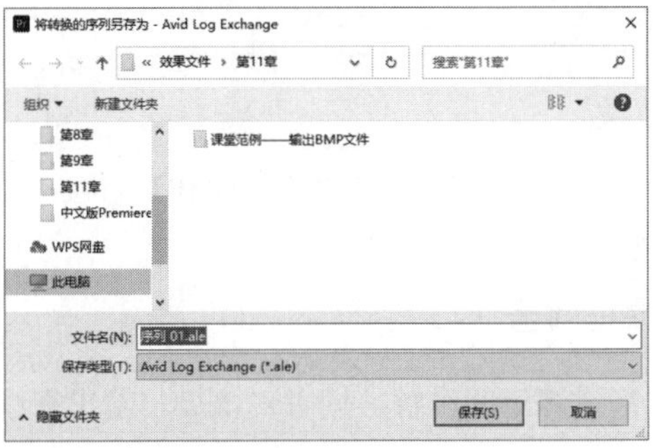

图 11-33　另存文件

上机实战——制作电子相册并导出 AVI 文件

为了帮助读者巩固本章知识点，下面讲解一个技能综合案例，使读者对本章的知识有更深入的了解。

效果展示

思路分析

本节将介绍制作电子相册并导出AVI文件的案例，首先新建项目，导入素材，创建序列；其次创建调整图层，放置调整图层，为其添加效果，并创建关键帧动画；再次导入音效素材，并拖入音频轨道，复制调整图层和音效素材至其他素材连接处，执行【文件】→【导出】→【媒体】命令，设置导出参数；最后查看视频。

制作步骤

步骤 01 新建“电子相册”项目，打开“素材文件\第 11 章\上机实战——制作电子相册并导出AVI文件”文件夹，将素材导入【项目】面板中，并将其拖入【时间轴】面板中创建序列，如图 11-34 所示。

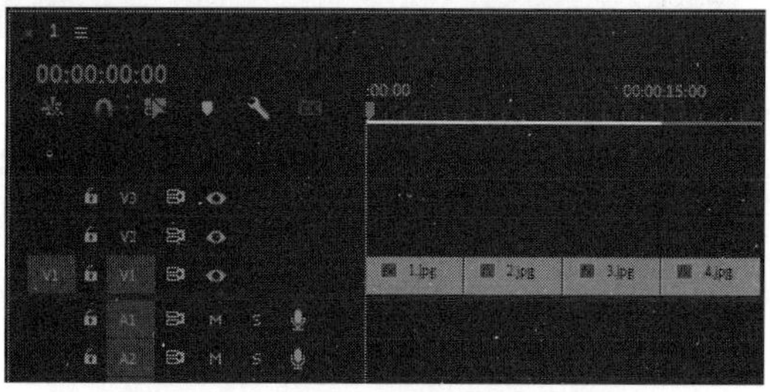

图 11-34　新建项目和序列

步骤 02 单击【项目】面板中的【新建项】按钮，选择【调整图层】选项，如图 11-35 所示。

步骤 03 弹出【调整图层】对话框，如图 11-36 所示，保持默认设置，单击【确定】按钮。

步骤 04　将调整图层拖入 V2 轨道中，放置在 1、2 素材之间，设置持续时间为 20 帧，如图 11-37 所示。

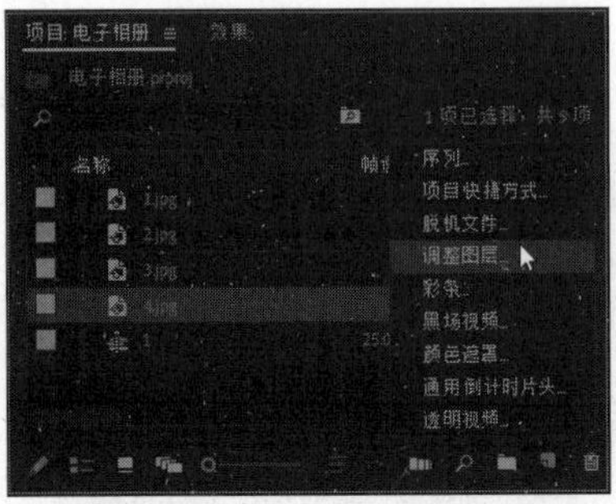

图 11-35　新建调整图层

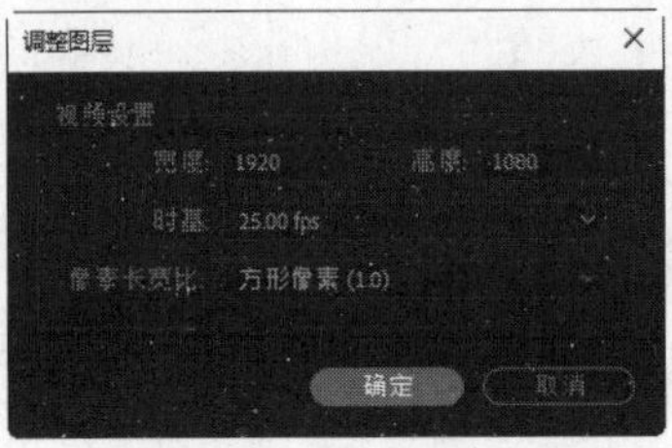

图 11-36　【调整图层】对话框

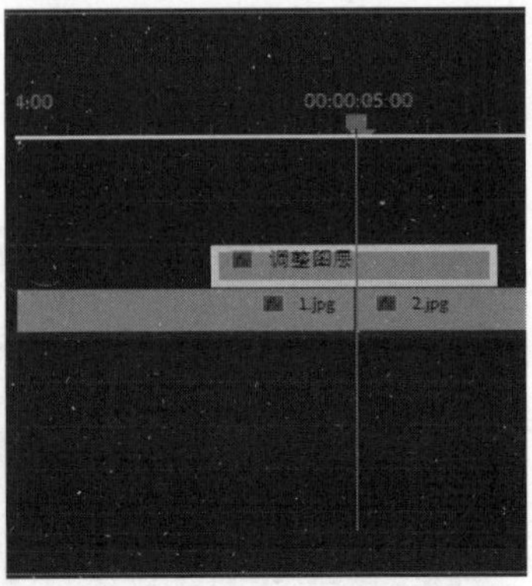

图 11-37　放置调整图层素材

步骤 05　选中调整图层素材，在【效果】面板中搜索【VR】，找到【VR 数字故障】效果并双击，即可为调整图层添加该效果，如图 11-38 所示。

步骤 06　在【效果控件】面板中，将当前时间指示器移至 00：00：05：00 处，设置【VR 数字故障】选项下的【主振幅】【颜色扭曲】【几何扭曲 X 轴】及【颜色演化】的参数，并单击【主振幅】【颜色扭曲】【颜色演化】选项左侧的【切换动画】按钮，创建关键帧，如图 11-39 所示。

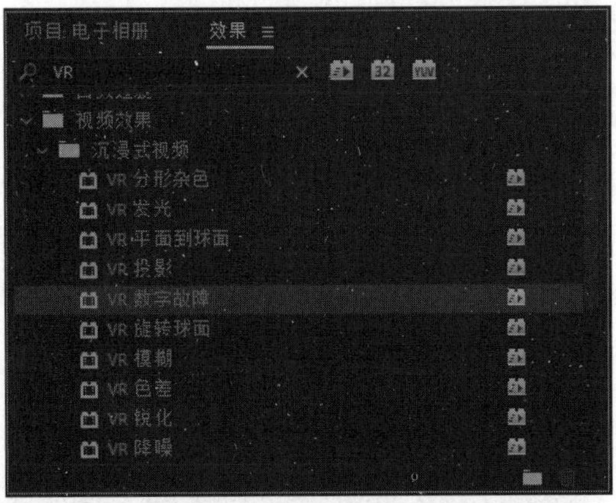

图 11-38　添加【VR 数字故障】效果

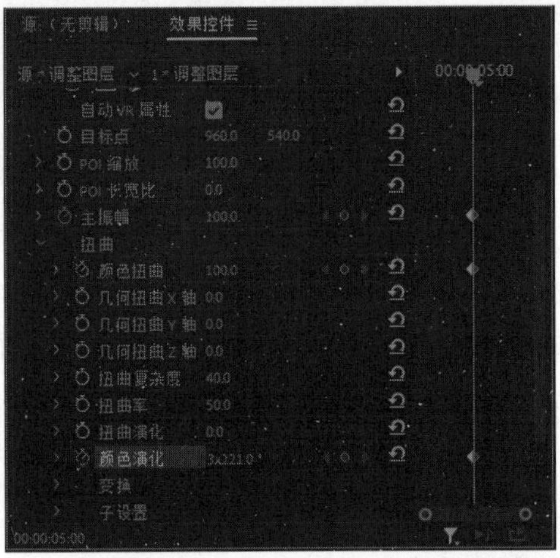

图 11-39　创建关键帧

步骤 07　将当前时间指示器移至 00：00：04：15 处，设置【主振幅】【颜色扭曲】【颜色演化】选项参数，添加第 2 个关键帧，如图 11-40 所示。

步骤 08　将当前时间指示器移至 00：00：05：10 处，设置【主振幅】【颜色扭曲】【颜色演化】选项参数，添加第 3 个关键帧，如图 11-41 所示。

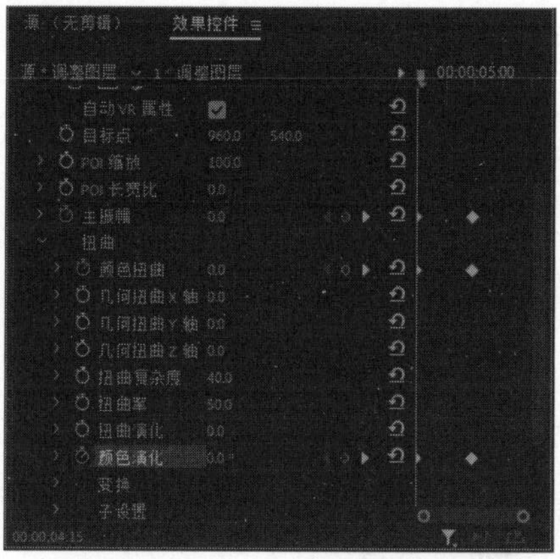

图 11-40 添加第 2 个关键帧

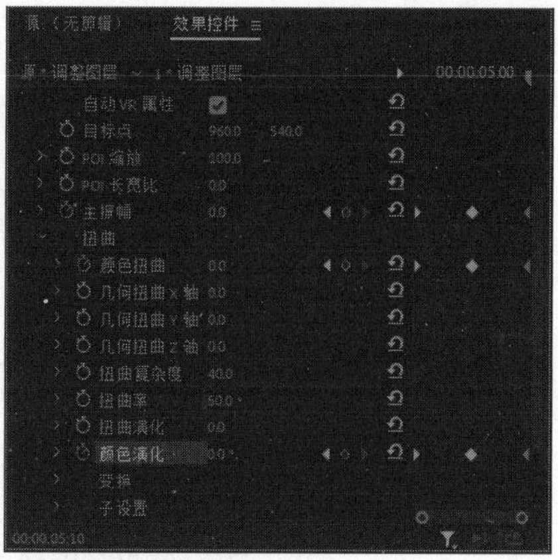

图 11-41 添加第 3 个关键帧

步骤 09 将“音效.mp3”导入【项目】面板，并将其拖入A1轨道中，放置在1、2素材连接处，如图 11-42 所示。

步骤 10 复制调整图层和音效素材至其他素材连接处，如图 11-43 所示。

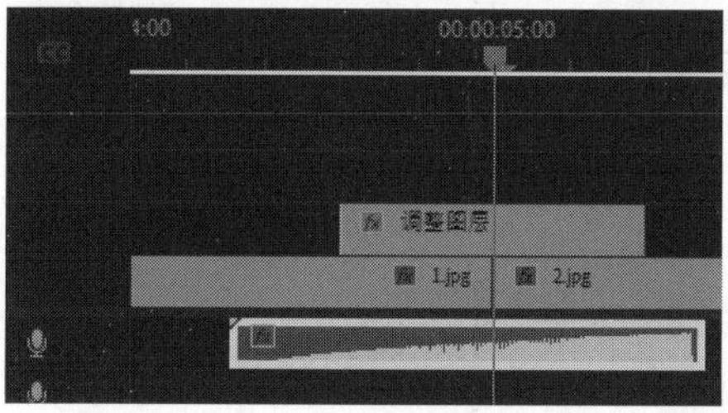

图 11-42 添加音效

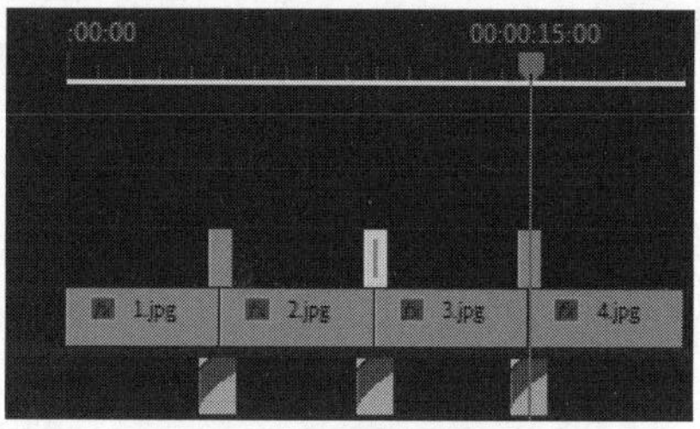

图 11-43 复制素材

步骤 11 执行【文件】→【导出】→【媒体】命令，如图 11-44 所示。

步骤 12 弹出【导出设置】对话框，如图 11-45 所示，在【格式】下拉列表中选择【AVI】选项，单击【导出】按钮。

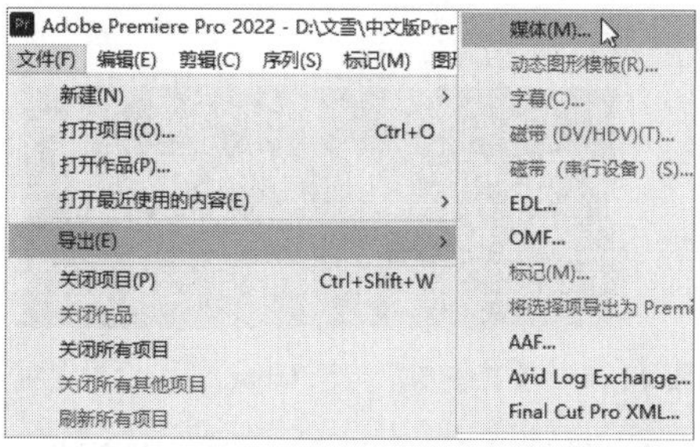

图 11-44 选择【媒体】命令

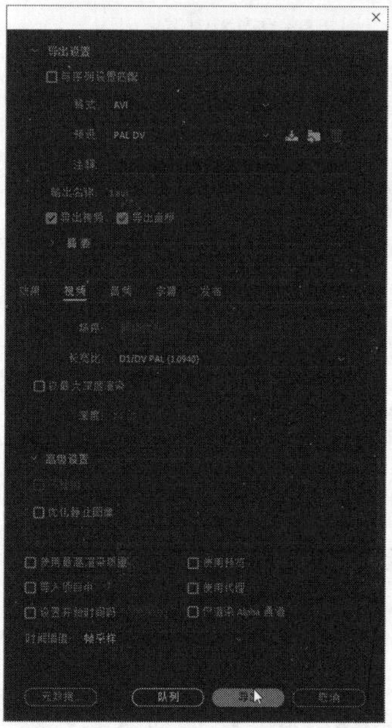

图 11-45 【导出设置】对话框

步骤 13　打开导出的文件所在文件夹，使用播放器查看电子相册，如图 11-46 所示。

图 11-46　查看文件

同步训练——输出字幕

为了提高读者的动手能力，下面安排一个同步训练案例，让读者举一反三、触类旁通。

思路分析

本案例将介绍输出字幕的操作方法。首先打开素材，选择【字幕】序列；其次执行【文件】→【导出】→【字幕】命令，打开【“字幕”的 Sidecar 字幕设置】对话框，设置参数，单击【确定】按钮；最后打开【另存为】对话框，设置保存字幕的位置和名称，单击【保存】按钮。

关键步骤

步骤 01　打开“素材文件\第 11 章\同步训练——输出字幕\演职人员字幕表.prproj”，在【项目】面板中选择【字幕】序列。

步骤 02　单击【文件】主菜单，在弹出的菜单中选择【导出】命令，在弹出的子菜单中选择【字幕】命令，如图 11-47 所示。

步骤 03　弹出【“字幕”的 Sidecar 字幕设置】对话框，在【文件格式】下拉列表中选择【SubRip 字幕格式（.srt）】选项，单击【确定】按钮，如图 11-48 所示。

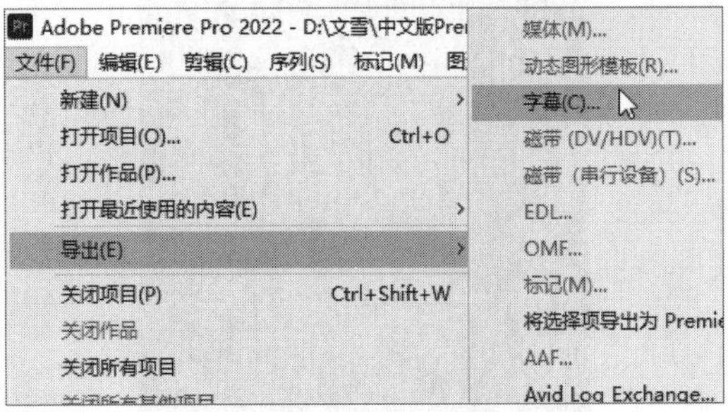

图 11-47　选择【字幕】命令

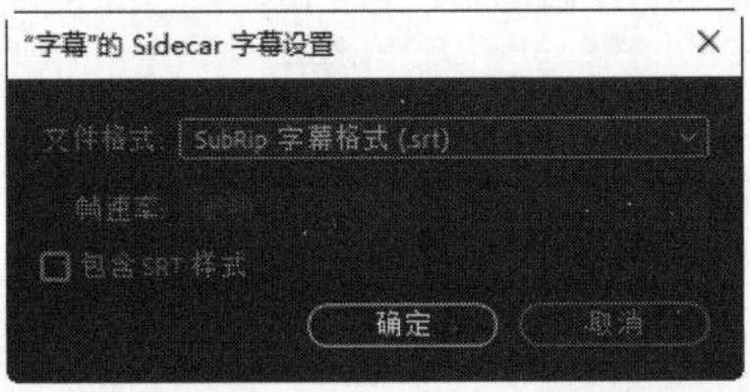

图 11-48　【“字幕”的 Sidecar 字幕设置】对话框

步骤 04　弹出【另存为】对话框，选择保存字幕的位置，在【文件名】文本框中输入字幕名称，单击【保存】按钮即可完成输出字幕的操作。

知识能力测试

本章讲解了渲染与输出视频的相关知识，为对知识进行巩固和考核，请读者完成以下练习题。

一、填空题

1. ___________对话框的左半部分为视频预览区域，右半部分为参数设置区域。

2. 在【导出设置】选项组中的___________区域中查看部分导出设置内容。

3.【音频】选项卡中的设置选项可以对导出文件的音频属性进行设置，包括音频编解码器类型、___________、声道格式等。

二、选择题

1. 以下不属于Premiere Pro 2022 可以输出的主要视频格式的为(　　)。

A. AVI格式文件　　B. MOV格式文件　　C. AAC格式文件　　D. FLV格式文件

2. 以下不属于Premiere Pro 2022 可以输出的主要音频格式的为(　　)。

A. MP3 格式文件　　B. WAV格式文件　　C. AAC格式文件　　D. TIFF格式文件

三、简答题

1. 如何输出WMV文件?

2. 如何输出OMF文件?

Premiere Pro 2022

第12章 商业案例实训

本章主要介绍制作城市风光电子相册、制作游记Vlog片头和制作电商促销短视频3个典型的综合案例。通过本章的案例制作，读者基本可以掌握与Premiere Pro 2022相关的总体知识，为综合运用Premiere Pro 2022奠定坚实的基础。

学习目标

- 制作城市风光电子相册
- 制作游记 Vlog 片头
- 制作电商促销短视频

12.1 制作城市风光电子相册

效果展示

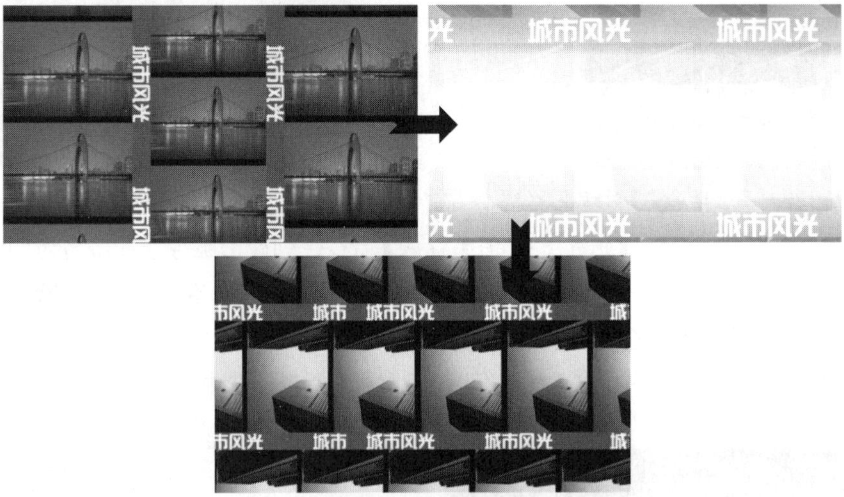

思路分析

本案例将制作模拟胶卷滑动效果的城市风光电子相册。首先创建序列，创建颜色遮罩作为背景并创建旧版标题，其次在旧版标题中创建矩形并填充素材图片，设置图片滚动播放，创建矩形和文字，为文字添加位置关键帧动画，复制旧版标题并移动旧版标题铺满画面；再次使用相同方法制作第 2 张图片素材的旧版标题，添加转场特效素材，添加背景音乐，裁剪音乐并添加淡出效果，最后导出视频。

制作步骤

步骤 01　新建项目，新建“城市风光电子相册”序列，在【项目】面板中单击【新建项】按钮，选择【颜色遮罩】选项，如图 12-1 所示。

步骤 02　打开【拾色器】对话框，如图 12-2 所示，设置RGB数值，单击【确定】按钮。

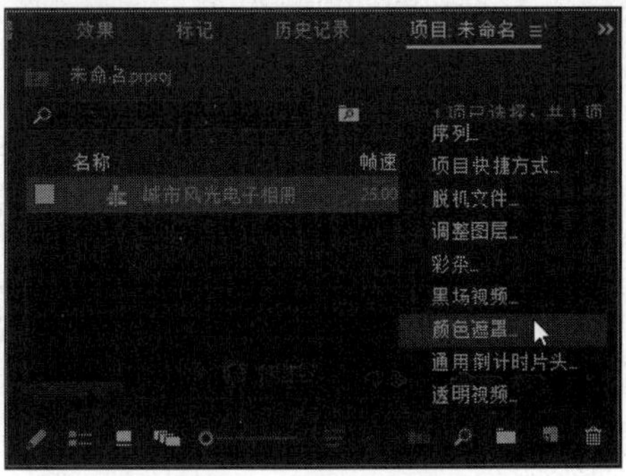

图 12-1　创建颜色遮罩

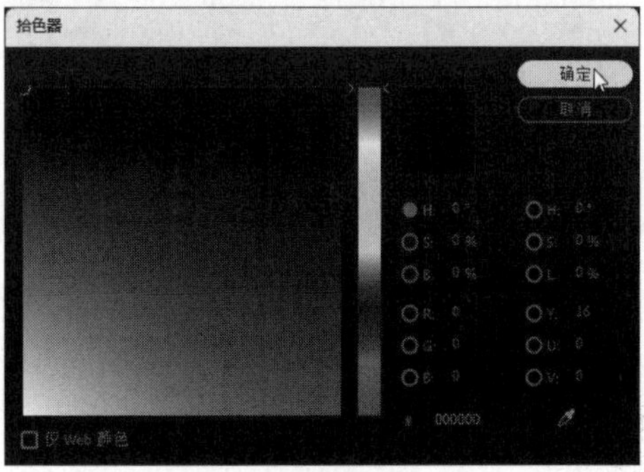

图 12-2　【拾色器】对话框

步骤 03　弹出【选择名称】对话框，如图 12-3 所示，输入名称，单击【确定】按钮。

步骤 04　将“背景”素材拖入【时间轴】面板中，如图 12-4 所示。

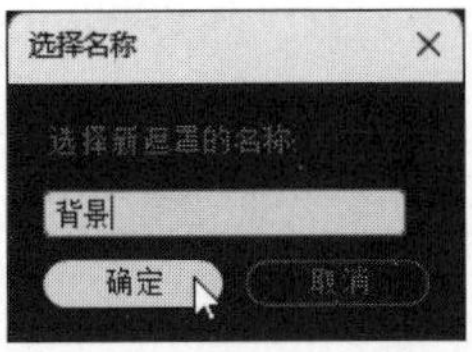

图 12-3　【选择名称】对话框

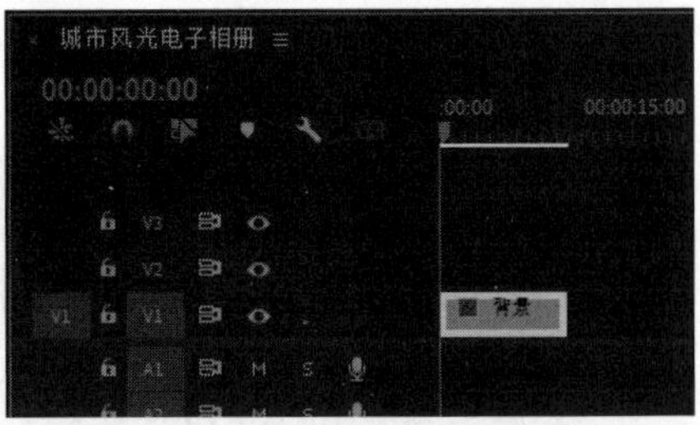

图 12-4　添加素材到【时间轴】面板

步骤 05　执行【文件】→【新建】→【旧版标题】命令，创建旧版标题并命名为“1”，打开【字幕】面板，使用矩形工具绘制一个矩形，单击【水平居中】和【垂直居中】按钮，勾选【纹理】复选框并展开，单击【纹理】选项右侧的按钮，如图 12-5 所示。

步骤 06　打开【选择纹理图像】对话框，如图 12-6 所示，选中图片，单击【打开】按钮。

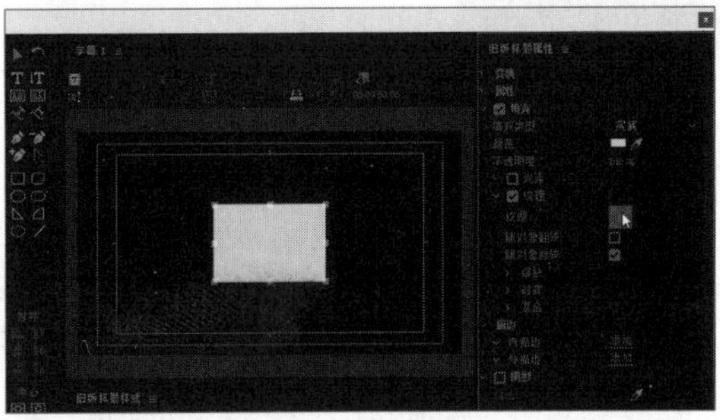

图 12-5　创建矩形

图 12-6　【选择纹理图像】对话框

步骤 07　矩形被图片素材填充，复制出另外两个矩形，将 3 个矩形全部选中，单击【垂直居中】按钮，如图 12-7 所示。

步骤 08　选择所有矩形并复制，如图 12-8 所示。选中 6 个矩形，单击【垂直居中】按钮，单击【滚动/游动选项】按钮。

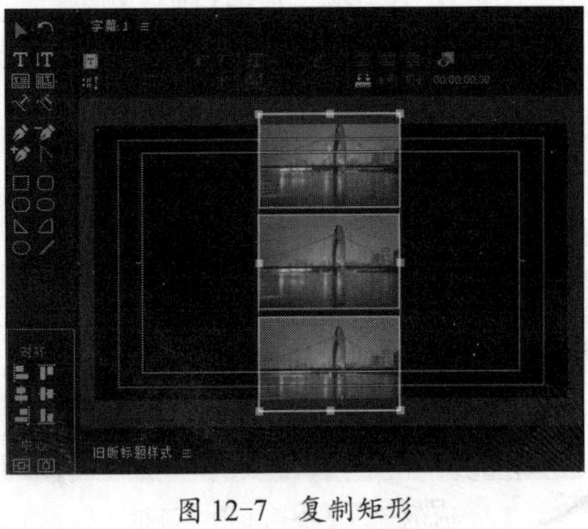

图 12-7　复制矩形

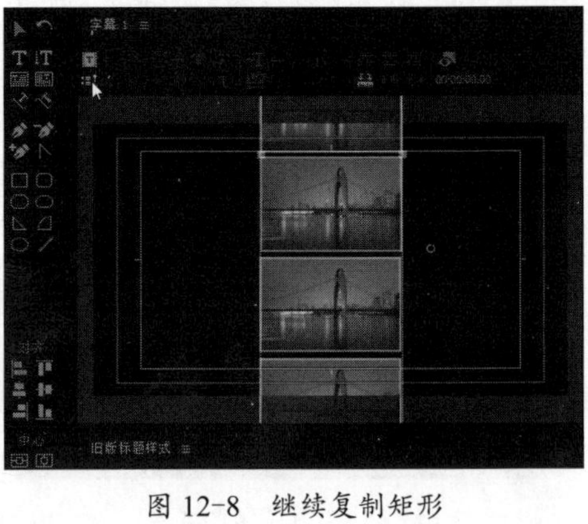

图 12-8　继续复制矩形

步骤 09 打开【滚动/游动选项】对话框，如图 12-9 所示，选中【滚动】单选按钮，单击【确定】按钮。

步骤 10 将【字幕】面板关闭，将“1”素材添加到V2 轨道中，使用矩形工具在【节目】监视器面板中创建矩形，如图 12-10 所示。

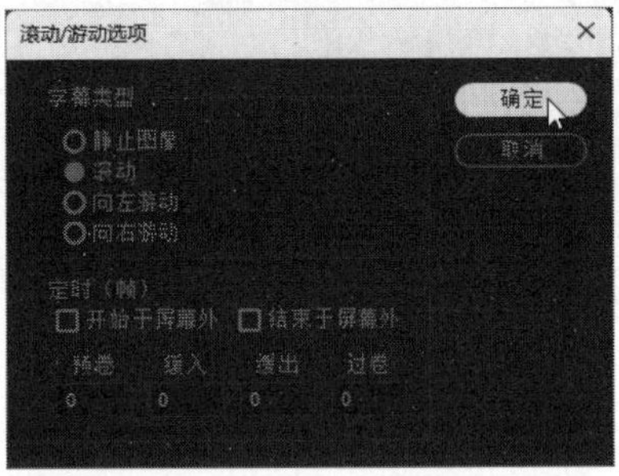

图 12-9 【滚动/游动选项】对话框

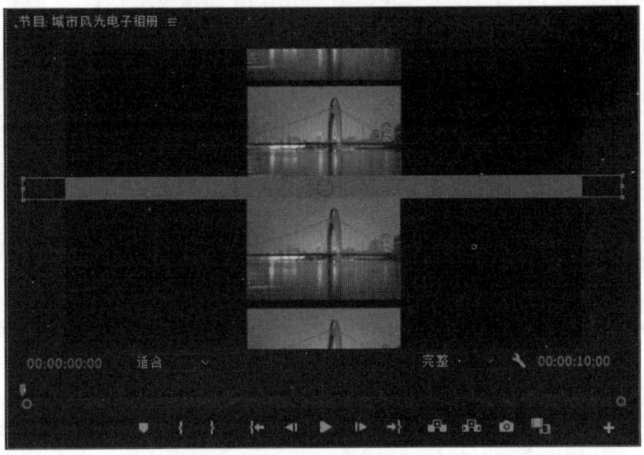

图 12-10 创建矩形

步骤 11 使用文字工具输入文本“城市风光”，在【基本图形】面板中设置文本的大小、字体和填充颜色，如图 12-11 所示。

步骤 12 复制并移动文本位置，如图 12-12 所示。

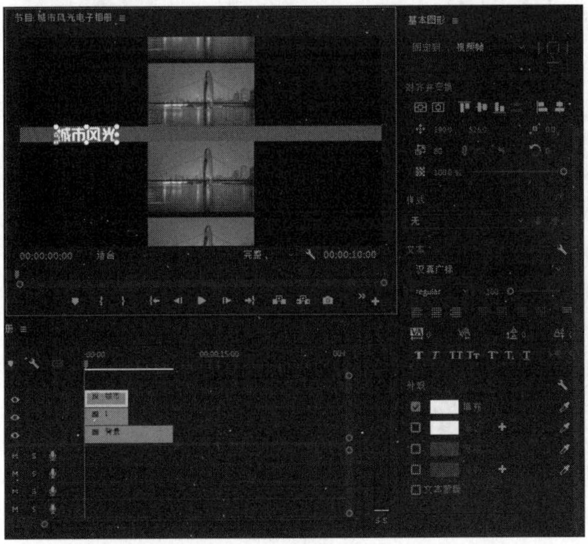

图 12-11 创建并设置文本

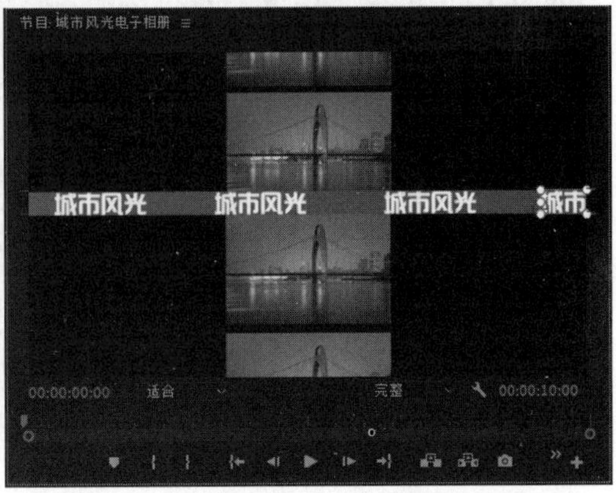

图 12-12 复制并移动文本

步骤 13 在【效果】面板中搜索“偏移”，将搜索到的【偏移】效果添加到“城市风光”文本素材上。在【效果控件】面板中，在开始处为【将中心移位至】选项创建关键帧，如图 12-13 所示。

步骤 14 将时间指示器移至结尾处，更改【将中心移位至】选项参数，创建第 2 个关键帧，如图 12-14 所示。

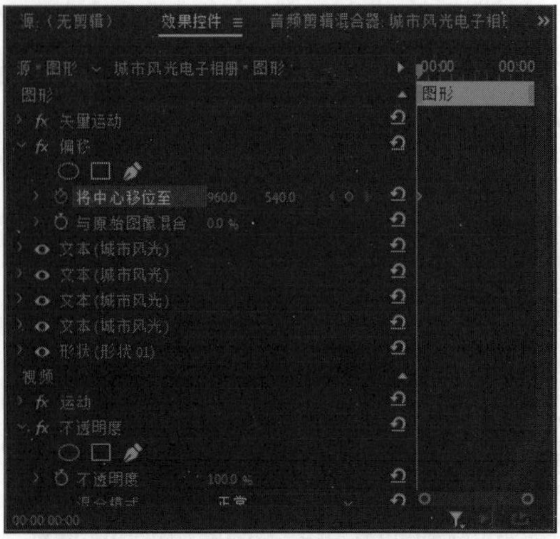

图 12-13　创建关键帧

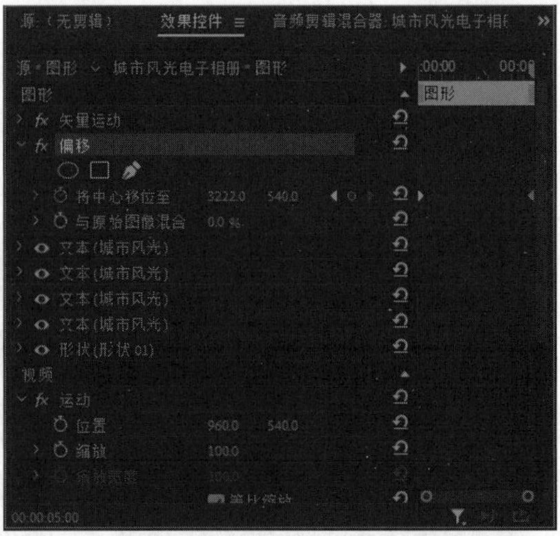

图 12-14　创建第 2 个关键帧

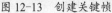

步骤 15　设置【位置】和【旋转】选项参数，如图 12-15 所示。

步骤 16　复制“城市风光”素材至 V4 轨道，移动 V4 轨道素材的位置，效果如图 12-16 所示。

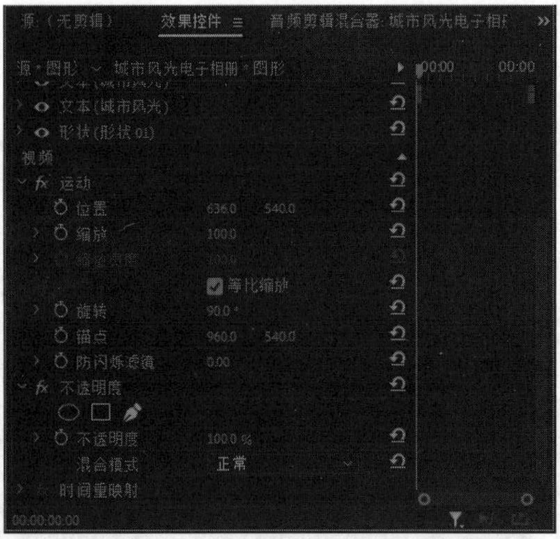

图 12-15　设置选项参数

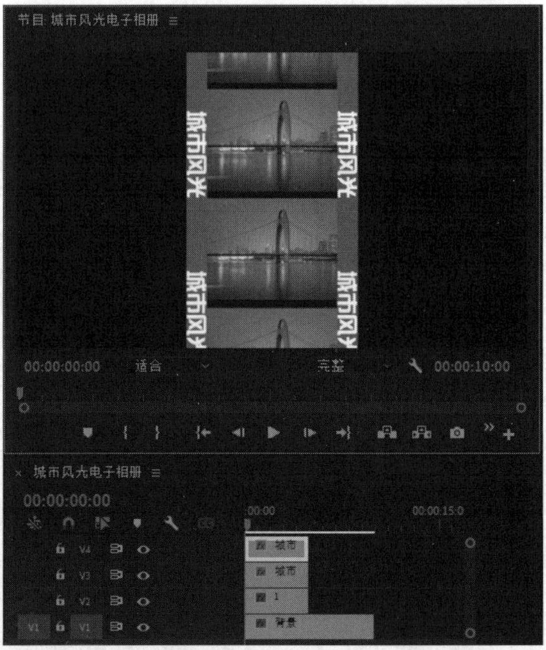

图 12-16　复制并移动素材效果

步骤 17　选中 V3 和 V4 轨道中的素材并右击，选择【嵌套】命令，如图 12-17 所示，得到“嵌套序列 01”素材。

步骤 18　复制“1”素材至 V4 和 V5 轨道，得到“1 复制 01”和“1 复制 02”素材，如图 12-18 所示。

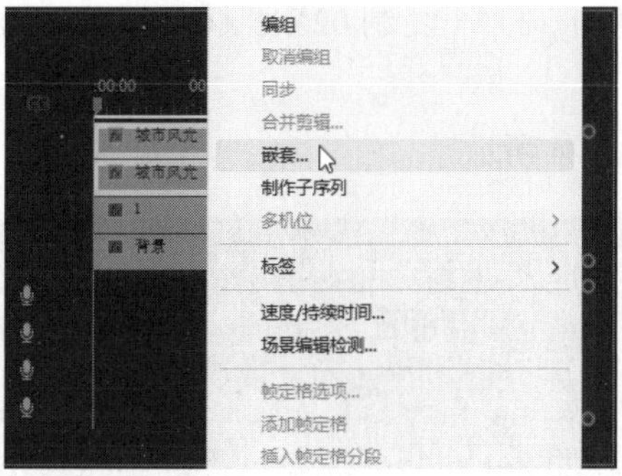

图 12-17 嵌套序列

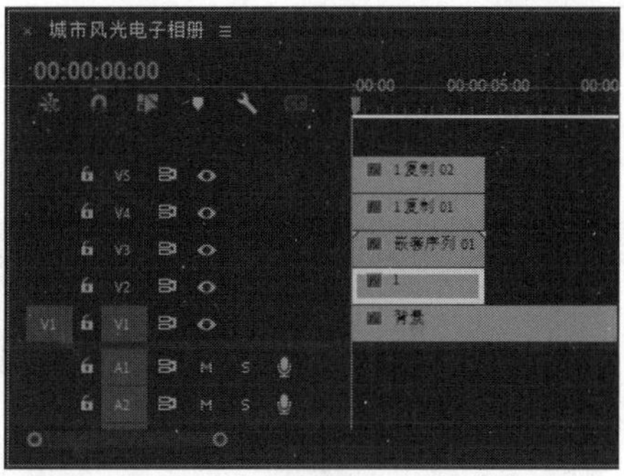

图 12-18 复制素材

步骤 19 选中“1 复制 01”素材，在【效果控件】面板中设置【位置】和【缩放】选项参数，如图 12-19 所示。

步骤 20 选中“1 复制 02”素材，在【效果控件】面板中设置【位置】和【缩放】选项参数，如图 12-20 所示。

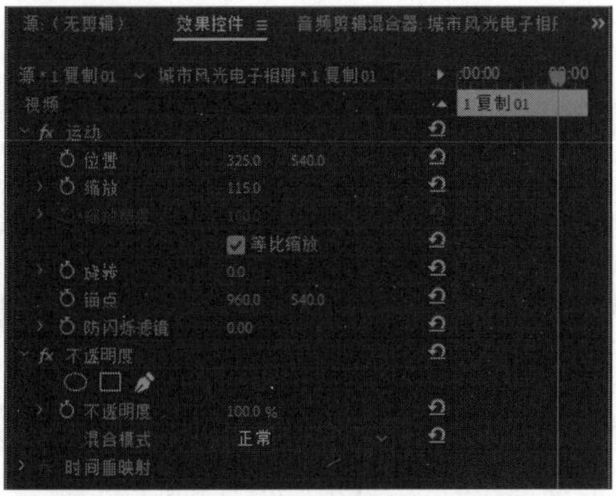

图 12-19 设置选项参数

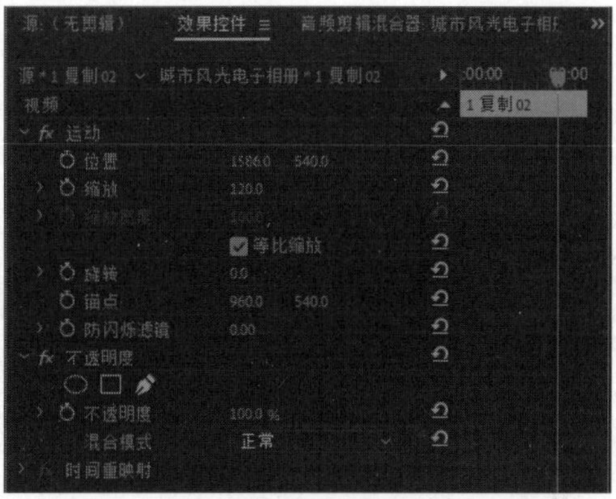

图 12-20 设置选项参数

步骤 21 将“嵌套序列 01”素材移至最上方，如图 12-21 所示。

步骤 22 选中“嵌套序列 01”素材，在【效果控件】面板中设置【缩放】选项参数，如图 12-22 所示。

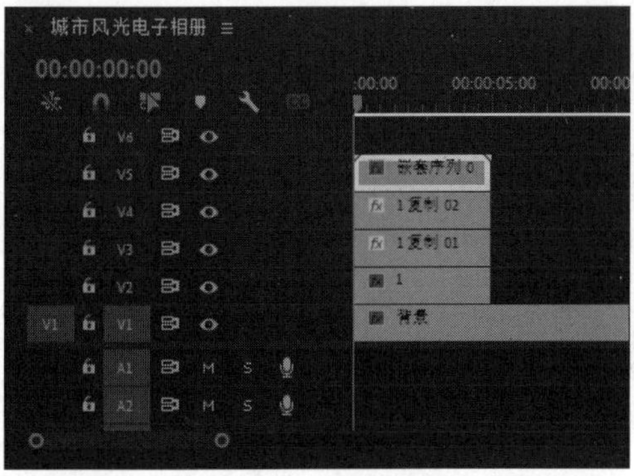

图 12-21 移动素材

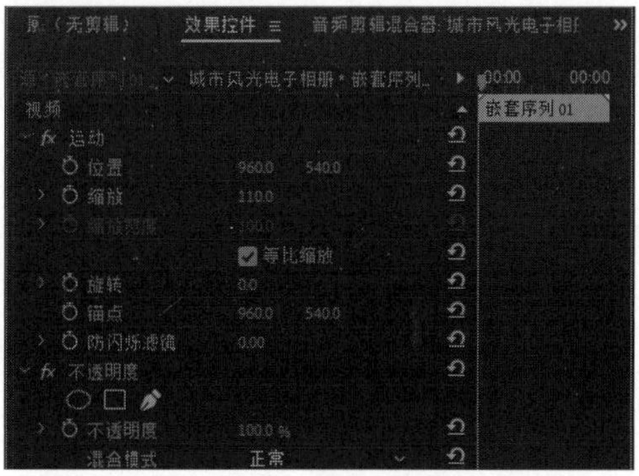

图 12-22 设置选项参数

步骤 23　使用比率拉伸工具调整“1”“1 复制 01”和“1 复制 02”素材的播放速度，如图 12-23 所示。

步骤 24　使用剃刀工具裁剪多余的部分，如图 12-24 所示。

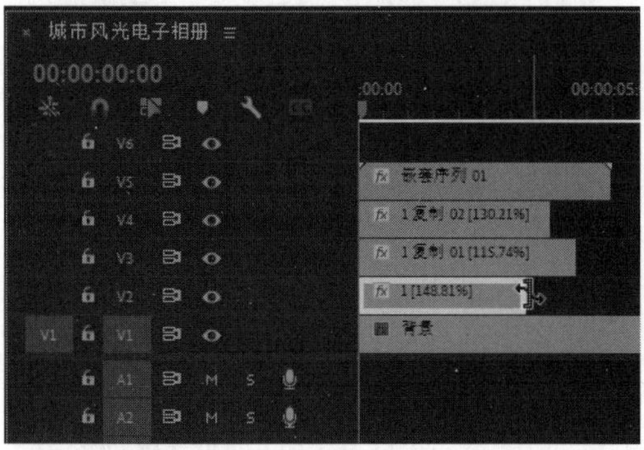

图 12-23　调整素材播放速度

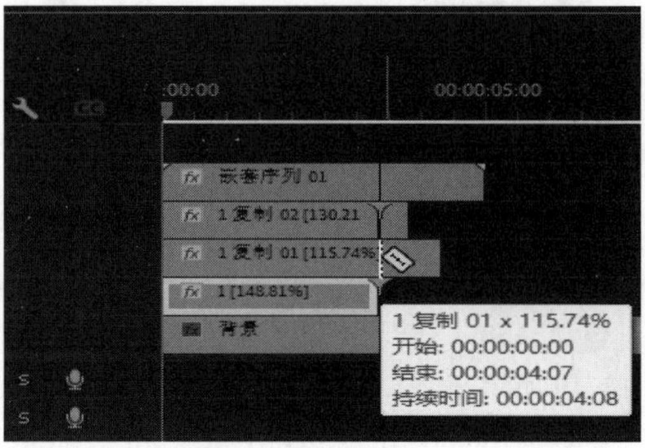

图 12-24　裁剪素材

步骤 25　右击“1”素材，选择【嵌套】命令，如图 12-25 所示，得到“嵌套序列 02”素材。

步骤 26　右击“嵌套序列 02”素材，选择【速度/持续时间】菜单项，如图 12-26 所示。

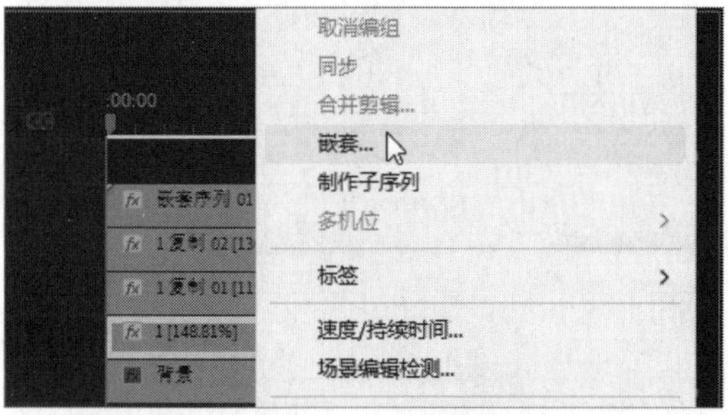

图 12-25　嵌套序列

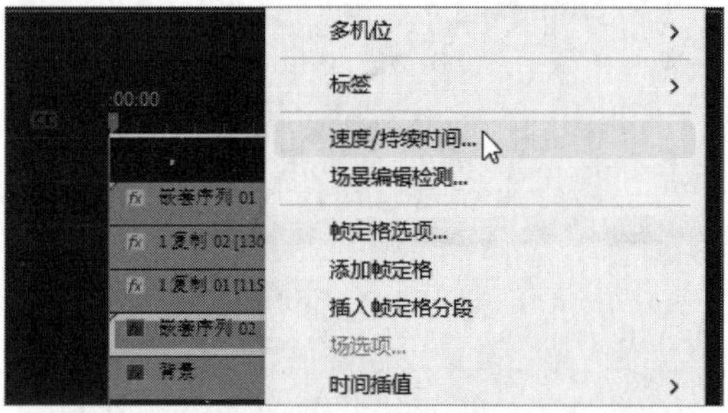

图 12-26　选择【速度/持续时间】菜单项

步骤 27　打开【剪辑速度/持续时间】对话框，勾选【倒放速度】复选框，单击【确定】按钮，如图 12-27 所示。

步骤 28　选中 V2 ～ V5 轨道中的素材，右击素材，选择【嵌套】命令，如图 12-28 所示，得到“嵌套序列 03”。

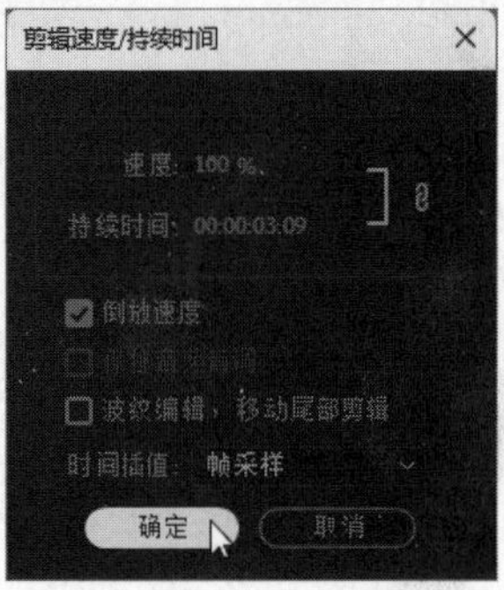

图 12-27　【剪辑速度/持续时间】对话框

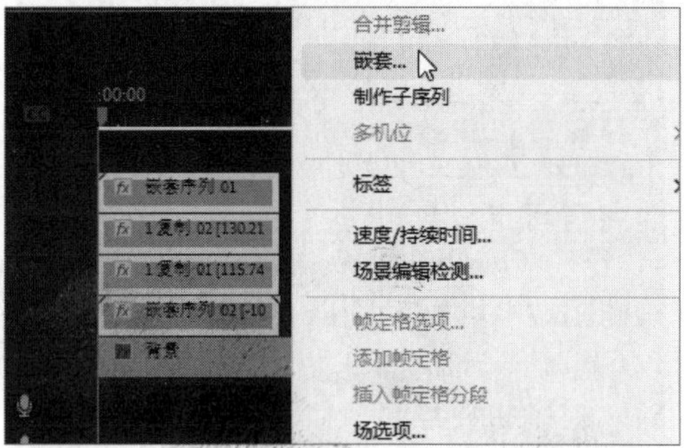

图 12-28　嵌套序列

步骤 29 双击V2轨道头的空白处展开轨道，右击“嵌套序列03”素材上的图标，执行【时间重映射】→【速度】命令，如图12-29所示。

步骤 30 将时间指示器移至2秒处，按住【Ctrl】键在素材上单击添加一个关键帧，如图12-30所示。

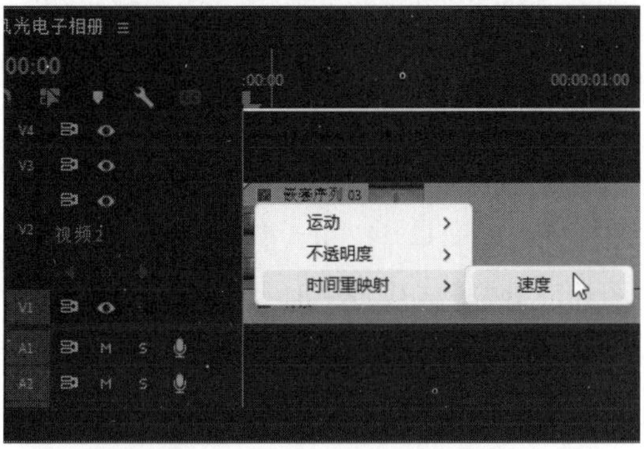

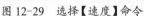

图12-29 选择【速度】命令

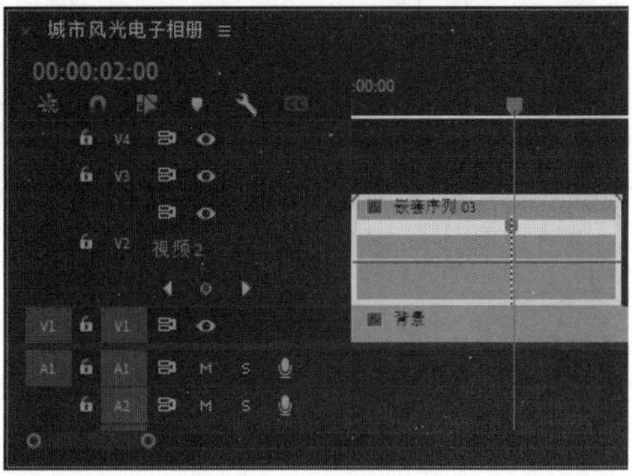

图12-30 添加关键帧

步骤 31 在关键帧左侧的位置单击并向上移动鼠标指针，设置素材的播放速度，如图12-31所示。

步骤 32 将【项目】面板中的“1复制02”素材拖入V2轨道中，并复制一份至V3轨道中，得到“1复制03”素材，如图12-32所示。

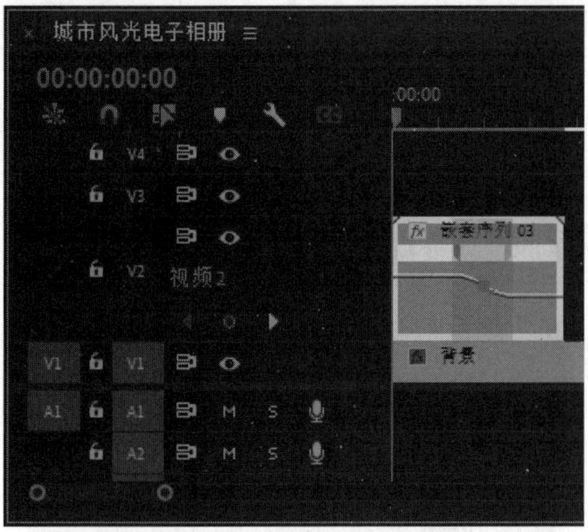

图12-31 设置素材播放速度

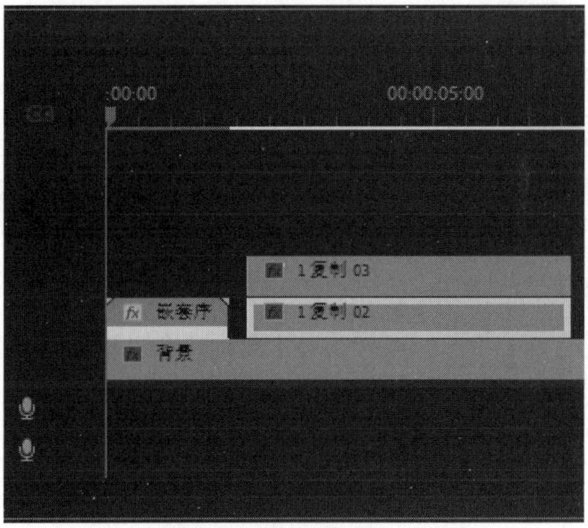

图12-32 复制素材

步骤 33 删除“1复制02”素材，并将“1复制03”素材放置在V2轨道中，如图12-33所示。

步骤 34 双击“1复制03”素材，打开【字幕】面板，选中所有矩形，单击【纹理】选项右侧的按钮，如图12-34所示。

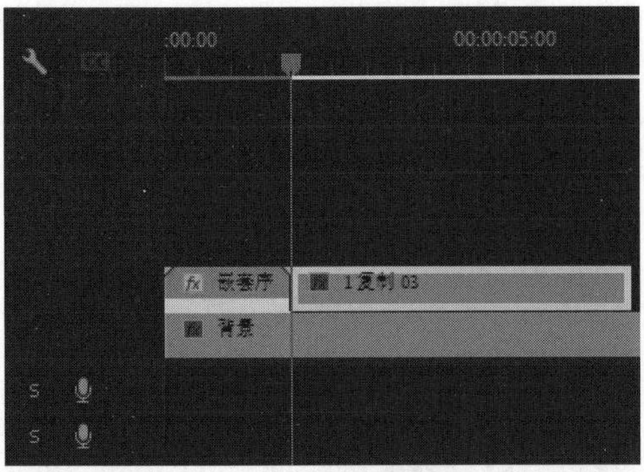

图 12-33　替换 V2 轨道中的素材

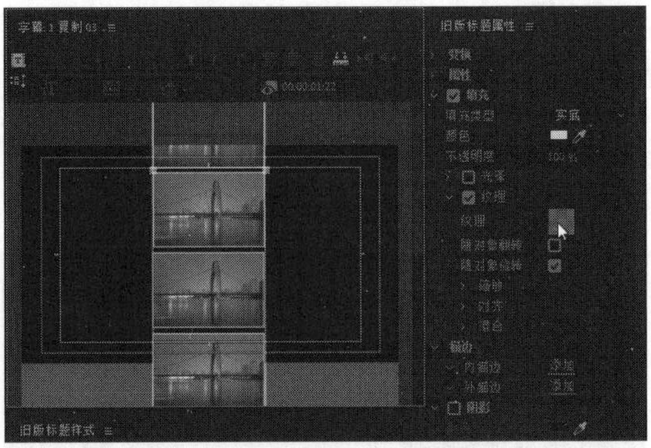

图 12-34　打开字幕面板

步骤 35　打开【选择纹理图像】对话框，选中图片，单击【打开】按钮，如图 12-35 所示。

步骤 36　矩形的填充图片发生改变，设置【Y 位置】和【旋转】选项参数，单击【滚动/游动选项】按钮，如图 12-36 所示。

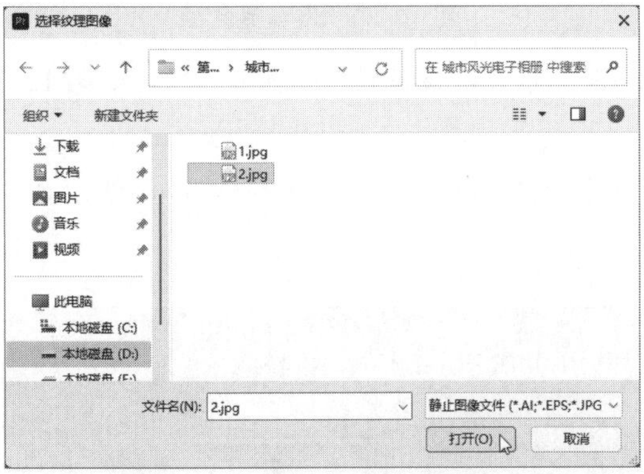

图 12-35　【选择纹理图像】对话框

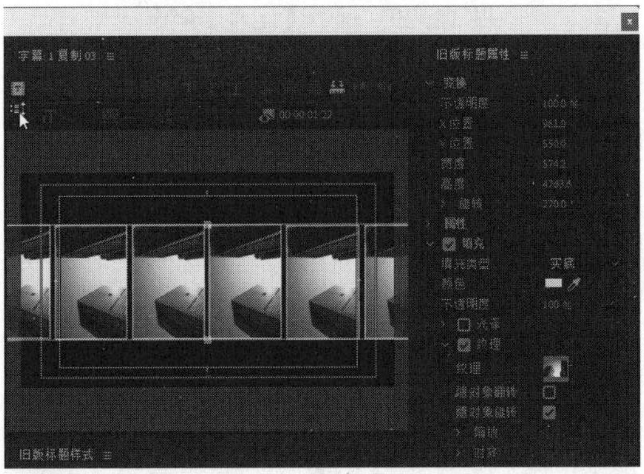

图 12-36　设置选项参数

步骤 37　打开【滚动/游动选项】对话框，单击【向左游动】单选按钮，单击【确定】按钮，如图 12-37 所示。

步骤 38　将【项目】面板中的“嵌套序列 01”素材拖入 V2 轨道中，并删除素材的音频，如图 12-38 所示。

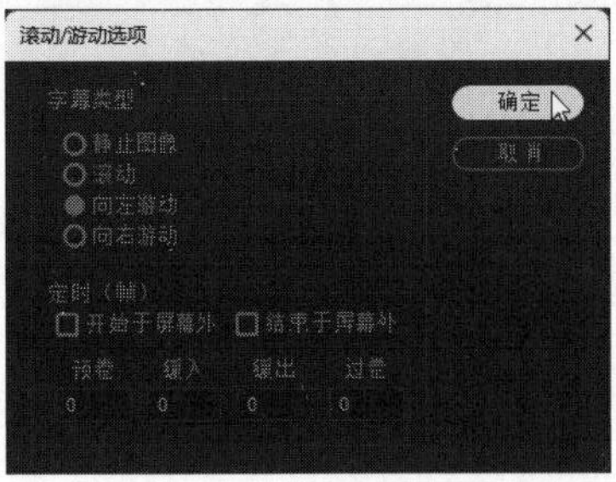

图 12-37　【滚动/游动选项】对话框

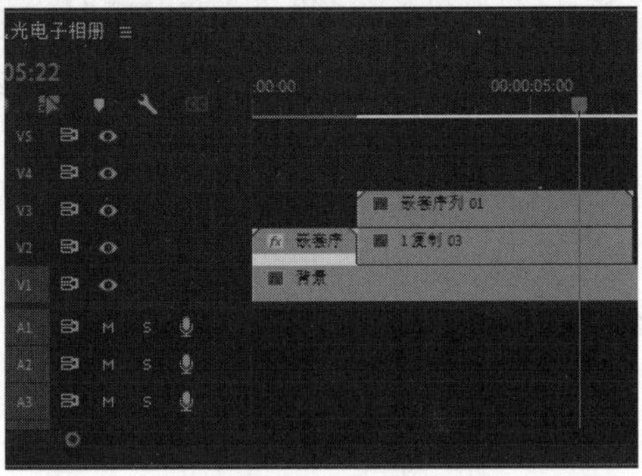

图 12-38　调整素材

步骤 39 双击“嵌套序列 01”素材，进入序列中，选中 V4 轨道中的素材，按【Ctrl+C】组合键复制，如图 12-39 所示。

步骤 40 返回“城市风光电子相册”序列，删除“嵌套序列 01”，选中 V3 轨道，按【Ctrl+V】组合键粘贴，效果如图 12-40 所示。

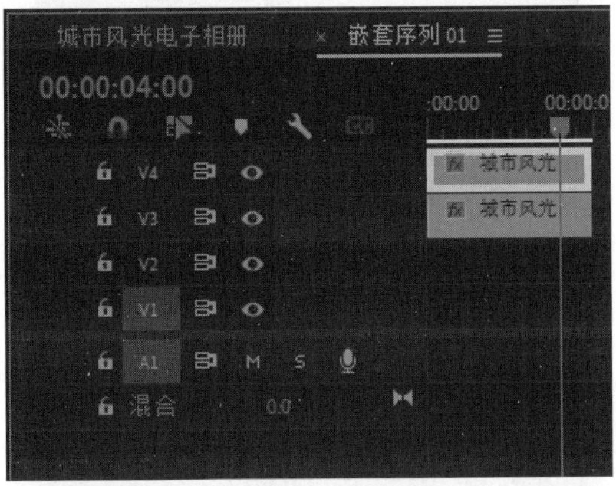

图 12-39 复制素材

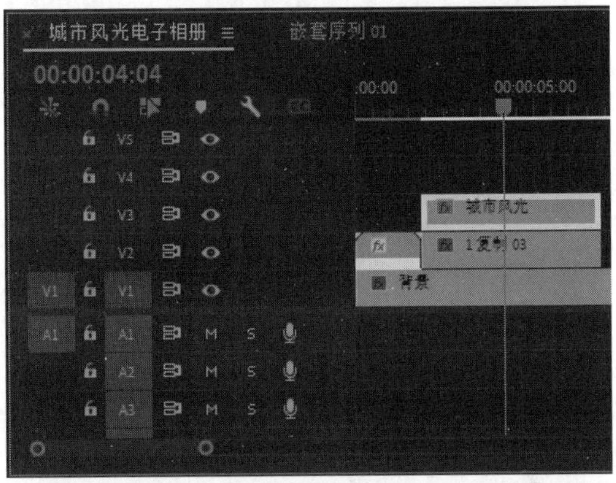

图 12-40 粘贴素材

步骤 41 选中“城市风光”素材，在【效果控件】面板中设置【位置】和【旋转】选项参数，如图 12-41 所示。

步骤 42 复制“城市风光”素材至 V4 轨道，在【效果控件】面板中设置【位置】选项参数，效果如图 12-42 所示。

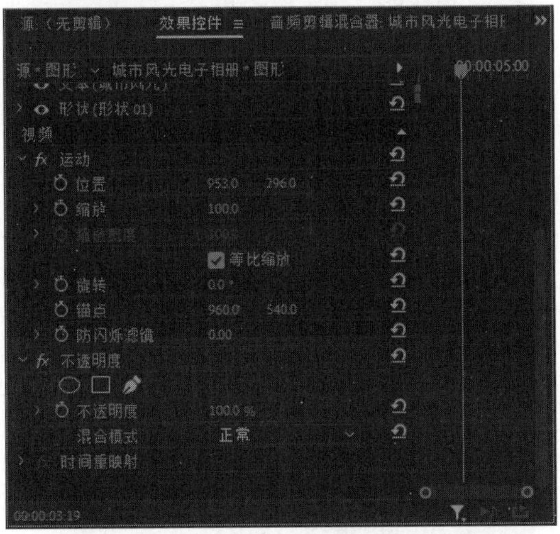

图 12-41 设置选项参数

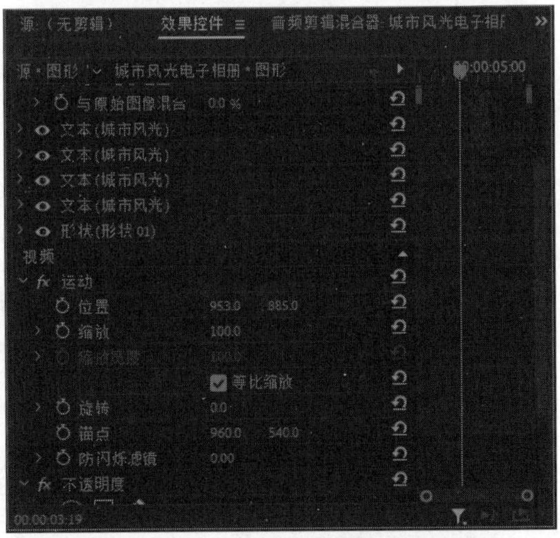

图 12-42 设置【位置】选项参数

步骤 43 复制“1 复制 03”素材至 V5 和 V6 轨道，得到“1 复制 04”和“1 复制 05”素材，如图 12-43 所示。

步骤 44 选中“1 复制 04”素材，在【效果控件】面板中设置【位置】选项参数，如图 12-44 所示。

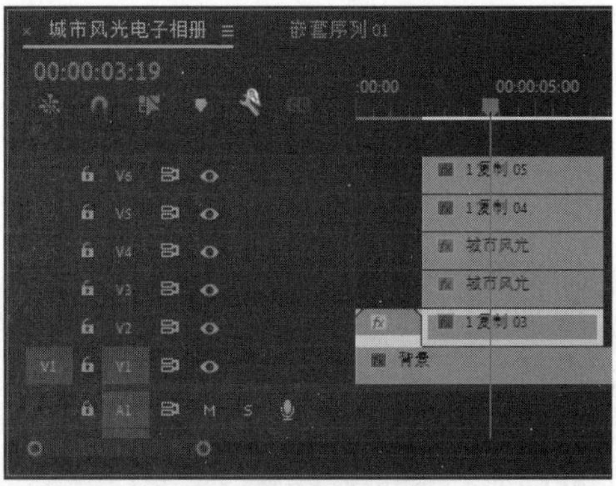

图 12-43 复制素材

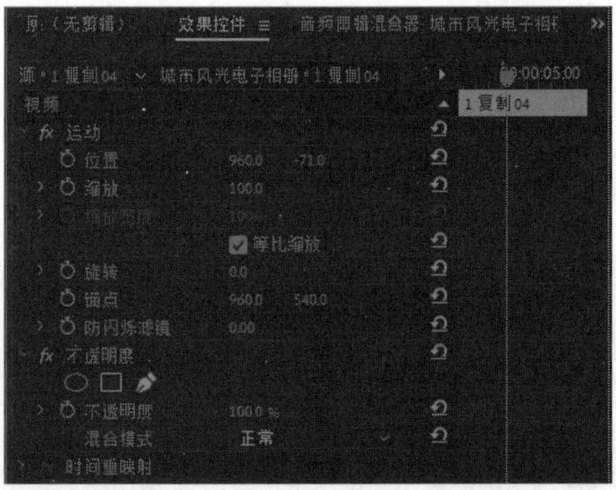

图 12-44 设置【位置】选项参数 1

步骤 45 选中“1 复制 05”素材，在【效果控件】面板中设置【位置】选项参数，如图 12-45 所示。

步骤 46 调整素材的叠放顺序，如图 12-46 所示。

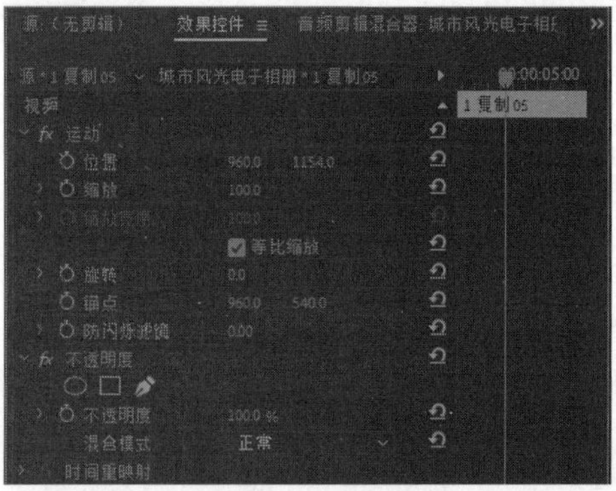

图 12-45 设置【位置】选项参数 2

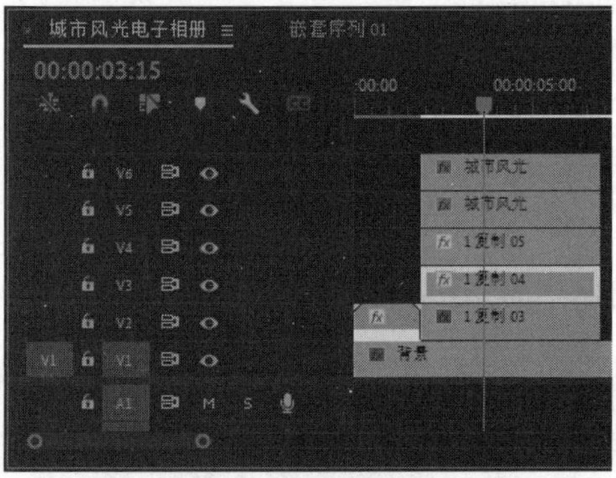

图 12-46 调整素材叠放顺序

步骤 47 使用比率拉伸工具调整 V2 ～ V4 轨道中素材的播放速度，如图 12-47 所示。

步骤 48 使用剃刀工具裁剪多余的素材并删除，如图 12-48 所示。

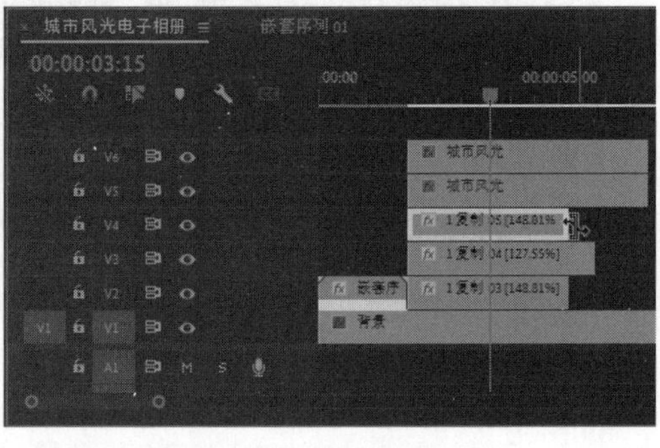

图 12-47 调整素材播放速度

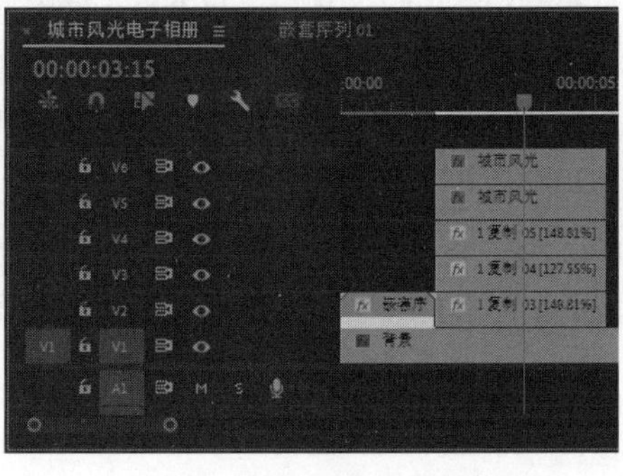

图 12-48 删除多余素材

步骤 49 右击“1 复制 03”素材，选择【嵌套】命令，如图 12-49 所示，得到“嵌套序列 04”。

步骤 50 右击“嵌套序列 04”素材，选择【速度/持续时间】命令，打开【剪辑速度/持续时间】

对话框，勾选【倒放速度】复选框，单击【确定】按钮，如图 12-50 所示。

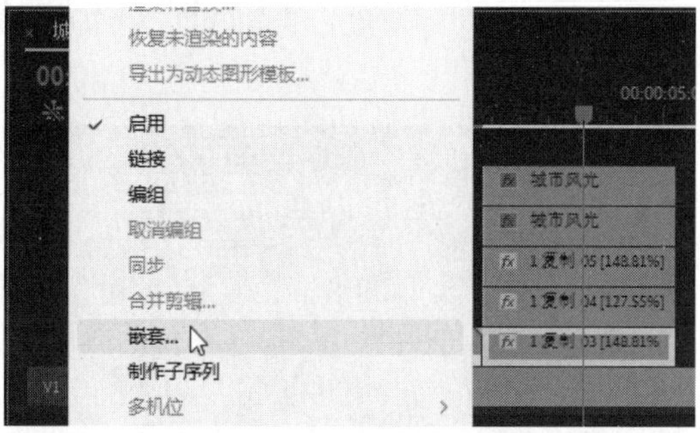

图 12-49 嵌套序列

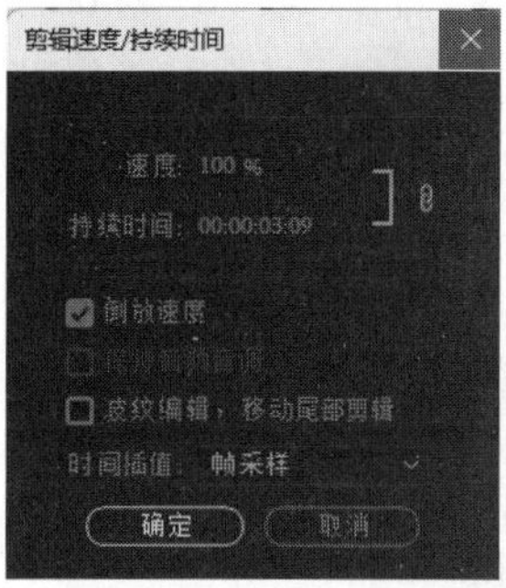

图 12-50 【剪辑速度/持续时间】对话框

步骤 51 调整素材的叠放顺序，选中 V4 ～ V6 轨道中的素材，右击素材，选择【嵌套】命令，如图 12-51 所示，得到“嵌套序列 05”。

步骤 52 选择 V2 ～ V4 轨道中的素材，右击素材，选择【嵌套】命令，如图 12-52 所示，得到“嵌套序列 06”。

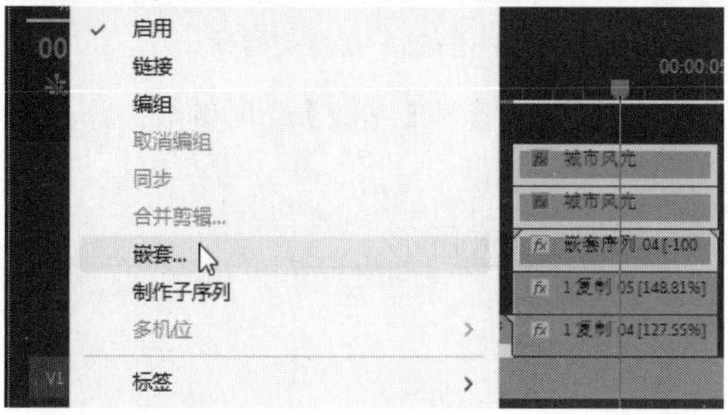

图 12-51 嵌套序列 1

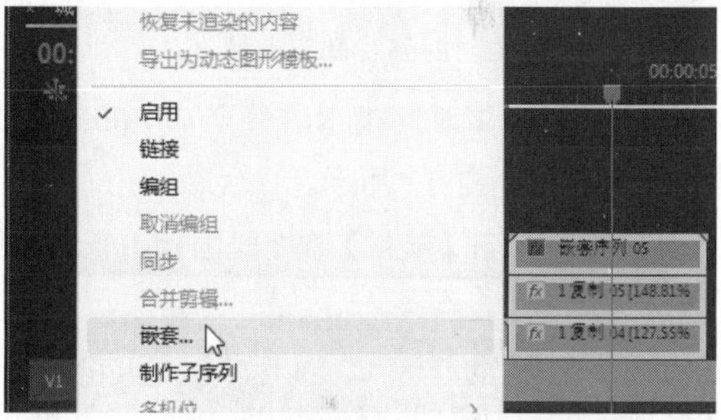

图 12-52 嵌套序列 2

步骤 53 双击“嵌套序列 06”所在的轨道头空白处展开轨道，右击“嵌套序列 06”素材上的 fx 图标，执行【时间重映射】→【速度】命令，如图 12-53 所示。

步骤 54 为“嵌套序列 06”设置播放速度，如图 12-54 所示。

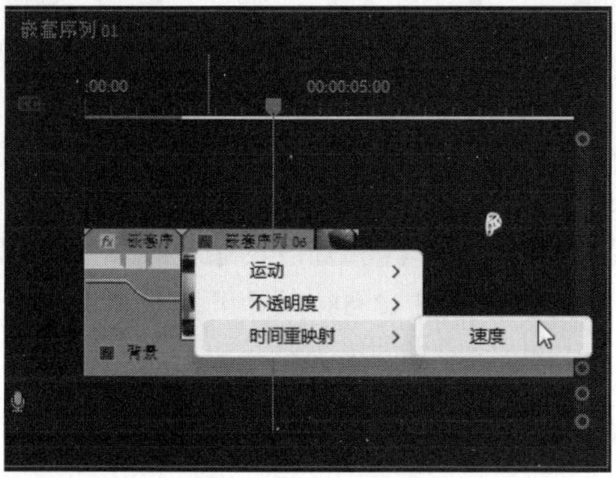

图 12-53 选择【速度】命令

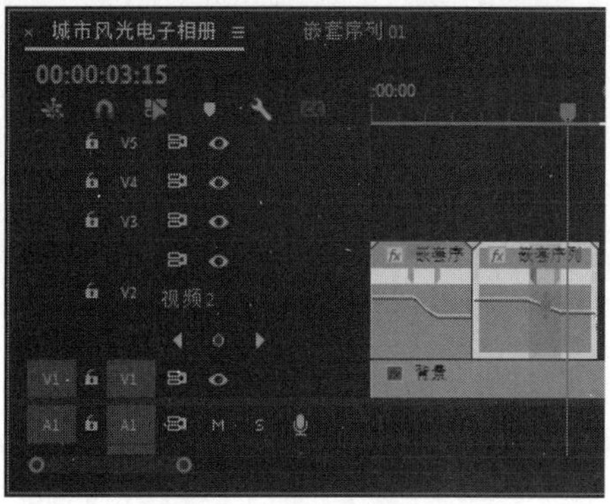

图 12-54 设置播放速度

步骤 55 嵌套“嵌套序列 03”，如图 12-55 所示，得到“嵌套序列 07”。

步骤 56 选中“嵌套序列 07”，将时间指示器移至 00：00：01：06 处，在【效果控件】面板中为【位置】和【缩放】选项创建关键帧，如图 12-56 所示。

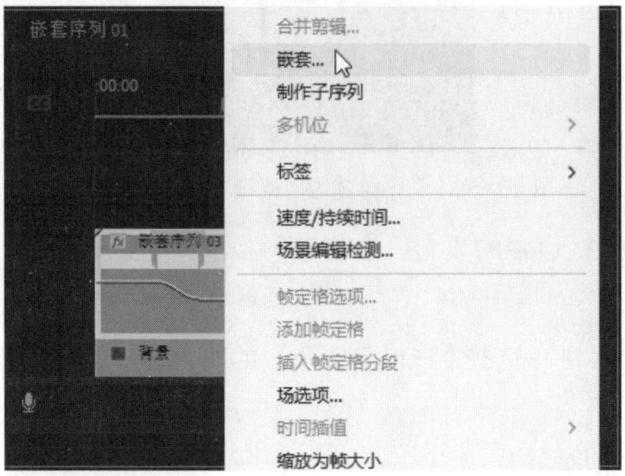

图 12-55 嵌套素材

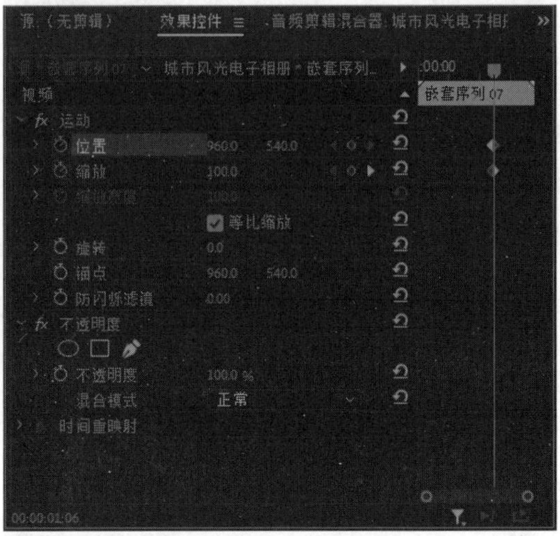

图 12-56 创建关键帧

步骤 57 将时间指示器移至 00：00：01：15 处，设置【位置】和【缩放】选项参数，添加第 2 组关键帧，如图 12-57 所示。

步骤 58 在【节目】监视器面板中查看播放效果，如图 12-58 所示。

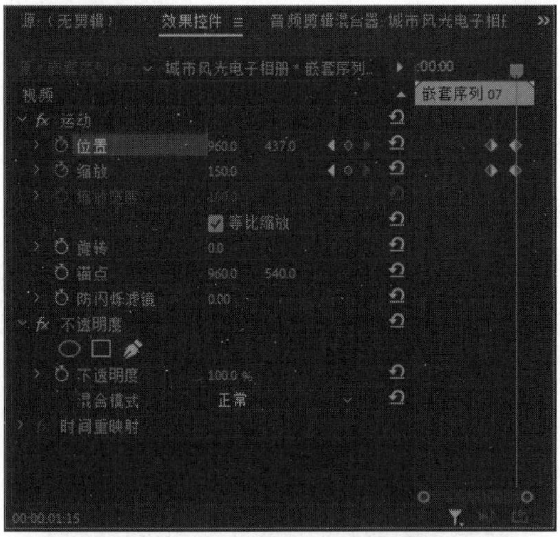

图 12-57 添加第 2 组关键帧

图 12-58 查看效果

步骤 59 嵌套“嵌套序列 04”，如图 12-59 所示，得到“嵌套序列 08”。

步骤 60 选中“嵌套序列 08”，将时间指示器移至 00：00：01：22 处，如图 12-60 所示，在【效果控件】面板中为【位置】和【缩放】选项创建关键帧。

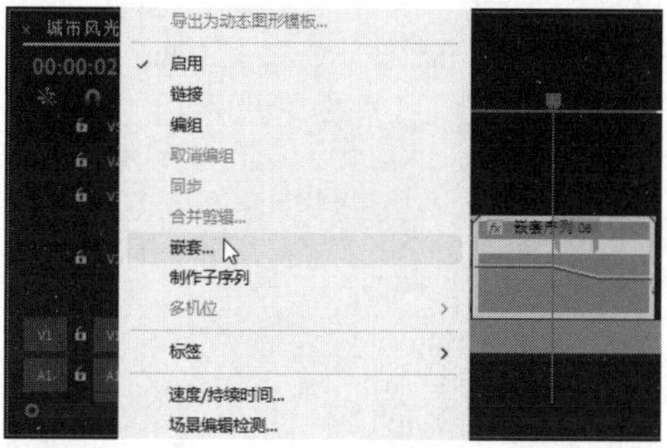

图 12-59 嵌套素材

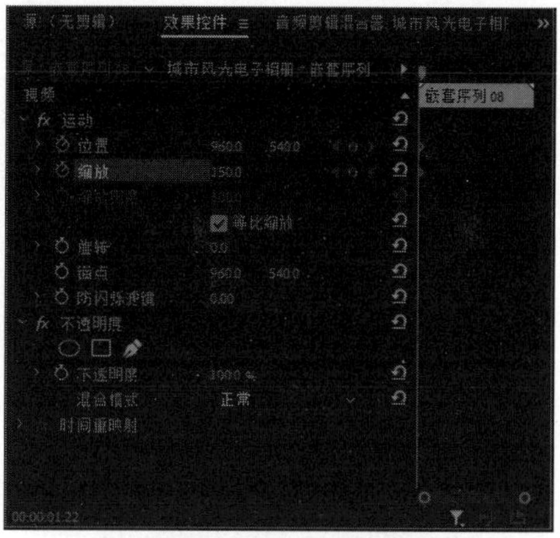

图 12-60 创建关键帧

步骤 61 将时间指示器移至 00：00：02：12 处，设置【位置】和【缩放】选项参数，添加第 2 组关键帧，如图 12-61 所示。

步骤 62 将“转场”视频导入【项目】面板中，并将其拖入 V3 轨道，放置在两嵌套序列之间，如图 12-62 所示。

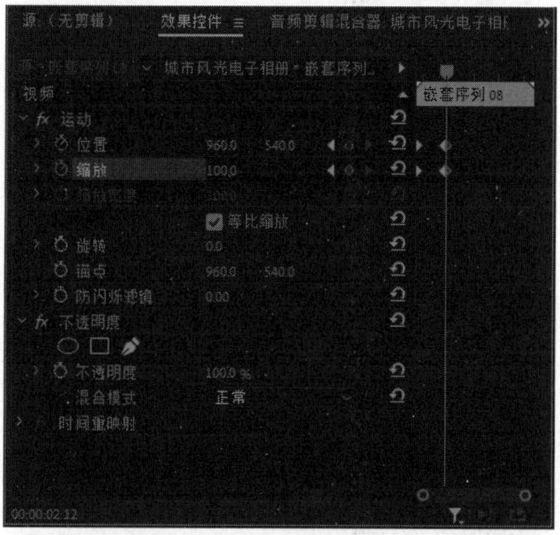

图 12-61 添加第 2 组关键帧

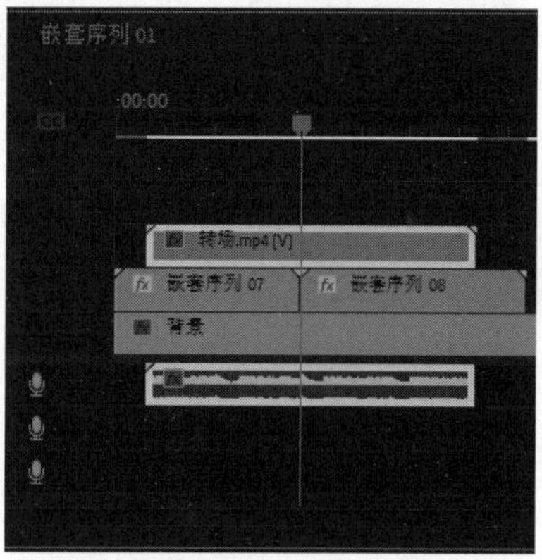

图 12-62 添加转场素材

步骤 63 删除“转场”素材的音频，双击该素材，打开【剪辑速度/持续时间】对话框，设置【速度】为 300%，单击【确定】按钮，如图 12-63 所示。

步骤 64 在【效果控件】面板中设置“转场”素材的【位置】和【缩放】选项参数，如图 12-64 所示。

步骤 65 将“背景音乐”素材导入【项目】面板中，并将其拖入 A1 轨道，使用剃刀工具裁剪音频素材，如图 12-65 所示。

步骤 66 删除多余的音频素材，使用钢笔工具为音频末尾处添加两个关键帧，并将最后一个关键帧移至最低处，制作淡出效果，如图 12-66 所示。

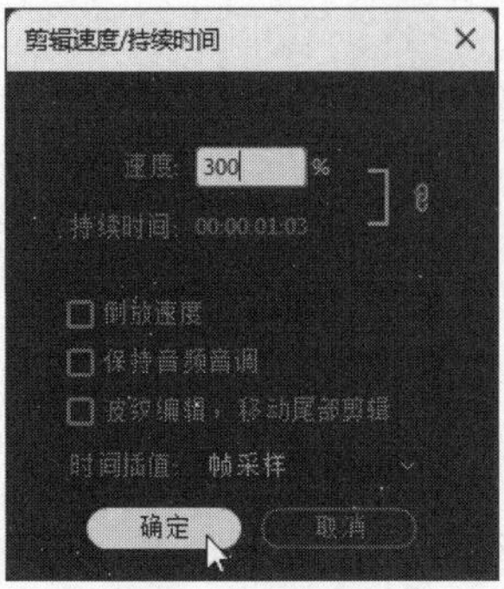

图 12-63 【剪辑速度/持续时间】对话框

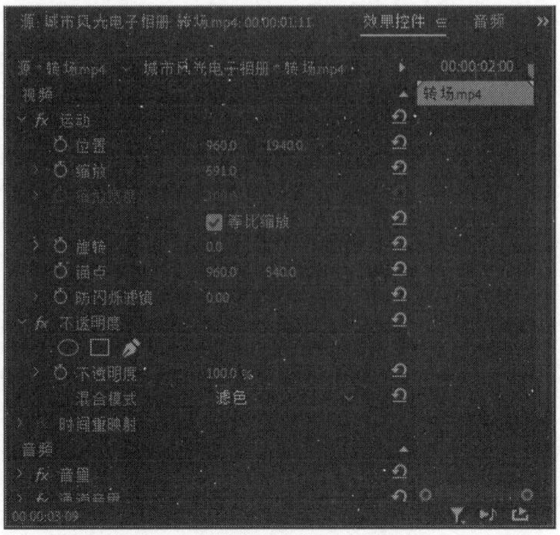

图 12-64 设置选项参数

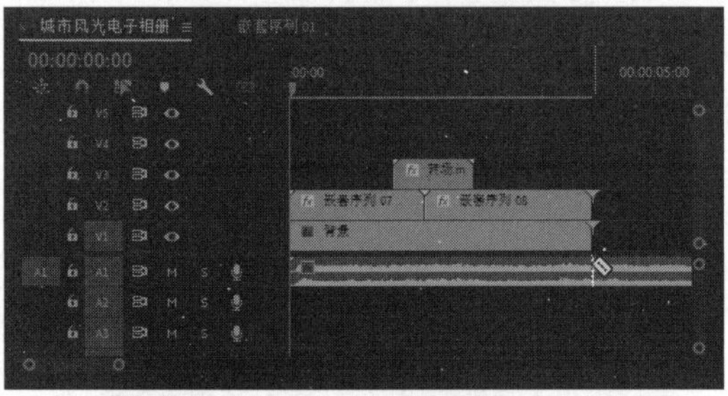

图 12-65 添加并裁剪音频素材

图 12-66 添加并移动关键帧

步骤 67 单击【文件】菜单，选择【导出】命令，选择【媒体】子命令，如图 12-67 所示。

步骤 68 打开【导出】对话框，设置【格式】为【AVI】选项，设置【输出名称】为“城市风光电子相册”，单击【导出】按钮，即可完成制作城市风光电子相册的操作，如图 12-68 所示。

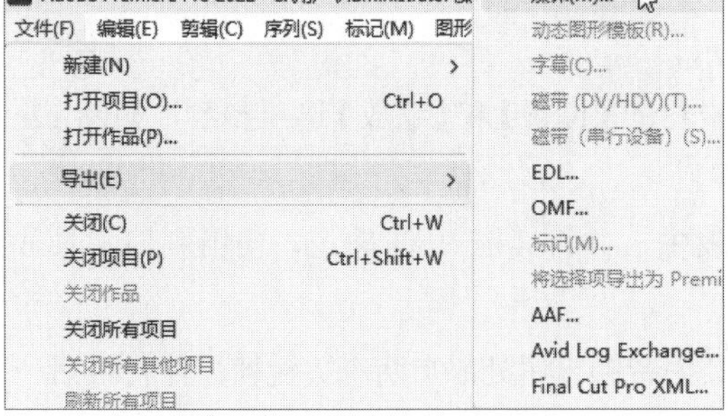

图 12-67 选择【媒体】命令

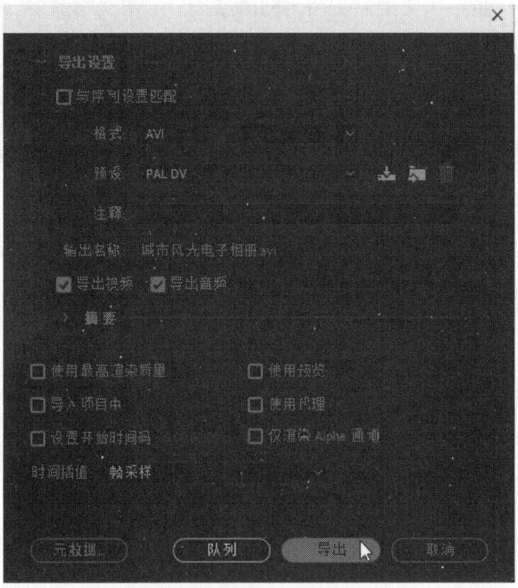

图 12-68 导出视频

12.2 制作游记Vlog片头

效果展示

思路分析

本案例将制作游记Vlog片头，主要是通过使用钢笔工具绘制蒙版并为蒙版添加位置关键帧来实现效果。第一步是创建项目，导入素材，根据素材创建序列；第二步是创建文本，设置文本属性，为文本创建位置和缩放关键帧动画；第三步是嵌套视频和文本，使用钢笔工具为嵌套序列创建三角形蒙版，为蒙版添加位置关键帧动画，复制嵌套序列至V2轨道，设置蒙版的位置关键帧动画，裁剪序列，为序列添加【变换】效果，添加关键帧动画，添加音效和背景音乐，为背景音乐设置音频增益；第四步是导出视频。

制作步骤

步骤 01 新建项目，打开“素材文件\第 12 章\游记 Vlog 片头”文件夹，将“1.mp4”导入【项目】面板中，将“素材 1.mp4”拖入【时间轴】面板中创建序列，如图 12-69 所示。

步骤 02 使用文字工具创建文本“海边度假 Vlog”，在【基本图形】面板中设置字体、大小、填充颜色，如图 12-70 所示。

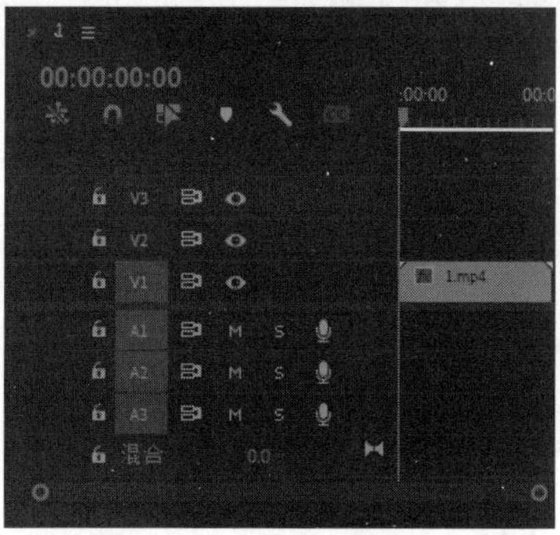

图 12-69 导入素材并创建序列

图 12-70 创建并设置文本

步骤 03　将文本移至 1 秒处并与“1”素材的末尾对齐，如图 12-71 所示。

步骤 04　在【时间轴】面板中选中文本，在【效果控件】面板中单击【位置】选项左侧的【切换动画】按钮，设置【位置】选项参数；取消勾选【等比缩放】复选框；单击【缩放宽度】选项左侧的【切换动画】按钮，设置【缩放宽度】选项参数，如图 12-72 所示。

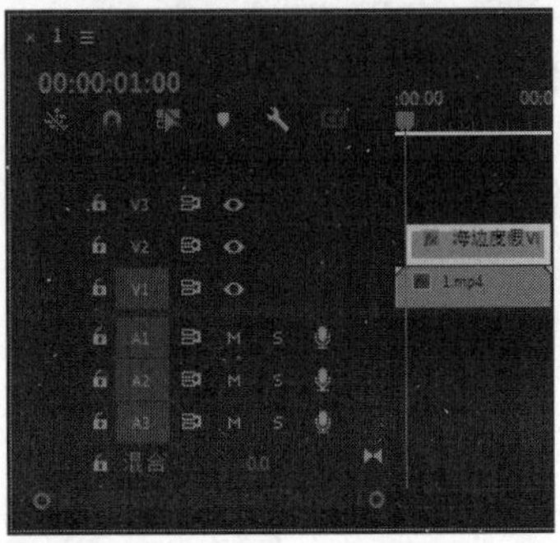

图 12-71　放置文本素材

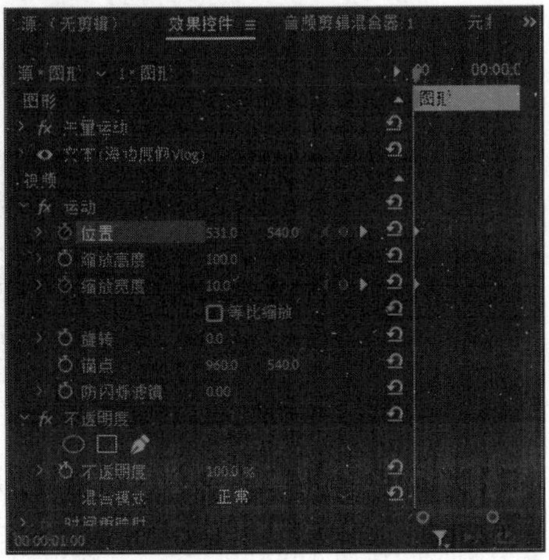

图 12-72　设置选项参数

步骤 05　将时间指示器移至 00：00：02：00 处，更改【位置】和【缩放宽度】选项参数，创建第 2 组关键帧。选中两个关键帧并右击，执行【临时差值】→【缓出】命令，如图 12-73 所示。

步骤 06　选中第 1 组关键帧并右击，执行【临时差值】→【缓入】命令，如图 12-74 所示。

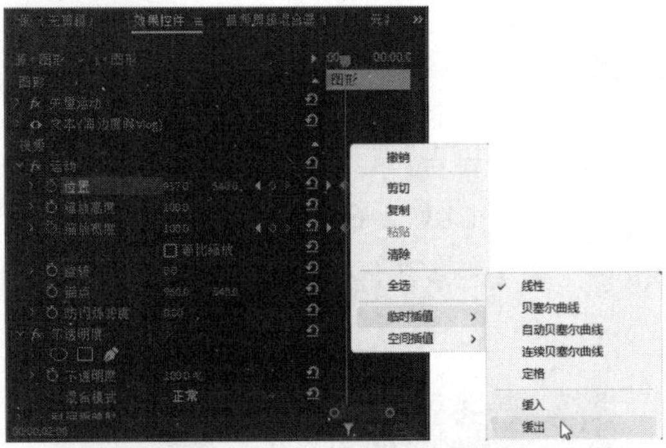

图 12-73　创建并设置关键帧缓出

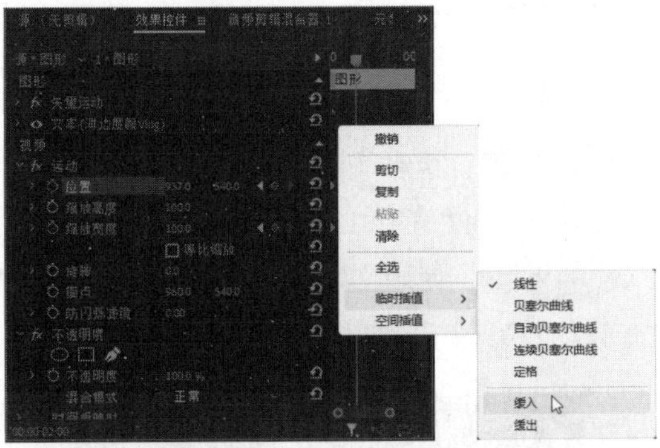

图 12-74　设置关键帧缓入

步骤 07　选中两个素材，右击素材，选中【嵌套】菜单项，如图 12-75 所示，得到“嵌套序列 01”。

步骤 08　在【效果控件】面板中单击【不透明度】选项下的【自由绘制贝塞尔曲线】按钮，在【节目】监视器面板中创建三角形蒙版，设置【蒙版羽化】选项参数，如图 12-76 所示。

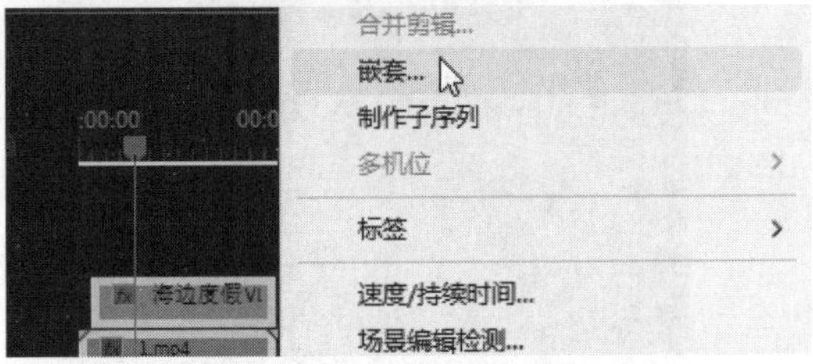

图 12-75　嵌套素材

图 12-76 创建蒙版并设置参数

步骤 09 复制“嵌套序列 01”至V2 轨道，选中V2 轨道中的素材，在【效果控件】面板下的【蒙版】区域勾选【已反转】复选框，如图 12-77 所示。

步骤 10 使用剃刀工具在 10 秒处裁剪两个嵌套序列，右击V2 轨道中的后一部分序列，选择【嵌套】菜单项，如图 12-78 所示，得到“嵌套序列 02”。

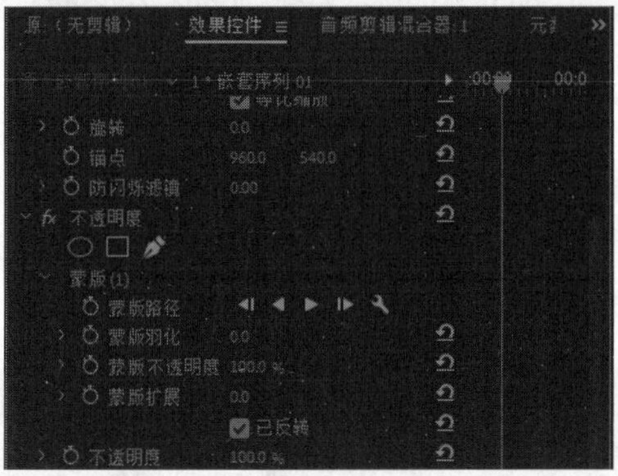

图 12-77 勾选【已反转】复选框

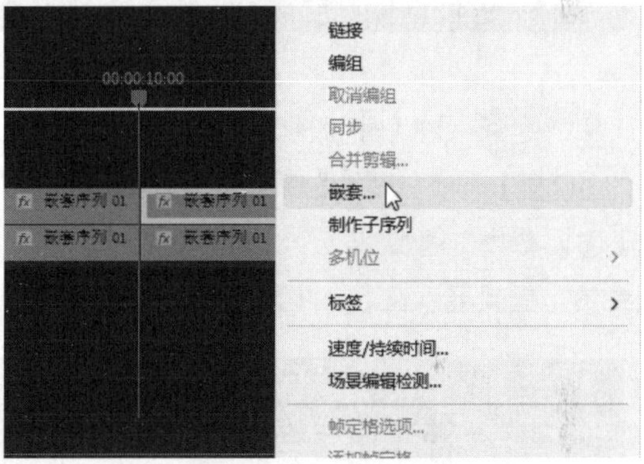

图 12-78 嵌套素材

步骤 11 右击V1 轨道中的后一部分序列，选择【嵌套】菜单项，得到“嵌套序列 03”，选中“嵌套序列 02”和“嵌套序列 03”，在【效果】面板中搜索“变换”，将搜索到的【变换】效果添加给这两个序列，如图 12-79 所示。

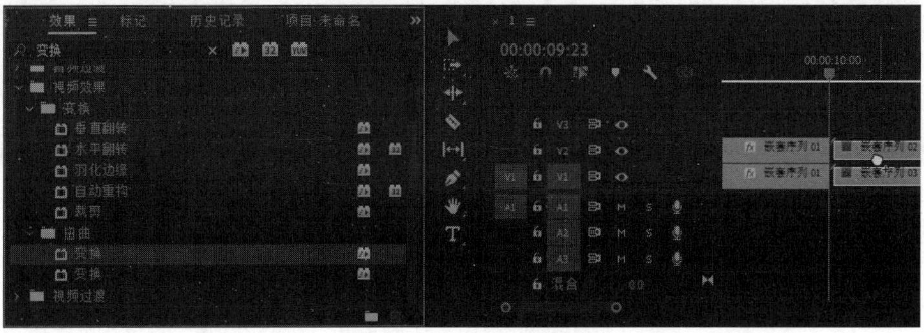

图 12-79 添加效果

步骤 12 在【时间轴】面板中选中“嵌套序列 02”，在序列开始处，在【效果控件】面板中单击【变换】选项下的【位置】选项左侧的【切换动画】按钮，创建关键帧；将时间指示器移至序列结尾处，更改【位置】选项参数，添加第 2 个关键帧；取消勾选【使用合成的快门角度】复选框，设置【快门角度】选项参数，效果展示在【节目】监视器面板中，如图 12-80 所示。

图 12-80 创建关键帧动画并查看效果

步骤 13 在【时间轴】面板中选中“嵌套序列 03”，在【效果控件】面板中单击【变换】选项下的【位置】选项左侧的【切换动画】按钮，创建关键帧；将时间指示器移至序列结尾处，更改【位置】选项参数，添加第 2 个关键帧；取消勾选【使用合成的快门角度】复选框，设置【快门角度】选项参数，效果展示在【节目】监视器面板中，如图 12-81 所示。

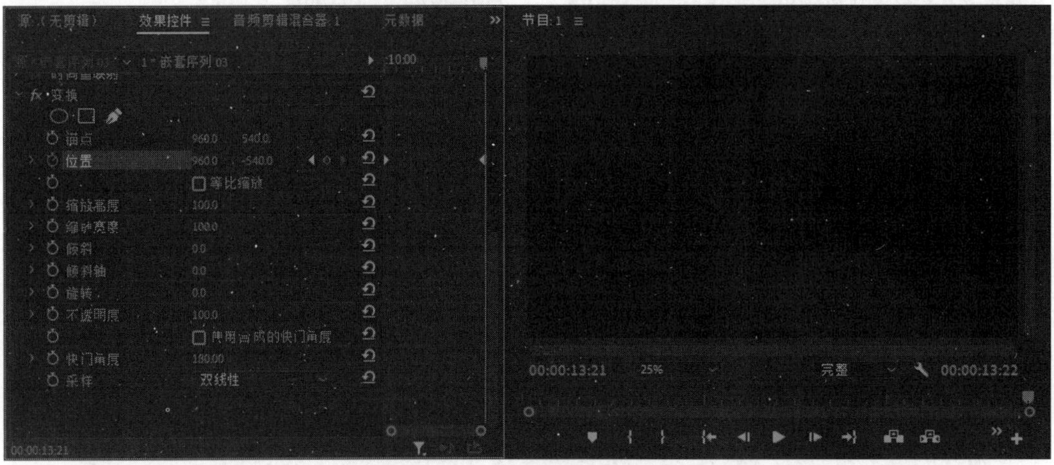

图 12-81 创建关键帧动画并查看效果

步骤 14 右击第 2 个关键帧，执行【临时差值】→【缓入】命令，如图 12-82 所示。

步骤 15 右击第 1 个关键帧，执行【临时差值】→【缓出】命令，如图 12-83 所示。

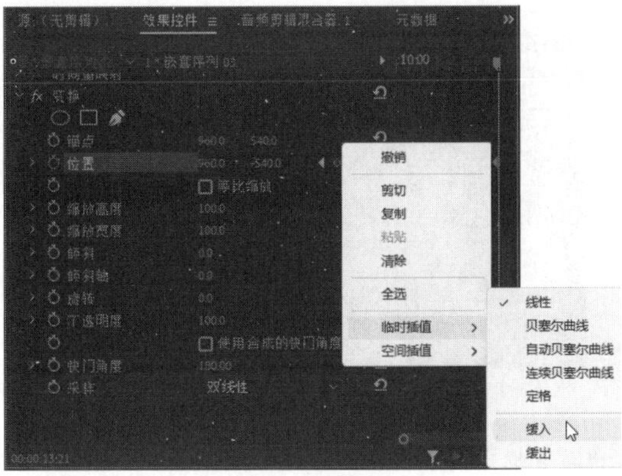

图 12-82　设置关键帧

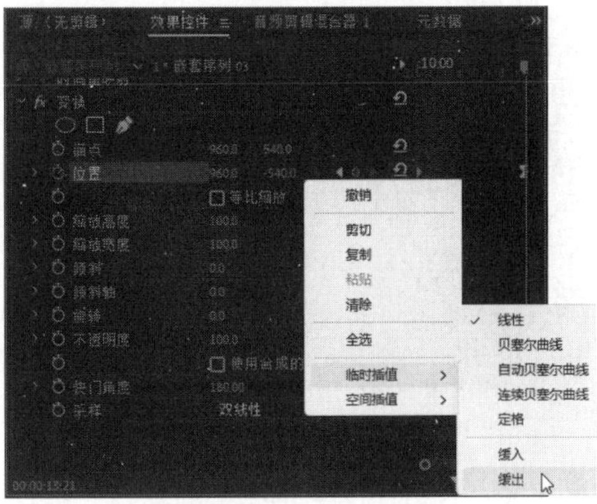

图 12-83　设置关键帧

步骤 16　将时间指示器移至两关键帧的中间位置，再添加一个关键帧，展开【位置】选项，选中中间的关键帧，将关键帧下方的锚点向下移至最低处，如图 12-84 所示。

步骤 17　使用相同方法为“嵌套序列 02”添加关键帧并设置变化速率，如图 12-85 所示。

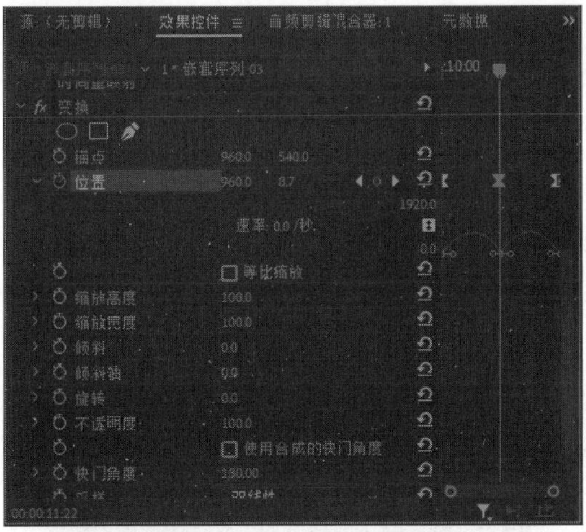

图 12-84　设置关键帧变化速率

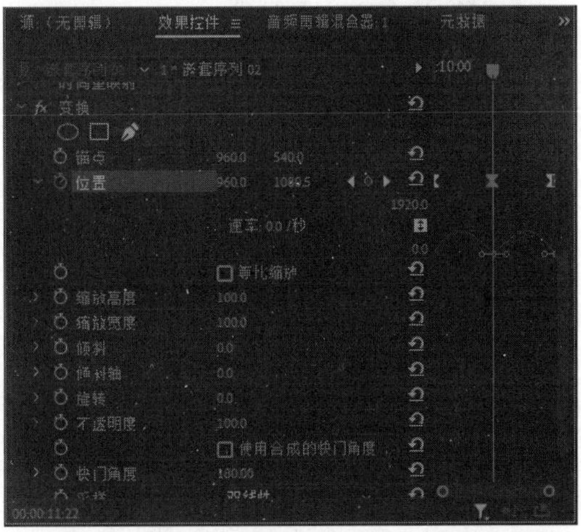

图 12-85　设置关键帧变化速率

步骤 18　将 V1 和 V2 轨道上的“嵌套序列 01”缩短至 4 秒，如图 12-86 所示，将“嵌套序列 02”和“嵌套序列 03”向前移动补齐空缺。

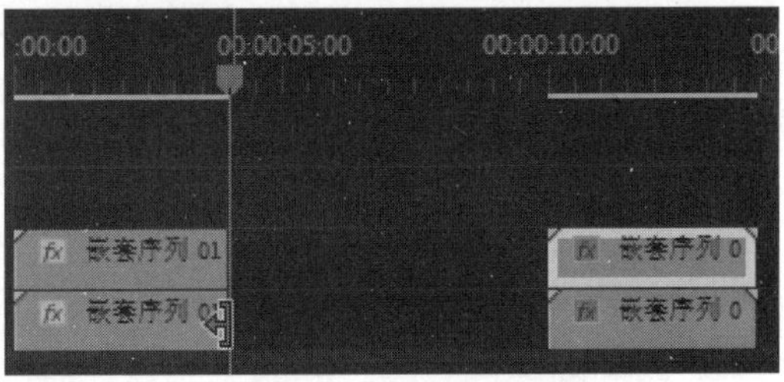

图 12-86　调整素材时长

步骤 19　将“背景音乐.mp3”和“音效.mp3”素材导入【项目】面板中，将“音效.mp3”素材拖入 A1 轨道中，使用剃刀工具裁剪多余的素材，如图 12-87 所示。

步骤 20　将“背景音乐.mp3”拖入 A2 轨道中并放置在 1 秒处，使用剃刀工具裁剪多余的素材，如图 12-88 所示。

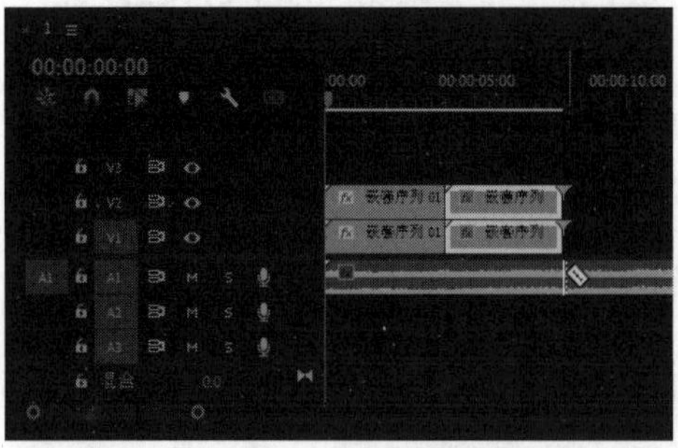

图 12-87　裁剪素材

图 12-88　裁剪素材

步骤 21　右击 A2 轨道中的素材，选择【音频增益】菜单项，如图 12-89 所示。

步骤 22　打开【音频增益】对话框，单击【调整增益值】单选按钮，在后面的文本框中输入数值，单击【确定】按钮，如图 12-90 所示。

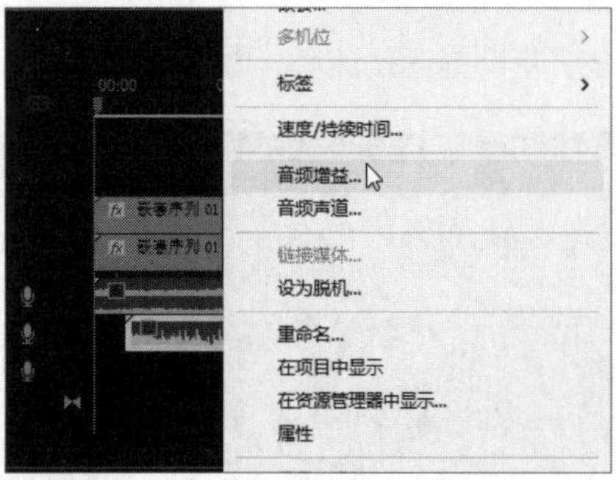

图 12-89　选择【音频增益】菜单项

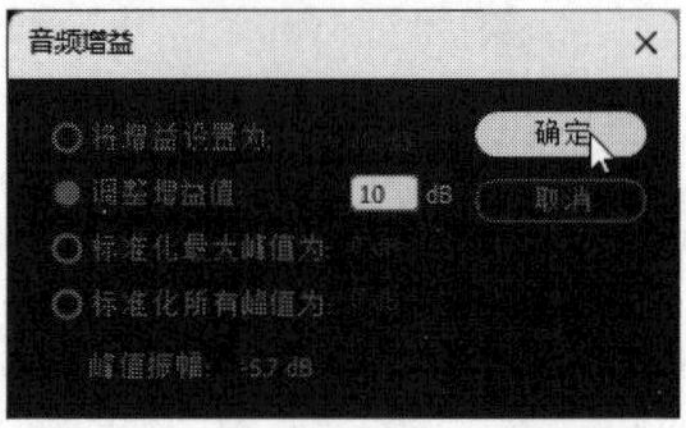

图 12-90　【音频增益】对话框

步骤 23　单击【文件】菜单，选择【导出】菜单项，选择【媒体】子菜单项，如图 12-91 所示。

步骤 24　打开【导出】对话框，如图 12-92 所示，设置【格式】为【AVI】，设置【输出名称】为“游记 Vlog 片头”，单击【导出】按钮，即可完成制作游记 Vlog 片头的操作。

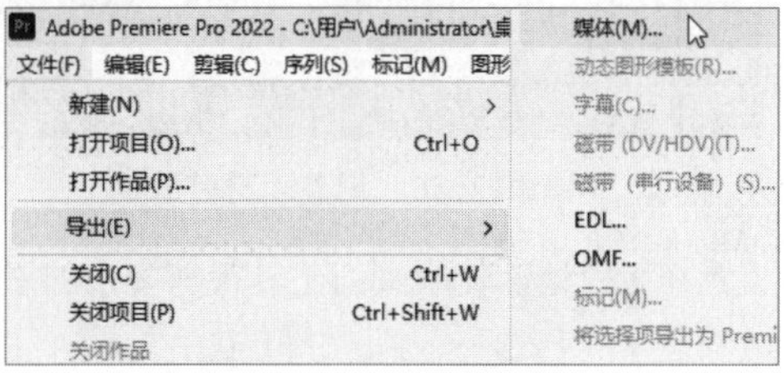

图 12-91　选择【媒体】命令

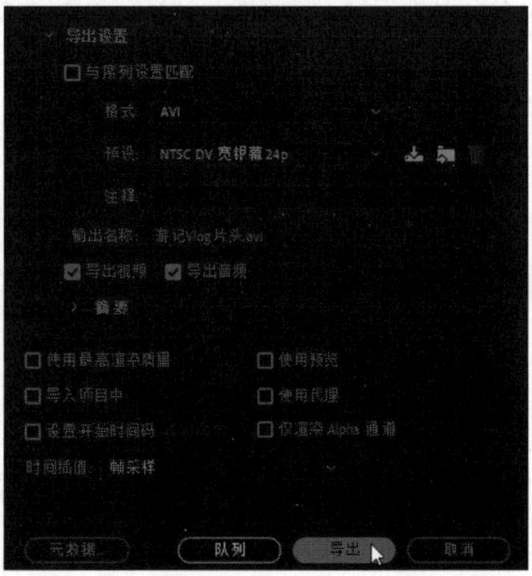

图 12-92　【导出】对话框

12.3 制作电商促销短视频

效果展示

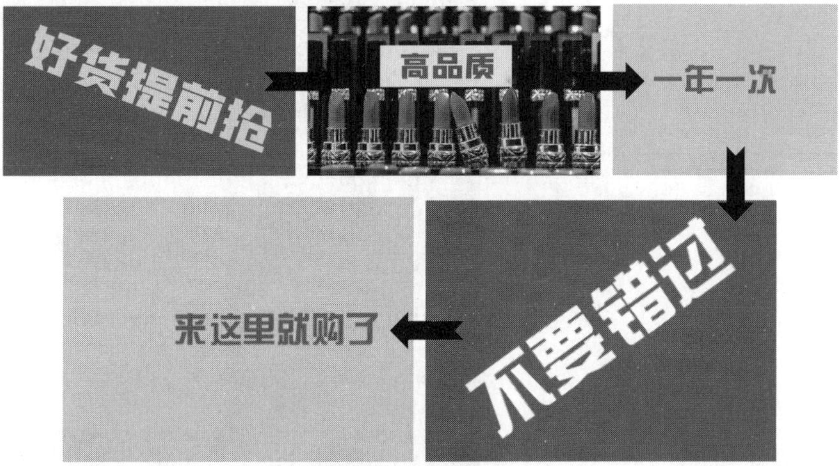

思路分析

各大商家在网络平台进行促销活动时，需要制作促销短视频，起到吸引新顾客、维护老顾客的作用。

本案例主要将颜色遮罩和字幕素材以运动过渡的形式进行展示，各素材间要添加过渡效果，同时创建缩放和旋转的关键帧以丰富运动效果，还要添加图片素材以丰富视频内容。下面详细介绍制作电商促销短视频的方法。

制作步骤

步骤 01 启动 Premiere Pro 2022，执行【文件】→【新建】→【项目】命令，如图 12-93 所示。

步骤 02 弹出【新建项目】对话框，设置名称为“电商促销短视频”，单击【确定】按钮，如图 12-94 所示。

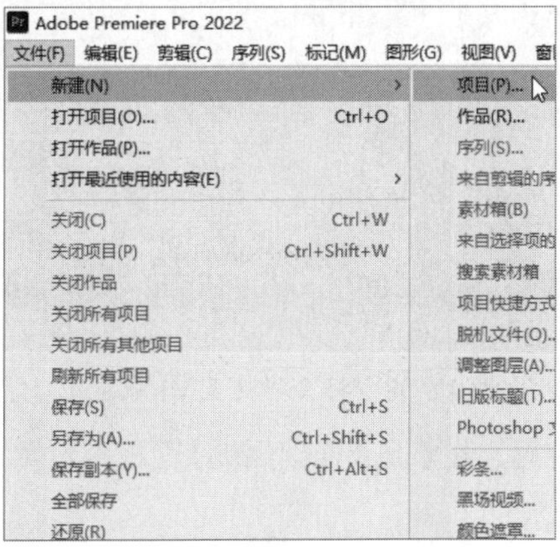

图 12-93 选择【项目】命令

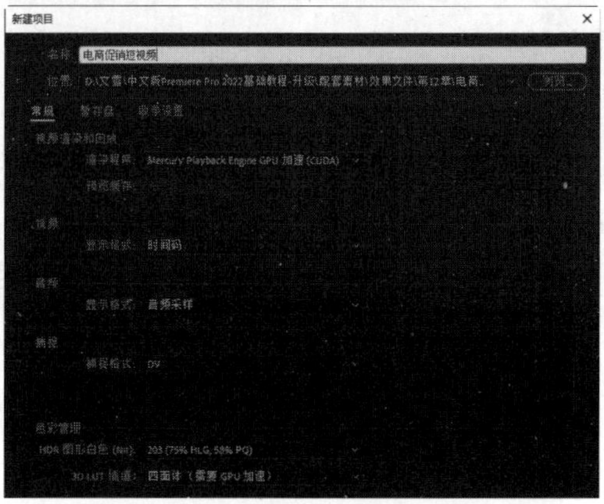

图 12-94 【新建项目】对话框

步骤 03　返回主界面，执行【文件】→【新建】→【序列】命令，如图 12-95 所示。

步骤 04　弹出【新建序列】对话框，如图 12-96 所示，保持默认设置，单击【确定】按钮。

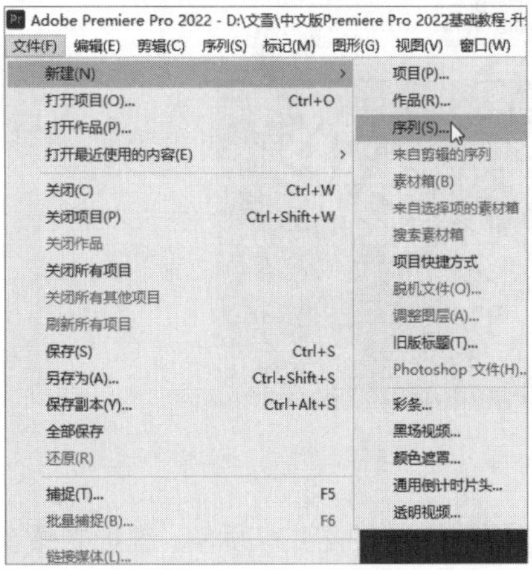

图 12-95　选择【序列】命令

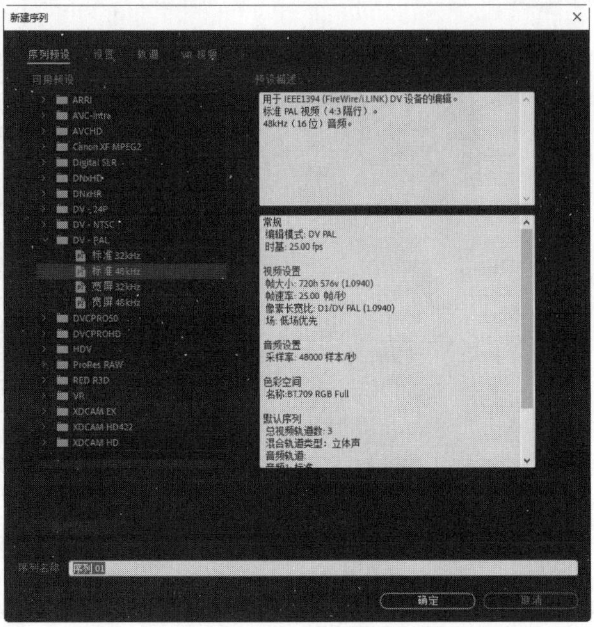

图 12-96　【新建序列】对话框

步骤 05　在【项目】面板中新建一个名为“图片”的素材箱，将“素材文件\第 12 章\电商促销短视频”文件夹中的所有素材文件导入【项目】面板，并将图片素材移至素材箱中，如图 12-97 所示。

步骤 06　在【项目】面板中新建一个名为“颜色遮罩红”的红色遮罩，将其拖至 V1 轨道中，并设置持续时间为 00：00：01：04，如图 12-98 所示。

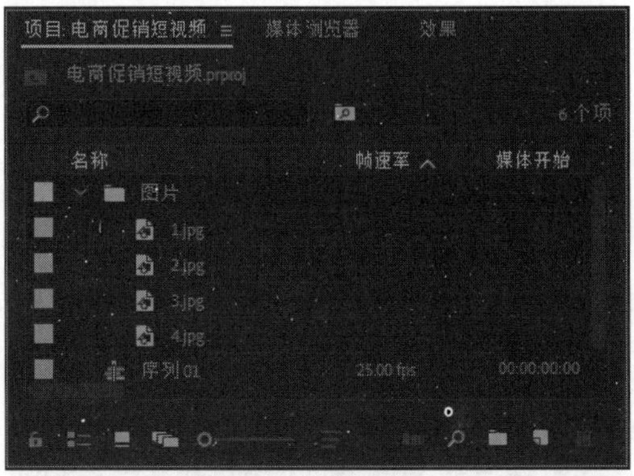

图 12-97　导入素材

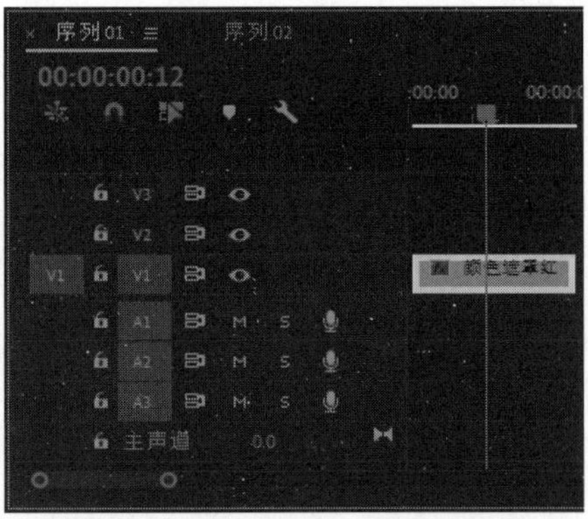

图 12-98　将素材拖至 V1 轨道中

步骤 07　新建一个名为“年终福利来了”的旧版标题，在【旧版标题属性】面板中设置字体为方正综艺简体，大小为 50，颜色为白色，如图 12-99 所示。

步骤 08　右击“素材 2.mp4”，在弹出的快捷菜单中选择【嵌套】命令，如图 12-100 所示。

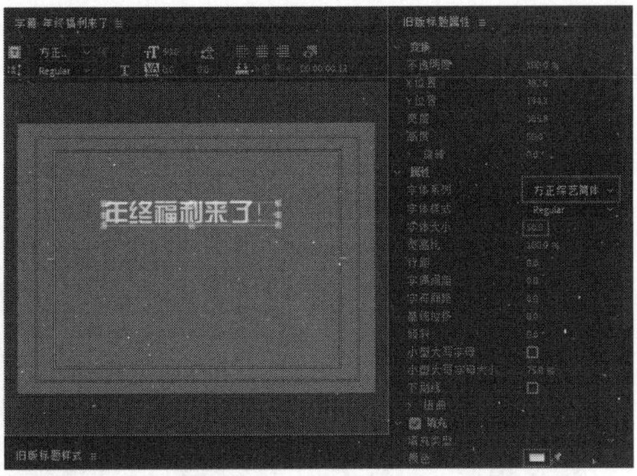

图 12-99 创建旧版标题

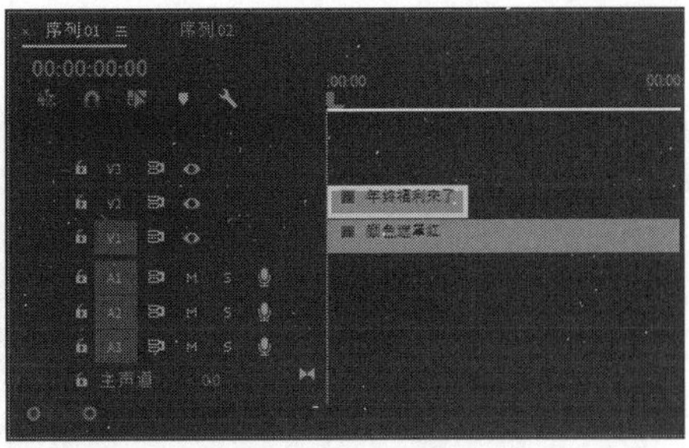

图 12-100 将旧版标题拖至V2 轨道中

步骤 09 在 00：00：00：09 处，使用剃刀工具剪切旧版标题，如图 12-101 所示。

步骤 10 双击后一段旧版标题，在【旧版标题属性】面板中设置【X位置】【Y位置】和【字体大小】参数，如图 12-102 所示。

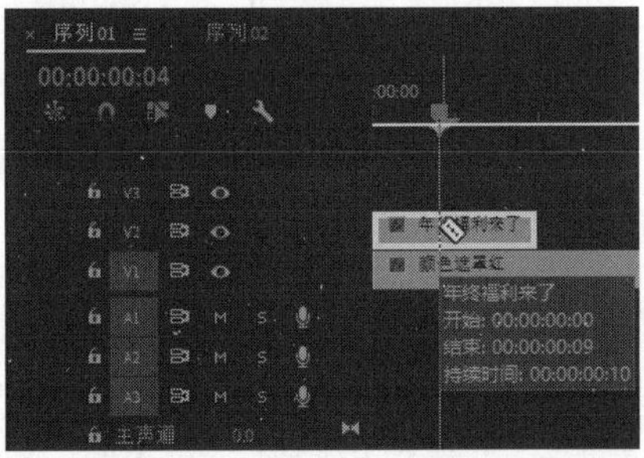

图 12-101 裁剪素材

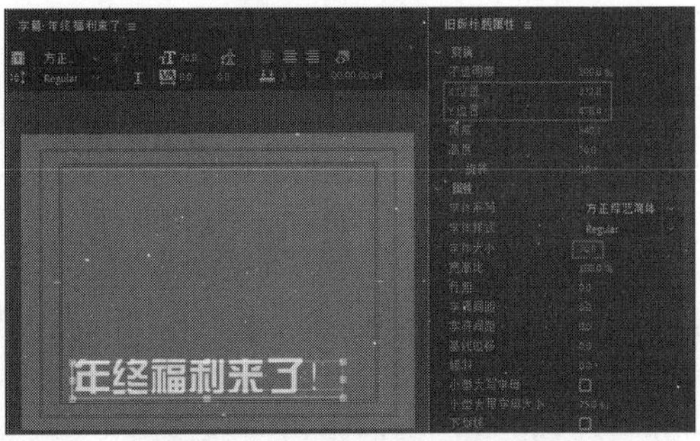

图 12-102 设置旧版标题参数 1

步骤 11 在 00：00：00：08 处，使用剃刀工具剪切旧版标题，双击后一段旧版标题，在【旧版标题属性】面板中设置【X位置】【Y位置】和【字体大小】参数，如图 12-103 所示。

步骤 12 新建一个名为“特价狂欢节”的旧版标题，在【旧版标题属性】面板中设置字体为方正综艺简体，大小为 70，颜色为白色，如图 12-104 所示。

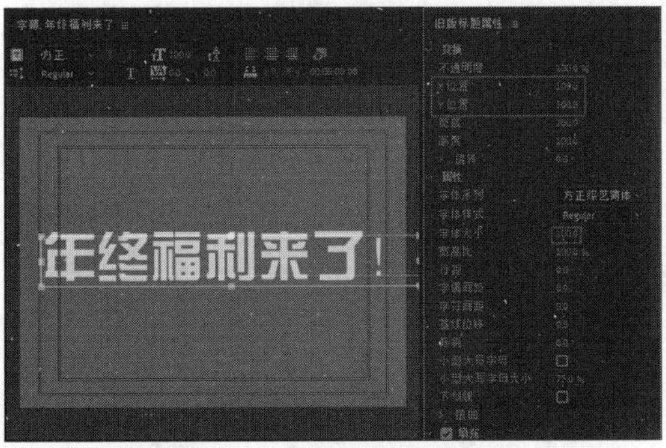

图 12-103 设置旧版标题参数 2

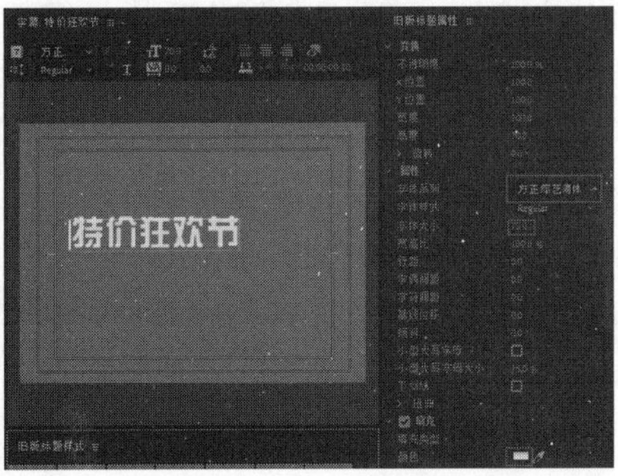

图 12-104 设置旧版标题参数 3

步骤 13 将“特价狂欢节”旧版标题拖至V2 轨道中，设置持续时间为 00：00：00：06，如

图 12-105 所示。

步骤 14　新建一个名为“好货提前抢”的旧版标题，在【旧版标题属性】面板中设置字体为方正综艺简体，大小为 100，颜色为白色，如图 12-106 所示。

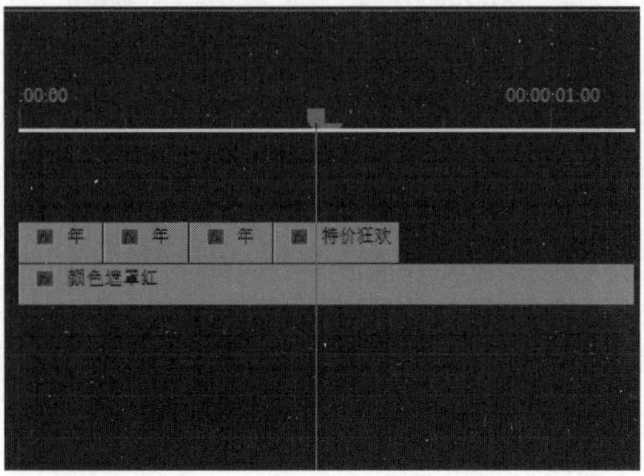

图 12-105　将旧版标题拖至 V2 轨道中

图 12-106　设置旧版标题参数

步骤 15　将“好货提前抢”旧版标题拖至 V2 轨道中，设置持续时间为 00：00：00：10，如图 12-107 所示。

步骤 16　在 00：00：00：19 处，在【效果控件】面板中单击“好货提前抢”旧版标题【位置】选项左侧的【切换动画】按钮，创建关键帧，设置【位置】参数，如图 12-108 所示。

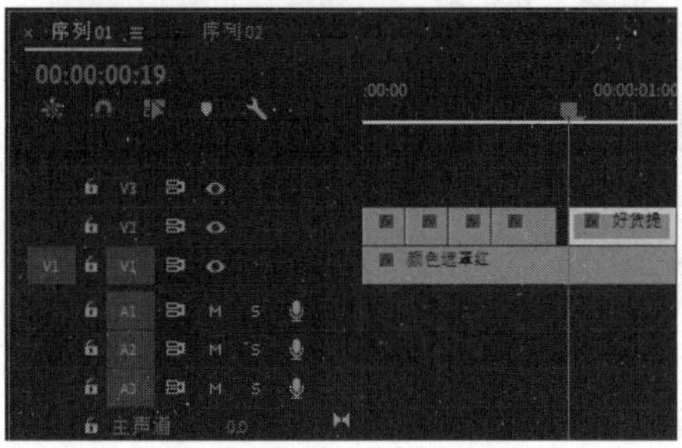

图 12-107　将旧版标题拖至 V2 轨道中

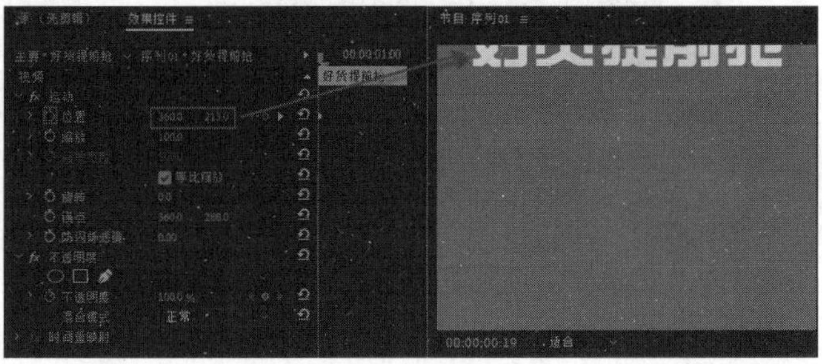

图 12-108　创建关键帧

步骤 17　在 00：00：00：23 处，继续设置【位置】参数，添加第 2 个关键帧，如图 12-109 所示。

步骤 18　在 00：00：00：24 处，单击【旋转】选项左侧的【切换动画】按钮，创建关键帧，设置【旋转】参数，如图 12-110 所示。

步骤 19　在 00：00：01：04 处，继续设置【旋转】参数，添加第 2 个关键帧，如图 12-111 所示。

图 12-109　添加第 2 个关键帧

图 12-110 创建关键帧

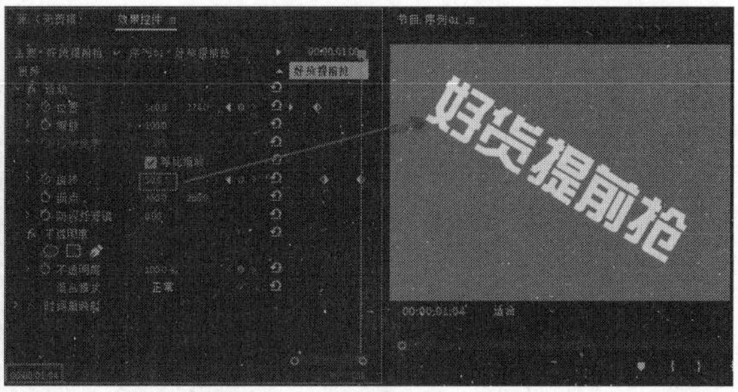

图 12-111 添加第 2 个关键帧

步骤 20 创建一个名为“颜色遮罩粉”的粉色遮罩（R：251、G：207、B：207），将其拖至 V1 轨道中红色遮罩的后面，设置持续时间为 00：00：00：06，如图 12-112 所示。

步骤 21 新建一个名为“精品限时秒”的旧版标题，在【旧版标题属性】中设置字体为方正综艺简体，大小为 90，颜色为红色，如图 12-113 所示。

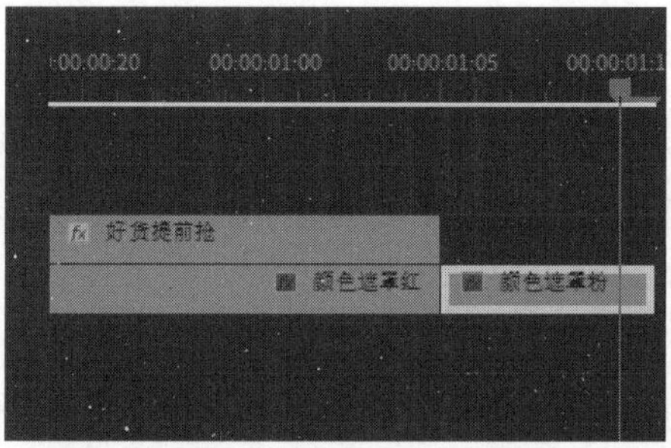

图 12-112 将素材拖至 V1 轨道中

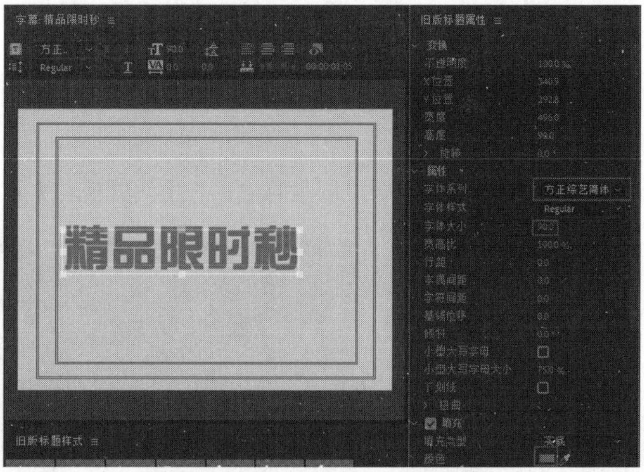

图 12-113 设置旧版标题参数

步骤 22 将“精品限时秒”旧版标题拖至 V2 轨道中，设置持续时间为 00：00：00：06，如图 12-114 所示。

步骤 23 按住【Alt】键单击并拖动“颜色遮罩红”，复制一个红色遮罩，如图 12-115 所示。

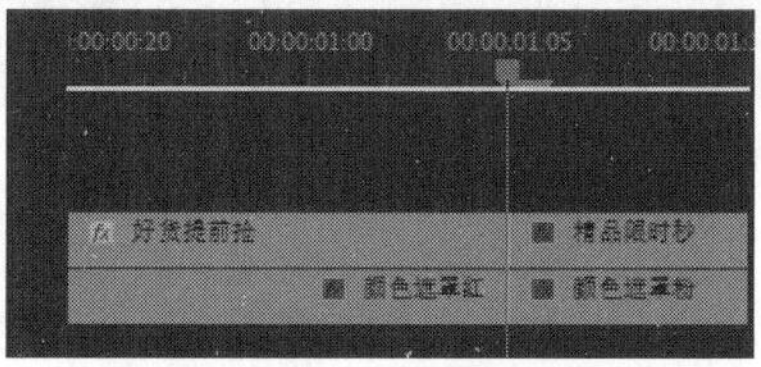

图 12-114 将旧版标题拖至 V2 轨道中

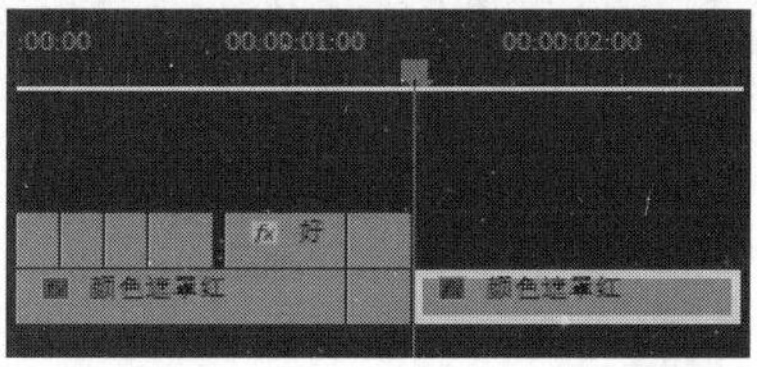

图 12-115 复制颜色遮罩

步骤 24 新建一个名为“全场低价”的旧版标题，在【旧版标题属性】面板中设置字体为方正综艺简体，大小为 110，颜色为白色，如图 12-116 所示。

步骤 25 将“全场低价”旧版标题拖至 V2 轨道中，设置持续时间为 00：00：00：11，如

图 12-117 所示。

图 12-116　设置旧版标题参数

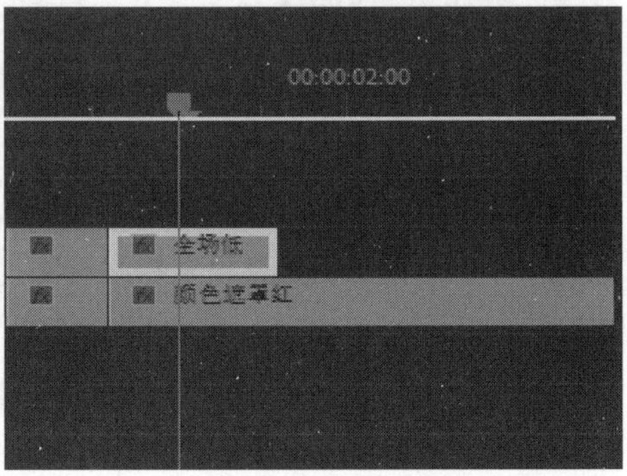

图 12-117　将旧版标题拖至 V2 轨道中

步骤 26　在 00：00：01：15 处，使用【剃刀工具】剪切“全场低价”旧版标题，如图 12-118 所示。

步骤 27　选中后一段旧版标题，在【效果控件】面板中设置【位置】参数，如图 12-119 所示。

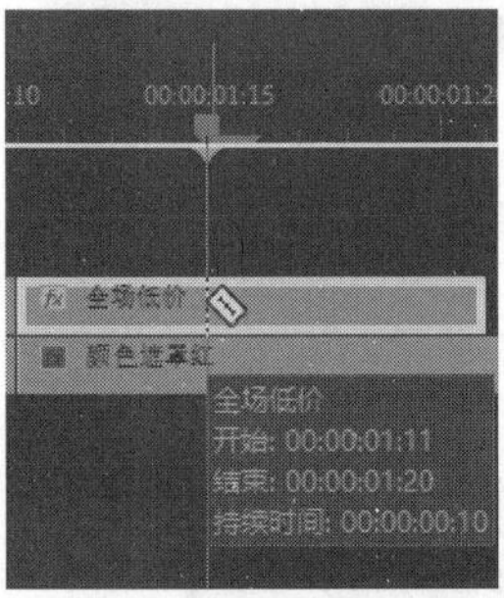

图 12-118　使用【剃刀工具】

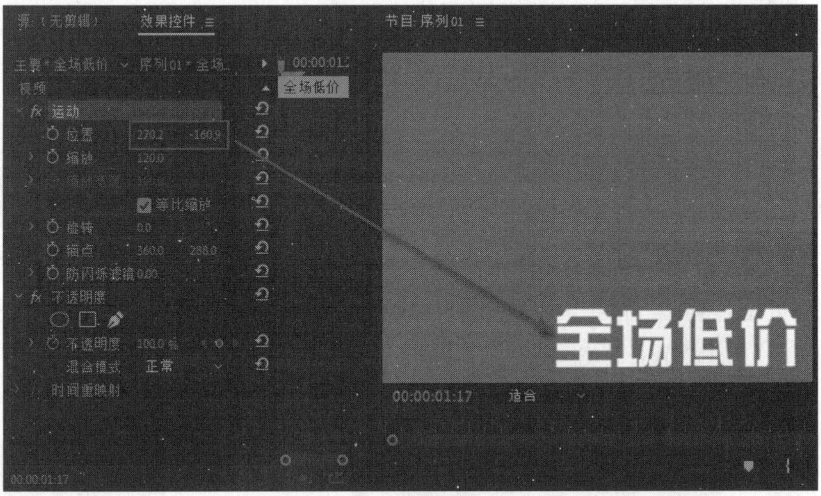

图 12-119　设置参数

步骤 28　在 00：00：01：18 处，使用【剃刀工具】剪切“全场低价”旧版标题，如图 12-120 所示。

步骤 29　选中后一段旧版标题，在【效果控件】面板中设置【位置】参数，如图 12-121 所示。

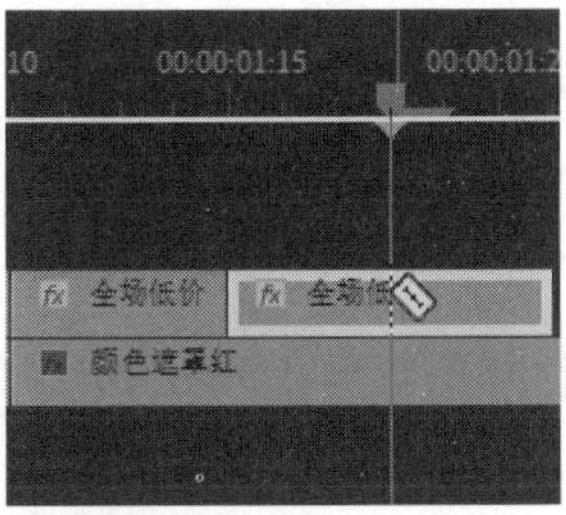

图 12-120 使用【剃刀工具】

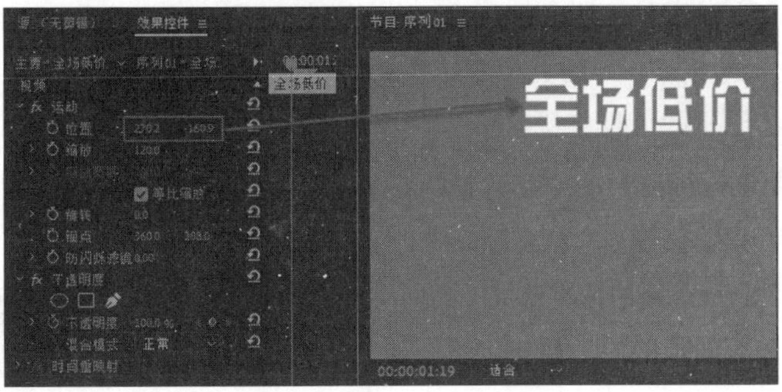

图 12-121 设置参数

步骤 30 新建一个名为“限时秒杀”的旧版标题，在【旧版标题属性】面板中设置字体为方正综艺简体，大小为 100，颜色为白色，如图 12-122 所示。

步骤 31 将“限时秒杀”旧版标题拖至 V2 轨道中，设置持续时间为 00：00：00：11，如图 12-123 所示。

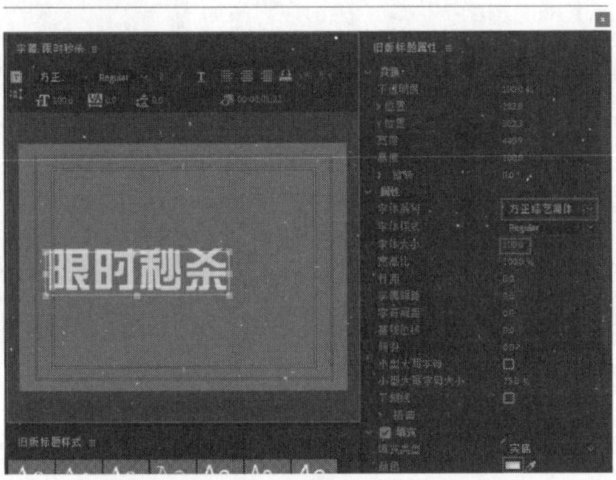

图 12-122 设置旧版标题参数

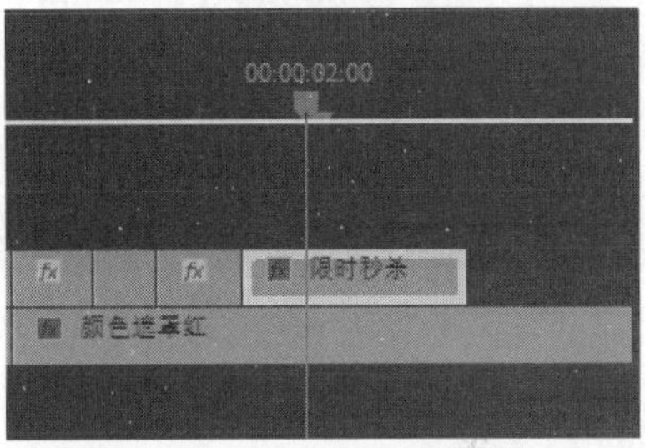

图 12-123 将旧版标题拖至 V2 轨道中

步骤 32 在 00：00：02：02 处，使用【剃刀工具】剪切“限时秒杀”旧版标题，如图 12-124 所示。

步骤 33 选中后一段旧版标题，在【效果控件】面板中单击【位置】和【缩放】选项左侧的【切换动画】按钮，创建关键帧，设置参数，如图 12-125 所示。

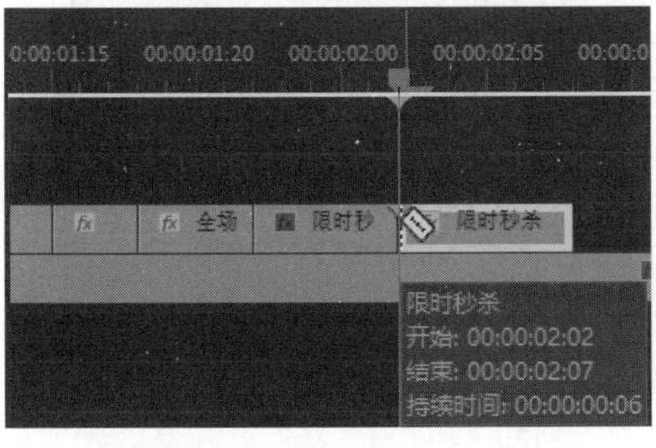

图 12-124 使用【剃刀工具】

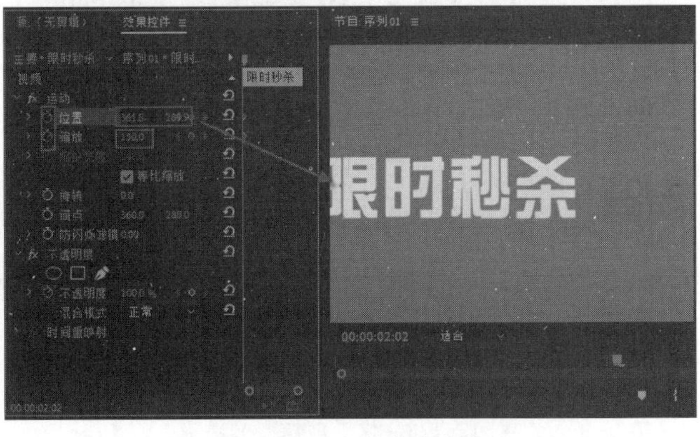

图 12-125 创建关键帧

步骤 34　在 00：00：02：08 处，继续设置【位置】和【缩放】参数，添加第 2 个关键帧，如图 12-126 所示。

步骤 35　将素材箱中的“1.jpg”素材拖至 V2 轨道中，设置持续时间为 00：00：00：11，按住【Alt】键单击并拖动“颜色遮罩粉”，复制一个粉色遮罩放在 V3 轨道中，并缩小颜色遮罩大小，如图 12-127 所示。

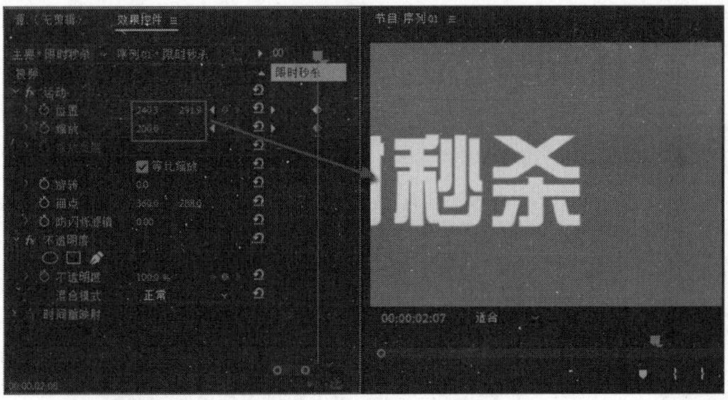

图 12-126　添加第 2 个关键帧

图 12-127　添加颜色遮罩

步骤 36　新建一个名为“低价格”的旧版标题，在【旧版标题属性】面板中设置字体为方正综艺简体，大小为 70，颜色为红色，如图 12-128 所示。

步骤 37　将“低价格”旧版标题拖至 V4 轨道中，设置“1.jpg”素材、粉色遮罩和旧版标题的持续时间为 00：00：00：08，如图 12-129 所示。

图 12-128　设置旧版标题参数

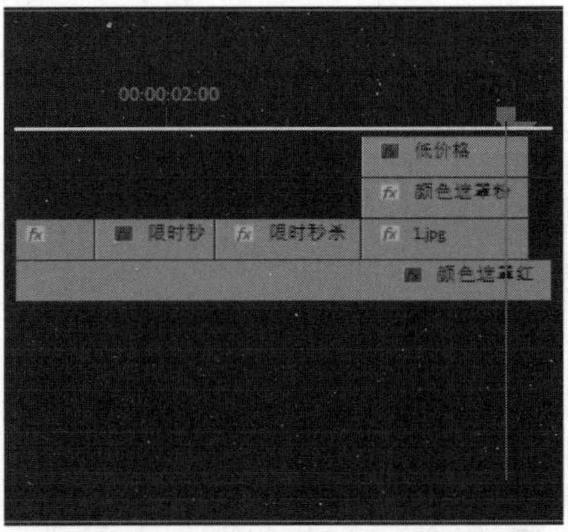

图 12-129　将旧版标题拖至 V4 轨道中

步骤 38 将素材箱中的“2.jpg”素材拖至V2轨道中，复制“颜色遮罩粉”和“低价格”旧版标题并粘贴，并将旧版标题内容改为“高品质”，设置持续时间为00：00：00：08，如图12-130所示。

步骤 39 将素材箱中的“3.jpg”素材拖至V2轨道中，设置持续时间为00：00：00：15，如图12-131所示。

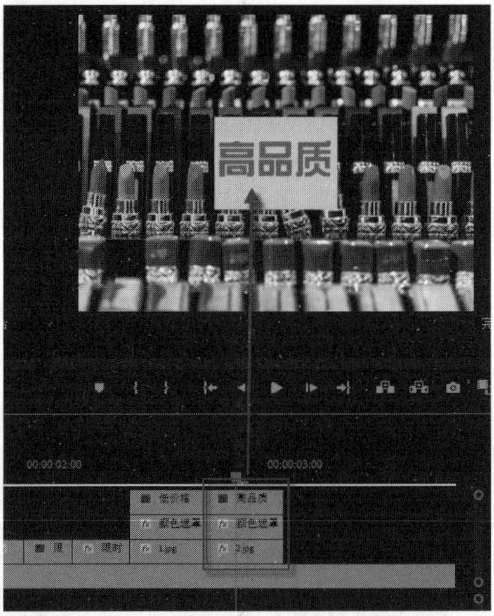

图12-130 将“2.jpg”素材拖至V2轨道中

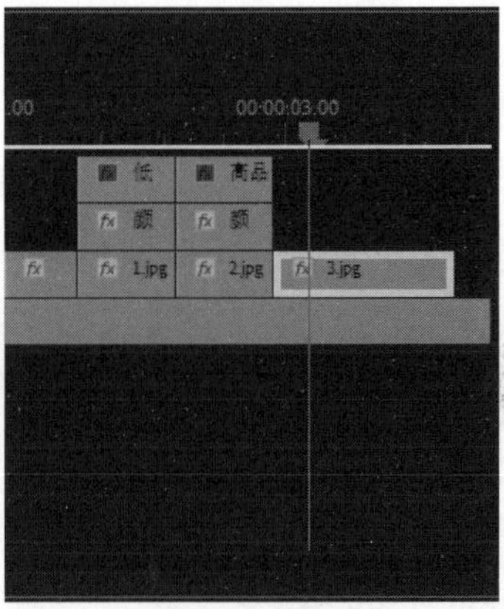

图12-131 将“3.jpg”素材拖至V2轨道中

步骤 40 在【效果控件】面板中设置“3.jpg”素材的大小，如图12-132所示。

步骤 41 在00：00：03：09处，在【效果控件】面板中单击【缩放】和【旋转】选项左侧的【切换动画】按钮，创建关键帧，设置参数，如图12-133所示。

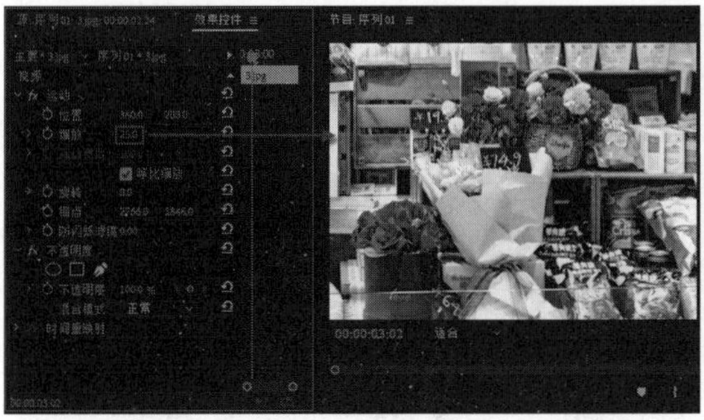

图12-132 设置素材大小

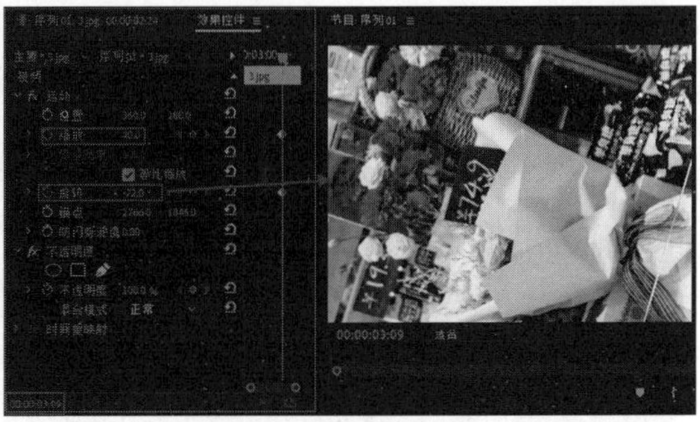

图12-133 创建关键帧

步骤 42 在00：00：03：13处，继续设置【缩放】和【旋转】参数，添加第2个关键帧，如图12-134所示。

步骤 43 将素材箱中的“4.jpg”素材拖至V2轨道中，设置持续时间为00：00：00：15，如图12-135所示。

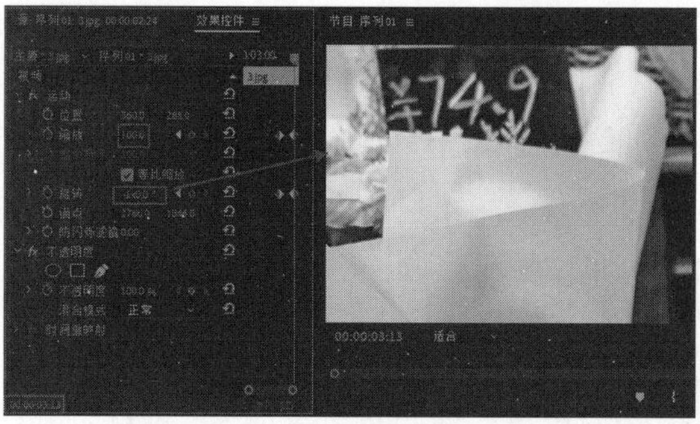

图 12-134　添加第 2 个关键帧

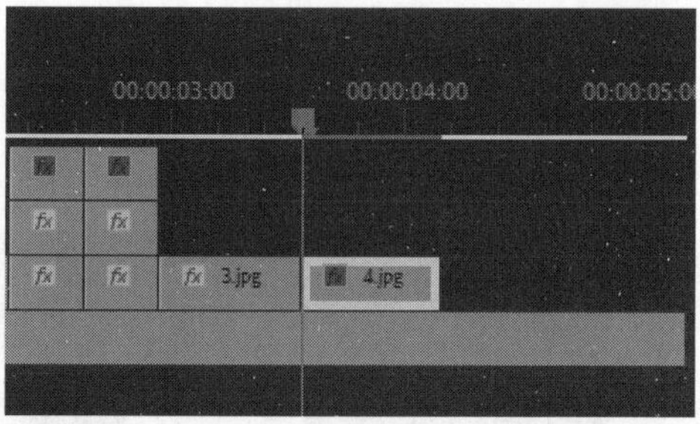

图 12-135　将素材拖至 V2 轨道中

步骤 44　在【效果控件】面板中单击【缩放】和【旋转】选项左侧的【切换动画】按钮，创建关键帧，设置参数，如图 12-136 所示。

步骤 45　在 00：00：03：19 处，继续设置【缩放】和【旋转】参数，添加第 2 个关键帧，如图 12-137 所示。

图 12-136　创建关键帧

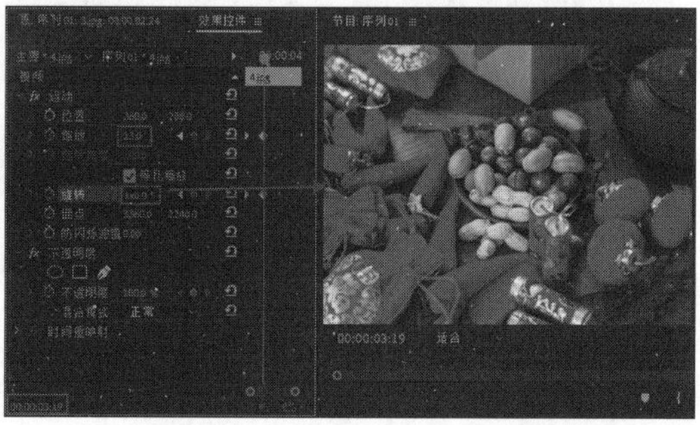

图 12-137　添加第 2 个关键帧

步骤 46　新建一个名为“要疯狂”的旧版标题，在【旧版标题属性】面板中设置字体为方正综艺简体，大小为 100，颜色为白色，如图 12-138 所示。

步骤 47　将“要疯狂”旧版标题拖至 V2 轨道中，设置持续时间为 00：00：00：10，并延长 V1 轨道上的“颜色遮罩红”，如图 12-139 所示。

图 12-138　设置旧版标题参数

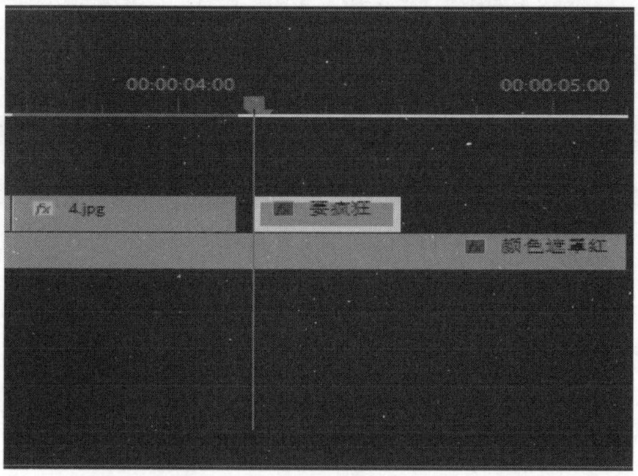

图 12-139　将旧版标题拖至 V2 轨道中

步骤 48 在【效果控件】面板中设置【缩放】参数，单击【位置】选项左侧的【切换动画】按钮，创建关键帧，设置参数，如图 12-140 所示。

步骤 49 在 00：00：04：10 处，继续设置【位置】选项参数，添加第 2 个关键帧，如图 12-141 所示。

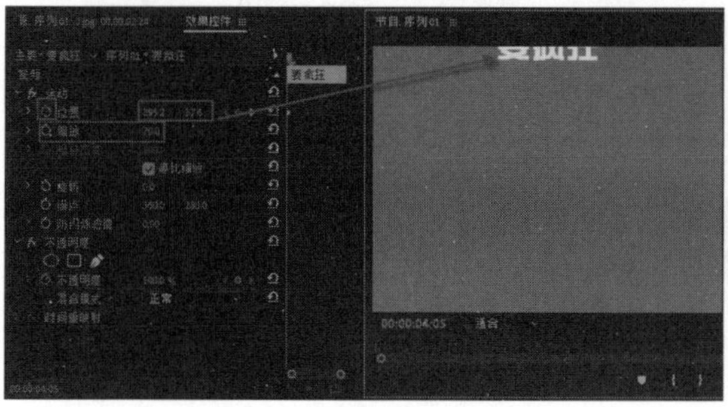

图 12-140 创建关键帧

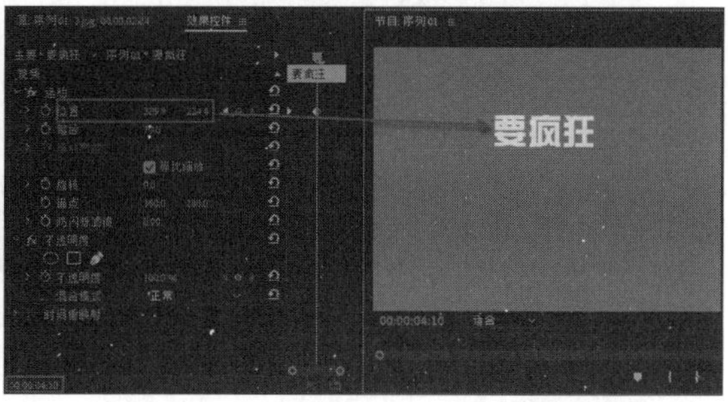

图 12-141 添加第 2 个关键帧

步骤 50 新建一个名为“就彻底”的旧版标题，在【旧版标题属性】面板中设置字体为方正综艺简体，大小为 100，颜色为白色，如图 12-142 所示。

步骤 51 将“就彻底”旧版标题拖至 V2 轨道中，设置持续时间为 00 00：00：05，并将“要疯狂”旧版标题拖至 V3 轨道中，如图 12-143 所示。

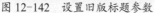

图 12-142 设置旧版标题参数

图 12-143 将旧版标题拖至 V3 轨道中

步骤 52 按住【Alt】键单击并拖动前面的“颜色遮罩粉”复制并粘贴，设置持续时间为 00：00：00：05，如图 12-144 所示。

步骤 53 新建一个名为“一年一次”的旧版标题，在【旧版标题属性】面板中设置字体为方正综艺简体，大小为 100，颜色为红色，如图 12-145 所示。

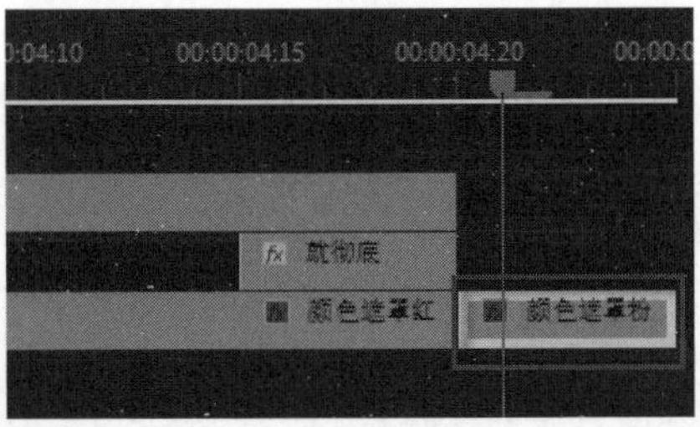

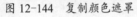

图 12-144　复制颜色遮罩

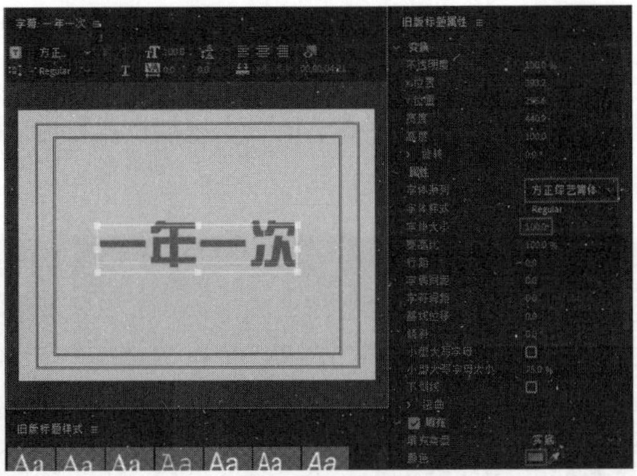

图 12-145　设置旧版标题参数

步骤 54　将“一年一次”旧版标题拖至 V2 轨道中，设置持续时间为 00：00：00：05，如图 12-146 所示。

步骤 55　按住【Alt】键单击并拖动前面的“颜色遮罩红”复制并粘贴，设置持续时间为 00：00：00：10，如图 12-147 所示。

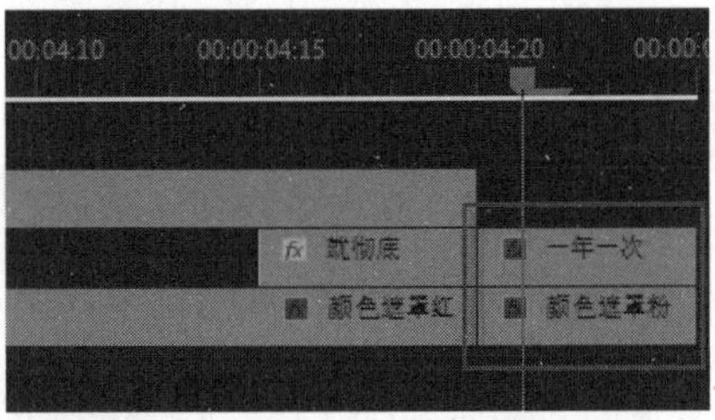

图 12-146　将旧版标题拖至 V2 轨道中

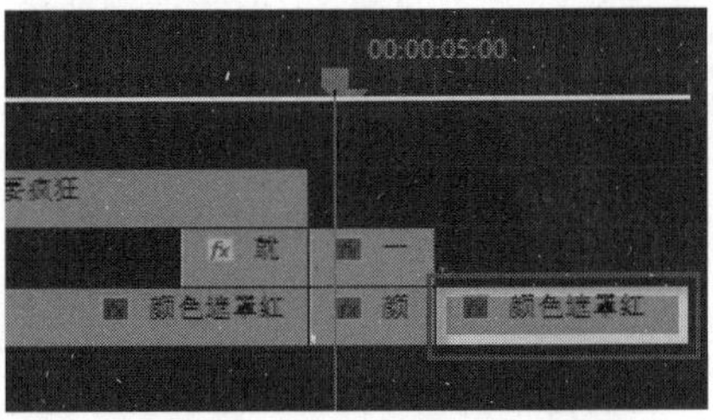

图 12-147　复制颜色遮罩

步骤 56　新建一个名为“不要错过”的旧版标题，在【旧版标题属性】面板中设置字体为方正综艺简体，大小为 150，颜色为白色，如图 12-148 所示。

步骤 57　将“不要错过”旧版标题拖至 V2 轨道中，设置持续时间为 00：00：00：10，如图 12-149 所示。

图 12-148　设置旧版标题参数

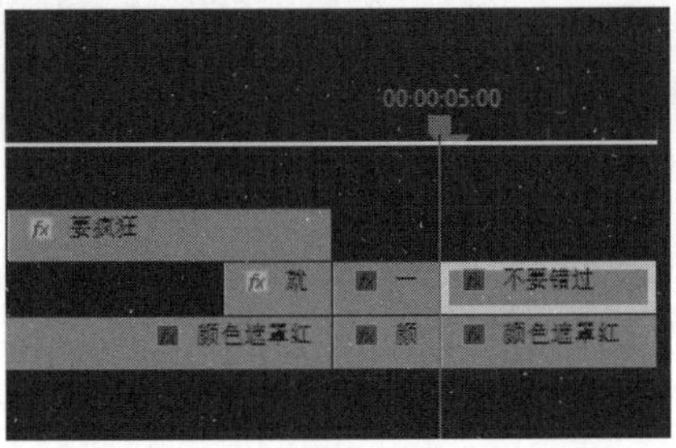

图 12-149　将旧版标题拖至 V2 轨道中

步骤 58 延长 4 帧“颜色遮罩红”，按住【Alt】键单击并拖动前面的“颜色遮罩粉”复制并粘贴，设置持续时间为 00：00：00：09，将【效果】面板中的【视频过渡】→【擦除】→【带状擦除】过渡效果拖至两个颜色遮罩之间，如图 12-150 所示。

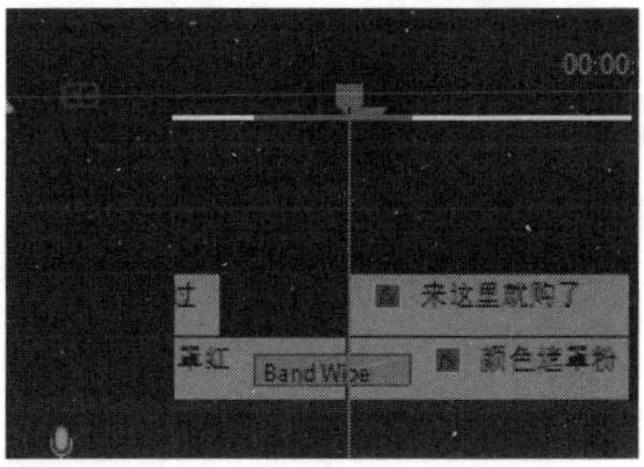

图 12-150 添加视频过渡效果

步骤 59 在【效果控件】面板中设置过渡效果的持续时间，单击【自北向南】按钮，选中【反向】复选框，如图 12-151 所示。

步骤 60 新建一个名为“来这里就购了”的旧版标题，在【旧版标题属性】面板中设置字体为方正综艺简体，大小为 70，颜色为红色，如图 12-152 所示。

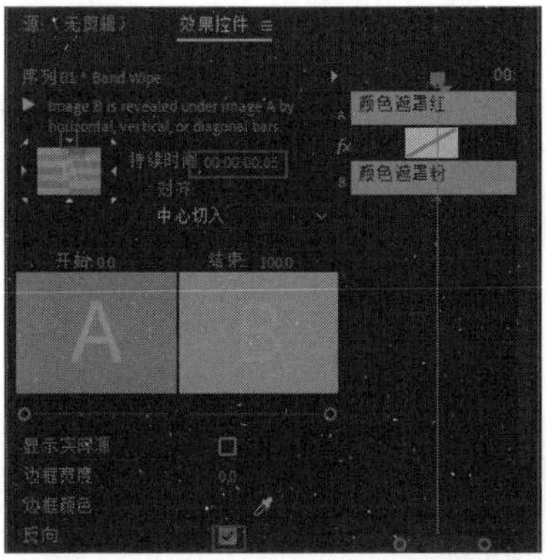

图 12-151 设置效果参数

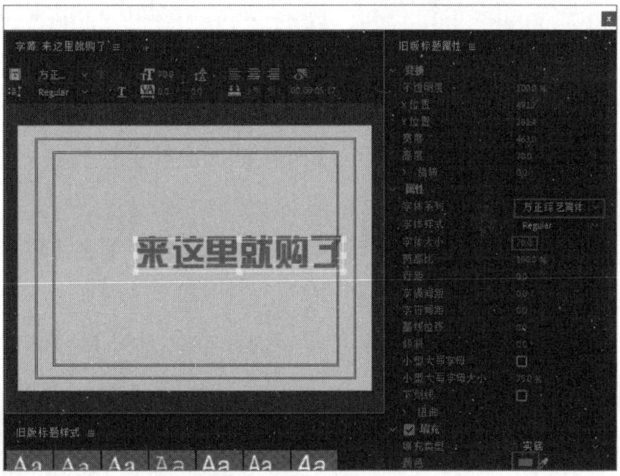

图 12-152 设置旧版标题参数

步骤 61 将“来这里就购了”旧版标题拖至 V2 轨道中，设置持续时间为 00：00：00：09，如图 12-153 所示。

步骤 62 将音频素材拖至 A1 轨道中，右击音频素材，在弹出的快捷菜单中选择【音频增益】命令，如图 12-154 所示。

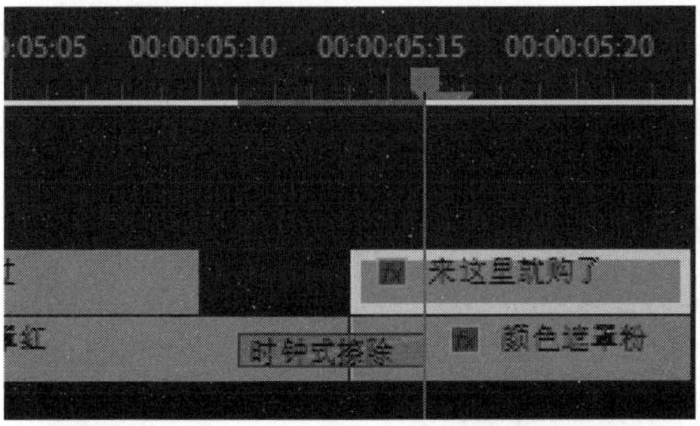

图 12-153 将旧版标题拖至 V2 轨道中

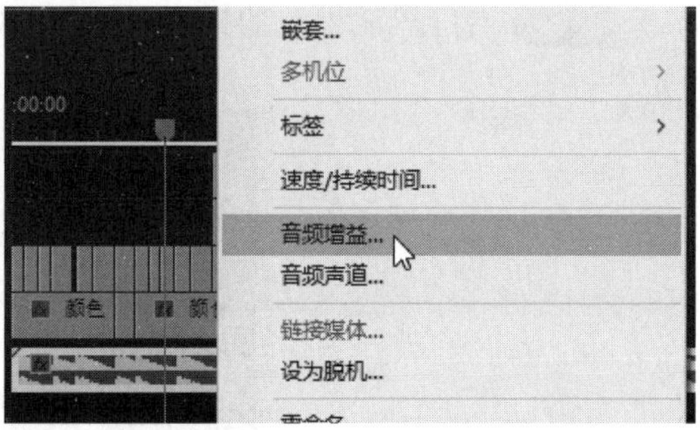

图 12-154 选择【音频增益】命令

步骤 63 弹出【音频增益】对话框，如图 12-155 所示，单击【将增益设置为】单选按钮，在右侧文本框中输入“-30”，单击【确定】按钮。

步骤 64 使用【剃刀工具】裁剪音频，使其与画面长度保持一致，删除后一段音频，如图 12-156 所示。

步骤 65 在【节目】监视器面板中查看最终效果，没有问题即可按【Ctrl+M】组合键导出文件，弹出【导出设置】对话框，在【格式】下拉列表中选择【AVI】选项，单击【输出名称】右侧的名称，如图 12-157 所示。

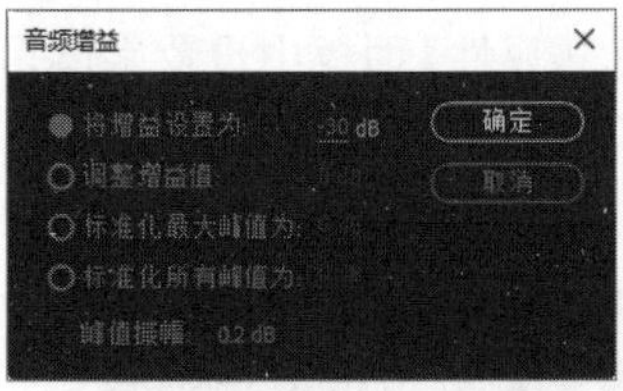

图 12-155 【音频增益】对话框

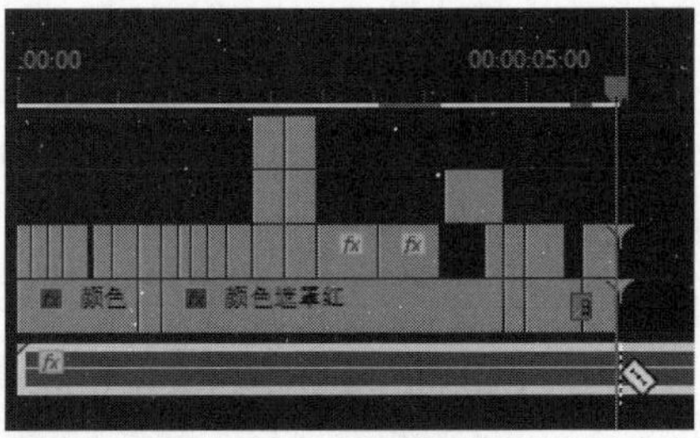

图 12-156 裁剪音频

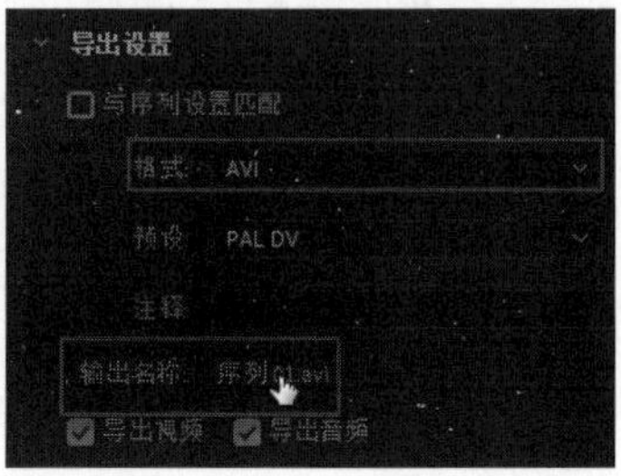

图 12-157 设置导出格式和名称

步骤 66 弹出【另存为】对话框，选择保存位置，在【文件名】文本框中输入名称，单击【保存】按钮，如图 12-158 所示。

步骤 67 返回【导出设置】对话框，可以看到【输出名称】右侧的文件名已经修改，单击【导出】按钮，如图 12-159 所示。

步骤 68 弹出编码进度提示对话框，如图 12-160 所示，等待一段时间即可。

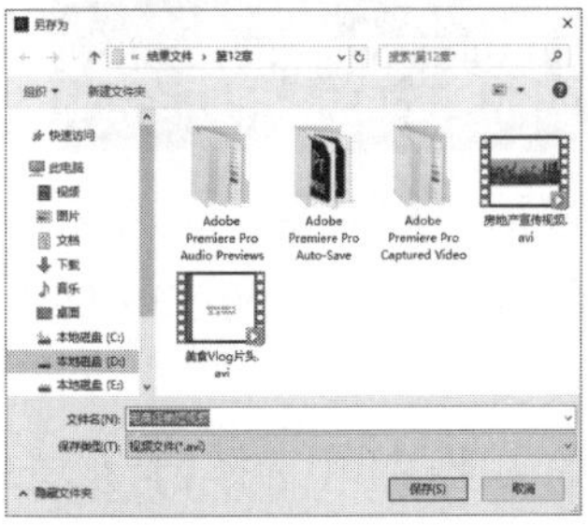

图 12-158 【另存为】对话框

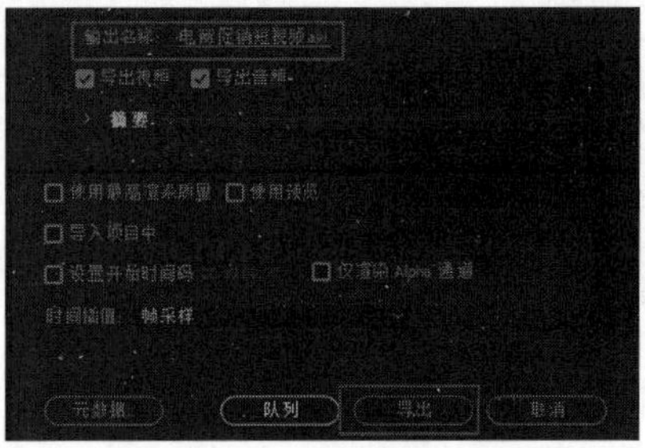

图 12-159 单击【导出】按钮

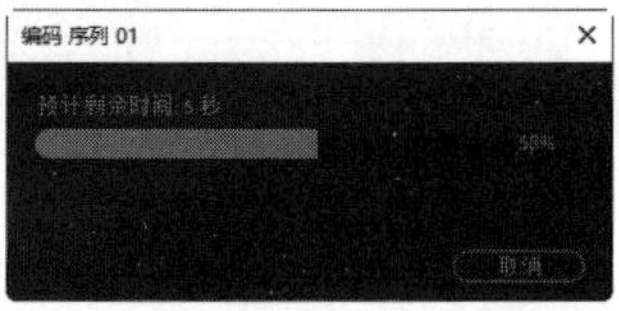

图 12-160 编码进度提示对话框

步骤 69 打开保存视频的文件夹，使用视频播放器查看最终效果，如图 12-161 所示。

图 12-161 查看导出的视频

Premiere Pro 2022

附录A
综合上机实训题

为了强化学生的上机操作能力，本书安排了以下上机实训项目，老师可以根据教学进度与教学内容，合理安排学生上机训练。

实训一：制作综艺节目可爱字幕效果

在 Premiere Pro 2022 中，制作如图 A-1 所示的可爱字幕效果。

素材文件	无
结果文件	上机实训\结果文件\实训一 .prproj

图 A-1　可爱字幕效果

操作提示

在制作“综艺节目可爱字幕效果”的实例操作中，主要使用了创建旧版标题、圆角矩形工具、缩放关键帧动画等知识内容。主要操作步骤如下。

（1）在【项目】面板中，创建一个【黑场视频】素材，将其拖至 V1 轨道。

（2）执行【文件】→【新建】→【旧版标题】命令，创建一个名为“泪奔”的旧版标题。在【旧版标题】编辑窗口中使用【圆角矩形】工具绘制两个套在一起的圆角矩形，如图 A-2 所示。输入文字“泪奔”，效果如图 A-3 所示。

图 A-2　绘制圆角矩形

图 A-3　输入文字

（3）将旧版标题拖至 V2 轨道中，设置持续时间为 00：00：01：00，在【效果控件】面板中为旧版标题添加【缩放】选项的关键帧，如图 A-4 所示。

（4）在【节目】监视器面板中查看动画效果，如图 A-5 所示。

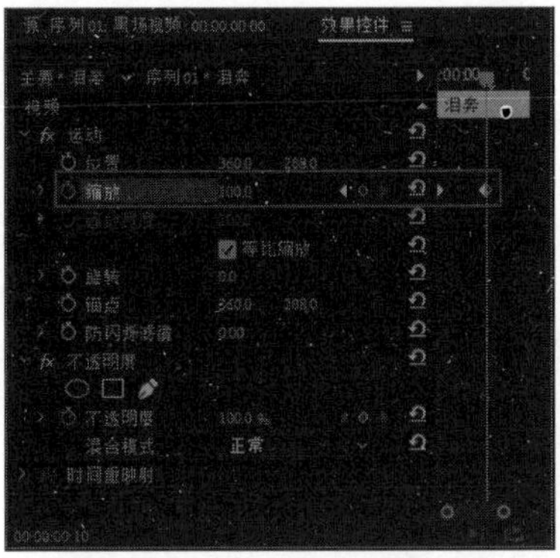

图 A-4　添加关键帧

图 A-5　查看动画效果

实训二：制作人物拟态效果

在 Premiere Pro 2022 中，制作如图 A-6 所示的人物拟态效果。

素材文件	上机实训\素材文件\实训二\动漫人物头像.png
结果文件	上机实训\结果文件\实训二.prproj

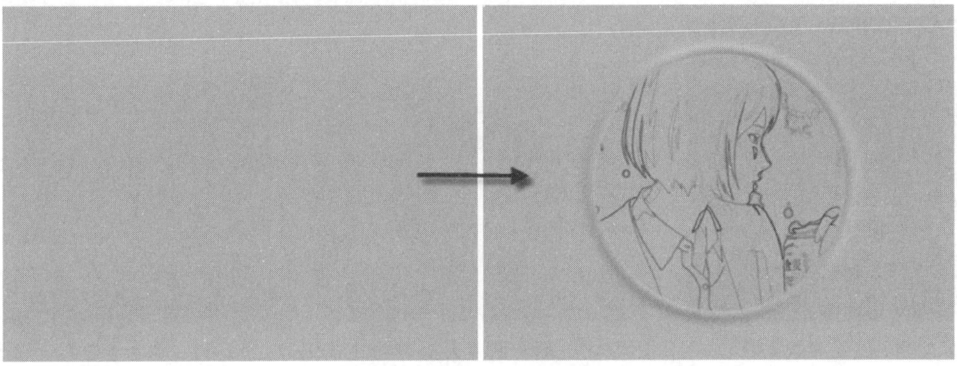

图 A-6　人物拟态效果

操作提示

在制作“人物拟态效果”的实例操作中，主要使用了创建旧版标题、椭圆工具、视频效果等知识。主要操作步骤如下。

（1）创建一个灰色颜色遮罩（R：215、G：206、B：206），将其拖至 V1 轨道中。

（2）创建旧版标题，在【旧版标题】编辑窗口，使用【椭圆工具】并按住【Shift】键绘制一个正圆，再为其添加与颜色遮罩颜色一致的外描边，外描边大小设置为 15，取消勾选【填充】复选框，效果如图 A-7 所示。

（3）将旧版标题拖至 V2 轨道中，按住【Alt】键单击并拖动旧版标题进行复制，将复制的旧版标题拖至 V3 轨道中。

（4）双击复制的旧版标题，在【旧版标题】编辑窗口，勾选【填充】复选框，填充和颜色遮罩一样的颜色，取消勾选【外描边】复选框，效果如图 A-8 所示。

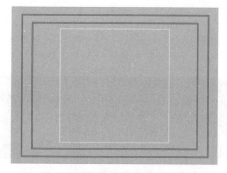

图 A-7　绘制正圆并设置效果

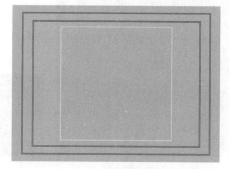

图 A-8　设置旧版标题效果

（5）在【效果】面板中，将【斜面 Alpha】和【相机模糊】效果添加到 V2 轨道中的旧版标题上；在【效果控件】面板中，设置效果参数，并添加关键帧，如图 A-9 所示。

（6）绘制一个圆形，将“动漫人物头像.png”导入项目中，将其拖至 V4 轨道上，调整图片大小使其完全覆盖圆形，并降低图片的不透明度至 75%，创建椭圆形蒙版，将人物露出来，如图 A-10 所示。

（7）将【查找边缘】效果添加到图片上，效果如图 A-11 所示。

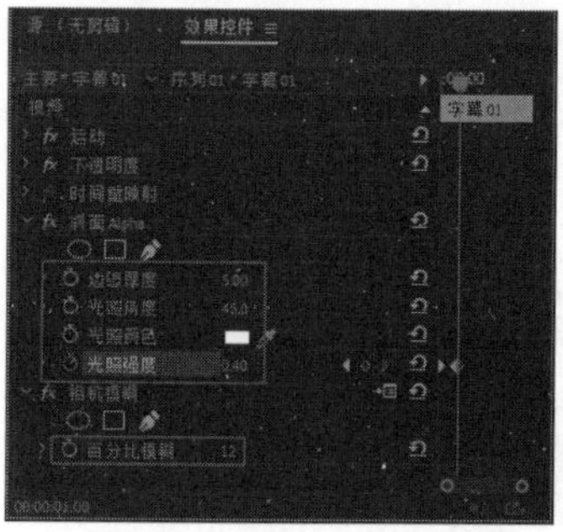

图 A-9　设置效果参数

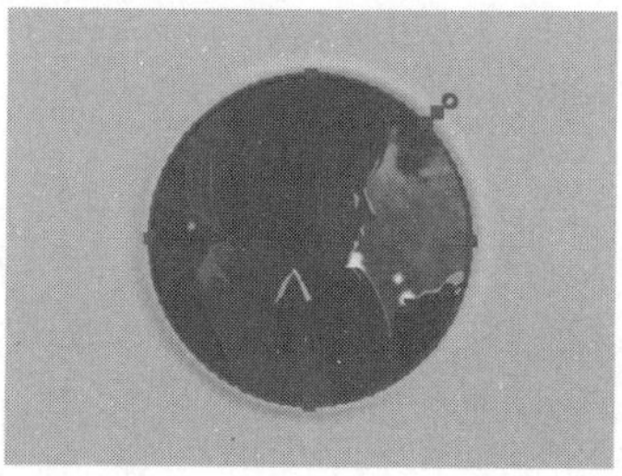

图 A-10　调整图片大小并创建蒙版

图 A-11　添加【查找边缘】效果

（8）将【黑白】效果添加到图片上，嵌套图片素材，为不透明度添加关键帧，如图 A-12 所示。

（9）将【超级键】效果添加到嵌套序列上，设置选项参数如图 A-13 所示，效果如图 A-14 所示。

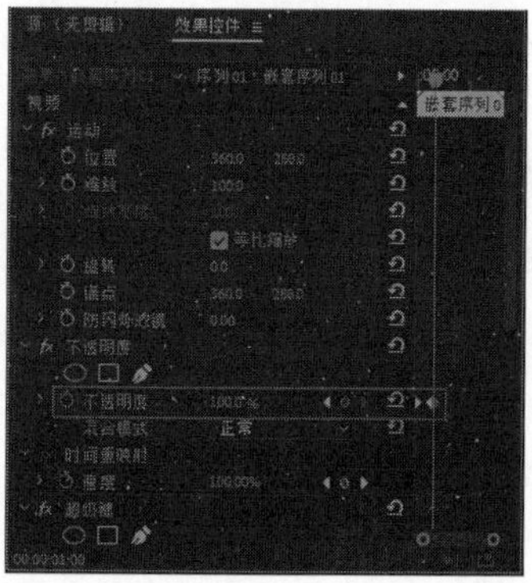

图 A-12　为不透明度添加关键帧

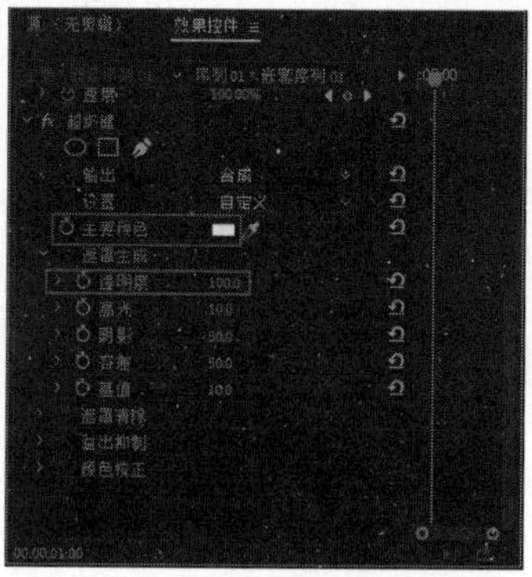

图 A-13　设置选项参数

图 A-14　最终效果

实训三：制作擦涂效果

在 Premiere Pro 2022 中，制作如图 A-15 所示的擦涂效果。

素材文件	上机实训\素材文件\实训三\动画素材.mp4
结果文件	上机实训\结果文件\实训三.prproj

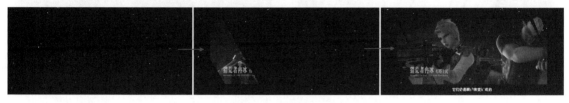

图 A-15　擦涂效果

操作提示

在制作“擦涂效果”的实例操作中，主要使用了黑场视频、书写效果、轨道遮罩键等知识。主要操作步骤如下。

（1）将视频素材导入新建的项目中，将其拖至 V1 轨道中，新建黑场视频素材，拖至 V2 轨道中，嵌套黑场视频。

（2）将【书写】视频效果添加到嵌套序列上，在【效果控件】面板中设置效果参数，并为【画笔位置】选项在开始位置创建关键帧，如图 A-16 所示。

（3）单击【书写】选项，【节目】监视器面板中的画笔上出现蓝色圆点，将其移至左上方，如图 A-17 所示。

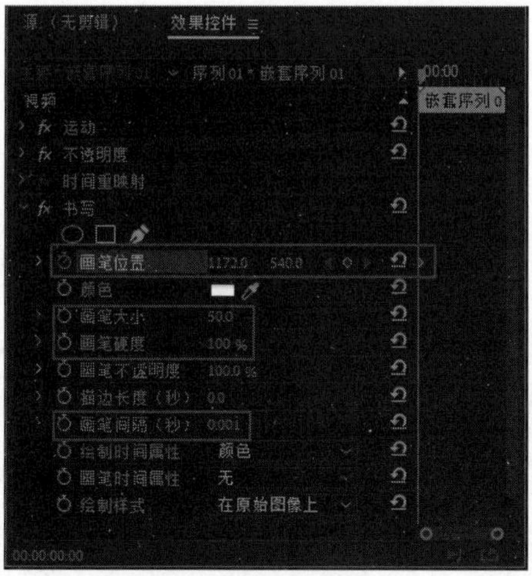

图 A-16　创建关键帧

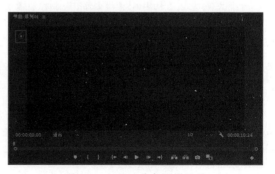

图 A-17　移动蓝色圆点位置

（4）单击并拖动画笔中的蓝色圆点，每 2 帧画一笔，创建关键帧动画，如图 A-18 所示。

（5）将【轨道遮罩键】效果添加到 V1 轨道中的视频素材上，在【效果控件】面板中设置【遮罩】选项为视频 2，如图 A-19 所示。

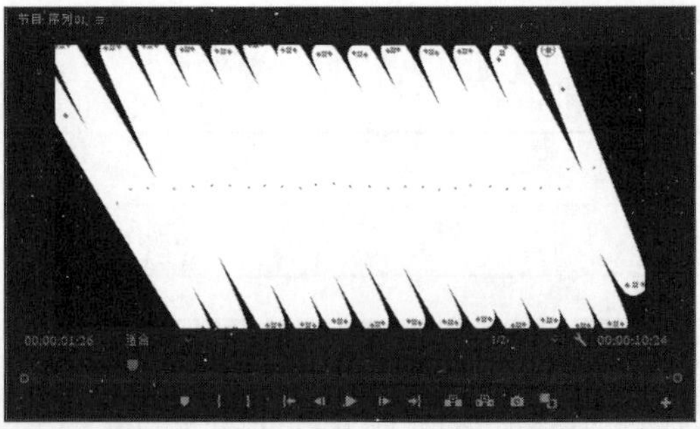

图 A-18　创建关键帧动画

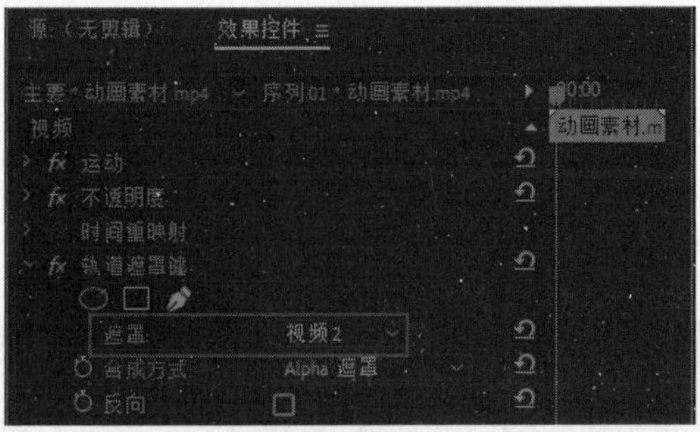

图 A-19　设置【遮罩】选项参数

（6）选择嵌套序列，在【效果控件】面板中设置【书写】效果下的【绘制样式】选项为显示原始图像。

（7）在【节目】监视器面板中查看最终效果，如图 A-20 所示。

图 A-20　最终效果

实训四：制作变焦效果

在 Premiere Pro 2022 中，制作如图 A-21 所示的变焦效果。

素材文件	上机实训\素材文件\实训四\公园景色 - 音乐 .mov
结果文件	上机实训\结果文件\实训四 .prproj

图 A-21　变焦效果

操作提示

在制作“变焦效果”的实例操作中，主要使用了安全边距、【位置】和【缩放】选项关键帧动画等，以达到近景不断向自己靠近、远景一直远离自己的视觉效果。主要步骤如下。

（1）将视频素材导入项目中，将其拖入时间轴，在【节目】监视器面板中右击，在弹出的快捷菜单中选择【安全边距】菜单项，调出安全边距。

（2）观察素材，可以看到在 00：00：06：02 处，画面右侧的人物与安全边距比较贴合，效果如图 A-22 所示。

（3）在【效果控件】面板中为【位置】和【缩放】选项添加关键帧，如图 A-23 所示。

图 A-22　观察素材画面效果

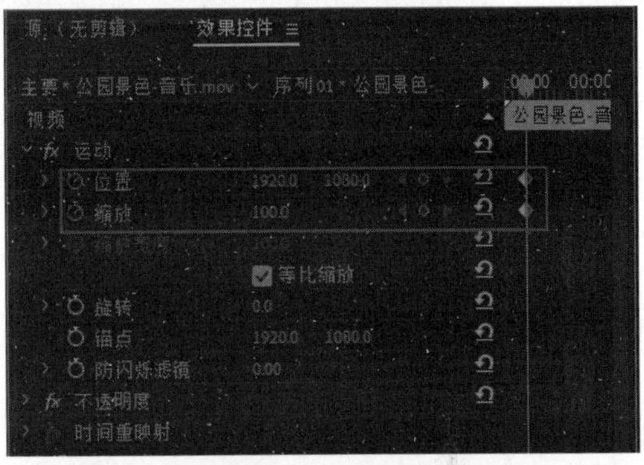

图 A-23　添加关键帧

（4）使用【剃刀工具】在 00：00：06：02 处单击，裁剪视频，删除后一段视频。

（5）在 00：00：00：00 处，在【效果控件】面板中提高【缩放】数值，使刚刚选中的人物再次和安全边距贴合，并稍微调整【位置】参数，如图 A-24 所示，效果如图 A-25 所示。

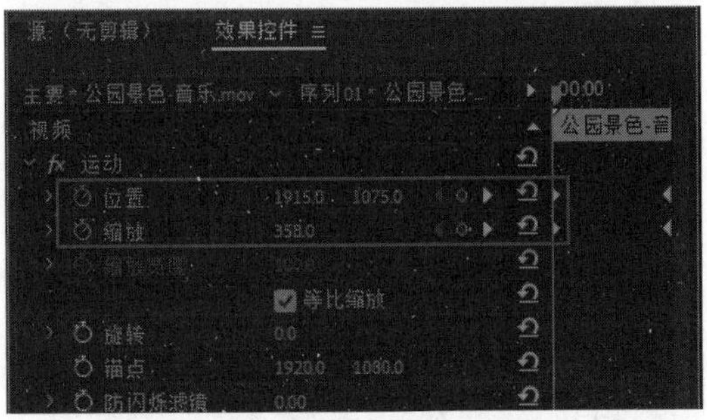

图 A-24　调整【缩放】和【位置】参数

图 A-25　最终效果

实训五：制作色调分离效果

在 Premiere Pro 2022 中，制作如图 A-26 所示的色调分离效果。

素材文件	上机实训\素材文件\实训五\激烈.mp4
结果文件	上机实训\结果文件\实训五.prproj

图 A-26　色调分离效果

操作提示

在制作“色调分离图像效果”的实例操作中，主要使用了色调分离效果、棋盘效果等知识。主要操作步骤如下。

（1）将视频素材拖入时间轴中，将【色调分离】视频效果添加到素材上，在【效果控件】面板中设置【级别】选项为 5，如图 A-27 所示。

（2）将【棋盘】视频效果添加到素材上，在【效果控件】面板中设置【宽度】【不透明度】和【混合模式】选项参数，如图 A-28 所示。

（3）在【节目】监视器面板中查看效果即可。

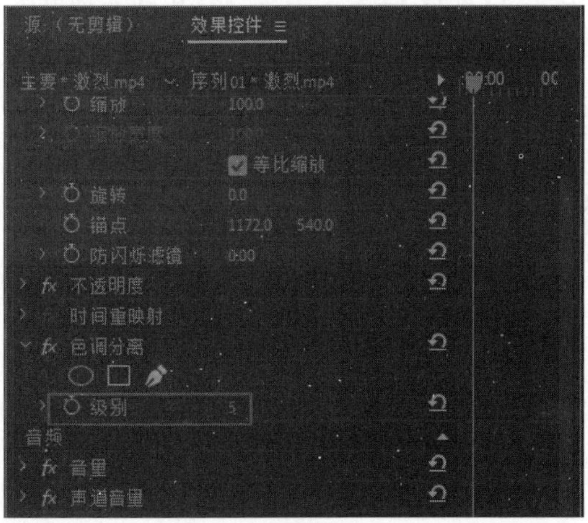

图 A-27　设置【级别】选项参数

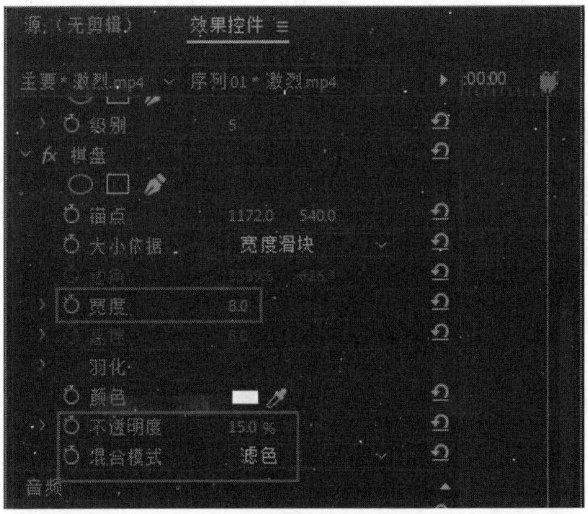

图 A-28　设置选项参数

实训六：制作高端分屏效果

在 Premiere Pro 2022 中，制作如图 A-29 所示的高端分屏效果。

素材文件	上机实训\素材文件\实训六\1.mp4、2.mp4、3.mp4
结果文件	上机实训\结果文件\实训六.prproj

图A-29 高端分屏效果

操作提示

在制作“高端分屏效果”的实例操作中，主要使用了线性擦除效果、创建旧版标题、矩形工具等知识。主要操作步骤如下。

（1）将3个视频素材依次拖至V1、V2、V3轨道中，删除背景音乐，并为最上面的两个素材添加【线性擦除】效果，如图A-30所示。

（2）选中“3.mp4”素材，在【效果控件】面板中设置素材的【位置】【缩放】【过渡完成】和【擦除角度】选项参数，如图A-31所示，效果如图A-32所示。

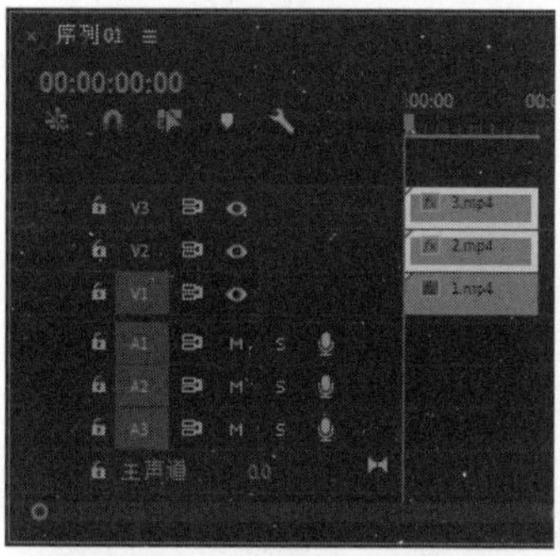

图A-30 添加素材并添加效果

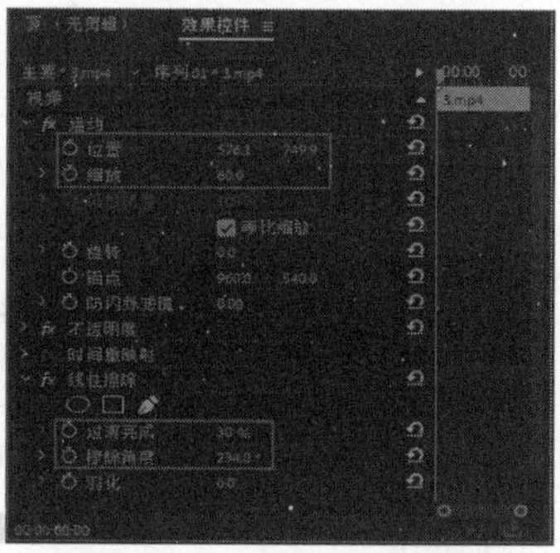

图A-31 设置选项参数

图A-32 查看效果

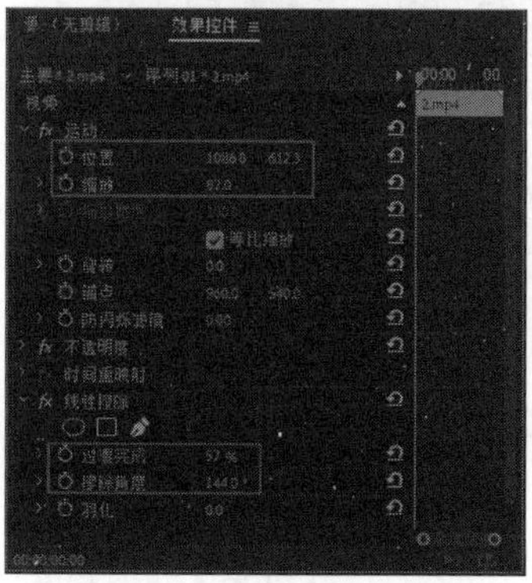

图A-33 设置选项参数

（3）选中“2.mp4”素材，在【效果控件】面板中设置素材的【位置】【缩放】【过渡完成】和【擦除角度】选项参数，如图A-33所示，效果如图A-34所示。

（4）新建一个旧版标题，在【旧版标题】窗口中使用【矩形工具】绘制矩形方框，效果如图A-35所示。

（5）将新建的旧版标题拖至V4轨道中，即可在【节目】监视器面板查看最终效果。

图 A-34　查看效果

图 A-35　绘制矩形方框

实训七：制作水滴转场效果

在 Premiere Pro 2022 中，制作如图 A-36 所示的水滴转场效果。

素材文件	上机实训\素材文件\实训七\下雨+桥.mp4、下雨+水蜘蛛.mp4、向前走+桥上.mp4、水滴.mp3
结果文件	上机实训\结果文件\实训七.prproj

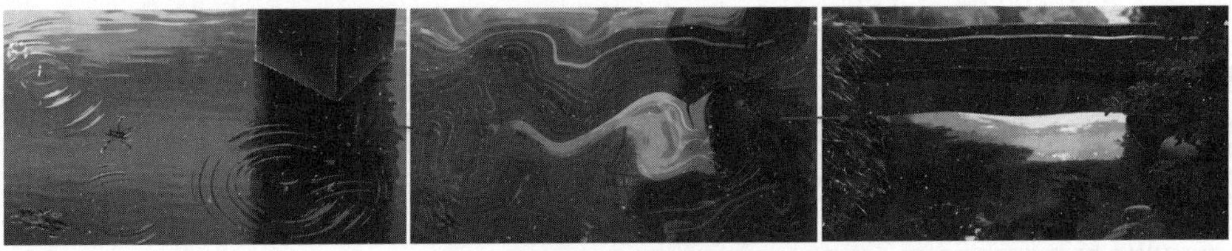

图 A-36　水滴转场效果

操作提示

在制作“水滴转场效果”的实例操作中，主要使用了交叉溶解视频过渡效果、湍流置换效果、关键帧等相关知识。主要操作步骤如下。

（1）将 3 段视频素材拖入时间轴中，将【交叉溶解】效果添加到每两段素材之间，如图 A-37 所示。

（2）新建调整图层素材，并将其拖至 V2 轨道中，放置的位置与【交叉溶解】效果对齐，如图 A-38 所示，将【湍流置换】效果添加到调整图层上。

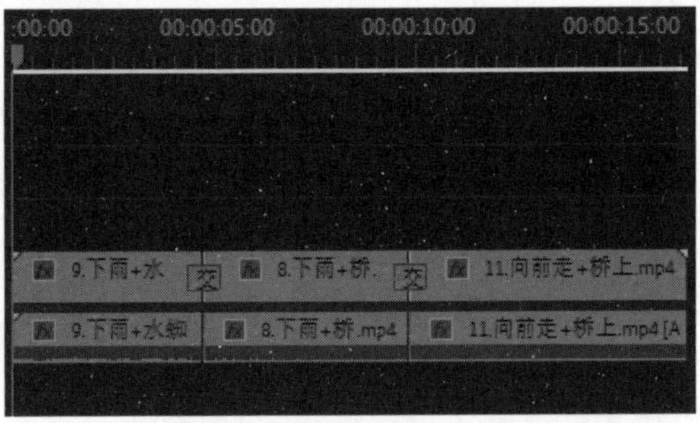

图 A-37　放置素材并添加视频过渡效果

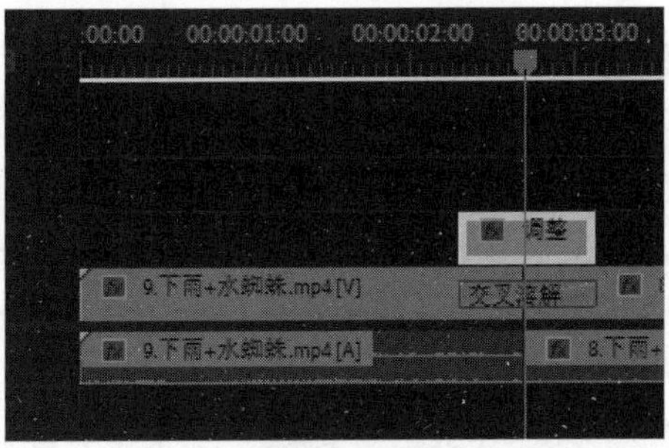

图 A-38　放置素材并添加视频效果

（3）在【效果控件】面板中，在调整图层的中间位置设置【湍流置换】选项下的【数量】选项参数，并创建关键帧，如图A-39 所示。

（4）在调整图层的开始和结尾处分别设置【数量】选项参数为 0，创建关键帧，如图A-40 所示。

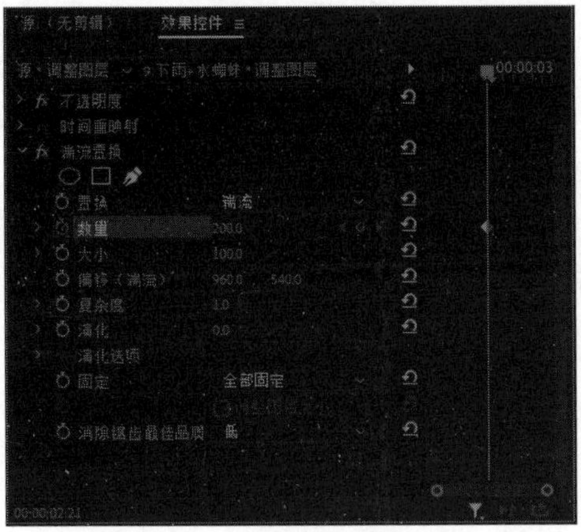

图A-39　创建关键帧 1

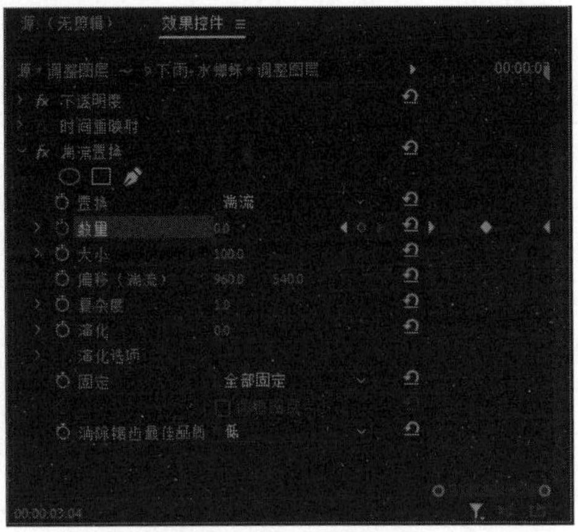

图A-40　创建关键帧 2

（5）在调整图层的开始处设置【演化】选项参数，并创建关键帧，如图A-41 所示。

（6）在调整图层的结尾处设置【演化】选项参数，并创建关键帧，如图A-42 所示。

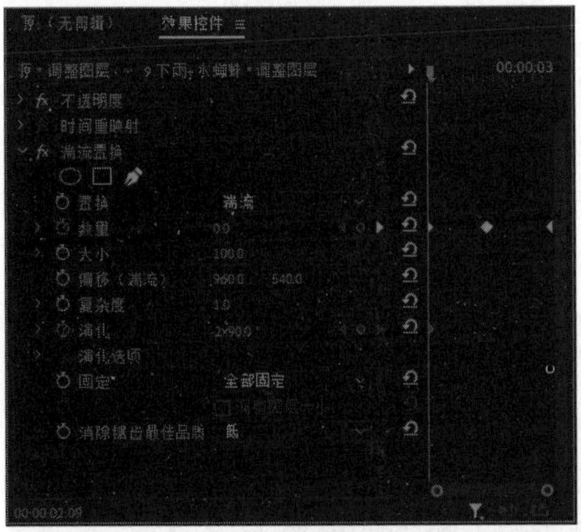

图A-41　创建关键帧 3

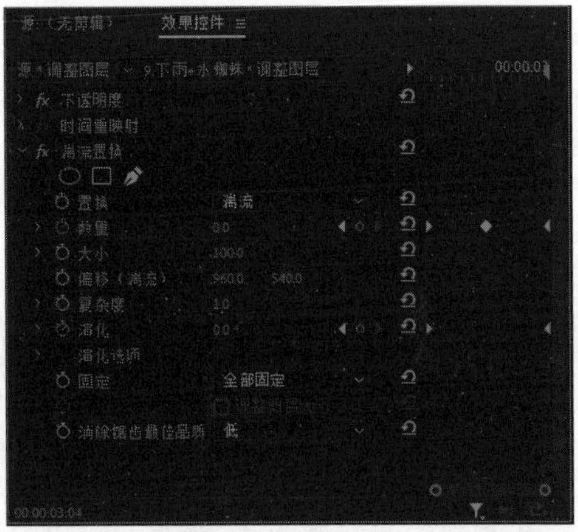

图A-42　创建关键帧 4

（7）将“水滴.mp3”拖至A2 轨道中，放置位置与调整图层的第 1 帧对齐，复制音效和调整图层至第 2 和第 3 段视频连接处即可，如图A-43 所示。

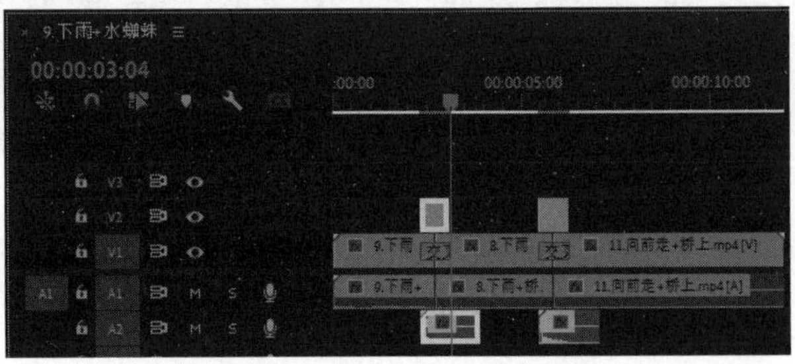

图A-43　添加音效和调整图层

实训八：制作填色效果

在 Premiere Pro 2022 中，制作如图 A-44 所示的填色效果。

素材文件	上机实训\素材文件\实训八\视频.mp4
结果文件	上机实训\结果文件\实训八.prproj

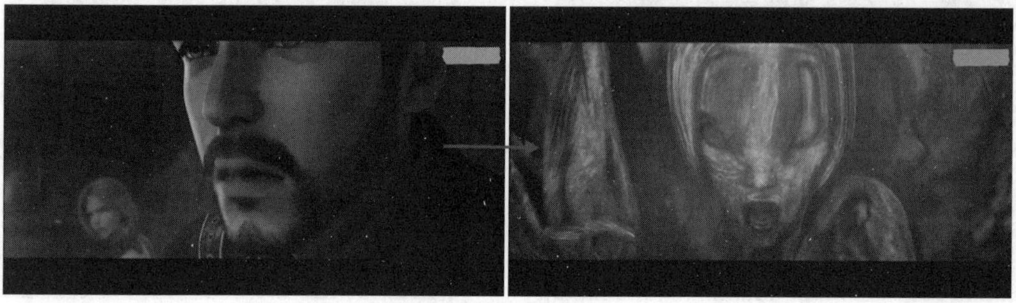

图 A-44　填色效果

操作提示

在制作“填色效果”的实例操作中，主要使用了黑白视频效果、颜色键视频效果和关键帧等知识。主要操作步骤如下。

（1）将视频素材拖至时间轴中的 V1 轨道中，复制视频至 V2 轨道中，将【黑白】效果添加到 V1 轨道中的视频上，将【颜色键】效果添加到 V2 轨道中的视频上。

（2）选中 V2 轨道中的视频，在【效果控件】面板中单击【吸管工具】按钮，在【节目】监视器面板中吸取颜色，如图 A-45 所示。

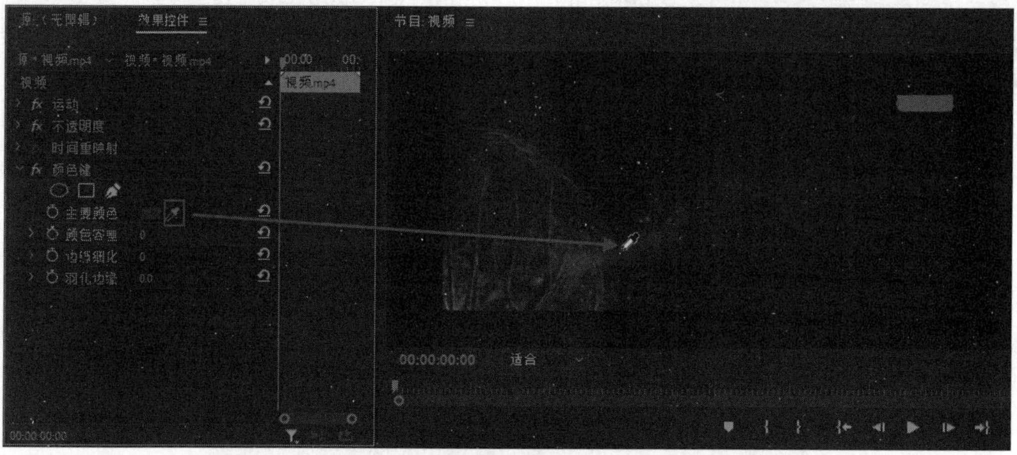

图 A-45　吸取颜色

（3）设置【颜色容差】选项参数，播放视频，可以看到在 25 帧处还有一些颜色没有被吸取上，再添加一个【颜色键】效果，单击【吸管工具】按钮，在【节目】监视器面板中吸取颜色，如图 A-46 所示。

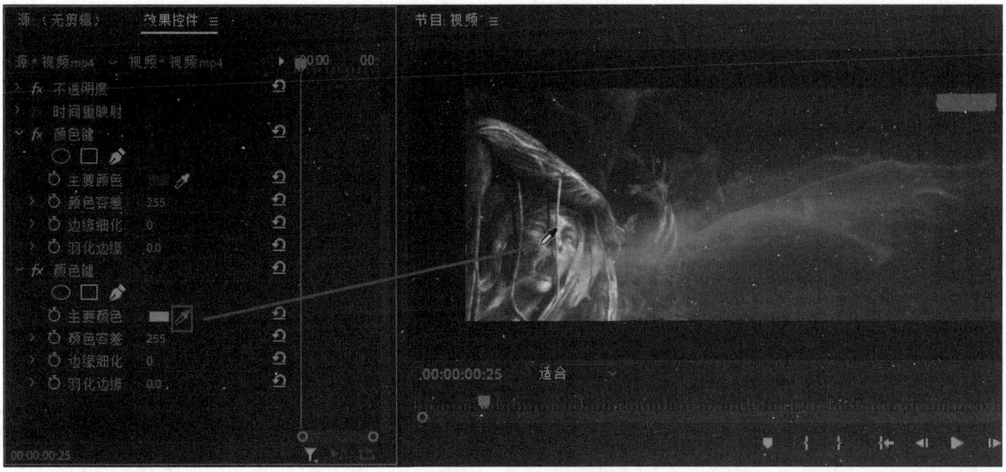

图 A-46　吸取颜色

（4）设置两个【颜色键】效果的【羽化边缘】选项参数均为 10，在 00：00：04：27 处为【颜色容差】选项创建关键帧，如图 A-47 所示。

（5）在 00：00：10：08 处设置【颜色容差】选项参数为 0，创建关键帧，如图 A-48 所示。

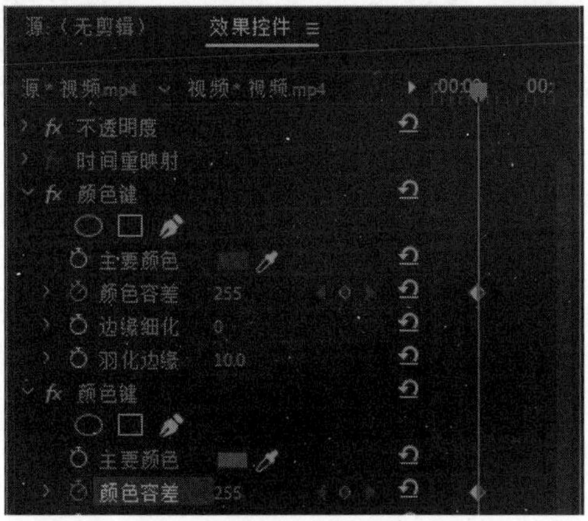

图 A-47　创建关键帧

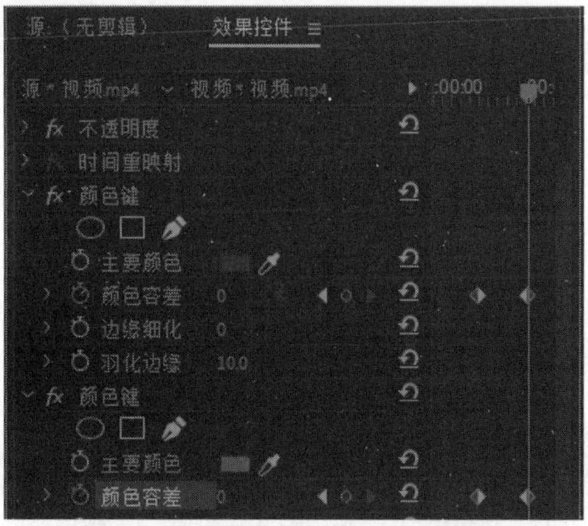

图 A-48　设置【颜色容差】选项参数

实训九：制作模糊变速转场效果

在 Premiere Pro 2022 中，制作如图 A-49 所示的模糊变速转场效果。

素材文件	上机实训 \ 素材文件 \ 实训九 \ 素材.mp4
结果文件	上机实训 \ 结果文件 \ 实训九.prproj

图 A-49　模糊变速转场效果

操作提示

在制作“模糊变速转场效果”的实例操作中，主要使用了方向模糊效果、改变速度、关键帧等知识。主要操作步骤如下。

（1）将素材拖至V1轨道中，在00：01：34：10处裁剪素材，删除前一段素材，将后一段素材移至开始处，在00：00：03：29处裁剪素材，删除后一段素材；创建调整图层并将其拖至V2轨道中，为调整图层添加【方向模糊】效果，如图A-50所示。

（2）在【效果控件】面板中，在00：00：00：12处设置【模糊长度】选项参数，并创建关键帧，如图A-51所示。

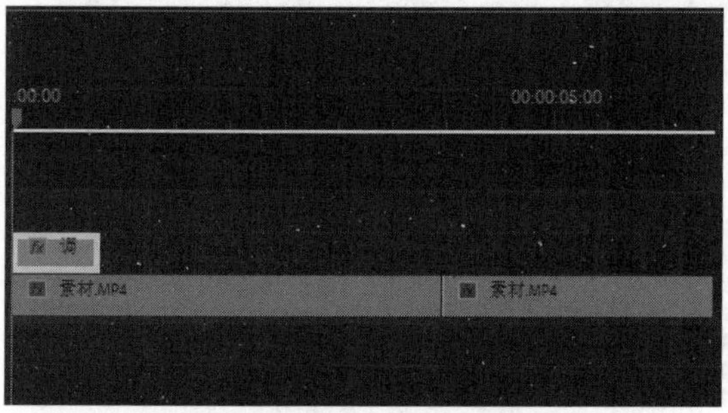

图A-50　放置并裁剪素材

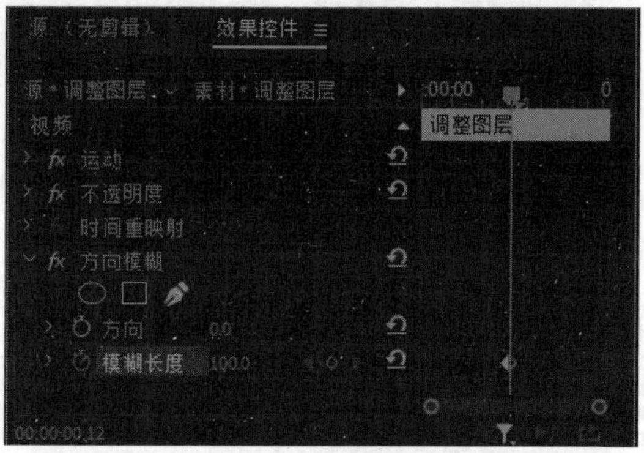

图A-51　创建关键帧

（3）在调整图层的开始和结尾处分别设置【模糊长度】选项参数为0，创建关键帧，如图A-52所示。

（4）右击第1段素材的fx图标，在弹出的快捷菜单中选择【时间重映射】→【速度】命令，如图A-53所示。

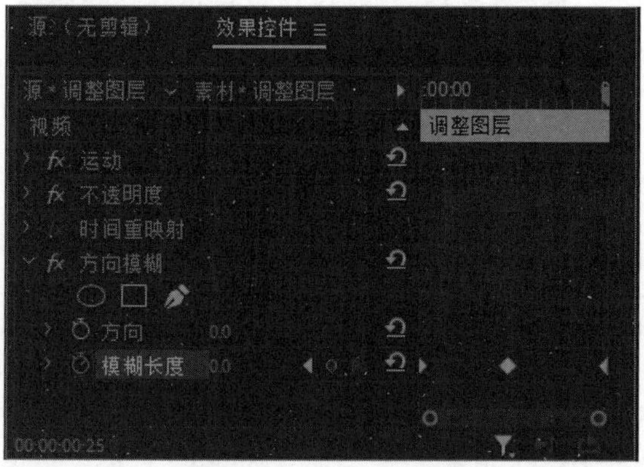

图A-52　创建关键帧

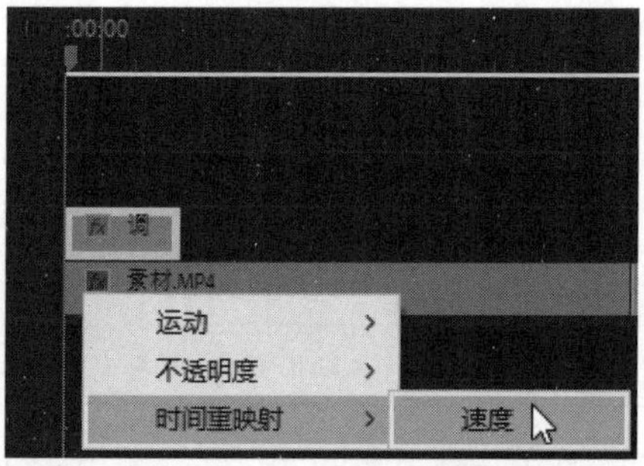

图A-53　选择【速度】命令

（5）使用相同的方法为第2段素材选择【时间重映射】→【速度】命令，双击V1轨道头展开轨道，在第1段素材的中间位置按住【Ctrl】键在直线上单击添加锚点，如图A-54所示。

（6）将鼠标移至锚点左侧的直线上，按住鼠标左键向上拖动，将速度变为 300%左右；将鼠标移至锚点右侧的直线上，按住鼠标左键向下拖动，将速度变为 80%左右，如图 A-55 所示。

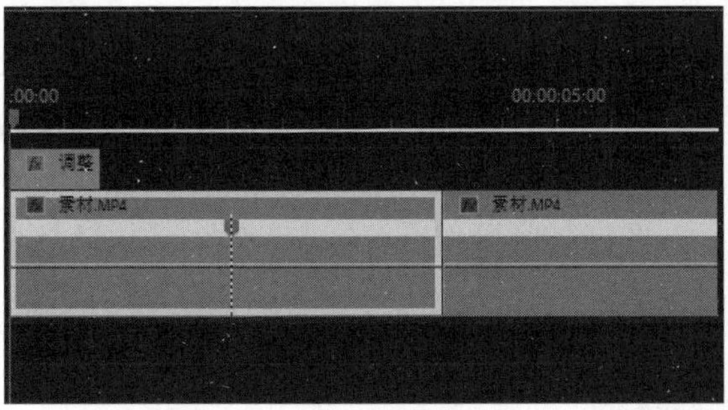

图 A-54 添加锚点

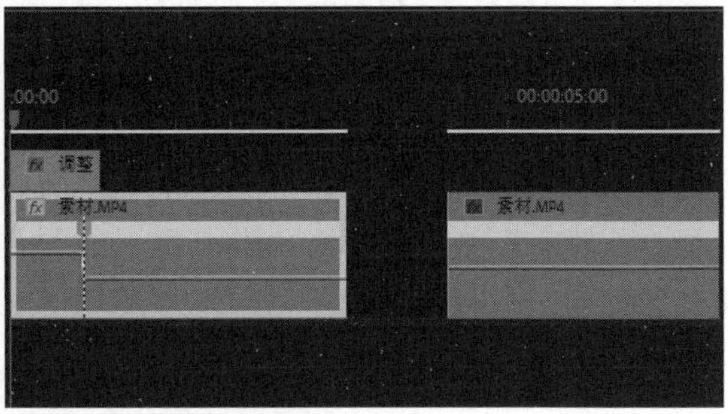

图 A-55 改变速度

（7）使用相同的方法改变第 2 段素材速度，如图 A-56 所示。

（8）复制调整图层到第 1 段素材结尾处即可，如图 A-57 所示。

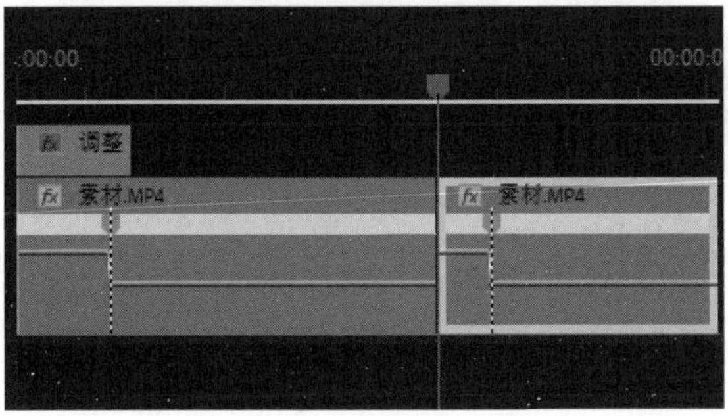

图 A-56 改变第 2 段素材速度

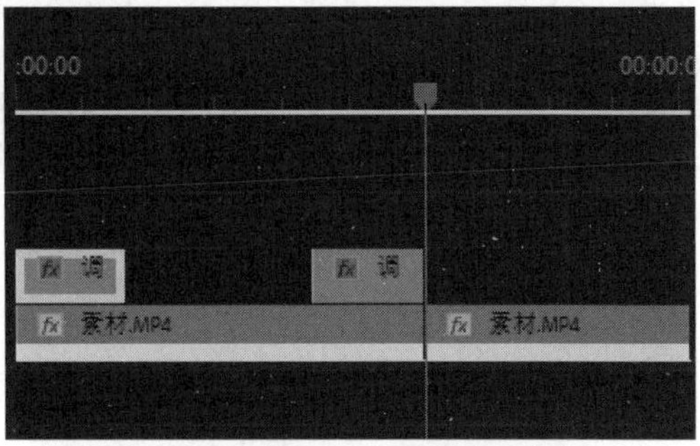

图 A-57 复制调整图层

实训十：制作眨眼效果

在 Premiere Pro 2022 中，制作如图 A-58 所示的眨眼效果。

素材文件	上机实训\素材文件\实训十\素材.mp4
结果文件	上机实训\结果文件\实训十.prproj

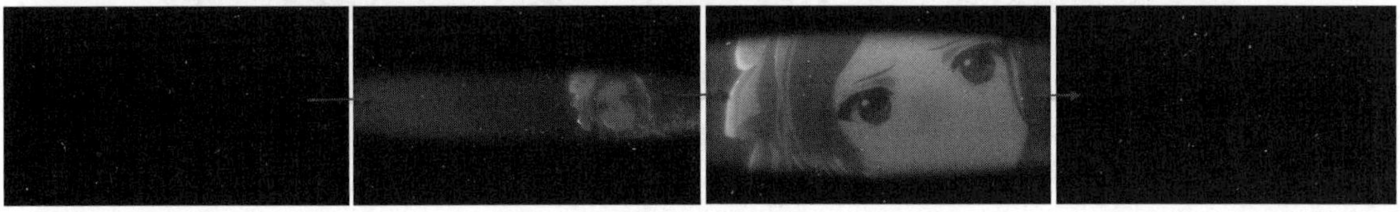

图 A-58 眨眼效果

操作提示

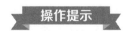

在制作“眨眼效果”的实例操作中，主要使用了线性擦除视频效果、轨道遮罩键视频效果、关键帧等知识。主要操作步骤如下。

（1）将素材拖至V1轨道中，打开【Lumetri颜色】面板，设置参数如图A-59所示。

（2）复制V1轨道中的素材至V2轨道中，将【高斯模糊】效果添加到V2轨道中的素材上，在【效果控件】面板中设置【模糊度】选项为56；将【亮度键】效果添加到V2轨道中的素材上，在【效果控件】面板中设置【阈值】选项为0，【屏蔽度】选项为86%；将【不透明度】选项下的【混合模式】设置为【滤色】选项，重新设置【高斯模糊】选项下的【模糊度】选项为94，设置【亮度键】选项下的【屏蔽度】选项为43%。

（3）创建黑场视频素材，并将其拖至V3轨道中，将【网格】效果添加到黑场视频上，在【效果控件】面板中设置【网格】选项参数，效果如图A-60所示。

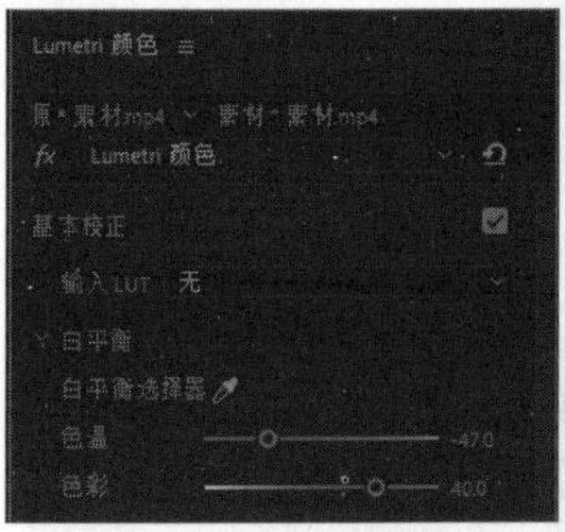

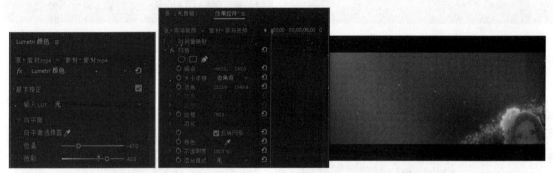

图A-59 设置颜色参数

图A-60 设置效果

（4）将【球面化】效果添加到黑场视频上，在【效果控件】面板中设置【球面化】选项参数，如图A-61所示。

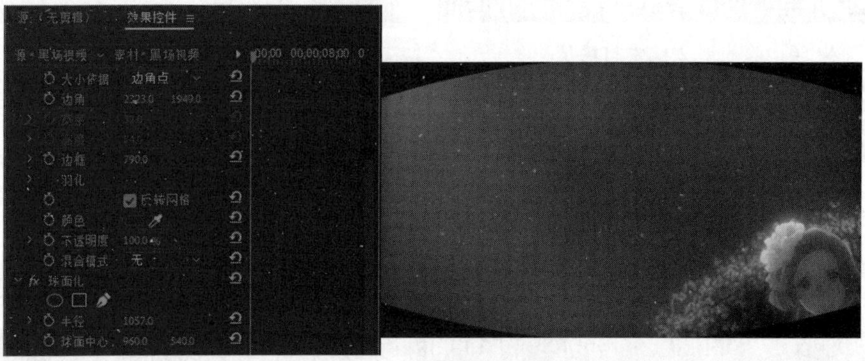

图A-61 设置选项参数

（5）为【网格】效果下的【边框】选项添加关键帧，在开始处设置【边框】选项为0；在00：00：02：18处设置【边框】选项为627；在00：00：04：00处设置【边框】选项为0；在00：00：05：16处设置【边框】选项为428；在00：00：06：14处设置【边框】选项为532；在00：00：07：14处设置【边框】选项为418；在00：00：08：11处设置【边框】选项为541；在00：00：10：02处设置【边框】选项为96；在00：00：11：11处设置【边框】选项为183；在00：00：12：14处设置【边框】选项为0；选中所有关键帧，右击关键帧，为其添加【缓入】和【缓出】选项；选中第3个关键帧，右击关键帧，为其添加【线性】选项，如图A-62所示。

（6）将【快速模糊】效果添加到黑场视频上，为【模糊度】选项添加关键帧动画，在开始处设置【模糊度】选项为96；在00：00：02：18处设置【模糊度】选项为0；在00：00：04：00处设置【模糊度】选项为81；在00：00：05：16处设置【模糊度】选项为59；在00：00：06：14处设置【模糊度】选项为21；在00：00：07：14处设置【模糊度】选项为59；在00：00：08：11处设置【模糊度】选项为26；在00：00：10：02处设置【模糊度】选项为98；在00：00：11：11处设置【模糊度】选项为46；在00：00：12：14处设置【模糊度】选项为101；选中所有关键帧，右击关键帧，为其添加【缓入】和【缓出】选项，如图A-63所示。

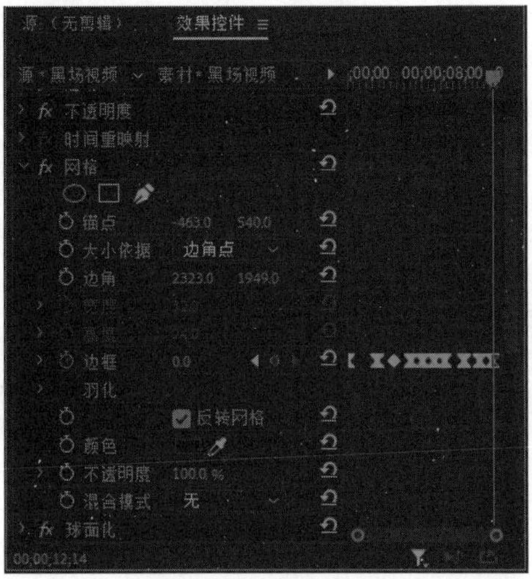

图A-62　添加关键帧

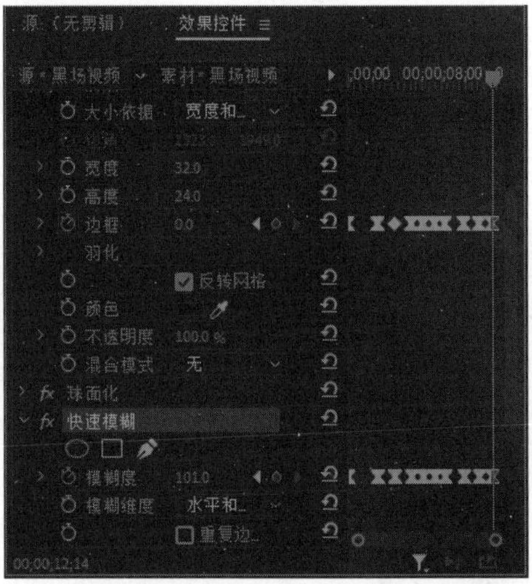

图A-63　添加关键帧

（7）嵌套V1和V2轨道上的素材，为嵌套素材添加【不透明度】选项关键帧，在开始处设置【不透明度】选项为0；在00：00：01：21处设置【不透明度】选项为100；在00：00：04：00处设置【不透明度】选项为0；在00：00：06：09处设置【不透明度】选项为100；在00：00：07：21处设置【不透明度】选项为74；在00：00：08：14处设置【不透明度】选项为100；在00：00：10：04处设置【不透明度】选项为44；在00：00：11：11处设置【不透明度】选项为52；在00：00：12：18处设置【不透明度】选项为15；选中所有关键帧，右击关键帧，为其添加【缓入】和【缓出】选项，如图A-64所示。

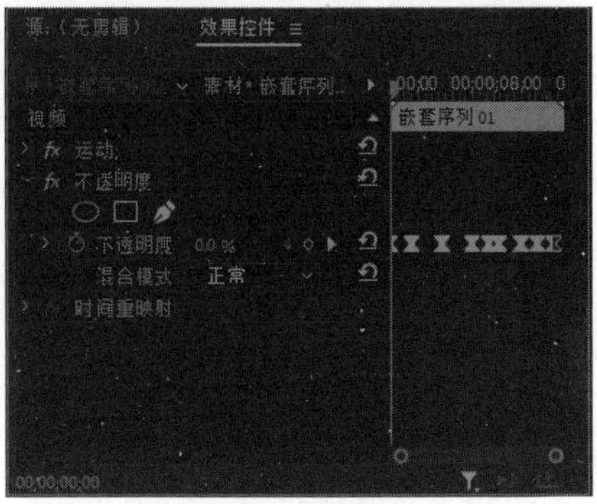

图A-64　添加关键帧动画

（8）再次将【快速模糊】效果添加到黑场视频上，在【效果控件】面板中设置【模糊度】选项为39，再复制2个黑场视频。

（9）选中V3轨道中的黑场视频，在【效果控件】面板中修改【快速模糊】效果下的【模糊度】选项为102；选中V4轨道中的黑场视频，在【效果控件】面板中修改【快速模糊】效果下的【模糊度】选项为128即可。

Premiere Pro 2022

附录B
Premiere Pro 2022工具与快捷键索引

工具名称	快捷键	工具名称	快捷键
选择工具	V	向前选择轨道工具	A
波纹编辑工具	B	剃刀工具	C
外滑工具	Y	钢笔工具	P
手形工具	H	文字工具	T
添加标记	M	标记入点	I
标记出点	O	转到入点	Shift+I
后退一帧	←	播放-停止切换	Space
前进一帧	→	转到出点	Shift+O
提升	;	提取	‘
导出帧	Ctrl+Shift+E	切换多机位视图	Shift+0
多机位录制开/关	0	隐藏字幕显示	:
转到下一标记	Shift+M	转到上一标记	Ctrl+Shift+M
播放邻近区域	Shift+K	插入	,
转到上一个编辑点	↑	转到下一个编辑点	↓
清除入点	Ctrl+Shift+I	清除出点	Ctrl+Shift+O
覆盖	.	清除	Delete
查找	F	在时间轴中对齐	S

Premiere Pro 2022

附录C
Premiere Pro 2022命令与快捷键索引

1. 【文件】菜单快捷键

文件命令	快捷键	文件命令	快捷键
新建项目	Ctrl+Alt+N	新建序列	Ctrl+N
打开	Ctrl+O	新建素材箱	Ctrl+/
关闭	Ctrl+W	退出	Ctrl+Q
关闭项目	Ctrl+ Shift +W	捕捉	F5
保存	Ctrl+S	另存为	Shift+Ctrl+S
保存副本	Alt+Ctrl+S	批量捕捉	F6
从媒体浏览器导入	Alt +Ctrl+I	导入	Ctrl+I
导出媒体	Ctrl+M	获取属性→选择	Shift +Ctrl+H

2. 【编辑】菜单快捷键

编辑命令	快捷键	编辑命令	快捷键
撤销	Ctrl+Z	重做	Shift+Ctrl+Z
剪切	Ctrl+X 或 F2	复制	Ctrl+C 或 F3
粘贴	Ctrl+V 或 F4	粘贴插入	Shift+Ctrl+V
粘贴属性	Alt+Ctrl+V	清除	Backspace
波纹删除	Shift+ 删除	重复	Ctrl+ Shift+/
全选	Ctrl+A	取消全选	Shift+Ctrl+A
查找	Ctrl+F	快捷键	Alt+Ctrl+K

3. 【剪辑】菜单快捷键

剪辑命令	快捷键	剪辑命令	快捷键
制作子剪辑	Ctrl+U	速度/持续时间	Ctrl+R
启用	Shift+E	链接	Ctrl+L
编组	Ctrl+G	取消编组	Ctrl+ Shift+G

4. 【序列】菜单快捷键

序列命令	快捷键	序列命令	快捷键
渲染入点到出点的效果	Enter	匹配帧	F
反转匹配帧	Shift+R	添加编辑	Ctrl+K

续表

序列命令	快捷键	序列命令	快捷键
添加编辑到所有轨道	Shift+Ctrl+K	应用视频过渡	Ctrl+D
将所选编辑点扩展到播放指示器	E	应用默认过渡到选择项	Shift+D
应用音频过渡	Shift+Ctrl+D	缩小	-
放大	=	在时间轴中对齐	S
转到间隔	>	提升	;
制作子序列	Shift+U	提取	‘

5. 【标记】菜单快捷键

标记命令	快捷键	标记命令	快捷键
标记入点	I	标记出点	O
标记剪辑	X	标记选择项	/
转到入点	Shift+I	转到出点	Shift+O
清除入点	Ctrl+Shift+I	清除出点	Ctrl+Shift+O
清除入点和出点	Ctrl+Shift+X	添加标记	M
转到下一标记	Shift+M	转到上一标记	Ctrl+Shift+M
清除所选标记	Ctrl+Alt+M	清除所有标记	Ctrl+ Shift +Alt+M

6. 【窗口】菜单快捷键

窗口命令	快捷键	窗口命令	快捷键
最大化框架	Shift+、	上一个效果	Alt+Shift+Ctrl+E

7. 【帮助】菜单快捷键

帮助命令	快捷键
Premiere Pro 帮助	F1

Premiere Pro 2022

附录D
知识与能力总复习题（卷1）

（全卷：100 分　答题时间：120 分钟）

得分	评卷人

一、选择题（每题 2 分，共 23 小题，共计 46 分）

1. PAL 制式影片的关键帧速率是（　　）。

A. 24fps　　B. 25fps　　C. 29.97fps　　D. 30fps

2. 以下（　　）效果不属于风格化效果。

A. Alpha 发光　　B. 画笔描边　　C. 彩色浮雕　　D. 偏移

3. 在 Premiere 中，以下关于【字幕】面板的描述不正确的是（　　）。

A. 可以在其中操作路径文字

B. 提供了现成的字幕模板

C. 可以选择显示或隐藏安全区

D. 可以通过导入命令，将纯文本导入，作为字幕内容

4. Premiere 编辑的最小单位是（　　）。

A. 帧　　B. 秒　　C. 毫秒　　D. 分钟

5. 下面（　　）选项不包括在 premiere 的音频效果中。

A. 单声道　　B. 环绕声　　C. 立体声　　D. 5.1 声道

6. 关于 Premiere 视频编辑中关键帧的描述，（　　）是不正确的。

A. Premiere 可在【属性】窗口中添加 / 删除关键帧

B. Premiere 可利用运动关键帧使素材按照预定轨道运动

C. Premiere 中关键帧一旦建立，就不能删除

D. 可以在时间轴中添加关键帧

7. 添加关键帧的作用是（　　）。

A. 更方便设置滤镜效果　　B. 创建动画效果

C. 调整影像　　D. 锁定素材

8. 转到下一标记的快捷键是（　　）。

A.【Shift+】　　B.【Shift+O】　　C.【Shift+M】　　D.【Shift+N】

9. Premiere 导入的快捷键是（　　）。

A.【Ctrl+I】　　B.【Ctrl+E】　　C.【Ctrl+S】　　D.【Ctrl+M】

10. 旋转 750° 表示为（　　）。

A. 2×300　　B. 00　　C. 7200+300　　D. 7500

11. 若想要制作蒙版遮罩效果，需要使用（　　）视频效果。

A. 湍流置换　　B. 轨道遮罩键　　C. 急摇　　D. 交叉溶解

12. 以下（　　）效果不属于【风格化】效果组。

A. 查找边缘　　B. 彩色浮雕　　C. Alpha 发光　　D. 白场过渡

13. Premiere 中不能完成（　　）。

A. 滚动字幕　　B. 文字字幕　　C. 三维字幕　　D. 图像字幕

14. 立体声包含（　　）声道，这种技术在音乐欣赏中显得尤为重要。

A. 两个　　B. 五个　　C. 三个　　D. 一个

15. 选择粘贴素材是以（　　）定位的。

A. 选择工具的位置　　B. 编辑线　　C. 入点　　D. 手形工具

16. 在Premiere中，透明度的参数越高，透明度（　　）。

A. 越透明　　B. 越不透明　　C. 与参数无关　　D. 低

17. 使用（　　）工具可以在绘图区创建垂直文字。

A. 垂直文字工具　　B. 水平文字工具　　C. 矩形工具　　D. 钢笔工具

18. 不属于现行的彩色电视制式的是（　　）。

A. NTSC制式　　B. AAC制式　　C. PAL制式　　D. SECAM制式

19. 我国普遍采用的制式为（　　）。

A. PAL　　B. NTSC　　C. SECAM　　D. 其他制式

20. 为音频轨道中的音频素材添加效果后，素材上会出现一条线，其颜色是（　　）。

A. 黄色的　　B. 白色的　　C. 绿色的　　D. 蓝色的

21. Premiere可以创建的元素不包括（　　）。

A. 颜色遮罩　　B. 黑场视频　　C. 透明视频　　D. 磁带

22. 在Premiere中，音量表的方块显示为（　　）时，表示该音量超过界限。

A. 黄色　　B. 红色　　C. 绿色　　D. 蓝色

23. 当今世界上主要使用的电视广播制式有（　　）种。

A. 2　　B. 3　　C. 4　　D. 5

得分	评卷人

二、填空题（共6题，每空2分，共计24分）

1. 执行________→________→________命令可以创建字幕。

2. 字幕工作区中包括________面板、________面板、________面板、【字幕样式】面板、________面板等。

3.【不透明度】选项的最大值是________。

4. Premiere Pro 2022（简称Premiere）是Adobe公司最新推出的产品，它是该公司基于Quick Time系统推出的一个________软件。

5. 利用【视频效果】组下的________效果组中的________效果可以制作出水中倒影的效果。

6. ________是指沿水平方向进行分布的字幕类型。

得分	评卷人

三、判断题（每题 1 分，共 14 小题，共计 14 分）

1. Premiere Pro 2022 在内容的构建方面进行了重新定义，新增了画中画、添加了实时编辑、扩展了音频编辑等。（　　）
2. Premiere Pro 2022 有 9 个菜单。（　　）
3. 有间隙的两个素材也可以添加视频过渡效果。（　　）
4. 在 Premiere 中只能通过创建旧版标题的方式来创建文本。（　　）
5. 添加标记的快捷键是【M】。（　　）
6. 所有的过渡效果都可以在【效果控件】面板中调整过渡区域属性。（　　）
7. Premiere Pro 2022 有 12 种工作区模式。（　　）
8. 关闭项目的快捷键是【Ctrl+W】。（　　）
9. 在 Premiere Pro 2022 中，字幕分为默认静态字幕、默认滚动字幕 2 种类型。（　　）
10. 若想使用【效果控件】面板创建蒙版，需要在【不透明度】选项中进行设置。（　　）
11.【反转】视频效果属于【通道】效果文件夹。（　　）
12. 制作子剪辑的快捷键是【Shift+U】。（　　）
13. 在【效果控件】面板中可以设置关键帧动画。（　　）
14. 在时间线上最多可以设置 10 个位置标记。（　　）

得分	评卷人

四、简答题（每题 8 分，共 2 小题，共计 16 分）

1. 如何为素材添加【波形变形】视频效果？

2. 如何为两个素材添加【Flip Over】视频过渡效果？